3판

알기쉬운 통계학

황인창, 이대용, 이청호

STATISTICS

비앤엠북스
Business & Management Books

| 3 | 판 | 머 | 리 | 말 |

알기쉬운 통계학의 초판이 나온 지 17년, 그리고 개정판이 나온 지 10여년이라는 긴 세월이 흘렀다. 그 동안 이 책을 선택해 준 독자와 교수님 및 동료들의 격려와 성원에 힘입어 다시 제3판을 내게 되었다. 이 책을 처음 집필할 때의 기본 방향은 기존의 통계학 책과는 달리 복잡한 계산이나 공식보다는 개념 중심의 쉽게 이해할 수 있는 통계학 책을 만들어보자는 것이었다. 이 개정판에서도 초기의 집필방향을 충실히 따르려고 노력하였다. 이 개정판에서 달라진 점은 다음과 같다.

첫째, 통계의 기본 개념을 좀 더 쉽게 이해할 수 있도록 부분적으로 내용을 새롭게 구성하였으며, 경우의 수 등 이전 판에서 다루지 않았던 내용을 일부 추가하였다.

둘째, 공식이나 수치 등 이전 판에서 발견하지 못한 오류를 수정하였다. 그리고 독자들이 읽고 이해하기 편하도록 부자연스러웠던 문맥이나 내용도 수정·보완하였다.

셋째, 예제와 연습문제를 현실적인 것으로 대폭 교체하여 독자들이 이를 통해 통계학의 개념들을 쉽게 이해할 뿐 아니라 현실세계에서 통계학의 개념을 응용하는데 도움이 되도록 하였다.

이 책을 개정하는데 많은 도움과 조언을 주신 주위의 동료교수님들에게 감사의 말씀을 전한다. 그리고 저자들의 게으름에도 불구하고 묵묵히 수고를 해준 비앤엠북스의 정광식사장을 비롯한 모든 분들에게 감사의 말씀을 전한다. 아무쪼록 이 개정판이 독자들이 통계학을 공부하는데 큰 도움이 되기를 기대한다.

2015년 5월

무등산을 바라보며 저자 씀

| 차 | 례 |

Part 01 통계학의 기초

Part 02 도수분포표와 그래프에 의한 자료의 정리와 요약

Part 03 특성치에 의한 자료의 요약

Part 09 표본평균의 분포

Part 10 통계적 추정

Part 11 가설검정

Part 12 단일 모집단에 대한 가설검정

Part 13 두 모집단에 대한 가설검정

Part 14 단순회귀분석

Part 15 다중회귀분석

Part 16 분산분석

Part 17 x^2-검정

부록

P·a·r·t 01

통계학의 기초

Part 01

통계학의 기초

우리의 일상생활은 통계와 매우 밀접한 관계를 가지고 있다. 통계학은 우리 주변의 사회현상이나 자연현상에 관해 수집한 자료를 이해하기 쉬운 형태로 정리·요약할 뿐 아니라, 이를 분석·해석하여 현상을 기술·설명·예측하는 데 활용된다. 우리들이 일상생활에서 흔히 접하는 통계들, 예를 들어 야구선수의 타율, 주가지수, 기상청의 일기예보, 경기지표, 정당의 지지율 등은 모두 통계학을 이용하여 얻은 것들이다.

오늘날 통계학은 모든 분야에서 과학적 방법을 이용한 의사결정에 필수적인 도구가 되고 있다. 통계학은 개인뿐 아니라 기업이나 정부와 같은 각종 조직에서 직관이나 주관적 판단에서 올 수 있는 시행착오나 불확실성을 최소화하면서 객관적이고 합리적인 의사결정을 하는 데 중요한 정보를 제공해준다.

이 장에서는 통계학의 개념과 목적, 통계학의 기초 개념인 변수와 자료, 모집단과 표본, 무작위 표본추출법, 기술통계와 추측통계, 척도와 자료의 종류 등에 대해 살펴보기로 한다.

제1절 통계학이란 무엇인가?

우리가 평소 신문이나 TV와 같은 매스컴을 통해서 접하는 정보의 상당 부분은 통계이다. 다음의 예를 보자.

① 제약회사인 한국로슈가 수능시험을 마친 고3 여학생 280명을 대상으로 조사한 바에 따르면 예비 여대생들이 원하는 이상적인 체중은 평균 46.9kg인 것으로 나타났다.
② '알바 천국'이 최근 전국 대학생 2,277명을 대상으로 '새학기 대학생 생활비 조사'를 한 결과 대학생들의 한 달 생활비 분포는 20~30만원 미만이 28%로 가장 많았고, 이어서 30~40만원 미만 27%, 40~50만원 미만 18%, 20만원 미만 15%, 50~60만원 미만 5%, 60~80만원 미만 4.5%, 그리고 80만원 이상이 2%인 것으로 나타났다.
③ 통계청이 2013년 10월 24일 발표한 '8월 경제활동인구조사 근로형태별 및 비임금 근로부가조사 결과'에 따르면 비정규직의 평균 임금은 1,428,000원으로 정규직 2,546,000원보다 1,118,000원(43.9%)이나 적었다.
④ 국민건강보험공단이 1992년부터 1995년 사이 공단 일반검진을 받은 공무원 및 사립학교 교직원과 피부양자(30세 이상) 약 130만명에 대하여 2011년 12월까지 19년간 질병 발생을 추적한 결과, 남성 흡연자의 경우 비흡연자에 비해 후두암은 최대 6.5배, 폐암은 4.6배, 식도암은 3.6배 증가한 것으로 밝혀졌다.
⑤ 기상청은 내일 서울지역에 비가 내릴 가능성이 70%라고 예보했다.
⑥ 통계청은 현재의 추세를 볼 때 2018년에는 우리나라 65세 이상의 노인인구 비율이 전체 인구의 14.3%에 달해 고령사회로 진입할 것으로 예측했다.

위의 예에서 보듯이 통계는 직관이나 주관적인 판단에서 올 수 있는 시행착오나 불확실성을 최소화하면서 객관적이고 합리적인 의사결정을 하는 데 중요한 지식이나 정보가 된다. 이러한 통계를 다루는 학문이 통계학이다.

통계학(statistics)이란 수집된 자료를 정리·요약하며, 더 나아가서 이를 분석·해석하는 일련의 방법과 규칙에 관한 학문이다. 통계학은 다음과 같은 목적을 가지고 있다.

첫째, 자료의 정리와 요약이다. 통계학은 사회현상이나 자연현상에 관해 수집한 자료를 단순하고 이해하기 쉽도록 표나 그래프 또는 간단한 수치의 형태로 정리하고 요약하는 데 활용된다. 앞의 예에서 ①, ②는 여기에 해당된다.

둘째, 현상의 기술(description)이다. 이것은 사회현상이나 자연현상에 관한 특성이나 발생빈도, 또는 자료들 간의 관계(relationship) 등을 파악하는 것을 말한다. 예를 들어 기업에서는 제품 구매자들의 소득, 성, 연령, 교육수준 등의 자료를 분석하여 구매자의 인구통계학적 특성을 파악할 수 있다. 또한 제품의 소비량과 소비자의 소득 자료를 결합하여 두 자료 간에 어떤 관계가 있는가를 파악할 수 있다. 앞의 예에서 ③이 여기에 해당된다.

셋째, 현상의 설명(explanation)이다. 이것은 단순히 두 자료들 간의 관계를 기술하는 차원을 넘어 인과관계(casualty), 즉 어떤 현상이 발생한 원인이 무엇인지를 알아보는 것이다. 예를 들어 기업의 경영자가 자사 제품의 매출액이 작년에 비해 떨어졌다는 사실을 알고, 왜 이런 현상이 생겼는가에 대하여 의문을 제기했다고 하자. 설명이란 이런 의문에 대해 해답을 주는 것을 말한다. 경영자는 가격, 디자인, 광고비, 품질 중 어떤 요인이 매출액에 주된 영향을 미치는가를 통계분석을 통해 밝힐 수 있다. 위의 예에서 ④가 여기에 해당된다.

넷째, 미래 상황의 예측(prediction)이다. 기업에서 광고비가 매출액에 영향을 미치는 주요 원인이라는 사실을 알았다면, 경영자는 광고비를 높이면 매출액이 어느정도 변화할 것인가를 예측할 수 있다. 앞의 예에서 ⑤, ⑥이 여기에 해당된다.

학문적 관점에서 볼 때 통계학은 공학, 생물학, 의학, 물리학과 같은 자연과학뿐만 아니라 경제학, 경영학, 사회학, 심리학, 행정학 등의 사회과학 분야에서도 과학적인 연구나 조사를 위해 반드시 필요한 도구가 되었다. 그렇지만 통계학을 공부하는 학생들의 상당수는 통계학 하면 복잡한 공식의 암기와 계산을 머리에 떠올리기 때문에 매우 어렵고 까다로운 학문으로 생각하는 경향이 있다. 하지만 이러한 문제는 오늘날 컴퓨터와 통계분석 프로그램의 발달로 손쉽게 해결되고 있다. SAS, SPSS, Excel과 같은 컴퓨터 프로그램을 이용하면 많은 양의 자료를 쉽게 처리할 수 있기 때문이다. 그러므로 오늘날 통계학을 공부하는 데 중요한 것은 복잡한 공식의 암기나 계산이 아니라, 통계학의 기본 원리와 개념, 합리적 의사결정을 위해 필요한 자료의 성격에 적합한 분석방법의 선택, 분석 및 결과의 해석과 활용에 관한 능력을 배양하는 것이다.

제2절 통계학의 기초 개념

통계학을 처음 접하는 학생들이 꼭 알아야 할 기초 개념을 다음의 예를 통해 살펴보자. 이 개념들은 앞으로 이 책의 전 과정을 통해 자주 사용될 것이므로 확실하게 이해해 둘 필요가 있다.

[예 1-1]

현대자동차는 고객관리를 위해 쏘나타를 구매한 고객들의 평균 연령을 알아보려고 한다. 그러나 모든 고객들의 연령을 조사하는 것은 매우 어렵기 때문에 이들 중 무작위로 1,000명을 추출하여 연령자료를 수집하였다. 그리고 이 연령자료로부터 평균 연령을 계산하여 전체 고객의 평균 연령을 추정하였다.

1. 변수와 자료

자료수집을 위해 관찰의 대상이 되는 사람, 집단, 학교, 기업, 동물 등을 관찰단위라고 하는데, 관찰단위는 여러 가지 속성을 가지고 있다. 예를 들어 사람은 키, 몸무게, 성, 소득, 직업, 종교, 연령 등의 속성을 가지고 있으며, 자동차는 가격, 색상, 연비 등의 속성을 가지고 있다. 통계분석을 위해 수집하는 자료는 사람이나 사물과 같은 관찰단위 자체가 아니라 관찰단위가 가지고 있는 속성에 관한 것이다.

변수(variable)란 연구자의 관심의 대상이 되는 속성으로서 서로 다른 값을 가지는 것을 말한다. 위의 예에서 연령은 고객에 따라 각기 다른 값을 가지는 변수이다.

자료(data)란 변수를 관찰(측정)하여 얻은 관찰치(측정치)들의 집합을 말한다. 따라서 자료를 수집한다는 것은 변수를 관찰하여 관찰치를 얻는 과정이다. 통계분석을 위해서는 먼저 관심의 대상이 되는 변수를 명확히 정의하고, 이 변수를 관찰하여 자료를 수집해야 한다.

2. 모집단과 표본

모집단(population)이란 전체 관찰단위를 대상으로 변수를 관찰했을 때 얻을 수 있는 관찰치들의 전체 집합을 말한다. 여기에서 모집단은 관찰단위가 아니라 관찰단위가 가진 속성에 의해 정의된다는 점에 주의해야 한다. [예 1-1]에서 모집단은 현대자동차의 전체 고객이 아니라 전체 고객들의 연령을 관찰했을 때 얻을 수 있는 관찰치의 집합이다. 모집단은 연구자의 관심이나 판단에 따라 달라진다. 만일 현대자동차의 관심이 서울지역 고객들로 한정된다면 모집단의 범위는 좁아진다.

통계분석을 통해 알아내려고 하는 것은 모집단의 특성(예를 들어 평균이나 표준편차 등)이다. 만일 모집단의 크기가 작다면 모집단을 전부 조사하여 그 특성을 파악할 수 있다. 그러나 현실적으로 모집단을 전부 조사하는 것이 불가능하거나, 설령 가능하더라도 시간과 비용이 많이 드는 경우가 많다. 이와 같은 경우에는 모집단의 일부를 관찰하여 모집단의 특성을 추론하는 방법을 사용한다. 이때 모집단에서 추출된 일부 관찰치들의 집합을 표본(sample)이라고 한다. [예 1-1]에서 전체 고객으로부터 추출된 1,000명의 연령으로 구성된 관찰치의 집합이 표본이다.

3. 무작위 표본추출법

표본은 모집단을 최대한 대표할 수 있어야 한다. 대표성이 있는 표본이란 모집단과 거의 동일한 특성을 갖도록 추출된 표본이라고 할 수 있다. 예를 들어 모집단이 40%의 여자를 포함하고 있을 때, 표본이 대표성을 가지려면 추출된 표본에 대략 40%의 여자가 포함되어 있어야 한다.

표본이 모집단을 완전히 대표한다면 표본의 특성으로 모집단의 특성을 추론하는 데 따른 오차가 없을 것이다. 그러나 현실적으로 모집단을 완전히 대표하는 표본을 구하기는 어렵기 때문에 모집단의 특성을 최대한 반영할 수 있도록 표본을 추출하는 것이 중요하다. 이러한 성질을 가지는 대표적인 표본추출 방법으로 무작위 표본추출법(random sampling)이 있다. 무작위 표본추출법은 모집단의 모든 구성요소가 표본으로 추출될 확률이 동일하게 표본을 추출하는 방법이다. 이 방법은 모집단을 구성하는 모든 개인의 이름을 적은 표를 항아리에 넣고 잘 흔들어서 필요한 수만큼 표본을 뽑는 것과 같다. 그렇지만 모집단이 클 때는 이 방법은 매우 불편하므로 보통 난수표(부록 참조)를 이용한다.

무작위 표본추출법을 이용해서 표본을 뽑는다 해도 그 과정에서 우연적인 요인으로 오차가 발생하기 때문에 표본이 모집단을 완벽하게 대표할 수 있는 것은 아니다. 그렇지만 이론적으로 볼 때 이 방법은 대표성이 있는 표본을 뽑는 가장 좋은 방법이다. 특히 중요한 것은 무작위 표본추출법을 통해 표본을 추출했을 때 표본추출 오차가 어느 정도인가를 확률적으로 알 수 있기 때문에 통계적 추론이 가능하다는 점이다. 이 책에서는 특별한 언급이 없는 한 표본이 무작위 표본추출법을 통해 뽑혔다고 가정한다.

4. 기술통계와 추측통계

통계학은 자료분석의 목적에 따라 기술통계(descriptive statistics)와 추측통계(inferential statistics)로 구분된다. 기술통계란 자료를 정리하고 요약하는 통계분석 방법을 말한다. 수집된 자료를 정리하여 그 내용을 쉽게 파악할 수 있도록 표나 그래프를 만들거나, 평균, 분산, 상관계수 등과 같이 하나의 수치로 자료의 특성을 나타내는 것은 기술통계에 속한다. [예 1–1]에서 연령자료를 요약하여 평균 연령을 계산하는 것은 기술통계에 속한다.

추측통계란 [그림 1–1]에서 보는 것처럼 표본의 특성을 파악하여 모집단의 특성을 추론하는 것과 관련된 통계분석 방법이다. [예 1-1]에서 모집단에서 추출된 표본의 평균 연령으로 모집단의 평균 연령을 추정하는 것은 추측통계의 영역에 속한다. 여기에서 모집단의 특성을 모수(parameter)라고 하고, 표본의 특성을 통계량(statistic)이라고 하는데, 양자의 구분을 위해 표기를 달리한다는 점을 유의하기 바란다.

그림 1-1 추측통계의 개요

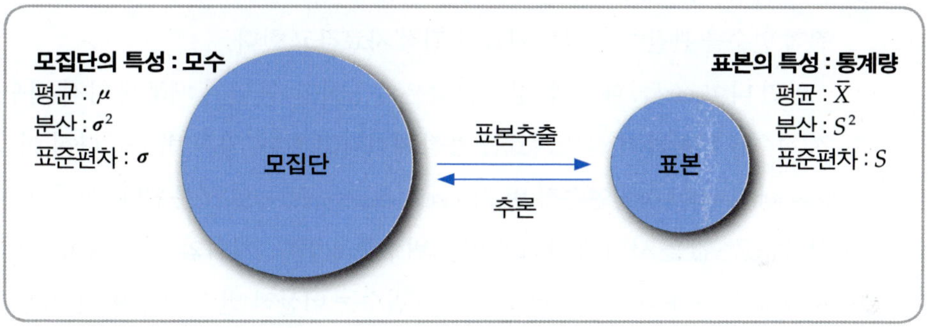

[예 1–1]에서 보듯이 모집단 자료의 수집에는 여러 가지 한계가 있기 때문에 추측통계가 광범위하게 사용된다. 추측통계의 핵심적 내용은 통계적 추정과 가설검정인데 이에 대해서는 다음에 다시 설명하기로 한다.

제3절 자료의 종류

1. 질적 자료와 양적 자료

변수는 수량화할 수 없는 질적 변수(qualitative variable)와 수량화할 수 있는 양적 변수(quantitative variable)로 구분된다. 색깔, 성, 지역, 직업, 학력, 좋아하는 제품 등은 범주화할 수 있을 뿐 수량화할 수 없기 때문에 질적 변수이다. 예를 들어 성은 남자와 여자, 학력은 초, 중, 고, 대 등으로 범주화는 할 수 있지만 수량화할 수는 없다. 질적 변수를 관찰하여 얻은 자료를 질적 자료라고 한다.

반면 나이, 소득, 매출액, 생산량 등은 수량화할 수 있기 때문에 양적 변수이다. 양적 변수를 관찰하여 얻은 자료를 양적 자료라고 한다. 양적 변수는 다시 이산적 변수(discrete variable)와 연속적 변수(continuous variable)로 구분된다. 이산적 변수란 취할 수 있는 값들 사이에 간격이 있는 변수를 말한다. 자녀의 수, 자동차 판매대수, 불량품의 수 등과 같이 정수로 표시되는 변수는 이산적 변수이다. 반면 연속적 변수란 취할 수 있는 값들 사이에 간격이 없는 변수를 말한다. 온도, 부피, 키, 무게, 이자율 등과 같이 실수로 표시되는 변수는 연속적 변수이다.

이산적 변수를 관찰하여 얻은 자료를 이산적 자료라고 하고, 연속적 변수를 측정하여 얻은 자료를 연속적 자료라고 한다.

- 자료
  - 질적 자료
  - 양적 자료
    - 이산적 자료
    - 연속적 자료

2. 측정수준에 따른 자료의 종류

변수의 측정수준에 따라 자료를 분류할 수도 있다. 변수를 측정하기 위해서는 측정도구, 즉 척도(scale)가 필요한데 척도에는 명목척도, 서열척도, 등간척도, 비율척도가 있다. 이 중 어떤 척도를 사용하여 자료를 수집했느냐에 따라 자료는 명목자료, 서열자료, 등간자료, 비율자료로 구분된다. 여기서 명목자료와 서열자료는 질적 자료에, 그리고 등간자료와 비율자료는 양적 자료에 해당된다.

- 자료
  - 질적 자료
    - 명목자료
    - 서열자료
  - 양적 자료
    - 등간자료
    - 비율자료

(1) 명목척도와 명목자료

어떤 속성을 분류하기 위해 수치를 부여하는 경우가 있다. 예를 들어 남자에게는 1, 여자에게는 2라는 수치를 부여하면 이는 2개의 범주를 가진 명목척도를 이용하여 측정한 것이다. 마찬가지로 직업, 행정구역, 종교, 색깔, 취미, 불량품 여부 등은 명목척도로 측정된다. 명목척도로 측정하여 얻은 자료를 명목자료(nominal data)라고 한다.

명목자료에 부여된 수치는 다만 분류목적으로 사용된 것일 뿐 크기의 개념이 없기 때문에 사칙연산이 불가능하다. 예를 들어 남자의 1과 여자의 2를 합하여 평균 1.5라고 하는 것은 의미가 없다.

(2) 서열척도와 서열자료

크다－작다, 많다－적다, 좋아한다－싫어한다 등과 같이 변수의 상대적인 서열을 나타내는 척도를 서열척도라고 하며, 서열척도로 측정하여 얻은 자료를 서열자료

(ordinal data)라고 한다. 서열자료는 자료들 간의 상대적인 크기의 비교가 가능하다. 그렇지만 서열화된 각 수치들 사이의 간격은 일정하지 않다. 예를 들어 학생들의 키 순서에 따라 번호를 부여하였다고 하자. 이때 1번과 2번 학생의 키의 차이와 2번과 3번 학생의 키의 차이는 동일하지 않다. 따라서 서열자료의 수치는 상대적인 서열을 나타낼 뿐이고 수치들 사이의 간격이 동일하지 않기 때문에 명목자료와 마찬가지로 사칙연산을 하는 것은 의미가 없다.

(3) 등간척도와 등간자료

등간척도는 서열척도가 가지는 서열성에 덧붙여 각 척도점 간의 간격이 동일한 척도를 말하며, 등간척도로 측정하여 얻은 자료를 등간자료(interval data)라고 한다. 온도, IQ 등은 등간척도에 의해 측정된 등간자료이다. 온도계상의 인접 척도점(예를 들어 5℃와 6℃) 간의 거리는 다른 두 인접 척도점(예를 들어 6℃와 7℃) 간의 거리와 동일하다.

그렇지만 등간척도에서의 0점은 임의적으로 부여한 것이다. 즉 등간척도에는 절대 0점이 없다. 그러므로 등간자료로는 비율을 표시할 수 없다. 예를 들어 IQ가 140인 사람이 IQ가 70인 사람보다 머리가 2배 영리하다거나, 10℃는 5℃보다 온도가 2배 높다고 말할 수 없다. 실제로 섭씨를 화씨로 바꾸는 공식 $F=\frac{9}{5}C+32$를 적용해 섭씨 5도와 10도를 화씨로 바꾸어 보면 그 비율이 섭씨와 동일하지 않다는 것을 알 수 있다. 그러나 등간자료는 평균과 표준편차 등을 구할 수 있기 때문에 명목자료나 서열자료에 비해 활용범위가 매우 넓어진다.

(4) 비율척도와 비율자료

비율척도는 등간척도의 특성을 모두 가지고 있을 뿐 아니라 이에 덧붙여 절대 0점이 존재한다. 비율척도로 측정하여 얻은 자료를 비율자료(ratio data)라고 한다. 나이, 소득, 시간, 길이, 무게, 매출액 등은 비율자료이다.

비율자료는 척도점 간의 간격이 일정할 뿐 아니라 절대 0점이 있기 때문에 40세인 사람은 20세인 사람보다 나이가 2배 더 많다고 말할 수 있다. 그러나 통계학에서 비

표 1-1 각 척도에 내포되어 있는 가정

	명목성	서열성	등간성	절대영점
명목척도	○	×	×	×
서열척도	○	○	×	×
등간척도	○	○	○	×
비율척도	○	○	○	○

율자료는 등간자료와 거의 유사하게 사용되기 때문에 양자의 구분은 별로 중요하지 않다.

지금까지 측정수준에 따른 4가지 유형의 자료를 살펴보았다. 이를 종합해 보면 명목자료→서열자료→등간자료→비율자료의 순서로 정보의 수준이 높아진다. 예를 들어 등간자료나 비율자료는 서열성과 명목성을 포함하고 있으므로 서열자료나 명목자료로 전환할 수 있다. 또한 수치로 측정된 소득은 비율자료인데 이 자료를 상, 중, 하로 전환하여 범주화하면 명목자료가 된다.

어떤 척도를 이용하여 변수를 측정할 것인가는 통계분석에서 매우 중요하다. 그 이유는 변수를 측정하기 위해 사용된 척도의 성격에 따라 사용되는 통계분석방법이 달라지기 때문이다. 이에 관해서는 앞으로 분석방법을 다룰 때 다시 설명하도록 하겠다.

연 · 습 · 문 · 제

1-1 **다음 각 문항에 대하여 맞으면 O, 틀리면 X를 표시하라.**

① 이산적 자료는 비율자료가 될 수 없다.
② 여론조사나 설문조사는 일종의 자료수집 과정이다.
③ 실험실에서의 관찰은 변수에서 자료를 수집하는 과정이다.
④ 비율자료라도 서열척도로 측정할 수 있다.
⑤ 추측통계학에서는 모집단에 대한 추론을 다루고 있다.
⑥ 모집단이란 숫자의 집합이라고 할 수 있다.
⑦ 우리나라 주부들의 일일 수면시간은 모집단이라고 할 수 없다.
⑧ 질적 자료란 수량화할 수 있는 성질을 가진 자료를 말한다.
⑨ 통계란 자연현상이나 사회현상을 설명하는 의미 있는 수치를 말한다.

1-2 **다음 용어들을 비교·설명하라.**

① 모집단과 표본　　② 모수와 통계량
③ 기술통계와 추측통계　　④ 모집단과 변수

1-3 **2만명이 재학 중인 대학교에서 학생들의 주당 학습시간을 조사하기 위해 200명의 학생들의 주당 학습시간을 무작위 추출한다고 하자. 구체적으로 어떤 방법을 사용해야 하나?**

1-4 다음 자료를 이산적 자료와 연속적 자료로 구분하라.

① 온도 ② 가족수 ③ 프로야구 팀의 승수
④ 가전제품의 수명 ⑤ 제품의 무게 ⑥ 자동차의 판매량

1-5 다음을 명목자료, 서열자료, 등간자료, 비율자료로 구분하라.

① 우편번호 ② 온도 ③ 나이
④ 성별 ⑤ 출생연도 ⑥ 농구선수의 등번호
⑦ 소득 ⑧ 주민등록번호 ⑨ 종교
⑩ 제품의 선호도

1-6 통계학을 수강하고 있는 학생들을 대상으로 다음과 같은 조사를 실시하였다.

1) 나이 : (　) 2) 학년 : (　)
3) 성별 : (　) 4) 취미 : (　)
5) 용돈 : 20만원 미만 (　) 20~40만원 미만 (　) 40만원 이상 (　)
6) 주당 인터넷 사용 시간 : (　　) 시간
7) 주당 아르바이트 시간 : (　　) 시간
8) 주당 학습시간 : (　　) 시간

① 몇 가지 변수를 조사한 자료인가?
② 각각의 모집단에 대한 적절한 측정척도는 무엇인가?

1-7 다음 중 모집단이 될 수 없는 것은?

① 40대 주부의 주당 여가시간
② 한국대학교 학생
③ 초등학교 학생의 한달 용돈
④ 중소기업의 중간관리자
⑤ 노년층의 TV시청시간
⑥ 중소기업의 종업원 수
⑦ 국민들의 대통령 후보에 대한 지지 여부
⑧ 중소기업의 월 인건비 총액
⑨ 현재 우리나라의 초등학교 학생
⑩ 가계소득 월 300만원 이상의 가계

1-8 0 이상 5 이하의 수에서

① 이 구간의 정수의 수는 몇 개인가?
② 이 구간의 실수의 수는 몇 개인가?
③ 0 이상 1 이하의 구간에 실수의 수는 몇 개인가?
④ 0 이상 5 이하 구간의 실수와 0 이하 1 이하 구간의 실수를 비교하라.

P·a·r·t 02

도수분포표와 그래프에 의한 자료의 정리와 요약

Part 02

도수분포표와 그래프에 의한 자료의 정리와 요약

통계분석의 첫 번째 과정은 변수를 관찰하여 자료를 수집하는 것이다. 그러나 수집된 자료 자체만으로는 아무런 의미가 없다. 자료는 적절하게 정리·요약하여 의사결정에 이용할 수 있는 형태로 전환하였을 때 비로소 유용한 정보가 된다. 제1장에서 살펴보았듯이 자료를 쉽게 이해할 수 있는 형태로 정리하고 요약하는 것은 기술통계의 영역에 속한다. 이 장에서는 기술통계의 일부로서 변수를 측정하여 얻은 자료를 도수분포표나 그래프 등을 이용하여 체계적으로 정리하고 요약하는 방법에 관해 설명하기로 한다.

제1절 도수분포표

자료를 체계적으로 정리·요약하여 자료의 특성이나 구조를 파악하는 데 가장 간단하면서도 많이 쓰이는 것이 도수분포표(frequency table)이다. 도수분포표란 모집단 또는 표본의 자료를 적절한 범주나 구간으로 나누고 각 범주나 구간에 해당되는 도수(빈도수)를 기입하여 정리한 표를 말한다. 예를 들어 경영학과 신입생 50명의 출신지역을 조사하여 [표 2-1]을 작성하였다고 하자. 이 표는 신입생들의 출신지라는 자료를 정리·요약한 도수분포표이다.

표 2-1 출신지별 도수

출신지	도수
서울	21
광역시	16
시·군	13
합계	50

도수분포표는 질적 자료는 물론 양적 자료의 정리·요약에도 이용된다. 예를 들어 어떤 스마트폰 판매점의 지난 한달 동안 일일 스마트폰 판매량이 다음과 같다고 하자.

15 10 13 13 18 17 15 15 16 13 14 16 15 11 18
16 15 15 14 15 14 16 16 13 15 10 11 13 14 15

이와 같이 무질서하게 나열된 자료로는 판매량의 특성을 체계적으로 파악하기 어렵다. 이 자료를 이해하기 쉬운 형태로 만드는 한 가지 방법은 다음과 같이 크기 순서대로 정리하는 것이다.

10 10 11 11 13 13 13 13 13 14 14 14 14 15 15
15 15 15 15 15 15 15 16 16 16 16 16 17 18 18

이와 같이 자료를 크기 순서로 정리하면 일일 판매량에 관한 내용을 좀 더 쉽게 파악할 수 있다. 그러나 이 자료에는 중복된 관찰치들이 많이 있다. 따라서 자료를 단순히 크기 순서로 나열하는 것보다 [표 2-2]와 같이 중복된 관찰치들의 도수를 계산해 도수분포표를 만들면 어느 범주의 도수가 많고 적으며, 또 자료의 분포는 어떠한 모양을 하고 있는지를 쉽게 파악할 수 있다. [표 2-2]에서 보는 것처럼 도수분포표를 만들 때는 좌측 열에 관찰치들을 크기 순서로 표시하고, 우측열에 각 관찰치에 대응하는 도수를 표시한다.

표 2-2 컴퓨터의 일일 판매실적

판매량	빈도수
10	2
11	2
12	0
13	5
14	4
15	9
16	5
17	1
18	2
합계	30

1. 구간수와 구간폭의 결정

도수분포표를 작성하는 목적은 자료의 특성을 쉽게 파악하는 데 있다. 위의 도수분포표에서는 자료가 정수로 되어 있고 관찰수도 많지 않기 때문에 자료의 특성을 쉽게 파악할 수 있다. 그러나 자료의 범위가 매우 넓거나 관찰수가 많을 경우에는, 자료를 일정한 간격으로 묶어 구간을 정한 후 각 구간별로 도수를 표시하는 것이 더 효과적이다. 예를 들어 120명의 종업원을 대상으로 실시한 승진시험의 성적이 다음과 같다고 하자.

---

78 74 70 79 67 66 66 81 73 90 88 75 79 70 73 76 65 94

93 93 88 81 83 79 73 67 76 71 68 75 77 73 83 76 98 78

80 70 83 68 73 73 77 87 87 72 78 76 65 87 82 91 74 72

69 77 99 60 89 70 89 65 69 87 80 74 66 89 90 65 73 89

63 84 86 87 90 61 78 62 65 70 87 53 83 66 74 82 63 76

59 65 87 80 81 96 86 73 64 61 76 86 85 72 77 75 80 75

67 72 78 95 78 78 79 76 67 69 98 86

이와 같이 관찰수가 매우 많은 경우에는 도수분포표의 구간수와 구간폭을 적절하게 정한 후, 각 구간에 해당되는 도수를 계산하여 정리하는 것이 더 효과적이다. 여기에서 '적절하다'는 것은 구간수가 너무 많거나 또는 너무 적어서 자료의 특성을 파악하기가 어려워서는 안 된다는 의미이다. 그렇다면 도수분포표의 구간수는 어떻게 정하는 것이 좋을까? 이에 관해 정해진 규칙은 없지만 구간수를 5~15개 정도로 하여 자료의 특성을 쉽게 파악할 수 있도록 하는 것이 일반적이다. 여기에서는 구간수를 10개로 하여 승진시험 자료를 정리하기로 하자.

구간수가 정해지면 구간폭을 결정해야 하는데, 구간폭은 다음과 같은 식으로 계산할 수 있다.

구간폭의 계산

$$\text{구간폭} = \frac{\text{자료의 최대값} - \text{자료의 최소값}}{\text{구간수}} \qquad \text{〈공식 2-1〉}$$

〈공식 2-1〉에 의해 이 자료의 구간폭을 계산해 보면 다음과 같다.

$$\text{구간폭} = \frac{99-53}{10} = 4.6$$

여기에서 보듯이 〈공식 2-1〉을 이용해 계산된 구간폭은 정수가 아닌 경우가 많은데, 사람들은 소수점을 포함하지 않는 정수에 익숙해 있으므로 구간폭을 정할 때는 정수를 사용하는 것이 바람직하다. 특히 5나 10의 배수로 나누어지는 수를 구간폭으로 하는 것이 도수분포표의 작성뿐 아니라 자료의 특성을 이해하는 데에도 도움이 된다. 위의 예에서 4.6에 가까운 정수는 5이므로 구간폭을 5로 하여 각 구간의 하한값과 상한값을 결정하는 것이 좋다. 이런 점을 고려해 제시된 자료를 이용하여 구간수가 10개, 구간폭이 5인 도수분포표를 작성하면 [표 2-3]과 같다.

한편 위나 아래의 여러 구간에 포함된 도수가 매우 적을 경우에는 최소값 구간이나 최대값 구간을 열린 구간으로 하여 균형을 맞추는 것이 좋다. 예를 들어 [표 2-4]의 도수분포표를 보면 80 이상의 구간에는 120~129의 도수 1을 제외하고는 관찰치가 없는 구간이 많다. 이러한 경우에는 [표 2-5]와 같이 최대값 구간을 열린 구간으로 하여 도수분포표를 작성하는 것이 바람직하다.

표 2-3 종업원의 승진시험성적

점수	인원수
50~55 미만	1
55~60 〃	1
60~65 〃	6
65~70 〃	18
70~75 〃	22
75~80 〃	27
80~85 〃	14
85~90 〃	19
90~95 〃	7
95~100 〃	5
합계	120

표 2-4 도수분포표

점수	인원수
30~40 미만	3
40~50 〃	4
50~60 〃	6
60~70 〃	4
70~80 〃	2
80~90 〃	0
90~100 〃	0
100~110 〃	0
110~120 〃	0
120~130 〃	1
합계	20

표 2-5 도수분포표

점수	인원수
30~40 미만	3
40~50 〃	4
50~60 〃	6
60~70 〃	4
70~80 〃	2
80 이상	1
합계	20

지금까지 도수분포표를 작성하는 방법에 대해 살펴보았다. 일반적으로 도수분포표를 작성하는 요령을 요약하면 다음과 같다.

① 구간수의 결정 : 관찰수에 따라 달라지기는 하나 대략 5~15개 정도가 적당하다.
② 구간폭의 결정 : 〈공식 2–1〉을 이용하여 구간폭을 계산한 후, 구간폭이 정수값이 되도록 조정한다.

③ 경계값의 설정 : 결정된 구간폭에 따라 모든 관찰치가 중복이 없이 하나의 구간에만 포함되도록 경계값을 설정한다. 필요에 따라서는 ~이상, ~이하 또는 ~미만 등으로 구간을 표시하거나, 최소값과 최대값의 구간을 열린 구간으로 설정하는 것이 좋다.

④ 각 구간에 속하는 관찰치의 도수를 계산하여 표시한다.

2. 상대도수, 누적도수 및 누적상대도수

도수분포표에 표시된 도수들의 상대적인 크기를 표시하기 위해 도수분포표에 상대도수를 포함시키는 경우가 있다. 상대도수란 전체 관찰수 중 각 구간의 도수가 차지하는 비율이다. 경우에 따라서는 상대도수의 백분율을 도수분포표에 표시하기도 한다.

상대도수 및 상대도수의 백분율

$$\text{상대도수} = \frac{\text{구간의 도수}(f)}{\text{전체 관찰치의 수}(N)} \quad \text{〈공식 2-2〉}$$

$$\text{상대도수의 백분율} = \frac{\text{구간의 도수}(f)}{\text{전체 관찰치의 수}(N)} \times 100 \quad \text{〈공식 2-3〉}$$

예를 들어 [표 2-3]의 도수분포표에서 75~80 미만 구간의 상대도수는 $\frac{27}{120} = 0.225$인데 이것을 백분율로 표시하면 22.5%가 된다. 이와 같이 상대도수를 계산하여 도수분포표에 포함시키면 각 구간에 포함되어 있는 도수의 비율이 어느 정도인지를 쉽게 파악할 수 있다. 상대도수는 제5장에서 다루게 될 확률의 개념과 유사하므로 명확한 이해가 필요하다.

도수분포표에 누적도수와 누적상대도수를 포함시키기도 한다. 누적도수는 특정 구간 이하에 해당하는 모든 구간의 도수 합계를 말한다. [표 2-3]의 도수분포표에서 75~80 미만 구간 이하의 누적도수는 1+1+6+18+22+27=75이다. 누적도수는 특정 구간 이하에 몇 개의 자료가 포함되어 있는가를 알고자 할 때 이용된다. 예를 들어 승진시험점수가 80점 미만인 종업원 수를 알고자 할 때는 누적도수를 살펴보면 된다.

누적상대도수는 각 구간의 누적도수를 전체 관찰수로 나눈 것으로 각 구간의 상한값보다 작거나 같은 도수의 비율을 파악하는 데 사용된다. 그러나 명목자료의 도수분포표일 경우에는 순서성이 없으므로 누적도수나 누적상대도수를 구하는 것은 의미가 없다.

[표 2-3]의 자료를 이용하여 상대도수, 누적도수, 누적상대도수를 포함시킨 도수분포표를 작성해 보면 [표 2-6]과 같다.

표 2-6 종업원의 승진시험 성적

점수	도수	상대도수	누적도수	누적상대도수
50~55 미만	1	0.0083	1	0.0083
55~60 〃	1	0.0083	2	0.0167
60~65 〃	6	0.0500	8	0.0667
65~70 〃	18	0.1500	26	0.2167
70~75 〃	22	0.1833	48	0.4000
75~80 〃	27	0.2250	75	0.6250
80~85 〃	14	0.1167	89	0.7417
85~90 〃	19	0.1583	108	0.9000
90~95 〃	7	0.0583	115	0.9583
95~100 〃	5	0.0417	120	1.0000
합계	120	1		

[예 2-1]

다음은 대학생 50명의 월간 스마트폰 사용시간을 조사한 자료이다. 이 자료를 이용하여 도수분포표를 작성하라. 그리고 상대도수, 누적도수, 누적상대도수를 계산하여 도수분포표에 나타내 보아라.

40	35	38	42	21	35	25	23	34	22
26	22	18	26	34	34	28	37	18	20
33	32	28	33	18	35	48	17	26	34
32	38	14	27	46	31	19	27	33	11
14	26	32	28	43	27	36	30	39	34

[풀이]

위 자료에서 최대값은 48이고 최소값은 11이다. 구간수를 8개로 하여 도수분포표를 작성해 보자. 구간수가 8이므로 구간폭은 다음과 같다.

$$\text{구간폭} = \frac{48-11}{8} = 4.625$$

따라서 구간폭을 반올림하여 5로 하되, 자료의 최소값 11을 포함하면서 5의 배수가 되는 10~14를 첫 구간으로 하면 좋을 것이다. 이 기준에 따라 각 구간을 정한 후

표 2-7 스마트폰 사용시간

사용시간	도수
10~15 미만	2
15~20 〃	3
20~25 〃	8
25~30 〃	14
30~35 〃	11
35~40 〃	7
40~45 〃	3
45~50 〃	2
합계	50

각 구간에 해당되는 도수를 계산하면 [표 2-7]과 같은 도수분포표를 작성할 수 있다.

[표 2-8]은 위의 도수분포표에 상대도수, 누적도수, 누적상대도수를 추가한 것이다.

표 2-8 스마트폰 사용시간

사용시간	도수	상대도수	누적도수	누적상대도수
10~15 미만	2	0.04	2	0.04
15~20 〃	3	0.06	5	0.10
20~25 〃	8	0.16	13	0.26
25~30 〃	14	0.28	27	0.54
30~35 〃	11	0.22	38	0.76
35~40 〃	7	0.14	45	0.90
40~45 〃	3	0.06	48	0.96
45~50 〃	2	0.04	50	1.00
합계	50	1.00		

제2절 도수분포표의 그래프화

무질서하게 나열된 자료를 도수분포표의 형태로 바꾸면 자료의 특성을 쉽게 파악할 수 있다. 그러나 숫자로 이루어진 도수분포표보다 이를 시각화하여 그래프로 나타내면 자료의 전체적인 구조와 산포정도, 시간에 따른 변동추이 등을 좀 더 쉽게 파악할 수 있다. 다음은 일반적으로 많이 사용되는 그래프들의 예이다.

1. 막대그래프

막대그래프(bar chart)는 범주화된 질적 자료 또는 이산적 자료를 그래프로 나타내는 데 가장 많이 사용된다. 예를 들어 경영학과 학생 40명을 대상으로 아버지의 직업을 조사하여 도수분포표를 작성한 결과가 [표 2-9]와 같다고 하자. 이 도수분포표를 막대그래프로 그려 보면 [그림 2-1]과 같다.

표 2-9 아버지의 직업별 도수

직업	도수
사무직	8
생산직	16
자영업	12
기타	4
합계	40

그림 2-1 아버지의 직업별 도수

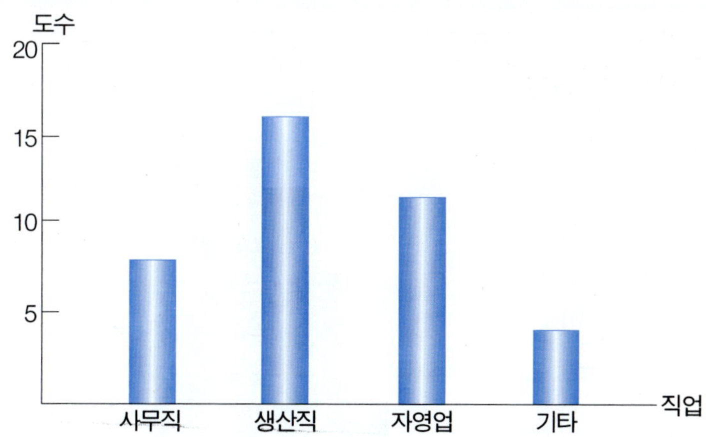

2. 히스토그램

히스토그램(histogram)은 연속적인 양적 자료의 도수분포표를 그래프화할 때 주로 사용된다. 히스토그램은 막대그래프와 유사하지만 막대 간에 간격이 없다는 점에서 차이가 있다. 20명을 대상으로 한 승진시험의 결과가 [표 2–10]과 같다고 하자. 이 도수분포표를 히스토그램으로 그려 보면 [그림 2–2]와 같다.

표 2-10 승진시험 결과

점수	인원
30~40 미만	1
40~50 〃	4
50~60 〃	7
60~70 〃	5
70~80 〃	3
합계	20

그림 2-2 승진시험 결과

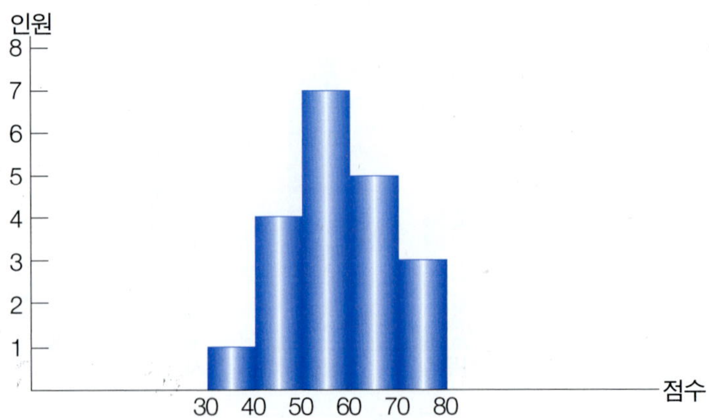

3. 꺾은선그래프

꺾은선그래프(run chart)는 도수를 점으로 표시하고 이 점들을 선으로 연결한 그래프이다. 꺾은선그래프는 시간에 따라 주기적으로 발생하는 시계열 자료, 예를 들어 월별 매출액, 일일주가지수의 변화 등과 같이 자료가 시간의 흐름에 따라 연속적으로 변화할 때 그 변화의 정도를 파악하는 데 유용하다. 꺾은선그래프는 일반적으로 시간의 흐름을 수평축에 나타내고 관찰수나 지수를 수직축에 나타낸다. [그림 2-3]은 꺾은선그래프의 예이다.

그림 2-3 월별 판매량

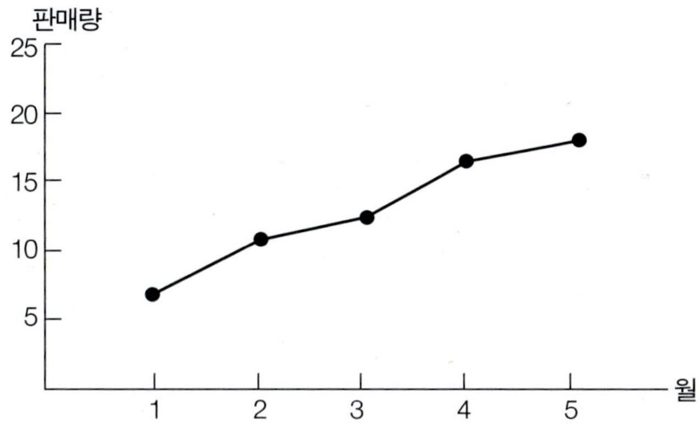

4. 원그래프

원그래프(pie chart)는 질적 자료의 도수 또는 상대도수를 면적으로 나타낸 것이다. 원그래프는 12시 방향을 기점으로 하여 자료의 도수가 큰 순서에 따라 시계바늘의 회전 방향 또는 그 반대 방향으로 표시하는 것이 보통이다.

그림 2-4 제조업체 현황

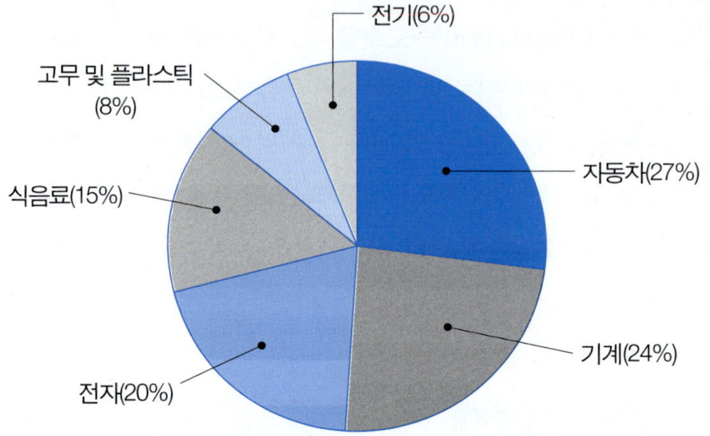

연 · 습 · 문 · 제

2-1 **다음 각 문항에 대하여 맞으면 O, 틀리면 X를 표시하라.**

① 도수분포표는 구간(계급)과 도수(빈도)로 이루어져 있다.

② 상대도수란 각 구간의 도수를 도수의 합계로 나눈 것을 말한다.

③ 누적도수는 특정 구간 이하에 해당하는 구간의 도수를 모두 합한 것이다.

④ 도수분포표의 상대도수는 확률이라고 할 수 없다.

⑤ 양적 자료로 만들어진 도수분포표의 구간은 크기순으로 정렬되어 있어야 한다.

⑥ 모든 도수분포표는 그래프로 표시할 수 있다.

⑦ 도수분포표에서 상대도수의 합은 항상 0이 된다.

⑧ 도수분포표를 작성하는 첫 단계는 구간폭을 정하는 것이다.

⑨ 도수분포표의 구간폭은 자료의 범위를 구간수로 나누어 정한다.

2-2 **다음 자료에서 X_i는 변수 X의 관찰치 중 i번째 자료를 의미한다.**

X_i : 21 35 39 18 56 21 29 15

① X_3의 값은? ② X_7의 값은?

③ $X_1+X_4+X_7$ ④ $\sum_{i=1}^{8} X_i$

2-3 **다음은 모 대학교 1학년 학생 100명이 1주일 동안에 사용한 휴대전화의 문자메시지 건수이다.**

176	144	162	12	108	28	176	121	70	78
20	182	48	173	122	149	12	36	17	106
44	99	97	174	141	105	51	105	192	137

68	36	195	30	13	36	25	82	56	163
71	110	129	179	187	121	35	100	48	122
110	60	50	172	91	192	198	48	60	116
101	161	21	127	186	98	175	137	13	183
125	24	118	184	153	165	161	67	67	172
193	147	74	193	161	84	131	57	127	136
164	116	197	86	107	44	50	199	158	11

① 이 자료의 최소값과 최대값은?

② 이 자료를 이용하여 구간수가 10개인 도수분포표를 작성하고 상대도수를 계산하라.

③ 위의 도수분포표에 누적도수와 누적상대도수를 계산하라.

2-4 다음 자료는 우리나라 중학교 농구선수 100명의 키를 조사한 자료이다.

169	197	168	176	179	184	173	172	177	166	200	161	188	189
165	195	196	163	166	172	161	167	167	180	169	170	172	186
193	177	208	169	186	167	189	187	172	174	189	170	202	170
171	180	178	180	176	179	175	178	181	187	177	168	185	189
166	173	177	173	177	188	175	194	175	162	194	192	180	187
179	190	174	183	178	167	196	170	180	168	181	184	195	204
185	183	182	172	182	174	184	191	160	183	175	192	171	176
178	182												

① 이 자료의 최소값과 최대값은?

② 이 자료를 이용하여 구간수가 10개인 도수분포표를 작성하고 상대도수를 계산하라.

2–5

형제나 자매가 많은 가정에서 자란 사람들은 그렇지 않은 가정에서 자란 사람들보다 사회성이 높다고 한다. 다음은 어느 중소기업에 근무하는 종업원들의 형제자매수를 조사한 자료이다.

3 2 3 1 1 2 2 4 3 2 5 2 3 1 4 3 2 4 2 1

5 1 2 3 3 2 2 4 1 2 3 2 3 2 1 5 2 3 1 2

① 이 자료를 이용하여 도수분포표를 작성하고 상대도수를 계산하라.

② 형제자매수가 3명인 종업원은 전체의 몇 %인가?

③ 형제자매수가 4명 이상인 종업원은 전체의 몇 %인가?

2–6

다음은 어느 지방 공업단지에 소재한 중소기업 중간관리자의 월평균 급여에 관한 자료를 도수분포표로 작성한 것이다.

월평균 급여 (단위 : 만원)	도수
101 ~ 120 미만	2
120 ~ 140 미만	22
140 ~ 160 미만	28
160 ~ 180 미만	35
180 ~ 200 미만	56
200 ~ 220 미만	68
220 ~ 240 미만	54
240 ~ 260 미만	18
260 ~ 280 미만	15
280 ~ 300 미만	2
합계	300

① 위 도수분포표의 상대도수, 누적도수, 누적상대도수를 구하라.

② 전체 중간관리자 중 월평균 급여가 160만원 이상 180만원 미만인 관리자의 비율은 얼마인가?

③ 한 관리자를 임의로 선정했을 때, 그 관리자의 월평균 급여가 200만원 미만일 가능성은 얼마인가?

④ 전체 중간관리자 중 월평균 급여가 160만원 미만인 관리자의 비율은?

2-7 **다음은 모 대학교 경영학과 재학생 100명의 월평균 용돈을 조사하여 작성한 도수분포표이다.**

평균 용돈(단위 : 만원)	도수
1 ~ 10 미만	13
10 ~ 20 미만	18
20 ~ 30 미만	31
30 ~ 40 미만	22
40 ~ 50 미만	11
50 ~ 60 미만	5
합계	100

① 위 도수분포표의 상대도수, 누적도수, 누적상대도수를 구하라.

② 전체 학생 중 용돈이 10만원 이상 20만원 미만인 학생의 비율은 얼마인가?

③ 한 학생을 임의로 선정했을 때, 그 학생의 월평균 용돈이 30만원 이상일 가능성은 얼마인가?

④ 전체 학생 중 월평균 용돈이 40만원 미만인 학생의 비율은?

P·a·r·t

03

특성치에 의한 자료의 요약

P·a·r·t

03 특성치에 의한 자료의 요약

제2장에서는 자료를 정리·요약하여 자료의 특성을 파악하는 데 사용되는 도수분포표와 그래프에 대해 살펴보았다. 도수분포표와 그래프는 자료의 특성을 쉽게 이해하는 데 도움을 준다. 그러나 경우에 따라서는 자료 이용자들의 객관적인 판단과 비교를 위해 자료의 특성을 하나의 수치로 간결하게 표현하기도 한다. 예를 들어 "요즘 대학생들은 보통 한 달에 30만원 가량의 용돈을 쓸 거야", "지난달 주가지수의 변동폭이 100이나 되었다던데"라는 말과 같이 우리는 평소 한두 마디로 자료의 특성을 요약하여 표현한다. 이와 같이 자료의 특성을 하나의 수치로 요약한 것을 특성치라고 한다.

통계학에서 주로 사용되는 특성치에는 자료의 중심을 나타내는 중심화 경향치와 자료의 흩어진 정도를 나타내는 산포도가 있다. 그리고 중심화 경향치에는 최빈치, 중앙치, 산술평균 등이 있으며, 산포도에는 범위, 사분범위, 분산, 표준편차 등이 있다. 이 장에서는 특성치로 자료의 특성을 요약하는 방법에 대해 살펴보기로 한다.

제1절 중심화 경향치

우리가 일상생활에서 흔히 사용하는 '보통', '대개', '일반적으로'라는 표현은 중심화 경향을 내포하고 있는 말들이다. 중심화 경향치(measure of central tendency)란 자료의 중심을 나타내거나 자료를 대표하는 수치, 즉 대표값을 말한다. 중심화 경향치에는 최빈치, 중앙치, 산술평균 등이 있다.

1. 최빈치

최빈치(mode)란 단어가 뜻하는 것처럼 자료에서 나타난 빈도가 가장 많은 관찰치를 말한다. 예를 들어 어느 네트워크 장비 제조기업에서 근무하는 판매원 11명의 월간 판매량이 다음과 같다고 하자. 이 자료에서 최빈치는 나타난 빈도가 가장 많은 판매량 24이다.

22	24	24	24	25	27	30	33	35	35	40

매스컴에서 발표되는 조사 결과들은 최빈치로 표시되는 경우가 많다. 예를 들어 "60대 부모에게 자녀로부터 가장 받고 싶은 선물을 물었더니 스마트폰을 꼽은 사람이 응답자 100명 중 40명으로 가장 많았다"는 설문 결과가 있다고 하자. 여기에서 최빈치는 도수 40이 아니라 스마트폰이다.

다른 예를 들어보자. 어떤 가전제품 판매점에서는 지난 한 달 동안 판매된 냉장고를 용량별로 분류하여 [표 3-1]과 같은 도수분포표를 얻었다고 한다. 이 표에서 보면 480리터 냉장고가 10대로 가장 많이 팔렸기 때문에 최빈치는 480리터 냉장고가 된다. 여기서 유의해야 할 점은 도수 10이 최빈치가 아니라 가장 많은 도수를 보인 480

표 3-1 냉장고 용량별 판매수량

냉장고 용량	판매수량
180리터	2
340리터	9
480리터	10
600리터	4
합계	25

리터 냉장고라는 점이다.

[표 3-1]은 냉장고의 용량에 따라 분류된 명목자료로 작성되었다. 이와 같이 자료의 형태가 명목자료일 때는 다른 중심화 경향치를 계산할 수 없기 때문에 최빈치가 대표치로 사용된다. 또한 최빈치는 간단하게 계산할 수 있으므로 중심화 경향치의 정확도가 그다지 중요하지 않을 경우 자주 사용되는 대표치이다.

그러나 최빈치가 자료를 충분히 대표하는가에 대해서는 의문이 있을 수 있다. 위의 예에서 보듯이 480리터 냉장고가 10대, 340리터 냉장고가 9대 팔렸다면 단순히 1대의 차이로 480리터 냉장고를 대표값으로 보는 데는 문제가 있다고 할 수 있다. 뿐만 아니라 자료에 따라서는 최빈치가 없거나 또 두 개 이상이 있을 수도 있다. 이러한 경우에는 최빈치가 아닌 다른 중심화 경향치를 이용해야 한다.

2. 중앙치

중앙치(median)란 전체 자료를 크기 순서로 나열했을 때 중앙에 위치하는 값을 말한다. 중앙치를 구하기 위해서는 먼저 자료의 중앙의 위치를 찾아야 한다. 자료를 크기 순서로 나열했을 때 중앙의 위치는 다음과 같은 공식에 의해 계산한다.

중앙의 위치 계산

$$\text{중앙의 위치} = \frac{N+1}{2} \qquad \langle\text{공식 3-1}\rangle$$

N: 관찰수

예를 들어 어느 자동차영업점에서 판매원 9명의 월간 판매량을 크기 순서에 따라 정리한 결과가 다음과 같다고 하자.

22	24	24	25	27	30	31	35	40

여기에서 중앙의 위치는 $\frac{9+1}{2}$=5이므로 중앙치는 5번째 위치하는 자료 27이 된다. 만일 자료의 수가 짝수 개일 경우 중앙치는 중앙에 위치한 두 값의 중간값이 된다. 예를 들어 다음과 같이 판매원 10명의 월간 판매량을 크기 순서대로 정리하였다고 하자.

22	24	24	25	27	30	31	35	40	42

이 자료의 중앙의 위치는 $\frac{10+1}{2}$=5.5 이므로, 중앙치는 5번째와 6번째의 자료, 즉 27과 30의 가운데 값인 28.5가 된다.

중앙치를 구하려면 자료를 크기순으로 나열할 수 있어야 하므로 명목자료에 대해서는 사용할 수 없고, 서열자료와 양적 자료(등간자료, 비율자료)에만 사용할 수 있다. 또한 중앙치는 일부 자료의 값이 달라지더라도 크게 바뀌지 않는 경향이 있다. 위의 예에서 수치 42가 38로 달라지더라도 중앙치는 여전히 28.5로 바뀌지 않는다.

3. 평균

평균(average)은 산술평균(arithmetic mean)이라고도 하는데 통계학에서 가장 많이 사용되는 중심화 경향치이다. 일상생활에서도 평균은 매우 많이 사용된다. 예를 들어 평균 타율, 평균 교통사고건수, 평균 강우량, 1인당 국민소득 등은 평균을 중심화 경향치로 사용한 것이다.

평균은 모든 관찰치들의 합계를 관찰수로 나눈 것이다. 먼저 모집단의 평균에 대해 살펴보자. N개로 구성된 모집단의 첫 번째 관찰치를 X_1, 두 번째 관찰치를 X_2, ⋯, N번째 관찰치를 X_N이라고 할 때 모집단평균 μ(뮤)는 다음과 같이 계산된다.

모집단의 평균

$$\mu=\frac{\Sigma X_i}{N}=\frac{X_1+X_2+\cdots+X_N}{N}$$ 〈공식 3-2〉

[예 3-1]

어떤 대형 유통체인 10개 점포의 월간 매출액을 조사한 결과가 다음과 같다고 하자. 월간 매출액의 평균을 구해 보아라.(단위 : 억원)

22	24	24	25	27	30	31	35	40	42

[풀이]

$$\mu=\frac{\Sigma X_i}{N}=\frac{22+24+24+25+27+30+31+35+40+42}{10}=30$$

위의 예에서 계산된 30(억원)은 모집단 전체를 대상으로 한 것이므로 모집단의 평균이다. 이와 같이 모집단의 크기가 작은 경우에는 모집단의 평균을 쉽게 구할 수 있다. 그러나 제1장에서 설명하였듯이 모집단이 매우 커서 자료를 수집하는 데 어려움이 있는 경우에는 모집단에서 일부를 표본으로 뽑아 그 표본의 평균을 계산하여 모집단평균을 추정한다. 이때 N개로 구성된 모집단에서 n개의 표본을 뽑았을 때 표본의 첫 번째 관찰치를 X_1, 두 번째 관찰치를 X_2, $\cdots$, n번째 관찰치를 X_n이라고 하면, 표본 평균 $\overline{X}$ (엑스 바)는 다음과 같이 계산한다.

표본의 평균

$$\overline{X}=\frac{\Sigma X_i}{n}=\frac{X_1+X_2+\cdots+X_n}{n}$$ 〈공식 3-3〉

[예 3-2]

스마트폰을 제조하는 하나전자는 고객들이 어느 정도 주기로 스마트폰을 교체하는지를 파악하기 위해 이동통신사의 가입고객 7명을 뽑아 그들의 스마트폰 교체 주기를 조사하였다. 고객들의 평균 스마트폰 교체주기는 몇 개월인가?

28	40	30	33	27	42	38

[풀이]

$$\overline{X}=\frac{\Sigma X_i}{n}=\frac{28+40+30+33+27+42+38}{7}=34(\text{개월})$$

표본평균은 모집단평균과 계산방법이 동일하지만 그 성격은 매우 다르다. 모집단평균은 하나의 값을 갖는 고정된 상수인 반면, 표본평균은 모집단으로부터 표본이 어떻게 선택되느냐에 따라 값이 달라지는 변수이다.

4. 분포의 모양과 중심화 경향치 간의 관계

자료를 분포로 나타내었을 때 분포의 모양에 따라 평균, 중앙치, 최빈치 간의 상대적인 위치를 추측할 수 있다. [그림 3-1]의 (a)에서처럼 분포의 모양이 좌우대칭일 경우에는 평균, 중앙치 및 최빈치는 모두 동일한 값을 가진다. 그러나 [그림 3-1]의 (b)와 (c)에서 보는 것처럼 자료의 분포가 좌측으로 긴 꼬리를 가지면 좌측으로부터 차례로 평균, 중앙치, 최빈치가 위치하고, 자료의 분포가 우측으로 긴 꼬리를 가지면 우측으로부터 차례로 평균, 중앙치, 최빈치가 위치한다. 이를 역으로 생각하면 평균, 중앙치, 최빈치의 위치에 따라 분포의 비대칭 정도를 파악할 수 있다.

그림 3-1 분포의 모양에 따른 중심화 경향치의 위치

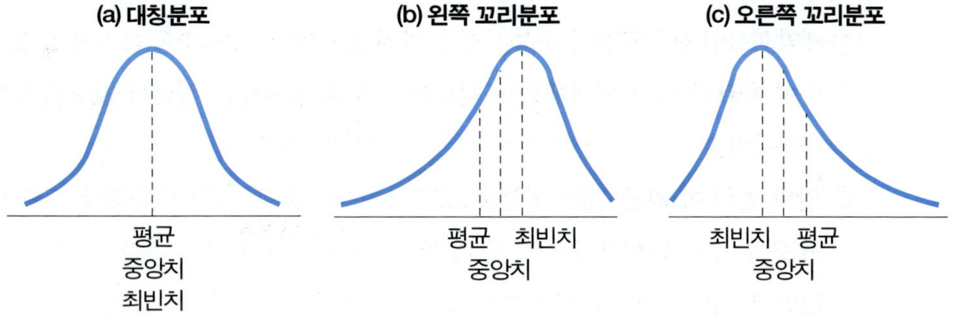

5. 중심화 경향치의 선택

최빈치, 중앙치, 평균 중 자료의 특성을 나타내는 데 가장 좋은 중심화 경향치는 무엇일까? 일반적으로 평균은 여러 가지 수학적인 조작이 가능하므로 통계분석에서 가장 많이 사용되는 중심화 경향치이다. 그러나 어느 자료에서나 평균을 사용할 수 있는 것은 아니며 자료의 성격에 따라 적절한 중심화 경향치를 선택해야 한다.

평균은 모든 관찰치의 영향을 받기 때문에 자료에 극단적인 관찰치가 있는 경우에는 적절하지 않다. 예를 들어 판매원 7명의 월 자동차 판매량을 조사하여 다음과 같은 자료를 얻었다고 하자.

8	8	14	16	18	24	80

이 자료에서 보면 판매원 중 1명이 나머지 7명에 비해 월등히 높은 판매량을 보이고 있기 때문에 평균은 중심화 경향치로 적합하지 않다. 이 7명의 평균을 계산해 보면 24인데 이 수치가 이들의 판매량을 적절히 반영한다고 보기는 어렵다. 그러면 최빈치를 중심화 경향치로 사용할 수 있을까? 이 자료에서 최빈치는 8인데 이것은 너무 한편으로 치우쳐 있다. 따라서 최빈치 역시 중심화 경향치로는 적합하지 않다. 이

자료에서는 평균이나 최빈치보다는 중앙치인 16을 중심화 경향치로 사용하는 것이 바람직하다. 자료가 극단적인 값을 포함하고 있을 때라도 중앙치는 극단적인 값의 영향을 받지 않기 때문이다.

한편 명목자료는 크기를 비교할 수 없으므로 중앙치나 평균을 계산할 수 없다. 따라서 명목자료의 유일한 중심화 경향치는 최빈치이다. 예를 들어 어떤 고등학교에서 학생 40명을 대상으로 좋아하는 스포츠에 대해 질문한 결과 다음과 같은 자료를 얻었다고 하자.

취미	축구	농구	야구	배구	기타
학생수	3	20	8	4	5

이 자료를 가지고 스포츠에 관해 평균을 계산하거나 중앙치를 찾는 것은 의미가 없는 일이다. 이러한 경우 학생들의 선호하는 스포츠를 대표할 수 있는 것은 최빈치로서 가장 많은 학생들이 가지고 있는 스포츠 농구이다.

또한 서열자료의 경우에도 평균을 사용하는 것은 의미가 없다. 서열자료는 등간성이 없어 평균을 계산할 수 없으므로 중심화 경향치로 중앙치나 최빈치를 사용해야 한다. 예를 들어 어떤 고등학생의 월별 석차가 다음과 같다고 하자.

월	3	4	5	6	7
석차	15	22	13	18	25

이 학생의 석차를 대표하는 수치는 중앙치인 18등이 되어야 한다. 왜냐하면 등수를 더하거나 등수의 합계를 정수로 나누는 것은 의미가 없기 때문이다.

이상과 같이 주어진 자료로부터 적절한 중심화 경향치를 선택할 때에는 자료의 성격이나 계산의 용이성 그리고 요구되는 정확도 등을 고려해야 한다.

제2절 산포도

산포도(degree of dispersion)란 자료가 흩어져 있는 정도를 나타내는 값으로, 중심화 경향치와 더불어 매우 중요한 특성치이다. 산포도의 예를 들어 보자. 중견기업인 A기업과 B기업의 지난 10분기 동안의 영업이익이 다음과 같다고 하자.(단위 : 억원)

분기	1	2	3	4	5	6	7	8	9	10	평균
A기업	65	68	65	72	70	70	75	67	73	75	70
B기업	60	65	80	64	70	85	55	81	66	74	70

이 자료에 의하면 A기업과 B기업 영업이익의 평균은 70억원으로 같다. 그러나 [그림 3-2]에서 보는 것처럼 A기업 영업이익은 평균 부근에 집중되어 있어 산포도가 작지만, B기업 영업이익은 평균 70억을 중심으로 상당히 흩어져 있어 산포도가 크다. 즉 A기업 영업이익은 안정성이 강하며 고르지만, B기업 영업이익은 안정성이 약하며 고르지 않다는 것을 알 수 있다.

그림 3-2 두 기업의 영업이익 분포

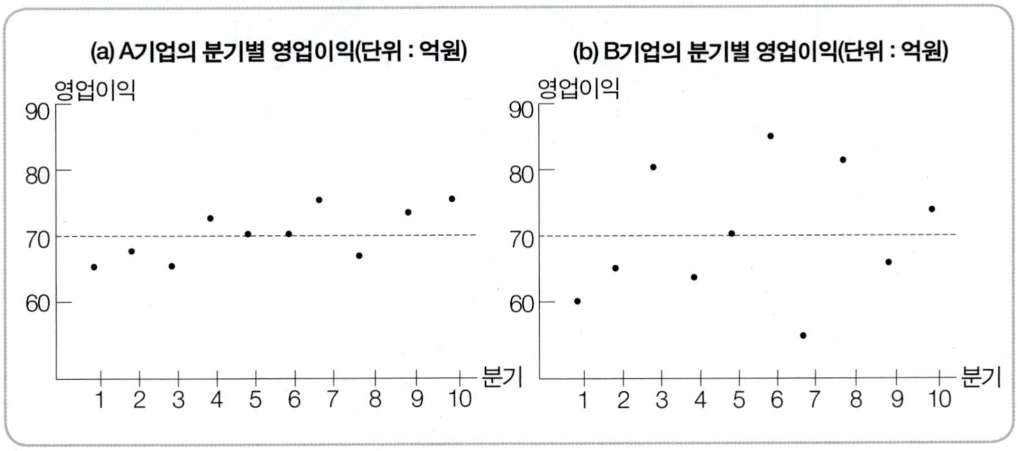

어떤 자료의 특성을 완전히 이해하기 위해서는 중심화 경향치뿐만 아니라 산포도를 고려해야 하는 경우가 많다. 예를 들어 평균 성적이 동일하더라도 성적의 변동이 심한 학생과 그렇지 않은 학생에 대해서는 각각 다른 교육방법을 사용해야 한다. 또한 주식투자를 할 때 평균 수익률이 동일하다면 수익률의 산포도가 작아서 안정성이 높은 주식을 선택하는 것이 바람직하다.

[그림 3-3]은 평균은 같지만 산포도에 차이가 있는 두 분포를 보여 준다. 그림에서 집단 A는 집단 B에 비해 자료의 산포도가 더 작은 것을 알 수 있다. 나중에 살펴보겠지만 산포도가 작다는 것은 자료가 평균의 주변에 모여 있으므로 표본의 평균을 신뢰하여도 위험이 크지 않다는 것을 의미한다. 산포도를 나타내는 특성치에는 범위, 사분범위, 분산, 표준편차 등이 있다.

그림 3-3 평균은 동일하지만 산포도가 다른 두 분포

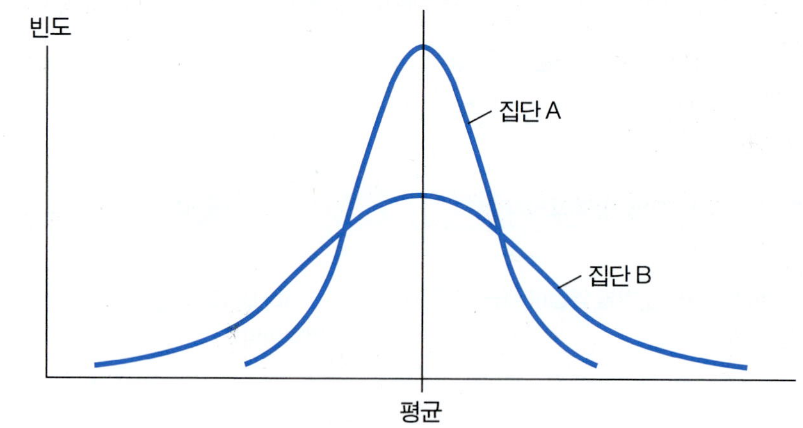

1. 범위

범위(range)란 자료의 최대값과 최소값의 차이를 말하는 것으로서 산포도를 알아보는 가장 단순한 방법이다. 범위는 자료가 가지고 있는 전체적인 폭을 나타내므로 범위가 큰 자료는 산포도가 크고, 범위가 작은 자료는 산포도가 작다고 할 수 있다.

[예 3-3]

[예 3-2]의 자료를 이용하여 고객들의 스마트폰 교체주기의 범위를 구해 보자.

[풀이]

이 자료에서 교체주기가 가장 긴 고객은 42개월, 가장 짧은 고객은 27개월이므로 범위는 $42-27=15$개월이다.

범위는 최소값과 최대값이라는 극단적인 두 값에 의해 결정되므로 이 두 값의 변화에 매우 민감하다. 따라서 산포도의 정확성도 그만큼 낮다. 또한 범위로는 두 값 사이의 분포의 모양을 알 수 없으므로 개략적으로 산포도를 살펴보는 데 주로 이용된다.

2. 사분범위

사분범위(quartile range)란 자료를 크기 순서로 나열했을 때 전체 자료 중 1사분위수(Q_1)와 3사분위수(Q_3)의 차이의 절반에 해당하는 값을 말하며, 다음의 공식에 의해 구한다.

사분범위의 계산

$$\text{사분범위} = \frac{Q_3 - Q_1}{2} \quad \langle\text{공식 3-4}\rangle$$

$$1\text{사분위수}(Q_1) : \frac{N+3}{4}\text{지점의 관찰치}$$

$$3\text{사분위수}(Q_3) : \frac{3N+1}{4}\text{지점의 관찰치}$$

여기에서 1사분위수(Q_1)와 3사분위수(Q_3)는 자료를 크기순으로 배열하였을 때 [그림 3-4]와 같이 표시된다.

그림 3-4 사분위수와 사분범위

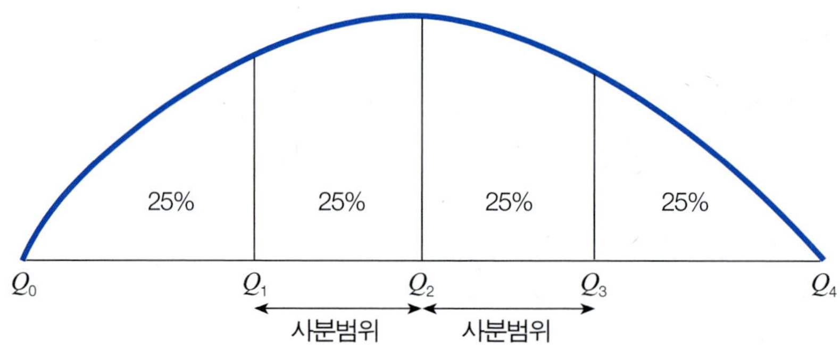

이 그림에서 Q_0는 최소값이고 Q_4는 최대값을 나타내는데, 최소값의 위치는 1이고, 최대값의 위치는 N이다. Q_2는 첫 번째 관찰치와 마지막 N번째 관찰치의 중앙치로 $\frac{N+1}{2}$지점의 값이다. 그리고 1사분위수(Q_1)는 첫 번째 관찰치와 Q_3의 중앙에 위치하므로, $\left(1+\frac{N+1}{2}\right)/2=\frac{N+3}{4}$ 지점의 값이 된다. 또한 3사분위수(Q_3)는 Q_2와 N번째 관찰치의 중앙에 위치하므로, $\left(\frac{N+1}{2}+N\right)/2=\frac{3N+1}{4}$지점의 값이 된다.

사분범위를 계산하기 위해서는 먼저 Q_1과 Q_3의 위치를 찾고, 그 위치에 해당하는

Q_1과 Q_3의 값을 계산해야 한다. 여기에서 사분위수의 위치는 자료의 수에 따라 달라진다는 점을 주의해야 한다.

[예 3-2]의 스마트폰 교체주기에 관한 자료를 이용하여 사분범위를 구해 보자. 사분범위를 구하기 위해 자료를 크기 순서대로 나열하면 다음과 같다.

27 28 30 33 38 40 42

자료를 크기 순서로 나열했을 때 1사분위수 Q_1의 위치와 3사분위수 Q_3의 위치는 다음과 같이 구할 수 있다.

$$Q_1\text{의 위치} = \frac{N+3}{4} = \frac{10}{4} = 2.5$$

$$Q_3\text{의 위치} = \frac{3N+1}{4} = \frac{22}{4} = 5.5$$

이 자료로부터 2.5번째 위치에 해당하는 관찰치 Q_1과 5.5번째 위치에 해당하는 관찰치 Q_3은,

$$Q_1 = 28 + (30-28) \times 0.5 = 29$$

$$Q_3 = 38 + (40-38) \times 0.5 = 39$$

그러므로 사분범위는 $\frac{Q_3 - Q_1}{2} = \frac{39-29}{2} = 5$가 된다.

범위가 자료의 산포도를 아주 개략적으로 보여 주는 데 반해 사분범위는 자료가 중앙치를 중심으로 어느 정도 흩어져 있는가를 보여 주므로 범위에 비해 상대적으로 안정성이 높다고 할 수 있다.

[예 3-4]

어느 중소기업에 근무하는 종업원 10명의 제품 생산대수를 조사한 결과 다음과 같은 자료를 얻었다. 이 회사 종업원 제품 생산대수의 사분범위를 구해 보아라.

120 140 120 160 90 120 110 160 100 80

[풀이]

이 자료를 크기 순서대로 나열하면 다음과 같다.

80 90 100 110 120 120 120 140 160 160

1사분위수 Q_1의 위치와 3사분위수 Q_3의 위치는 다음과 같이 구할 수 있다.

$$Q_1\text{의 위치}=\frac{N+3}{4}=\frac{13}{4}=3.25$$
$$Q_3\text{의 위치}=\frac{3N+1}{4}=\frac{31}{4}=7.75$$

이 자료로부터 3.25번째의 위치에 해당하는 관찰치 Q_1과 7.75번째의 위치에 해당하는 관찰치 Q_3은 다음과 같이 계산된다.

$$Q_1=100+(110-100)\times 0.25=102.5$$
$$Q_3=120+(140-120)\times 0.75=135$$

따라서,

$$\text{사분범위}=\frac{Q_3-Q_1}{2}=\frac{135-102.5}{2}=16.25$$

3. 분산과 표준편차

분산(variance)과 표준편차(standard deviation)는 통계학에서 평균과 함께 가장 많이 사용되는 산포도의 특성치이다. 자료의 산포도를 파악하기 위해서는 특정한 관찰치가 자료의 중심인 평균에서 얼마나 멀리 떨어져 있는지를 살펴보아야 한다. 여기에서 특정한 관찰치와 평균의 차이를 편차(deviation)라고 한다.

편차 = 관찰치 − 평균

분산과 표준편차는 자료의 흩어진 정도가 크면 클수록 편차가 커진다는 점을 이용해 계산한다. 분산은 편차를 제곱하여 그 합계를 구한 후, 이를 전체 관찰수로 나누어 얻은 값이다. 그리고 표준편차는 분산에 제곱근을 취한 것이다.

앞에서 평균을 모집단평균 μ와 표본평균 $\overline{X}$로 구분한 것처럼, 분산과 표준편차 역시 모집단의 분산와 표준편차 그리고 표본의 분산와 표준편차으로 구분한다. 그리고 모집단의 분산과 표준편차를 각각 σ^2, σ로 표시하고, 표본의 분산과 표준편차를 각각 S^2, S로 표시한다.

먼저 모집단의 분산과 표준편차에 대해 살펴보기로 하자. N개로 구성된 모집단의 첫 번째 관찰치를 X_1, 두 번째 관찰치를 X_2, …, N번째 관찰치를 X_N이라고 할 때 모집단의 분산 σ^2은 다음과 같이 계산한다.

모집단의 분산

$$\sigma^2 = \frac{\Sigma(X_i - \mu)^2}{N}$$ 〈공식 3-5〉

[예 3-4]의 자료를 모집단 자료라고 가정하고 모집단분산을 계산해 보자.

120	140	120	160	90	120	110	160	100	80

분산을 구하기 위해서는 먼저 평균을 알아야 한다. 그리고 각 관찰치에서 평균을 뺀 편차를 구한 후 이를 다시 제곱하여 평균을 구하면 된다. 종업원의 평균 제품 생산 대수를 구해 보면 120대이다. 따라서,

$$\sigma^2 = \frac{1}{10}\{(120-120)^2+(140-120)^2+(120-120)^2+(160-120)^2 +(90-120)^2+(120-120)^2+(110-120)^2+(160-120)^2 +(100-120)^2+(80-120)^2\}$$

$$= \frac{1}{10} \times 6{,}600 = 660$$

분산을 계산할 때 편차를 제곱하는 이유는 편차의 합계가 항상 0이 되기 때문이다. 즉 $\Sigma(X_i - \mu) = 0$이다. 그러므로 편차의 합계로는 자료의 산포도를 알 수 없다. 이와 같은 문제를 해소하기 위해 편차를 제곱하게 되는데, 이 편차제곱의 합을 관찰수로 나눈 것, 즉 편차제곱의 평균이 바로 분산이다. 그러므로 분산은 모든 관찰치가 평균과 동일한 경우를 제외하고는 반드시 0보다 큰 값을 가진다. 그리고 관찰치가 평균 가까이에 몰려 있을수록 분산은 0에 가까워지며, 관찰치가 평균에서 멀리 떨어져 있을수록 분산은 커진다.

그러나 분산은 편차제곱의 평균이기 때문에 분산의 단위가 원래 자료의 단위와 달라져 분산을 원래의 관찰치와 비교할 수 없다. 예를 들어 사람들의 키를 cm로 측정하여 분산을 구하는 경우 분산의 단위는 키의 단위인 cm와는 다른 면적의 단위인 cm^2가 되어 버린다. 이러한 문제를 해소하기 위해서는 원래 자료의 단위와 일치하도록 분산의 단위를 수정할 필요가 있는데 그 방법은 분산에 제곱근을 취하는 것이다. 이와 같이 분산에 제곱근을 취하여 얻은 값을 표준편차라고 한다.

$$\text{표준편차} = \sqrt{\text{분산}}$$

모집단의 표준편차

$$\sigma = \sqrt{\sigma^2} = \sqrt{\frac{\Sigma(X_i - \mu)^2}{N}}$$ 〈공식 3-6〉

표준편차는 분산과 더불어 자료의 산포도를 나타내는 특성치로서 그 단위가 평균이나 원래 자료의 단위와 일치하기 때문에 비교가 가능하다. [예 3-4]의 자료를 가지고 표준편차를 구해 보면 다음과 같다.

$$\sigma = \sqrt{660} = 25.69$$

표본의 분산이나 표준편차를 계산할 때는 모집단의 평균 μ 대신 표본의 평균 $\overline{X}$를 사용한다. 전체 크기가 N인 모집단에서 n개의 표본을 뽑았을 때, 이 표본의 분산 S^2은 다음과 같은 방법으로 구한다.

표본의 분산

$$S^2 = \frac{\Sigma(X_i - \overline{X})^2}{n-1}$$ 〈공식 3-7〉

위의 공식에서 보면 표본의 분산은 편차제곱의 합계를 표본의 크기 n에서 1을 뺀 값, 즉 $n-1$로 나누어 계산한다. 이 $n-1$을 자유도(degrees of freedom)라고 한다. 자유도의 개념을 이해하기는 쉽지 않으나, 표본분산을 구하기 위해 표본의 크기 n이 아니라 자유도 $n-1$로 편차제곱의 합을 나누는 이유는 이렇게 구한 표본분산이 모집단 분산을 추정하는 데 더 적절하기 때문이다.

한편 표본의 표준편차는 표본분산에 제곱근을 취한 것으로 계산공식은 다음과 같다.

표본의 표준편차

$$S=\sqrt{S^2}=\sqrt{\frac{\Sigma(X_i-\overline{X})^2}{n-1}}$$ 〈공식 3-8〉

[예 3-5]

[예 3-4]의 자료가 표본조사를 통해 얻은 것이라고 가정하고 표본분산과 표본표준편차를 계산하여 보아라.

[풀이]

$$S^2=\frac{1}{9}\{(120-120)^2+(140-120)^2+(120-120)^2+(160-120)^2$$
$$+(90-120)^2+(120-120)^2+(110-120)^2+(160-120)^2$$
$$+(100-120)^2+(80-120)^2\}$$
$$=\frac{1}{9}\times 6{,}600=733.33$$
$$S=\sqrt{733.33}=27.08$$

4. 도수분포표에서 평균, 분산, 표준편차의 계산

도수분포표는 자료를 알아보기 쉽게 정리하는 데 사용되는 표이다. 그러나 구간을 정하여 정리된 도수분포표에서는 원자료의 관찰치를 알 수 없으므로 평균이나 분산을 구할 수 없다. 이 경우에는 각 구간의 중간값을 각 구간 자료의 대표값으로 간주해 개략적인 평균이나 분산을 구한다.

예를 들어 어느 중소기업에 근무하는 종업원들의 월 임금을 조사하여 [표 3-2]와 같은 도수분포표를 작성하였다고 하자.

표 3-2 종업원의 월 임금 (단위 : 만원)

임금	도수
130~150 미만	8
150~170 미만	11
170~190 미만	17
190~210 미만	19
210~230 미만	11
230~250 미만	6
250~270 미만	4
270~290 미만	4
합계	80

위의 도수분포표에서 각 구간에 포함된 각 관찰치들의 값은 알 수 없다. 예를 들어 '170 이상~190 미만'의 구간에는 17개의 관찰치가 있으나 각 관찰치들의 값이 얼마인지는 알 수 없다. 이때에는 원래의 관찰치가 각 구간 내에 균등하게 분포되어 있을 것이라고 가정하고 이 구간의 중간값인 180을 17개 관찰치의 대표값으로 사용해 평균이나 분산을 구한다. 그러나 도수분포표의 중간값을 가지고 계산된 평균과 분산은 원자료의 관찰치를 가지고 계산된 평균이나 분산과 정확히 일치하지는 않는다는 점에 주의해야 한다. 도수분포표에서 평균과 분산을 구하는 공식은 다음과 같다.

만일 도수분포표가 구간으로 정리되지 않고 관찰치로 정리되었을 때는 관찰치를 이용하여 구한다.

도수분포표에서의 평균의 계산

• 모집단의 경우

$$\mu = \frac{1}{N}\sum_{i=1}^{m} X_i f_i = \sum_{i=1}^{m} X_i \frac{f_i}{N}$$ 〈공식 3-9〉

• 표본의 경우

$$\overline{X} = \frac{1}{n}\sum_{i=1}^{m} X_i f_i = \sum_{i=1}^{m} X_i \frac{f_i}{n}$$ 〈공식 3-10〉

X_i : 각 구간의 중간값, f_i : 각 구간의 도수, m : 구간수

도수분포표에서 분산의 계산

• 모집단의 경우

$$\sigma^2 = \frac{1}{N}\sum_{i=1}^{m}(X_i - \mu)^2 f_i$$ 〈공식 3-11〉

• 표본의 경우

$$S^2 = \frac{1}{n-1}\sum_{i=1}^{m}(X_i - \overline{X})^2 f_i$$ 〈공식 3-12〉

X_i : 각 구간의 중간값

f_i : 각 구간의 도수

m : 구간수

위의 공식을 이용하여 [표 3-2]의 종업원의 월평균 임금을 계산하면 다음과 같다.

$$\mu = \frac{140\times8+160\times11+180\times17+200\times19+220\times11+240\times6+260\times4+280\times4}{80}$$

$$= \frac{15,760}{80} = 197(\text{만원})$$

[예 3-6]

[표 3-2]의 자료를 이용해 월 임금의 모집단 분산과 표준편차를 계산해 보아라.

[풀이]

[표 3-2]에서 모집단평균은 $\mu = 197$이므로,

$$\sigma^2 = \frac{1}{80}\{(140-197)^2\times8+(160-197)^2\times11+(180-197)^2\times17+(200-197)^2\times19$$
$$+(220-197)^2\times11+(240-197)^2\times6+(260-197)^2\times4+(280-197)^2\times4\}$$

$$= \frac{1}{80}\times106,480 = 1,331$$

$$\sigma = \sqrt{1,331} = 36.48$$

[예 3-7]

다음은 앞의 회사 종업원 80명의 지난 1주간 가구당 외식횟수를 나타내는 도수분포표이다. 종업원 가구당 외식횟수의 모집단 평균과 분산을 구하여라.

외식횟수	도수
0	2
1	22
2	46
3	10

[풀이]

위의 표에서 보는 것처럼 구간이 아니고 관찰치의 도수로 정리된 경우에는 관찰치의 값을 이용하여 평균이나 분산을 구한다.

$$\mu = \frac{(0\times2+1\times22+2\times46+3\times10)}{80} = 1.8$$

$$\sigma^2 = \frac{1}{80}\{(0-1.8)^2\times2+(1-1.8)^2\times22+(2-1.8)^2\times46+(3-1.8)^2\times10\}$$

$$= \frac{1}{80}\times36.8 = 0.46$$

$$\sigma = \sqrt{0.46} = 0.678$$

5. 산포도와 자료 유형의 관계

지금까지 산포도를 나타내는 특성치인 범위, 사분범위, 분산 및 표준편차에 대해 살펴보았다. 이제 산포도와 자료 유형의 관계에 대해 살펴보자.

표준편차는 자료의 산포도를 가장 정확히 나타낼 뿐만 아니라 통계적인 추론을 위해 가장 많이 사용되는 산포도의 특성치이다. 그러나 산술평균과 마찬가지로 표준편차를 계산하기 위해서는 자료가 양적 자료이어야 한다.

만일 서열자료인 경우에는 사칙연산이 의미가 없으므로 사분범위를 산포도의 척도로 사용해야 한다. 또한 양적 자료라 할지라도 자료의 분포가 한쪽으로 치우쳐 있거나 극단적인 값이 존재하는 경우에는 사분범위가 표준편차보다 산포도를 더 정확히 반영한다. 왜냐하면 표준편차는 평균과 마찬가지로 극단적인 관찰치의 영향을 받을 수 있기 때문이다.

일반적으로 자료가 종 모양의 대칭분포를 이루고 있다면, 범위는 대략 표준편차의 6배, 사분범위는 표준편차의 $\frac{2}{3}$의 값을 가진다. 물론 이러한 비율이 정확하게 성립되는 것은 아니고 이와 비슷한 값을 가진다는 의미이다. 이러한 관계를 알고 있으면 표준편차를 계산하기 전에 범위나 사분범위를 통해 표준편차의 개략적인 값을 알 수 있다.

제3절 자료의 표준화

1. Z값

우리는 측정단위가 서로 다른 자료를 비교하는 경우가 많다. 키에 비해 몸무게가 많이 나간다든지, 공부하는 시간에 비해 성적이 좋지 않다든지 하는 말들은 측정단위가 서로 다른 자료를 비교하는 것이다.

예를 들어 승기가 다니는 학과 학생들의 주당 평균 공부시간이 15시간이고 표준편차가 5시간이며, 성적은 평균이 78점이고 표준편차가 10점이라고 하자. 그런데 승기가 18시간을 공부하여 80점의 성적을 받았다면, 승기는 공부하는 시간에 비해 성적이 좋은 것인가, 아니면 나쁜 것인가?

이 질문에 답하기 위해서는 공부시간과 성적을 비교해야 하는데, 두 자료의 측정단위가 서로 다르기 때문에 비교를 하는 데 어려움이 있다. 이러한 문제는 두 자료의 측정단위를 동일한 형태로 통일시킴으로써 해결 가능하다. 측정단위를 통일시키는 것을 자료의 표준화라고 하는데, 자료의 표준화에 가장 많이 사용되는 척도가 Z값이다. Z값은 표준편차를 이용하여 자료를 표준화하는 것으로, 관찰치에서 평균을 뺀 값, 즉 편차를 표준편차로 나눈 값이다.

Z값

$$Z=\frac{X-\mu}{\sigma} \qquad \text{〈공식 3-13〉}$$

원자료의 값을 Z값으로 변환하면 측정단위와 관계없이 평균(μ_Z)이 '0'이고 표준편차(σ_Z)가 '1'인 자료가 된다. 즉

$$\mu_Z=0,\ \sigma_Z=1$$

Z값을 이용하여 관찰치를 표준화하면 자료의 위치를 평균을 기준으로 표준편차의 배수로 표시할 수 있다. 즉 어떤 관찰치의 Z값이 1.2라면 그 관찰치가 평균으로부터 1.2배의 표준편차의 오른쪽에 위치한다는 것을 의미한다.

예를 들어 보자. 학생 6명의 수학점수가 다음과 같다고 할 때, 각 학생들의 점수를 Z값으로 변환한 후 Z값의 평균과 표준편차를 구해 보면 [표 3-3]과 같다.

50	55	62	70	88	95

[표 3-3]에서 Z값은 평균이 0이고 표준편차가 1인 자료에서 학생들이 얻은 점수의 상대적 위치를 나타낸다. 여기에서 성적이 88인 학생의 Z값은 1.09인데 이 의미는 이

표 3-3 원점수, 편차, Z값

학생	점수	편차	Z값
1	50	−20	−1.21
2	55	−15	−0.91
3	62	−8	−0.48
4	70	0	0
5	88	18	1.09
6	95	25	1.51
합계	420	0	0
평균	70	0	0
표준편차	16.52		1

학생의 성적이 평균으로부터 표준편차의 1.09배만큼 떨어져 있다는 것이다.

Z값의 성질을 이용하면 측정단위가 다른 관찰치의 비교가 가능해진다. 앞에서 언급한 성적과 공부시간의 예를 가지고 측정단위가 다른 관찰치를 비교해 보기로 하자.

[예 3−8]

앞의 예에서 승기가 다니는 학과 전체 학생들의 공부시간과 성적의 평균과 표준편차, 그리고 승기의 공부시간과 성적을 정리하면 다음과 같다. 학과 학생들과 비교할 때 승기는 공부시간에 비해 성적이 좋은지 아니면 나쁜지를 알아보자.

학과 전체 학생들의 공부시간 : 평균 15시간, 표준편차 5시간

학과 전체 학생들의 성적 : 평균 78점, 표준편차 10점

승기의 공부시간 : 18시간

승기의 성적 : 80점

[풀이]

승기의 공부시간을 Z값으로 바꾸면 $Z=\frac{18-15}{5}=0.6$이다. 그리고 성적을 Z값으로 바꾸면 $Z=\frac{80-78}{10}=0.2$이다. 이 Z값이 의미하는 것은 승기의 공부시간이 전체 학생들의 평균보다 표준편차의 0.6만큼 더 많지만, 성적은 전체 학생들의 평균보다 표준편차의 0.2만큼 더 높다는 것이다. 그러므로 승기는 공부하는 시간에 비해 성적이 나쁘다고 할 수 있다.

Z값의 성질을 이용하면 평균과 표준편차가 서로 다른 자료도 비교할 수 있다. 다음의 예를 들어 보자.

[예 3–9]

진영이가 다니는 학교 학생의 화학 성적은 평균이 55점, 표준편차가 15점이다. 그리고 생물 성적은 평균이 30점, 표준편차가 10점이다. 진영이는 화학을 선택했는데 성적이 65점이고, 상원이는 생물을 선택했는데 성적이 45점이라면 상대적으로 누구의 성적이 더 우수할까?

[풀이]

두 학생의 성적을 비교하기 위해서는 각각의 성적을 Z값으로 변환하여 표준화해야 한다. 화학과 생물 성적의 표준화 값은 각각 다음과 같다.

$$Z_C=\frac{(65-55)}{15}=0.667$$

$$Z_B=\frac{(45-30)}{10}=1.5$$

즉 진영이의 화학 성적은 평균에서 표준편차의 0.667배 오른쪽에 있고, 상원이의 생물 성적은 평균에서 1.5배 오른쪽에 있다. 따라서 상원이의 생물 성적이 상대적으로 더 우수하다고 할 수 있다.

Z값의 성질을 이용하여 각기 다른 과목을 응시하였더라도 상대적 비교를 가능하게 한 점수가 바로 표준점수 T이다. 수능시험의 표준점수 T는 다음과 같이 계산된다.

$$T = 50 + 10Z$$

위의 예에서 두 학생이 각각 선택한 화학과 생물의 표준점수는 다음과 같다.

$$T_C = 50 + 10 \times 0.667 = 56.67$$
$$T_B = 50 + 10 \times 1.5 = 65$$

Z값은 제8장에서 다루게 될 정규분포에서 확률을 계산하는 데 활용되는 매우 중요한 개념이므로 명확한 이해가 필요하다.

2. 백분위수

Z값은 등간자료나 비율자료와 같이 양적 자료일 때에만 계산이 가능하다. 서열자료의 경우에는 Z값 대신에 백분위수(percentile)를 사용하여 자료를 표준화할 수 있다. 백분위수는 자료를 순서대로 배열하였을 때 그 상대적 위치를 백분율(%)로 나타낸 것이다. 즉 백분위수는 전체 자료의 순위를 0에서 100까지로 점수화한 값으로, 서로 다른 서열자료의 비교를 가능하게 한다. 백분위수의 계산방법은 다음과 같다.

백분위수

$$백분위수 = \frac{N-순위}{N} \times 100 \qquad \langle 공식\ 3\text{-}14 \rangle$$

N: 전체 자료의 수

영희가 48명의 학생 중에서 6등을 하였다면 100명을 기준으로 했을 때 몇 등이 될까? 이것을 알아보기 위해서는 전체 학생 중 6등 미만이 몇 %인가를 알면 된다. 6등에 해당하는 백분위수를 위의 공식에 의해 구해 보면 다음과 같다.

$$\frac{48-6}{48} \times 100 = 87.5(\%)$$

이 백분위수가 의미하는 것은 반에서 87.5%의 학생이 영희보다 낮은 성적을 받았다는 것이다. 백분위수를 이용하면 집단의 크기가 서로 다른 경우라도 순위를 비교할 수 있다.

[예 3-10]

철수는 35명 중에서 15등을 하였고 영희는 50명 중에서 20등을 하였다. 철수와 영희 중 어느 학생이 상대적으로 우수한지 백분위수를 이용하여 비교하라.

[풀이]

철수의 백분위수는 $\frac{35-15}{35} \times 100 = 57\%$이고 영희의 백분위수는 $\frac{50-20}{50} \times 100 = 60\%$이므로, 50명 중에서 20등을 한 영희가 35명 중에서 15등을 한 철수보다 상대적으로 더 우수하다고 할 수 있다.

자유도의 개념

특성치의 계산에 있어서 자료 중 자유로이 값을 취할 수 있는 관찰치의 개수를 자유도라고 하는데, 표본분산의 계산에서는 편차제곱의 합을 자유도 $n-1$로 나눈다. 표본평균의 자유도는 n인 데 반해 표본분산의 자유도는 $n-1$인 이유는 무엇일까? 표본평균의 계산에서는 관찰치의 합계를 구하면 되므로 관찰치 개수로 나누면 된다. 즉 자유도가 n이 된다. 반면에 표본분산의 계산에서는 각 관찰치와 표본평균값의 차이를 구하고 이를 제곱하여 그 합계를 구하는 데, 이때의 표본평균은 주어진 관찰치로부터 계산된 것이다. 그러므로 표본평균이 알려져 있다는 것은 하나의 관찰치의 값이 이미 정해져 있는 것과 같은 효과를 가져온다. 그러므로 표본분산의 자유도는 $n-1$이 된다. 다음의 자료를 살펴보자.

10	14	12	18	16

이 자료의 합계는 70이고 평균은 14이다. 우리는 평균이 14임을 알고 있으므로 만약 위의 숫자 중 하나를 모르더라도 그 숫자를 찾아낼 수 있다. 마지막 숫자 16을 모르고 평균이 14임을 안다고 가정하자. 평균이 14이면 숫자들의 합계가 70인 것도 알 수 있다. 그리고 나머지 4개의 숫자가 각각 10, 14, 12, 18이므로 전체 합계에서 이 4개의 숫자를 빼면 마지막 숫자는 16이라는 것을 알 수 있다. 그러므로 표본평균값을 알고 있으면 전체 자료 중 자유롭게 값을 취할 수 있는 관찰치의 개수는 4개인 것이다.

그러면 모집단분산의 계산에서는 자유도가 N인데, 왜 표본분산에서는 $n-1$인가? 분산을 계산하기 위해서는 모집단평균을 사용해야 하지만, 표본에서는 모집단평균을 알 수 없으므로 표본평균을 모집단평균 대신에 사용하기 때문이다. 여기에서 표본평균은 표본자료에서 계산되었으므로 분산의 계산에는 $n-1$개만 사용된다고 할 수 있다.

연·습·문·제

3-1 **다음 각 문항에 대하여 맞으면 O, 틀리면 X를 표시하라.**

① 산술평균이란 모든 관찰치들의 값을 더하여 관찰수로 나눈 것이다.

② 최빈값이란 크기순으로 나열된 자료의 중앙에 위치한 값이다.

③ 범위는 대체로 사분범위의 6배이다.

④ 표준편차는 대체로 사분범위의 1.5배이다.

⑤ 자료와 평균의 편차 제곱합을 자유도로 나누면 표준편차가 된다.

⑥ 분산은 항상 0 이상의 값을 갖는다.

⑦ 사분범위는 음수값을 가질 수 있다.

⑧ 서열자료를 표준화하려면 백분위수를 계산하면 된다.

⑨ 어떤 모집단이라도 자료를 표준화한 값의 평균은 0이 된다.

⑩ 표준화란 어떤 자료의 값에서 평균을 뺀 결과를 분산으로 나누는 것이다.

⑪ 자유도란 표본통계량을 계산하기 위해 실질적으로 사용된 관찰수라고 할 수 있다.

⑫ 표준편차와 자료의 측정단위는 다르다.

⑬ 표본의 크기가 상당히 커지면 표본분산의 값은 모집단 분산과 거의 같아진다.

3-2 **다음 자료에서 X_i는 변수 X의 관찰치 중에서 i번째 자료를 의미한다. 다음을 계산하라.**

28 21 32 19 22 35 38 41 27 25

① $\sum_{i=1}^{5} X_i$

② $\frac{1}{5}\sum_{i=3}^{7} X_i$

③ $\frac{1}{10}\sum_{i=1}^{10} X_i^2$

④ $\frac{1}{9}\sum_{i=1}^{10} (X_i-\overline{X})^2$

3-3 다음의 자료에서 최빈치, 중앙치, 평균을 구하라.

① 16 11 19 8 7 12 10 18 10

② 2.3 2.9 1.7 2.9 3.3 1.4 2.6

3-4 다음은 어느 펀드 매니저의 연간 월 수익률 자료이다.

−1.5%	1.2%	0%	2%	−0.4%	1.8%	1.3%	1.1%	0.8%	1.5%	1.4%	1.6%

① 위 자료의 중앙치와 평균을 구하라.

② 위 자료의 사분위수를 구하라.

③ 위 자료의 범위와 사분범위를 구하라.

④ 위의 자료가 모집단 자료라고 할 때 분산과 표준편차를 구하라.

⑤ 위의 자료에서 평균을 빼서 만들어진 새로운 자료($X-\mu$)를 작성하라.

⑥ ⑤에서 작성된 새로운 자료의 평균과 표준편차를 구하라.

⑦ ⑤에서 작성된 자료를 표준편차로 나눈 새로운 자료(Z)를 작성하라.

⑧ ⑦에서 작성된 새로운 자료의 평균과 표준편차를 구하라.

3-5 다음 자료를 보고 물음에 답하라.

19	11	15	12	20	18	12	8	17	15	18	16	23	10	13	13

① 중앙치와 평균을 구하라.

② 범위, 사분범위를 구하라.

③ 표본분산과 표본표준편차를 구하라.

④ 위의 자료에서 평균을 빼서 만들어진 새로운 자료($X-\overline{X}$)의 평균과 표본표준편차를 구하라.

⑤ 위의 자료에서 평균을 빼고 그 값을 다시 표본표준편차로 나눈 새로운 자료의 평균과 표본표준편차를 구하라.

3-6 다음 도수분포표에서 평균, 표본분산, 표본표준편차를 구하라.

X	도수
1	1
2	4
3	6
4	2
5	2
합계	15

3-7 다음 도수분포표를 보고 물음에 답하라.

X	도수
1	10
4	24
7	40
10	18
13	8
합계	100

① 평균, 표본분산, 표본표준편차를 구하라.

② 위의 도수분포표의 중간값에서 7을 뺀 새로운 도수분포표를 작성하라.

③ 새로운 도수분포표의 평균, 표본분산, 표본표준편차를 구하라.

④ 원래 도수분포표의 평균, 분산과 새로운 도수분포표의 평균, 분산을 비교하라.

3-8 희진이는 이번 중간고사에서 경영학은 78점, 회계학은 66점을 받았다. 경영학과 회계학의 평균은 각각 70점, 60점이고, 표준편차는 각각 15점, 10점이다. 희진이의 경영학과 회계학 성적 중 어느 것이 더 우수하다고 할 수 있는가?

3-9 다음의 도수분포표를 보고 물음에 답하라

X	도수
5 이상 ~ 15 미만	2
15 이상 ~ 25 미만	4
25 이상 ~ 35 미만	6
35 이상 ~ 45 미만	12
45 이상 ~ 55 미만	13
55 이상 ~ 65 미만	8
65 이상 ~ 75 미만	4
75 이상 ~ 85 미만	1
합계	50

① 모집단 자료 X의 평균과 분산, 표준편차를 구하라.

② 각 구간에 대해 구간의 중간값에서 평균을 뺀 새로운 중간값($X^C-\mu$)을 구하라.

③ 각 구간에 새로운 중간값($X^C-\mu$)을 이용하여 평균과 표준편차를 구하라.

④ 각 구간에 대해 구간의 중간값(X^C)에서 평균을 빼고 표준편차로 나눈 새로운 중간값 ($Z=\dfrac{X^c-\mu}{\sigma}$)을 구하라.

⑤ 각 구간에 대해 새로운 중간값($Z=\dfrac{X^c-\mu}{\sigma}$)을 이용하여 평균과 분산을 구하라.

3-10 지선이와 향숙이는 친구 사이지만 서로 다른 학교에 다니고 있다. 지난 시험에서 향숙이는 120등, 지선이는 140등을 하였다. 향숙이가 다니는 학교 같은 학년의 학생수는 350명이고 지선이가 다니는 학교 같은 학년의 학생수는 450명이다. 지난 시험에서 누구의 성적이 더 우수하다고 할 수 있는가?

3–11 **다음 10개의 자료를 이용하여 표본평균과 표본표준편차를 구하려고 한다. 그런데 평균을 구하고 나서 실수로 마지막 자료의 값을 잃어버리고 9개의 자료 값만 남았다. 평균을 계산한 결과는 20이었다. 자료의 마지막 값을 찾고 표본표준편차를 계산하라.**

29 27 21 15 16 19 14 13 17

3–12 **수능 시험 표준점수의 계산에는 다음과 같은 식이 사용된다.**

$$T = 50 + 10Z$$

영심이는 이번 수능 시험의 언어 영역에서 64점을 얻었다. 수능 언어 영역의 평균과 표준편차는 각각 55점, 10점이다.

① 영심이의 수능 언어 영역의 표준점수 T는 몇 점인가?

② T 점수의 평균과 표준편차는 얼마인가?

P · a · r · t

04

이변량자료의 정리와 요약

P·a·r·t 04

이변량자료의 정리와 요약

자료는 통계분석에서 고려하는 변수의 수에 따라 일변량자료(univariate data), 이변량자료(bivariate data) 및 다변량자료(multivariate data)로 나눌 수 있다. 일변량자료란 하나의 변수를 측정하여 얻은 자료를 말한다.

우리는 제2장과 제3장에서 일변량자료의 정리와 요약에 대해 살펴보았다. 그러나 키와 몸무게, 공부시간과 성적, 가격과 매출액 등과 같이 두 변수 간의 관계를 알아보기 위해 자료를 수집하는 경우도 있다. 이와 같이 두 변수를 함께 관찰하여 얻은 자료를 이변량자료라고 한다. 그리고 세 개 이상의 변수를 함께 관찰하여 얻은 자료를 다변량자료라고 한다.

이변량자료나 다변량자료는 변수들 간의 관계를 밝히는 데 주로 이용된다. 예를 들어 흡연과 폐암 발생 간에 관계가 있는가, 가격과 매출액 사이에 관련성이 있는가 등과 같은 것들이다. 이 장에서는 분할표, 공분산, 상관계수 등 이변량자료를 정리하거나 요약하여 변수들 간의 관계를 알아보는 방법에 관해 살펴보기로 한다.

제1절 분할표

1. 분할표의 작성

분할표(contingency table)는 두 종류의 각기 다른 자료를 행과 열로 교차시켜 만든 각 칸(cell)에 도수를 기록한 표이다. 분할표는 두 종류의 범주화된 명목자료를 정리하는 데 주로 이용된다.

분할표는 도수분포표와 유사하나 두 종류의 자료를 동시에 표시한다는 점에서 다르다. 도수분포표가 한 변수에 대하여 구간(또는 범주)을 나누고 각 구간에 해당되는 도수를 표시한 표라면, 분할표는 두 변수를 동시에 고려한 표이다. 분할표에서는 열(column)에 한 변수의 구간을 나타내고 행(row)에 다른 한 변수의 구간을 정하여 열과 행이 교차하는 각각의 칸에 해당되는 도수를 기록한다. 이와 같이 두 종류의 자료를 분할표로 정리·요약하면 두 변수 간의 관계를 쉽게 파악할 수 있다. 다음의 예를 살펴보자.

[예 4-1]

갑을주식회사에서는 금년에 채용된 신입사원 200명의 이력서를 검토한 결과 [표 4-1]과 같은 성별, 전공별 자료를 얻었다.

표 4-1 신입사원들의 성별 및 전공계열별 자료

신입사원	성별	전공계열
1	여	인문계
2	남	자연계
3	여	자연계
4	남	인문계
.	.	.
.	.	.
.	.	.
200	남	자연계

이 자료는 신입사원들의 성별 자료와 전공별 자료를 동시에 수집한 것이므로 이변량자료이다. 예를 들어 [표 4-1]의 신입사원 2는 성별이 남자이며, 전공이 자연계라는 것을 의미한다. [표 4-1]의 자료를 가지고 성별과 전공별로 각각 도수분포표를 작성해 보면 [표 4-2], [표 4-3]과 같다.

표 4-2 성별 도수분포표

성별	빈도	비율
남자	120	60%
여자	80	40%
합계	200	100%

표 4-3 전공계열별 도수분포표

전공계열	빈도	비율
자연계	110	55%
인문계	90	45%
합계	200	100%

[표 4-2]와 [표 4-3]의 도수분포표에 따르면 신입사원 중 남자는 120명, 여자는 80명이라는 것을 알 수 있다. 또한 자연계는 110명, 인문계는 90명이라는 것을 알 수 있다.

그러나 성별과 전공별 자료를 따로 요약한 도수분포표로는 전공별로 각각 몇 명의 남녀가 채용되었는지를 알 수 없다. 이러한 문제는 분할표를 작성하면 쉽게 해결된다. [표 4-1]의 자료를 이용하여 [표 4-4]와 같이 남자-자연계, 남자-인문계, 여자-자연계, 여자-인문계로 다시 분류하여 도수를 계산하여 열과 행이 교차하는 해당 칸에 표시하면 [표 4-5]와 같은 분할표가 된다.

표 4-4 성별-전공계열별 도수분포표

구분	빈도
남자 – 자연계	80
여자 – 자연계	30
남자 – 인문계	40
여자 – 인문계	50
합계	200

표 4-5 성별-전공계열별 분할표

구분	자연계	인문계	합계
남자	80	40	120
여자	30	50	80
합계	110	90	200

이 분할표에 의하면 신입사원 중 남자는 120명, 여자는 80명이며, 자연계는 110명, 인문계는 90명임을 알 수 있다. 또한 남자 중에서 80명은 자연계, 40명은 인문계이며 여자 중 30명은 자연계, 50명은 인문계라는 것도 쉽게 파악할 수 있다.

일반적으로 r개의 행구간을 갖는 변수와 c개의 열구간을 갖는 변수로 된 분할표를 $r \times c$ 분할표라고 한다. [표 4-5]의 분할표는 성별과 전공별로 각각 2개의 행구간과 열구간을 가지고 있으므로 2×2 분할표라고 할 수 있다. 이와 같이 분할표는 두 종류의 명목변수를 함께 측정한 자료를 정리·요약하는 것뿐만 아니라 두 변수 간의 관계를 파악하는 데도 활용된다. 분할표를 이용해 두 변수 간의 관계를 파악하는 것에 대해서는 제5장에서 다시 설명하기로 한다.

2. 분할표의 비율화

도수분포표에서 도수를 비율화하여 상대도수를 표시한 것처럼, 분할표에서도 해석이 쉽도록 각 칸의 도수를 비율로 표시하는 것이 좋을 때가 많다. 분할표를 비율로 나타내는 방법에는 세 가지가 있다. 위의 예를 가지고 분할표에 비율을 표시해 보기로 하자.

(1) 열을 기준으로 하는 방법

첫 번째는 열을 기준으로 비율을 표시하는 방법이다. [표 4-5]를 이용해 자연계와 인문계를 각각 100%로 하여 남자와 여자의 숫자를 비율로 표시하면 [표 4-6]과 같다. 여기서 ( )에 포함된 %는 전공을 조건으로 했을 때 남자와 여자의 비율이다. [표 4-6]을 보면 자연계 중 남자는 $\frac{80}{110}$=72.7%, 여자는 $\frac{30}{110}$=27.3%이며, 인문계 중 남자는 $\frac{40}{90}$=44.4%, 여자는 $\frac{50}{90}$=55.6%라는 것을 쉽게 알 수 있다.

표 4-6 열을 기준으로 한 분할표의 비율화

구분	자연계	인문계
남	80 (72.7%)	40 (44.4%)
여	30 (27.3%)	50 (55.6%)
합계	110 (100%)	90 (100%)

(2) 행을 기준으로 하는 방법

두 번째는 행을 기준으로 비율을 표시하는 방법이다. 앞의 예에서 남자와 여자를 각각 100%로 하여 자연계와 인문계의 숫자를 비율로 표시하면 [표 4-7]과 같다. 여기에서 ( )에 포함된 %는 성별을 조건으로 했을 때 자연계와 인문계 신입사원들의 비율이다. [표 4-7]에 의하면 남자 중에서 자연계는 $\frac{80}{120}$=66.7%, 인문계는 $\frac{40}{120}$=33.3%이며, 여자 중에서 자연계는 37.5%, 인문계는 62.5%라는 것을 쉽게 알 수 있다.

표 4-7 행을 기준으로 한 분할표의 비율화

구분	자연계	인문계	합계
남자	80 (66.7%)	40 (33.3%)	120 (100%)
여자	30 (37.5%)	50 (62.5%)	80 (100%)

(3) 열과 행을 동시에 고려하는 방법

마지막으로 조사대상 전체를 기준으로 비율을 표시하는 방법이다. 즉 성별과 전공을 동시에 고려한 것으로 신입사원 전체에 대한 각 칸의 도수를 비율화하는 것이다. [표 4-8]에 의하면 남자-자연계 40%, 남자-인문계 20%이다. 또한 여자-자연계 15%, 여자-인문계 25%이다. 그리고 합계란을 보면 성별과 관계없이 자연계는 55%, 인문계는 45%이며, 전공에 관계없이 남자는 60%, 여자는 40%라는 것도 알 수 있다.

표 4-8 전체를 기준으로 한 분할표의 비율화

구분	자연계	인문계	합계
남자	80 (40%)	40 (20%)	120 (60%)
여자	30 (15%)	50 (25%)	80 (40%)
합계	110 (55%)	90 (45%)	200 (100%)

3. 양적 자료의 분할표

제1장에서 살펴본 것처럼 등간자료나 비율자료와 같은 양적 자료는 명목자료나 서열자료로 변환시킬 수 있다. 그러므로 등간자료나 비율자료와 같은 양적 자료의 경우에도 자료를 변환하여 범주화하면 분할표를 작성할 수 있다. 다음의 예를 들어보자.

H자동차에서는 판매원들의 나이와 자동차 판매량 사이에 어떤 관계가 있는지를 알아보기 위해 판매원 120명의 나이와 연간 판매량을 조사한 결과 [표 4-9]와 같은 자료를 얻었다.

표 4-9 판매원들의 나이와 판매실적

판매원	나이	판매량
1	34	30
2	27	45
3	37	78
4	45	26
5	29	52
.	.	.
.	.	.
.	.	.
120	50	41

이와 같이 수집된 자료가 양적 자료인 경우에는 관찰치를 직접 이용하여 분할표를 만들기가 어렵다. 이러한 경우에는 양적 자료를 적절한 구간으로 나누어 범주화하면 의미 있는 분할표를 만들 수 있다. 예를 들어 나이는 30세 미만, 30~40세 미만, 40세 이상으로 범주화하고, 판매량은 50 이상을 상, 30~49를 중, 30 미만을 하로 범주화하면 [표 4-10]과 같은 3×3 분할표를 만들 수 있다.

표 4-10 나이와 판매실적의 분할표

나이 \ 실적	상	중	하	합계
30세 미만	4	20	11	35
30~40세 미만	12	18	15	45
40세 이상	9	22	9	40
합계	25	60	35	120

제2절 공분산과 상관계수

1. 산점도

앞에서 살펴본 것처럼 양적 자료를 범주화한 후 분할표를 작성하면 두 변수 사이의 관계를 개략적으로 파악할 수 있다. 그러나 질적 자료와 달리 양적 자료는 두 변수 사이의 관계를 하나의 수치로 요약할 수 있다. 두 양적 자료들 간의 관계를 나타내는 특성치에는 공분산과 상관계수가 있다. 다음 예를 들어보자.

K씨는 편의점 사업을 계획하고 있는데, 편의점의 매장면적과 매출액 사이에 어떤 관계가 있는지를 시장조사를 통해 알아보기로 하였다. 그는 인근의 편의점 10개에 대한 매장면적과 연간 매출액을 조사하여 [표 4-11]과 같은 자료를 얻었다.

표 4-11 점포의 매장면적과 매출액

점포	매장면적(X) (평)	연간 매출액(Y) (백만원)
1	34	710
2	23	650
3	40	830
4	32	740
5	28	670
6	19	560
7	26	570
8	30	780
9	35	840
10	33	650

이 자료는 각 점포에 대해 매장면적과 연간 매출액이라는 성격이 서로 다른 2개의 변수를 동시에 관찰하여 얻은 것이다. 예를 들어 점포 2는 매장면적 23평, 연간매출

액 6억5,000만원이다. 이 자료를 이용하여 두 변수가 서로 어떤 형태로 어느 정도 관계가 있는지를 개략적으로 알아보는 방법은 산점도를 그려 보는 것이다. 산점도(scatter diagram)란 쌍을 이루는 두 변수의 관찰치들을 *XY* 평면에 좌표로 표시한 것이다.

[그림 4-1]은 [표 4-11]의 자료를 가지고 매장면적과 연간매출액의 관계를 산점도로 나타낸 것이다. 여기에서 매장면적은 *X*축에, 연간 매출액은 *Y*축에 표시되어 있는데 각 점들은 쌍을 이루고 있는 두 변수의 관찰치를 나타낸다. 예를 들어 점 a는 점포 2의 매장면적과 연간 매출액을 표시한 것이다. 이 산점도에서 점들의 분포를 살펴보면 매장면적이 클수록 매출액이 증가하는 경향이 있다는 것을 알 수 있다. 이러한 경우 두 변수 사이에는 정(+)의 관계가 있다고 한다.

그림 4-1 매장면적과 연간매출액의 산점도

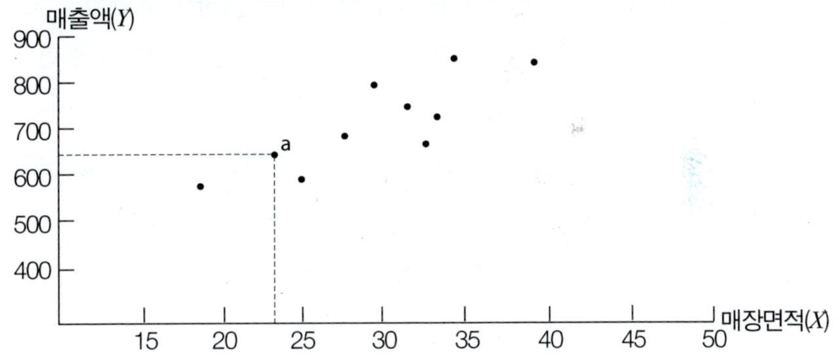

2. 공분산

산점도는 두 변수 사이의 관계를 개략적으로 보여 줄 뿐 관계의 정도를 정확하게 보여 주지는 않는다. 그러나 많은 경우 의사결정의 정확성을 기하기 위해서는 두 변수 사이의 관계가 어느 정도인가를 알아야 할 필요가 있다. 두 변수 사이의 관계의 정도를 나타내는 특성치로 상관계수가 있다. 상관계수를 이해하기 위해서는 먼저 공분산에 대해 알아야 한다.

공분산(covariance)은 두 변수의 값이 각각의 평균으로부터 떨어져 있는 정도를 나타내는 특성치로, 두 변수의 편차의 곱을 평균한 것이다. 모집단 공분산을 σ_{XY}라 하면, 모집단 공분산은 다음과 같이 정의된다.

모집단의 공분산

$$\sigma_{XY}=\frac{\Sigma(X_i-\mu_X)(Y_i-\mu_Y)}{N}$$
$$=\frac{1}{N}(\Sigma XY-N\mu_X\mu_Y) \quad \text{〈공식 4−1〉}$$

만일 X의 값이 커질 때 Y의 값도 함께 커지는 경향이 있다면 공분산은 (+)쪽으로 커진다. 반면 X의 값이 커질 때 Y의 값이 작아지는 경향이 있으면 공분산은 (−)쪽으로 커진다.

두 변수의 평균을 기준으로 XY 평면에 관찰치들을 표시하였을 때, 공분산의 부호가 (+)라는 것은 관찰치들이 주로 우상단과 좌하단에 분포되어 있고, 부호가 (−)라는 것은 관찰치들이 주로 좌상단과 우하단에 분포되어 있다는 것을 의미한다. 그리

그림 4-2 산점도의 방향과 공분산의 부호

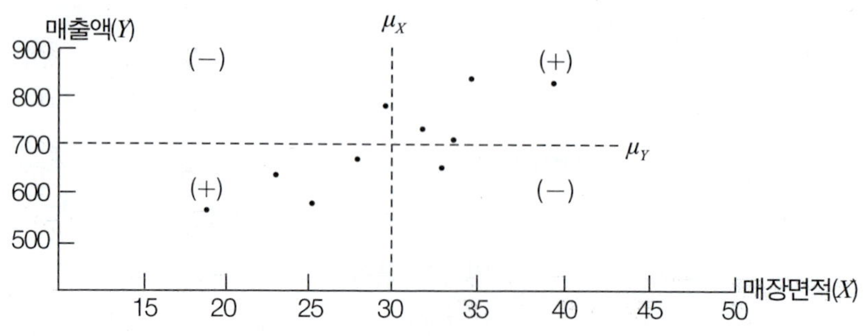

고 공분산이 0인 경우는 관찰치들이 각 분면에 무작위적으로 분포되어 있어 두 변수 사이에 관계가 전혀 없다는 것을 의미한다. [표 4-11] 자료의 경우 [그림 4-2]에서 보는 것처럼 관찰치들이 주로 우상단과 좌하단에 분포되어 있으므로 공분산은 (+)값을 가진다.

[표 4-11]의 자료가 모집단을 조사하여 얻은 자료라고 가정하고 공분산을 구해 보자. 여기서 매장면적의 평균 μ_X는 30이고 연간 매출액의 평균 μ_Y는 700이다. 따라서,

$$\sigma_{XY}=\frac{\Sigma(X_i-\mu_X)(Y_i-\mu_Y)}{N}$$
$$=\frac{1}{10}\times\{(34-30)(710-700)+(23-30)(650-700)$$
$$+\cdots+(35-30)(840-700)+(33-30)(650-700)\}$$
$$=\frac{4,440}{10}=444$$

3. 상관계수

공분산으로는 두 변수 간의 관계의 방향은 알 수 있지만, 관계의 정도는 알 수 없다. 왜냐하면 공분산은 각기 다른 두 변수의 측정단위를 이용하여 계산되었으므로 측정단위에 따라 그 값이 달라지기 때문이다. 이러한 문제를 해결하기 위해 측정단위에 상관없이 두 변수 간의 관계의 정도를 알 수 있도록 공분산을 표준화한 것이 상관계수(correlation coefficient)이다.

상관계수는 공분산을 X의 표준편차와 Y의 표준편차의 곱으로 나누어 측정단위를 표준화한 것이다. 이와 같이 분자의 단위와 분모의 단위가 서로 상쇄되어 없어지면 측정단위와 관계없는 중립적인 값에 의해 관계의 정도를 파악할 수 있게 된다. 모집단의 상관계수는 ρ 또는 ρ_{XY}로 표시하며 다음과 같이 정의된다.

모집단의 상관계수

$$\rho_{XY}=\frac{\sigma_{XY}}{\sigma_X\sigma_Y}$$ 〈공식 4-2〉

[표 4-11]의 자료를 가지고 모집단 상관계수를 구해 보면 다음과 같다. 앞에서 공분산 σ_{XY}가 444이고 X의 표준편차 σ_X가 5.86, Y의 표준편차 σ_Y가 93.27이므로,

$$\rho_{XY}=\frac{\sigma_{XY}}{\sigma_X\sigma_Y}=\frac{444}{5.86\times 93.27}=0.81$$

4. 표본공분산과 표본상관계수

앞에서 우리는 특성치를 모집단과 표본으로 구분하여 살펴보았는데, 공분산과 상관계수의 경우에도 모집단과 표본으로 엄격히 구분된다. 모집단으로부터 표본을 추출하여 공분산과 상관계수를 구한 것이 표본공분산과 표본상관계수이다. 평균이나 분산과 마찬가지로 모집단공분산과 상관계수는 상수임에 반해, 표본공분산과 상관계수는 변수이다. 왜냐하면 모집단에서 어떠한 표본이 선택되느냐에 따라 표본공분산과 상관계수의 값이 달라지기 때문이다.

표본공분산은 모집단공분산과 유사하게 계산되지만 표본의 크기 n 대신에 자유도 $n-1$로 나누어 준다는 점에서 차이가 있다. 표본공분산은 S_{XY}로 표기하며 다음과 같이 정의한다.

표본공분산

$$S_{XY}=\frac{\Sigma(X_i-\overline{X})(Y_i-\overline{Y})}{n-1}=\frac{1}{n-1}(\Sigma XY-n\overline{X}\,\overline{Y})$$ 〈공식 4-3〉

[표 4-11]의 자료가 표본자료라고 가정하고 표본공분산을 구하면 다음과 같다.

$$
\begin{aligned}
S_{XY} &= \frac{\Sigma(X_i-\overline{X})(Y_i-\overline{Y})}{n-1} \\
&= \frac{1}{9}\{(34-30)(710-700)+(23-30)(650-700) \\
&\quad +\cdots+(35-30)(840-700)+(33-30)(650-700)\} \\
&= \frac{4{,}440}{9} = 493.33
\end{aligned}
$$

표본상관계수는 표본공분산을 각각의 표본표준편차로 나누어 표준화한 값으로 r로 표기한다. 표본상관계수 r을 구하는 공식은 다음과 같다.

표본상관계수

$$r = \frac{S_{XY}}{S_X S_Y} \qquad \text{〈공식 4-4〉}$$

[표 4-11]의 자료를 이용해 표본상관계수를 구하면 다음과 같다. 표본공분산이 493.33이고 표준편차는 각각 $S_X=6.18$, $S_Y=98.32$이므로 상관계수는 다음과 같이 계산된다.

$$r = \frac{S_{XY}}{S_X S_Y} = \frac{493.33}{6.18\times 98.32} = 0.81$$

[예 4-2]

한국대학은 학생 5명을 뽑아 3월과 9월에 각각 토익시험을 치르게 하여 다음과 같은 자료를 얻었다. 3월과 9월 토익시험 점수의 상관계수를 구하시오.

표 4-12 대학생의 3월과 9월의 토익점수

학생	3월 점수	9월 점수
A	815	830
B	805	825
C	790	825
D	810	810
E	780	810

[풀이]

3월 점수의 평균은 800이고 9월 점수의 평균은 820이므로 다음과 같은 표를 구할 수 있다.

학생	X	Y	$X-\bar{X}$	$Y-\bar{Y}$	$(X-\bar{X})^2$	$(Y-\bar{Y})^2$	$(X-\bar{X})(Y-\bar{Y})$
A	815	830	15	10	225	100	150
B	805	825	5	5	25	25	25
C	790	825	−10	5	100	25	−50
D	810	810	10	−10	100	100	−100
E	780	810	−20	−10	400	100	200
합계	4,000	4,100			850	350	225

3월 점수의 표준편차 : $S_X=\sqrt{\dfrac{850}{5-1}}=\sqrt{212.5}=14.58$

9월 점수의 표준편차 : $S_Y=\sqrt{\dfrac{350}{5-1}}=\sqrt{87.5}=9.35$

3월 점수와 9월 점수의 공분산 : $S_{XY}=\dfrac{225}{5-1}=56.25$

그러므로 표본상관계수는 다음과 같다.

$$r = \frac{S_{XY}}{S_X S_Y} = \frac{56.25}{14.58 \times 9.35} = 0.41$$

5. 상관계수의 해석

상관계수는 다음과 같은 특징을 가지고 있다.

① 상관계수는 상관의 정도에 따라 −1에서 1 사이의 값을 가진다. 두 변수 간의 상관이 높을수록 관찰치는 직선을 중심으로 가까이 몰리게 되는데, 이 경우 상관계수는 −1 또는 1에 가까운 값을 가진다.

② 상관계수의 부호는 상관의 방향을 나타낸다. 즉 한 변수의 값이 커질 때 다른 변수의 값도 커지면 상관계수는 (+)의 값을 가지며, 한 변수의 값이 커질 때 다른 변수의 값이 작아지면 (−)의 값을 가진다.

③ 상관계수가 1이면 완전한 양의 상관관계, −1이면 완전한 음의 상관관계가 있다고 말한다. 상관관계가 1 또는 −1이라는 것은 두 변수가 완전한 직선관계를 가지는 것을 의미한다.

④ 상관계수가 0이면 두 변수 사이에 상관관계가 전혀 없다는 의미이다. 이 경우 두 변수는 상호독립적이라고 한다.

[그림 4−3]의 산점도는 두 변수 간의 상관관계가 서로 다른 몇 가지 유형을 보여 준다. 그림에서 보면 관찰치들이 산점도상에서 직선 주위에 가까이 모여 있을수록 상관계수가 1 또는 −1의 값에 가까워진다. 또한 두 변수 간의 관계가 완전한 직선의 형태로 표시될 때 상관계수는 1 또는 −1의 값을 가지게 된다.

그림 4-3 여러 유형의 산점도와 상관계수

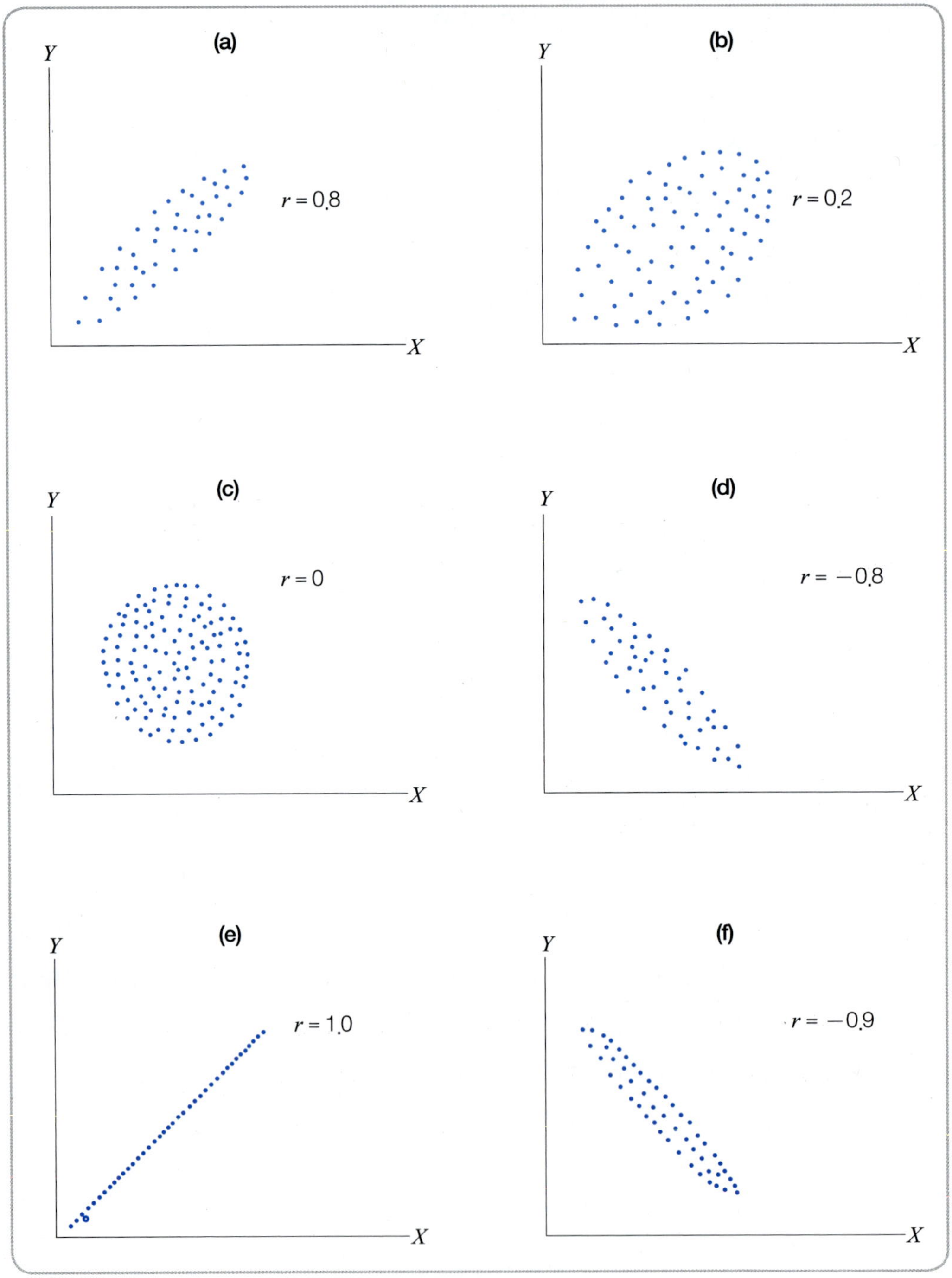

6. 분할표에서의 공분산과 상관계수 계산

분할표가 주어진 경우에도 원자료에서 마찬가지로 공분산과 상관계수를 구할 수 있다.

표 4-13 분할표

체중 \ 키	140~160 미만	160~180 미만	합계
30~50 미만	15	5	20
50~70 미만	30	15	45
70~90 미만	15	20	35
합계	60	40	100

[표 4-13]과 같은 분할표에서 공분산과 상관계수는 도수분포표에서 평균과 분산을 구할 때처럼 각 구간의 중간값(X^c_i, Y^c_j)과 도수(f_{ij})를 이용하여 구한다. 분할표에서 공분산은 다음과 같은 공식을 이용하여 구하며, 구한 공분산을 각 변수의 표준편차로 나누면 상관계수가 된다.

분할표에서의 모집단 공분산

$$\sigma_{XY}=\frac{1}{N}\sum_i\sum_j(X^c_i-\mu^X)(Y^c_j-\mu^Y)f_{ij}$$
$$=\frac{1}{N}\sum_i\sum_j X^c_i Y^c_j f_{ij}-\mu^X\mu^Y \qquad \text{〈공식 4-5〉}$$

분할표에서의 표본 공분산

$$S_{XY}=\frac{1}{n-1}\sum_i\sum_j(X^c_i-\overline{X})(Y^c_j-\overline{Y})f_{ij}$$
$$=\frac{1}{n-1}(\sum_i\sum_j X^c_i Y^c_j f_{ij}-n\overline{X}\,\overline{Y}) \qquad \text{〈공식 4-6〉}$$

[표 14-3]의 자료를 이용해 표본공분산과 표본상관계수를 계산하면 다음과 같다.

도수분포표에서 평균과 분산을 계산하는 공식을 이용하여 체중(X), 키(Y)의 평균과 표준편차를 계산하면 $\overline{X}=63$, $S_X=14.6$, $\overline{Y}=158$, $S_Y=9.85$가 된다.

그리고 공분산을 구하기 위해 다음과 같이 각 변수의 편차와 도수를 곱한다.

X \ Y	150	170
40	(40−63)(150−158)×15=2,760	(40−63)(170−158)×5=−1,380
60	(60−63)(150−158)×30=720	(60−63)(170−158)×15=−540
80	(80−63)(150−158)×15=−2,040	(80−63)(170−158)×20=4,080

각 변수의 편차와 도수의 곱을 이용해 표본공분산을 구하면 다음과 같다.

$$S_{XY}=\frac{2,760+720-2,040-1,380-540+4,080}{99}=\frac{3,600}{99}=36.36$$

표본상관계수는 지금까지 구한 표준편차와 공분산을 이용해 다음과 같이 구한다.

$$r=\frac{S_{XY}}{S_X \cdot S_Y}=\frac{36.36}{14.6\times 9.85}=0.2528$$

연 · 습 · 문 · 제

4-1 다음 각 문항에 대하여 맞으면 O, 틀리면 X를 표시하라.

① 이변량자료란 두 변수를 동시에 조사하여 얻은 자료이다.

② 분할표는 이변량자료를 동시에 표시한 도수분포표라고 할 수 없다.

③ 상관계수는 공분산을 두 변수의 표준편차로 나눈 것이다.

④ 표본상관계수는 일종의 표본통계량이다.

⑤ 상관계수가 0이면 공분산도 0이다.

⑥ 표본상관계수와 모집단상관계수의 값은 언제나 일치한다.

⑦ 상관계수가 0이면 두 모집단 사이에 관계가 없다.

⑧ 상관계수는 0에서 1 사이의 값을 가진다.

4-2 다음 자료는 모 회사의 신입사원을 종교와 학력별로 분류한 것이다. 분할표 내의 도수를 X_{ij}(i는 행, j는 열)라고 할 때 다음 물음에 답하라.

	기독교	불교	가톨릭	기타
고졸	15	11	9	5
대졸	40	35	15	10
대학원	20	15	15	10

① i의 최대값　② j의 최대값　③ X_{22}의 값

④ X_{24}의 값　⑤ X_{31}의 값　⑥ $X_{12}+X_{34}$

⑦ $\sum_{j=1}^{4} X_{1j}$　⑧ $\sum_{i=1}^{3} X_{i2}$　⑨ X_{2j}의 최대값은?

⑩ X_{i3}의 최소값은?　⑪ $\sum_{i=1}^{2} \sum_{j=1}^{3} X_{ij}$

4-3 다음은 대도시와 지방도시의 화분증에 관한 설문의 응답결과이다.

	구분	도수
대도시	화분증이 있다 화분증이 없다	132 346
지방도시	화분증이 있다 화분증이 없다	95 403

① 이 자료를 이용하여 2차원 분할표를 작성하라.

② 분할표를 열과 행을 동시에 고려하여 비율화하라.

③ 지방도시에 거주하면서 화분증이 없는 사람의 비율은?

④ 대도시에 거주하는 사람 중 화분증이 있는 사람의 비율은?

4-4 다음 자료는 금강제약에서 금년에 모집한 신입사원들의 최종학력과 근무부서에 대해 조사한 것이다.

사원	직종	학력	사원	직종	학력	사원	직종	학력
1	사무	고졸	11	생산	고졸	21	생산	고졸
2	사무	대졸	12	사무	고졸	22	사무	고졸
3	생산	고졸	13	생산	대졸	23	생산	중졸
4	생산	중졸	14	생산	고졸	24	생산	중졸
5	생산	중졸	15	사무	중졸	25	생산	고졸
6	사무	고졸	16	생산	중졸	26	사무	고졸
7	사무	고졸	17	사무	고졸	27	사무	대졸
8	생산	중졸	18	사무	대졸	28	생산	고졸
9	생산	고졸	19	사무	대졸	29	사무	중졸
10	생산	대졸	20	생산	중졸	30	생산	고졸

① 최종학력을 행으로 직종을 열로 하여 분할표를 작성하라.

② 분할표에서 행과 열을 동시에 고려하여 각 칸의 상대도수를 계산하라.

③ 생산직에 근무하는 종업원의 비율은 얼마인가?

④ 생산직 중 고졸학력을 가진 종업원의 비율은 얼마인가?

⑤ 고졸학력 중 생산직에 근무하는 종업원의 비율은 얼마인가?

4–5 **진도상사는 국내 5개의 영업소를 가지고 있다. 각 영업소의 영업사원수와 매출액이 다음과 같을 때 영업사원수와 매출액 간의 모집단 공분산 및 모집단 상관계수를 구하라.**

영업소	사원수(X)	매출액(Y : 억원)
A	25	30
B	40	35
C	30	40
D	55	80
E	50	65
합계	200	250

4–6 **다음 자료는 어떤 동네에 사는 6가구를 뽑아 월간 소득과 총부채를 조사한 것이다. 이 자료를 기초로 표본공분산과 표본상관계수를 구하라. (단위 : 백만원)**

가구	소득(X)	부채(Y)
1	3	55
2	4.2	75
3	2.8	40
4	3.5	55
5	4.5	90
6	3	45
합계	21	360

4-7 다음은 펀드매니저 중에서 5명을 골라 1년 동안의 총자금운용액과 자금운용수익을 조사한 자료이다. 이 자료를 기초로 다음 물음에 답하라. (단위 : 억원)

매니저	자금운용액	운용수익
A	250	25
B	170	22
C	475	31
D	340	27
E	265	25

① 자금운용액과 운용수익의 평균을 구하라.
② 자금운용액과 운용수익의 표본표준편차를 구하라.
③ 자금운용액과 운용수익의 표본공분산을 구하라.
④ 자금운용액과 자금운용수익의 표본상관계수를 구하라.

4-8 (주)대신에서는 중간관리자 100명의 자녀수와 출신전공에 대해 조사한 후 다음과 같은 분할표를 작성하였다.

자녀수(X)	출신전공(Y)			
	인문계	사회계	이공계	합계
0	1	4	5	10
1	5	12	13	30
2	11	15	14	40
3	4	6	10	20
합계	21	37	42	100

① 출신전공 Y의 최빈값을 구하라.
② 사회계 출신 사원들의 평균 자녀수는 얼마인가?

③ 자녀수가 2명인 관리자는 전체 관리자 중 몇 %나 되는가?

④ 분할표의 행과 열을 동시에 고려하여 상대도수를 구하라.

4-9 다음은 모 지방대학의 기숙사에서 생활하고 있는 남학생 100명의 체중(Kg)과 출신 지역을 조사하여 작성한 분할표이다. 다음 각각의 물음에 답하라.

체중(X) \ 출신지(Y)	광주	전남	기타	합계
50 미만	2	2	6	10
50 ~ 60 미만	4	14	16	34
60 ~ 70 미만	8	16	14	38
70 이상	1	8	9	18
합계	15	40	45	100

① 광주지역 학생 중 체중이 50Kg 이상 60Kg 미만인 학생은 몇 명인가?

② 전체 학생 중 체중이 60Kg 미만인 학생의 비율은 얼마인가?

③ 분할표의 행과 열을 동시에 고려하여 상대도수를 구하라.

4-10 다음은 지난 한 달 동안 100명의 펀드매니저들의 운용펀드 개수(X)와 운용수익률(Y : %) 사이의 관계를 알아보기 위해 조사하여 작성한 분할표이다.

x \ Y	-1	0	1	2	합계
1	13	8	4	1	26
2	9	6	5	4	24
3	5	5	7	7	24
4	1	2	13	10	26
합계	28	21	29	22	100

①분할표의 행과 열을 동시에 고려하여 상대도수를 구하라.
②운용펀드 개수(X)의 표본평균과 표본표준편차를 구하라.
③운용수익률(Y)의 표본평균과 표본표준편차를 구하라.
④운용펀드 개수(X)과 운용수익률(Y)의 표본공분산을 구하라.
⑤운용펀드 개수(X)과 운용수익률(Y)의 표본상관계수를 구하라.
⑥운용펀드 개수(X)과 운용수익률(Y) 사이에 관계가 있다고 할 수 있는가?

4-11 **다음은 동전던지기 실험을 하여 얻은 결과이다. A, B, C 3개의 동전을 동시에 던져 A, B 두 동전의 앞면의 수(X)와 A, B, C 세 동전의 앞면의 수(Y)를 각각 조사하였다(예를 들어 A, B, C 동전이 각각 앞면, 뒷면, 앞면이 나오면 $X=1$, $Y=2$가 된다). 동일한 실험을 800회 시행한 결과를 종합하여 다음과 같은 분할표를 작성하였다.**

X \ Y	0	1	2	3	합계
0	100	100	0	0	200
1	0	200	200	0	400
2	0	0	100	100	200
합계	100	300	300	100	800

①분할표의 행과 열을 동시에 고려하여 상대도수를 구하라.
②X의 평균과 표준편차(모집단)를 구하라.
③Y의 평균과 표준편차(모집단)를 구하라.
④X와 Y의 공분산을 구하라.
⑤X와 Y의 상관계수를 구하라.
⑥X와 Y 사이에 관계가 있다고 할 수 있는가?

4–12 다음의 분할표에서 표본상관계수를 계산하라.

X \ Y	0	1	합계
0	5	15	20
1	5	75	80
합계	10	90	100

P·a·r·t 05

확률

Part 05

확률

이 세상에 확실한 것이 얼마나 있을까? 내일 비가 오지 않는다고 확신할 수 있을까? 로또복권을 샀을 때 당첨될 것이라고 확신할 수 있을까? 우리는 이러한 질문에 대해 아무도 자신 있게 말할 수 없다. 우리의 일상생활은 확실한 것보다 불확실한 것들이 더 많다. 불확실한 상황에서 어떤 사건이 일어날 가능성을 구체적인 수치로 표현하기 위해 확률이 사용된다. "내일 비가 올 확률이 30%이다", "어제 산 로또복권이 1등에 당첨될 확률은 800만 분의 1이다" 등은 확률적 표현이다.

통계학에서 확률이론은 기술통계와 추측통계를 잇는 교량적 역할을 한다. 추측통계는 표본에서 얻은 정보를 기초로 하여 모집단에 대한 통계적 추론을 하는 것이다. 그러나 표본에서 얻은 정보는 불완전한 것이므로 표본을 이용한 통계적 추론 역시 불완전할 수밖에 없다. 그렇다면 표본에 의한 통계적 추론결과를 어느 정도 신뢰할 수 있는가 하는 문제는 매우 중요한 관심사가 아닐 수 없다. 예를 들어 어느 백화점에서 1,000명의 표본을 뽑아 계산한 월평균 소득으로 전체 고객의 월평균 소득을 추정하는 경우, 그 추정이 어느 정도 신뢰성이 있는가를 밝히지 않으면 안 된다. 이를 위해서는 기본적인 확률개념을 이해해야 한다.

제1절 확률의 기초 개념

1. 확률이란 무엇인가?

확률(probability)이란 실험을 했을 때 어떤 사건이 일어날 가능성을 0에서 1 사이의 수치로 나타낸 것이다. 확률의 개념을 이해하기 위해 확률의 정의와 관련된 몇 가지 용어들을 살펴보기로 하자.

실험(experiment)이란 변수를 관찰하여 관찰치를 얻는 과정을 말한다. 예를 들어 신약의 효과를 알아보기 위해 신약을 동물에 투여하여 결과를 관찰하는 것, 설문을 통해 백화점에서 고객의 직업이나 소득 등을 조사하는 것, 제품의 불량률이 몇 %인가를 조사하는 것 등은 모두 실험이다. 이와 같이 실험은 자연과학뿐만 아니라 사회과학 분야에서도 의사결정에 필요한 자료를 수집하기 위해 광범위하게 이용된다.

사건(event)이란 실험의 결과를 말한다. 예를 들어 동전을 한 번 던지는 실험에서는 앞면, 뒷면이라는 결과가 나오고, 주사위를 한 번 던지는 실험에서는 1, 2, 3, 4, 5, 6의 결과가 나온다. 또한 고객의 직업을 조사하는 경우에는 생산직, 사무직, 전문직, 기타 등의 결과를, 그리고 석유탐사를 하는 경우에는 성공이나 실패의 결과를 생각할 수 있다.

실험을 통해 얻을 수 있는 모든 가능한 결과들의 집합을 표본공간(sample space)이라고 한다. 예를 들어 주사위를 한 번 던질 때 표본공간은 다음과 같이 표시된다.

표본공간 = {1, 2, 3, 4, 5, 6}

표본공간을 구성하는 사건들은 상호배타적이면서 동시에 포괄적이어야 한다. 예를 들어 주사위를 한 번 던지면 두 개 이상의 숫자가 동시에 나타날 수 없기 때문에 각 숫자들은 상호배타적일 뿐만 아니라 표본공간에 실험의 모든 가능한 결과가 포함되어 있으므로 포괄적이다. 표본공간을 구성하는 사건들이 포괄적이고 상호배타적이라면 어떤 사건이 일어날 확률은 0에서 1 사이의 숫자로 표시되며 모든 사건들이 일어날 확률의 합은 항상 1이 된다.

[예 5-1]

가나음료는 최근 두 가지 새로운 기능성음료 A, B를 출시하기로 결정하였다. 출시된 음료는 성공하거나 실패할 수 있지만 그 결과를 미리 알 수 없다. A 제품이 성공하고 B 제품이 실패했다고 할 경우 자료와 표본공간을 표시해 보자.

[풀이]

자료와 표본공간을 {(A 제품 결과, B 제품 결과)}의 형식으로 표시하면 다음과 같다.

자료 = {(성공, 실패)}
표본공간 = {(성공, 성공), (성공, 실패), (실패, 성공), (실패, 실패)}

사건과 표본공간의 개념을 이해한다면 실험을 했을 때 어떤 사건이 발생할 확률을 계산할 수 있다. 만일 어떤 사건을 A라고 했을 때 사건 A가 발생할 확률을 $P(A)$라고 표시하며, 다음과 같은 식에 의해 계산된다.

확률의 계산

$$P(A) = \frac{\text{사건 } A \text{의 총수}}{\text{표본공간에 있는 사건의 총수}} \quad (0 \leq P(A) \leq 1)$$ 〈공식 5-1〉

검정돌 4개와 흰돌 6개가 든 주머니에서 무작위로 하나의 돌을 꺼낼 때, 그것이 흰돌일 확률을 구해 보자. 주머니 속에는 색깔에 관계없이 10개의 돌이 들어 있고, 이 중 흰돌은 6개이므로 흰돌이 뽑힐 확률은 $\frac{3}{5}$이다.

$$P(\text{흰돌}) = \frac{\text{흰돌의 수}}{\text{전체 돌의 수}} = \frac{6}{10} = \frac{3}{5}$$

[예 5–2]

주사위를 던지는 실험을 하였다.

① 주사위를 한 번 던질 때 짝수의 면이 나올 확률은 얼마일까?

② 주사위를 두 번 던질 때 두 번 모두 짝수의 면이 나올 확률은 얼마일까?

[풀이]

① 주사위의 각 숫자가 나올 확률은 모두 $\frac{1}{6}$이고, 이 중 짝수의 면은 2, 4, 6의 세 가지이므로 주사위의 짝수 면이 나올 확률은 $\frac{3}{6} = \frac{1}{2}$이다.

② 주사위를 두 번 던지면 표본공간 내의 가능한 사건의 수는 $6 \times 6 = 36$가지이다. 이 중 두 번 모두 짝수의 면이 나오는 경우는 (2,2), (2,4), (2,6), (4,2), (4,4), (4,6), (6,2), (6,4), (6,6)로 9가지이므로 확률은 $\frac{9}{36} = \frac{1}{4}$이다.

2. 확률의 종류

(1) 고전적 개념의 확률

주사위를 던질 때 1이 나올 확률은 얼마일까? 여러분도 잘 알고 있다시피 $P(1) = \frac{1}{6}$이다. 주사위는 6개의 면으로 되어 있고 6개의 면은 절대로 동시에 나타날 수 없다. 따라서 6개의 면이 나타날 확률이 모두 $\frac{1}{6}$로 동일하다는 것은 경험하거나 실험해 보지 않더라도 논리적으로 추론해 보면 알 수 있다.

이와 같이 실험하지 않더라도 논리적으로 추론할 때 어떤 사건의 발생확률이 미리

정해져 있는 경우의 확률 개념을 고전적 개념의 확률이라고 한다. 동전을 던졌을 때 앞면이 나올 확률, 주사위를 던졌을 때 2가 나올 확률, 흰돌과 검은돌이 든 상자에서 돌을 꺼낼 때 흰돌이 뽑힐 확률 등은 고전적 개념의 확률로 설명할 수 있다.

(2) 상대도수 개념의 확률

현실세계에서는 고전적 개념의 확률로 설명할 수 없는 경우가 흔히 있다. 예를 들어 공장의 기계에서 생산되는 제품 중 임의로 1개를 뽑았을 때 그 제품이 불량품일 확률이 0.01이라면 이것은 어떻게 계산된 것일까? 이 확률은 고전적 확률 개념으로는 설명할 수 없다. 그래서 생각해 낸 개념이 '상대도수'이다.

상대도수란 실험을 계속적으로 반복하였을 때 전체 시행횟수 중 어떤 사건이 발생하는 도수의 비율을 말한다. 즉

$$P(A) = \frac{\text{사건 } A\text{의 총수}}{\text{전체 시행횟수}}$$

예를 들어 기계에서 생산된 제품 5,000개를 조사해 보았더니 불량품이 50개였다면, 임의로 1개의 제품을 뽑았을 때 그것이 불량품일 확률은 0.01로 상대도수 개념의 확률이다. 상대도수 개념을 이용하면 고전적 개념으로는 설명하기 어려운 상황에서도 확률을 정의하고 계산할 수 있기 때문에 확률의 적용범위가 크게 확대된다.

(3) 주관적 확률

우리의 일상생활에서는 상대도수 개념으로도 설명할 수 없는 확률도 있다. 예를 들어 어떤 유명한 의사가 수술에 들어가기 전에 "이 수술이 성공할 확률은 80%입니다"라고 말했다고 하자. 이 의사가 성공확률이 80%라고 한 것은 자기가 100번을 수술한 결과 80번을 성공했기 때문이 아니다. 자신의 오랜 경험과 다른 병원에서의 수술결과, 수술에 함께 참여하는 스태프들의 능력, 병원의 시설 등 모든 요소를 종합적

으로 고려한 결과 성공확률이 80%라고 말한 것이다.

그러나 이 의사와 달리 다른 의사는 이 수술의 성공확률을 50%라고 생각할 수도 있다. 이와 같이 개인의 주관적인 판단에 의해 결정되는 개념의 확률을 주관적 확률이라고 한다. 그러나 주관적 확률은 사람과 상황에 따라 달라지며 수학적으로 설명이 곤란하므로 이 책에서는 고려하지 않기로 한다.

3. 도수분포표와 확률

도수분포표는 자료를 정리하기 위해 구간을 정하고 각 구간에 해당되는 도수를 표시한 것이다. 그런데 도수분포표에서 각 구간의 도수를 전체 도수로 나눈 상대도수 역시 확률이라고 할 수 있다. 그 이유는 임의로 어떤 개체를 1개 뽑았을 때 그 개체가 특정 구간에 해당될 확률이 바로 상대도수이기 때문이다.

[표 5-1]의 도수분포표와 확률분포표를 비교해 보자. 확률변수가 취할 수 있는 모든 값에 대응하는 확률을 표시한 것을 확률분포표라고 하는데 여기에 나타난 확률과 도수분포표에서의 상대도수는 값이 동일하다. 확률변수와 확률분포는 통계학에서 매우 중요한 개념인데 이에 관한 자세한 내용은 6장에서 다시 상세히 다룬다.

표 5-1 도수분포표와 확률분포표

상대도수를 포함한 도수분포표

변수	도수	상대도수
17.5	2	0.025
22.5	6	0.075
27.5	36	0.45
32.5	24	0.3
37.5	10	0.125
42.5	2	0.025
합계	80	1

확률분포표

X	$P(X)$
17.5	0.025
22.5	0.075
27.5	0.45
32.5	0.3
37.5	0.125
42.5	0.025
합계	1

4. 경우의 수

확률을 계산하기 위해서는 실험에서 전체 사건의 총수와 특정 사건의 총수를 알 필요가 있다. 실험을 할 때 나타날 수 있는 전체 사건의 총수 또는 관심이 있는 사건의 총수를 경우의 수(counting numbers)라고 한다. 경우의 수를 계산하는 몇 가지 방법에 대해 살펴보기로 하자.

(1) 단순 반복실험

단순반복(simple repetition)은 동일한 실험을 반복할 때 몇 가지의 결과가 나타나는지를 알아보는 것이다. 한 번의 실험에서 n가지 결과가 나오는 실험을 k회 반복하면 그 전체의 결과는 n^k가지가 된다. 예를 들어 동전을 한 번 던지는 실험에서 앞면(H)과 뒷면(T)의 2가지 결과가 나타나는데, 이 실험을 3회 반복하면 각각의 시행이 결합하여 $2^3=8$가지 결과가 나온다. 이 결과를 구체적으로 나열하면 다음과 같다.

시행 순서	1	2	3
	H	H	H
	H	H	T
	H	T	H
	H	T	T
	T	H	H
	T	H	T
	T	T	H
	T	T	T

(2) 순열

n개의 개체 중에서 r개를 택하여 순서대로 배열하는 것을 순열(permutation)이라

하고, 이 순열의 총수를 기호로 nPr와 같이 나타낸다. 또한 n개의 개체중에서 n개를 택하여 순서대로 나열한 순열의 총수는 $nPn = n(n-1)(n-2) \cdots 3 \cdot 2 \cdot 1$이 된다. 이 것을 기호 $n!$로 나타내며 'n factorial'이라고 읽는다.

예를 들어 5명의 팀장을 5개의 작업팀에 배정하는 방법에는 몇 가지가 있을까? 5명 중 1명을 뽑아 작업1팀에 배정하는 방법은 5가지가 있고, 그다음 작업2팀에 1명을 뽑아 배정하는 경우는 4명 중 1명을, 그 다음에는 3명 중 1명을, 그다음에는 2명 중 1명을, 마지막에 1명을 배정하게 되므로 전체 방법의 수는 $5! = 5 \times 4 \times 3 \times 2 \times 1 = 120$가지가 된다.

그렇다면 전체가 아닌 일부만을 선택하여 배열한다고 하면 어떻게 될까? n개 중 r개만 선택하여 배열한다고 하면 선택되지 않은 $n-r$의 배열 가짓수만큼 가짓수가 줄어들게 되므로 $nPr = n!/(n-r)!$라고 쓰고 'n Permutation r'이라고 읽는다.

예를 들어 위의 예에서 5명 중 3명을 선택하여 5개의 작업팀에 배정하는 방법은 ${}_5P_3 = \frac{5!}{(5-3)!} = \frac{5!}{2!} = 60$가지가 된다.

(3) 조합

조합(combination)은 순서에 상관없이 어떤 개체 중에서 일부를 선택하는 방법을 말한다. 이 조합의 총수를 nCr과 같이 나타내며 'n Combination r'이라고 읽는다. 이 때는 순열의 가짓수에 선택된 r가지를 배열하는 방법의 가짓수를 제외하면 되므로 다음과 같이 계산된다.

$$nCr = \frac{n!}{(n-r)!r!}$$

위의 예에서 5명의 팀장 중 3명을 임의로 선발하는 방법의 가짓수는 다음과 같다.

$${}_5C_3 = \frac{5!}{(5-3)!3!} = \frac{120}{2 \times 6} = 10$$

(4) 경우의 수를 이용한 확률 계산

확률은 상대도수이므로 경우의 수를 이용하여 실험의 전체 사건의 수와 관심을 가지고 있는 특정 사건의 수의 상대적인 비율을 계산함으로써 구할 수 있다.

[예 5–3]

여학생 10명과 남학생 5명인 집단에서 3명을 선발할 때, 여학생 2명과 남학생 1명이 선발될 확률은 얼마일까?

[풀이]

먼저 전체 사건의 총수는 15명의 학생들 중에서 3명을 선발하는 가짓수이므로,

$$_{15}C_3 = \frac{15!}{12!3!} = 455$$

여학생 2명과 남학생 1명이 선택되는 경우는 여학생 10명 중 2명이, 그리고 남학생 5명 중 1명이 선택되어야 하므로,

$$_{10}C_2 \times {}_5C_1 = 45 \times 5 = 255$$

따라서, 여학생 2명과 남학생 1명이 선발될 확률은 $\frac{225}{455} = 0.4945$이다.

제2절 복합사건의 확률

1. 복합사건

사건은 단순사건과 복합사건으로 나눌 수 있다. 단순사건이란 동전을 던지거나 석유탐사를 하는 것처럼 한 가지 실험을 통해 얻는 결과를 말한다. 그러나 현실세계에

서는 두 변수 사이의 관계를 파악하기 위해 두 가지 이상의 실험이 함께 이루어지는 경우가 많다. 예를 들어 제4장의 이변량자료에서 살펴본 것처럼 주사위와 동전을 동시에 던지거나, 소득별 예금액을 조사한다거나, 광고비의 증감에 따른 매출액의 변화를 조사하는 것 등은 두 가지 실험을 동시에 시행하여 자료를 수집하는 경우이다. 이와 같이 두 가지 실험을 통해 얻는 결과를 복합사건이라고 한다.

주사위와 동전을 동시에 던지는 경우를 생각해 보자. 이 실험에서 나타나는 모든 결과를 나열해 보면 다음과 같다.

표본공간 = {(1,앞면), (1,뒷면), (2,앞면), (2,뒷면), (3,앞면), (3,뒷면), (4,앞면), (4,뒷면), (5,앞면), (5,뒷면), (6,앞면), (6,뒷면)}

위의 표본공간에 포함된 각 사건들은 주사위와 동전이라는 두 가지 사건의 결합으로 표시되므로 복합사건이다. 이 실험에서 각 사건이 발생할 확률은 모두 $\frac{1}{12}$인데, 그 결과를 요약해 확률표로 만들어 보면 [표 5-2]와 같다.

표 5-2 주사위와 동전을 동시에 던진 경우의 확률

동전 \ 주사위	1	2	3	4	5	6	합계
앞면	$\frac{1}{12}$	$\frac{1}{12}$	$\frac{1}{12}$	$\frac{1}{12}$	$\frac{1}{12}$	$\frac{1}{12}$	$\frac{1}{2}$
뒷면	$\frac{1}{12}$	$\frac{1}{12}$	$\frac{1}{12}$	$\frac{1}{12}$	$\frac{1}{12}$	$\frac{1}{12}$	$\frac{1}{2}$
합계	$\frac{1}{6}$	$\frac{1}{6}$	$\frac{1}{6}$	$\frac{1}{6}$	$\frac{1}{6}$	$\frac{1}{6}$	1

우리는 제4장에서 이변량자료를 정리하고 요약하는 데 분할표를 사용하였는데, 분할표의 각 칸의 도수에 대응하는 비율도 상대도수로서의 확률이다. 분할표상에 나타나는 확률은 분할표의 비율화 형태에 따라 결합확률, 주변확률, 조건부확률로

구분할 수 있다.

2. 결합확률과 주변확률

결합확률(joint probability)은 사건 A와 사건 B가 있을 때 사건 A와 B가 동시에 발생할 확률을 말하며 $P(A \cap B)$[1]로 나타낸다. [표 5-2]에서 우측 열과 하단 행의 합계란을 제외한 각 칸의 숫자(음영 부분)는 주사위와 동전을 동시에 던졌을 때 두 사건이 동시에 발생할 확률, 즉 결합확률을 보여 준다.

한편 우측 합계 열에 표시된 숫자는 주사위 숫자와 관계없이 동전의 한 면이 나올 확률이다. 예를 들어 동전을 던졌을 때 앞면이 나올 확률은 $\frac{1}{2}$이다. 마찬가지로 하단 합계 행은 동전의 면에 관계없이 주사위의 특정 숫자가 나올 확률이다. 예를 들어 주사위의 숫자 1이 나올 확률은 $\frac{1}{6}$이다. 이와 같이 우측 합계 열과 하단 합계 행에 표시된 확률을 주변확률(marginal probability)이라고 한다. 주변확률은 결합확률의 합으로 표시된다. 즉 [표 5-2]에서 보듯이 주변확률은 각각의 해당 열 또는 행을 모두 더한 확률이다. 즉,

$$P(\text{앞면}) = \frac{1}{12} + \frac{1}{12} + \frac{1}{12} + \frac{1}{12} + \frac{1}{12} + \frac{1}{12} = \frac{1}{2}$$

$$P(1) = \frac{1}{12} + \frac{1}{12} = \frac{1}{6}$$

이제 좀 더 현실적인 예를 들어 보자. 어느 여행사에서 고객분석을 위해 미국을 여행한 고객 2,000명의 성별과 연령을 조사하여 [표 5-3]과 같은 자료를 얻었다. 그리고 이 자료를 이용해 [표 5-4]와 같은 성별-연령별 분할표를 작성하였다.

[표 5-4]의 분할표에서 보면 전체 2,000명의 고객을 성별로 구분했을 때 남자는

1) $P(A \text{ and } B)$, $P(A, B)$로 표기하기도 한다.

1,200명이고 여자는 800명임을 알 수 있다. 그리고 연령층으로 구분했을 경우에는 20대가 1,000명, 30대가 500명, 40대가 500명이다. 그러면 이 표에서 합계란을 제외한 각 칸의 숫자들은 어떤 의미를 가지고 있을까? 예를 들어 '남자' 행과 '20대' 열이 교차하는 칸의 숫자는 600인데, 이것은 전체 고객 중 20대이면서 동시에 남자인 고객이 600명이라는 의미이다. 결국 이 숫자는 성별과 연령별의 값을 동시에 고려한 고

표 5-3 성별 - 연령별 자료

고객	성	연령
고객1	남	20
고객2	남	37
고객3	여	32
.	.	.
.	.	.
.	.	.
고객 2000	남	28

표 5-4 성별-연령별 분할표

성별 \ 연령별	20대	30대	40대	합계
남자	600	200	400	1,200
여자	400	300	100	800
합계	1,000	500	500	2,000

표 5-5 결합확률표

성별 \ 연령별	20대	30대	40대	합계
남자	0.3	0.1	0.2	0.6
여자	0.2	0.15	0.05	0.4
합계	0.5	0.25	0.25	1

객의 수이다.

이제 [표 5-4]의 각 칸에 포함된 고객의 수를 상대도수로 바꾸어 보면 [표 5-5]와 같다.

상대도수는 확률이라고 할 수 있으므로 [표 5-5]의 분할표에 나타난 숫자는 바로 확률이다. 이 분할표에서 합계란을 제외한 각 칸의 확률(음영 부분), 즉 연령층과 성별이라는 두 가지 변수를 결합했을 때의 확률은 결합확률이다. 예를 들어 '여자' 행과 '30대' 열이 교차하는 칸의 확률은 0.15인데, 이는 전체 고객 중 15%가 여자이면서 동시에 30대라는 의미이다. 그러므로 결합확률은 두 가지 조건을 모두 만족시키는 사건의 총수를 전체 사건의 총수로 나눈 것이다.

결합확률의 계산

$$\text{결합확률} = \frac{\text{두 조건을 동시에 만족시키는 사건의 총수}}{\text{전체 사건의 총수}} \qquad \text{〈공식 5-2〉}$$

한편 우측 합계 열과 하단 합계 행에 나타난 확률은 주변확률이다. 주변확률은 결합확률과 달리 단순사건만을 고려한 확률이다. 즉, '남자' 행의 합계란에 있는 0.6은 전체 고객 중 60%가 남자임을 나타낸다. 앞에서 설명한 것처럼 주변확률은 결합확률의 합이므로 남자와 여자의 확률은 각각 다음과 같이 계산된다.

$$\begin{aligned} P(\text{남}) &= P(\text{남} \cap 20\text{대}) + P(\text{남} \cap 30\text{대}) + P(\text{남} \cap 40\text{대}) \\ &= 0.3 + 0.1 + 0.2 = 0.6 \\ P(\text{여}) &= P(\text{여} \cap 20\text{대}) + P(\text{여} \cap 30\text{대}) + P(\text{여} \cap 40\text{대}) \\ &= 0.2 + 0.15 + 0.05 = 0.4 \end{aligned}$$

3. 조건부확률

이제 조건부확률(conditional probability)이라는 또 하나의 확률 개념을 살펴보기로 하자. 결합확률은 두 사건이 동시에 발생할 확률임에 반하여, 조건부확률은 한 사건이 발생한다는 것을 전제로 다른 사건이 발생할 확률이다. 즉 조건부확률은 두 사건 A와 B가 있을 때 사건 B가 발생한다는 조건하에서 사건 A가 발생할 확률을 말하며 $P(A|B)$로 표시한다.

[표 5-4]에서 고객의 연령층을 고려하지 않았을 때 어떤 고객이 단순히 여자일 확률은 $P(\text{여})=0.4$이다. 그러나 30대 중에서 그 고객이 여자일 확률은 얼마일까? 30대라는 조건이 주어졌을 때 그 고객이 여자일 확률은 주변확률 0.4와는 다르다. 이 경우에는 30대라는 조건을 가진 고객 중 여자일 확률이기 때문에 주변확률이 아니라 조건부확률을 구해야 한다. 여기에서 30대 고객 500명 중 여자가 300명이므로 조건부확률은 다음과 같다.

$$P(\text{여} \mid 30\text{대}) = \frac{300}{500} = 0.6$$

조건부확률은 결합확률과 주변확률을 알고 있으면 쉽게 구할 수 있는데, 그것은 결합확률을 주변확률로 나누는 것이다. 두 사건 A와 B가 있을 때 B라는 조건 하에서 A가 일어날 확률은 다음과 같이 계산한다.

조건부확률의 계산

$$P(A|B) = \frac{P(A \cap B)}{P(B)} \quad \langle\text{공식 5-3}\rangle$$

이 공식을 이용하여 30대 고객 중 여자일 확률을 구하면 다음과 같다.

$$P(\text{여} \mid 30\text{대}) = \frac{P(\text{여} \cap 30\text{대})}{P(30\text{대})} = \frac{0.15}{0.25} = 0.6$$

그리고 〈공식 5-3〉을 변형하면 조건부확률은 다음과 같이 결합확률로 나타낼 수 있다.

$$P(A \mid B) \cdot P(B) = P(A \cap B) \text{ 또는 } P(B \mid A) \cdot P(A) = P(A \cap B)$$

4. 복합사건의 상호독립

주사위와 동전을 동시에 던질 경우, 주사위의 어떤 숫자가 나오는 것과 동전의 한 면이 나오는 것은 아무런 관계가 없다는 것을 직관적으로 알 수 있다. 이와 같이 한 사건의 발생이 다른 사건의 발생에 전혀 영향을 미치지 않을 때 이것을 상호독립적 사건이라고 한다.

두 사건이 상호독립이라는 것은 두 사건 사이에 아무런 관계가 없다는 의미이다. 예를 들어 흡연이 폐암발생률을 높이는가의 문제를 생각해 보자. 만일 흡연자나 비흡연자의 폐암발생률이 동일하다면 흡연 여부는 폐암 발생과 어떤 관계가 없으므로 흡연과 폐암발생률 간의 관계는 상호독립이다. 그러나 비흡연자보다 흡연자의 폐암 발생률이 높다면 흡연과 폐암발생률은 서로 관계가 있으므로 상호독립이 아니다.

현실세계에서는 두 사건 사이의 상호독립 여부를 쉽게 판단하기 어려운 경우가 많다. 이런 경우에는 실험을 통해 두 사건 사이의 상호독립 여부를 밝혀야 한다. 두 사건의 상호독립 여부를 밝히는 데 조건부확률과 결합확률을 이용할 수 있다.

(1) 조건부확률과 상호독립

하나의 동전을 두 번 던지는 경우를 생각해 보자. 상식적으로 생각해 보더라도 두 번째 시행에서 동전의 뒷면이 나올 확률은 처음 동전을 던져 얻은 결과에 관계없이 $\frac{1}{2}$이므로 조건부확률과 주변확률은 동일하다. 즉 $P(\text{뒷면} \mid \text{앞면}) = P(\text{뒷면}) = \frac{1}{2}$이 성립한다. 이와 같이 한 사건이 발생할 확률이 다른 사건의 발생 확률에 관계없이 동일할 때 두 사건은 상호독립이다. 두 사건이 상호독립일 경우 조건부확률은 다음과 같이 나타낼 수 있다.

두 사건이 상호독립일 경우의 조건부확률

$P(A \mid B)=P(A)$ 또는 $P(B \mid A)=P(B)$ 〈공식 5-4〉

예를 들어 보자. 시민 200명에게 호주제 존속에 대한 찬반의견을 물어 [표 5-6]과 같은 분할표를 작성하였다. 이 표에서 시민 중 임의로 한 사람을 뽑아 물었을 때 호주제 존속에 찬성할 확률 P(찬성)는 $\frac{108}{200}=0.54$이다. 이 확률은 다른 사건, 즉 성별을 고려하지 않은 단순사건의 확률로서 주변확률이다.

표 5-6 성별-찬반의견의 분할표

의견 \ 성별	남자	여자	합계
찬성	84	24	108
반대	36	56	92
합계	120	80	200

만일 남자에게만 물었을 때 그 사람이 호주제 존속에 찬성할 확률은 얼마일까? 이것은 남자라는 조건을 가진 시민이 찬성할 확률이기 때문에 조건부확률이다. 여기서 남자 120명 중 찬성은 84명이므로 구하고자 하는 조건부확률은 다음과 같다.

$$P(\text{찬성} \mid \text{남자})=\frac{84}{120}=0.7$$

같은 방법으로 남자 중 호주제 존속에 반대할 확률을 구해 보면 다음과 같다.

$$P(\text{반대} \mid \text{남자}) = \frac{36}{120} = 0.3$$

만일 성별과 호주제 존속에 대한 의견이 상호독립이라면 $P(\text{찬성} \mid \text{남자}) = P(\text{찬성})$이 성립해야 한다. 즉 남자가 찬성할 확률은 성별에 관계없이 찬성할 확률 0.54와 같아야 한다. 그러나 이 자료에 따르면 남자가 찬성할 확률은 0.7이므로 성별과 호주제 존속에 대한 의견은 상호독립이 아니다.

마찬가지로 여자의 경우 찬성과 반대의 조건부확률을 구해 보자.

$$P(\text{찬성} \mid \text{여자}) = \frac{24}{80} = 0.3$$

$$P(\text{반대} \mid \text{여자}) = \frac{56}{80} = 0.7$$

남자와 마찬가지로 성별과 찬반의견이 상호독립이라면 $P(\text{찬성} \mid \text{여자}) = P(\text{찬성})$이 성립해야 한다. 그러나 이 자료에서 보면 여자라는 조건이 주어졌을 때 그 사람이 찬성할 확률은 0.3으로 $P(\text{찬성}) = 0.54$와 다르기 때문에 상호독립이라고 할 수 없다.

결국 이 자료에 따르면 호주제 존속에 대한 찬반의견은 성별과 상호독립이 아니고 어느 정도 관계가 있는 것으로 보인다. 즉 성별과 찬반의견이 상호독립일 경우의 찬성 확률은 0.54임에 반해, 실제로는 남자의 찬성 확률이 0.7이고 여자의 찬성 확률은 0.3으로 남자가 여자보다 호주제 존속에 찬성할 확률이 높다는 결론을 내릴 수 있다.

(2) 결합확률과 상호독립

지금까지 조건부확률을 이용해 두 사건의 상호독립 여부를 살펴보았는데, 결합확률을 가지고도 두 사건의 상호독립 여부를 밝힐 수 있다. 앞에서 언급한 것처럼 두 사건 A와 B가 있을 때 두 사건이 상호독립이라면 사건 A와 사건 B는 서로 영향을 미치지 않아야 한다. 만일 두 사건이 상호독립이라면 사건 A와 사건 B가 동시에 발생할 확률, 즉 사건 A와 사건 B의 결합확률은 주변확률의 곱과 같아진다.

두 사건이 상호독립일 경우의 결합확률

$$P(A \cap B) = P(A) \cdot P(B) \quad \langle 공식\ 5\text{-}5 \rangle$$

[표 5-7]은 [표 5-6]의 분할표를 이용하여 각 칸에 해당하는 결합확률을 나타낸 것이다.

표 5-7 성별과 찬반의견에 따른 결합확률

	남자	여자	합계
찬성	0.42	0.12	0.54
반대	0.18	0.28	0.46
합계	0.6	0.4	1

$$P(찬성 \cap 남자) = \frac{84}{200} = 0.42$$

$$P(찬성 \cap 여자) = \frac{24}{200} = 0.12$$

$$P(반대 \cap 남자) = \frac{36}{200} = 0.18$$

$$P(반대 \cap 여자) = \frac{56}{200} = 0.28$$

[표 5-7]에서 보면 시민 중 한 사람을 임의로 뽑았을 때 그 사람이 호주제 존속에 찬성할 확률은 $\frac{108}{200} = 0.54$이다. 이 확률은 성별을 고려하지 않은 단순사건의 확률이므로 주변확률이다. 만일 성별과 찬반의견이 상호독립이라면 결합확률이 주변확률의 곱과 같아야 하므로 다음과 같은 식이 성립해야 한다.

$$P(찬성 \cap 남자) = P(찬성) \cdot P(남자) = 0.54 \times 0.6 = 0.324$$

$$P(\text{찬성} \cap \text{여자}) = P(\text{찬성}) \cdot P(\text{여자}) = 0.54 \times 0.4 = 0.216$$

$$P(\text{반대} \cap \text{남자}) = P(\text{반대}) \cdot P(\text{남자}) = 0.46 \times 0.6 = 0.276$$

$$P(\text{반대} \cap \text{여자}) = P(\text{반대}) \cdot P(\text{여자}) = 0.46 \times 0.4 = 0.184$$

이것을 바탕으로 성별과 찬반의견에 따른 결합확률표를 만들어 보면 [표 5-8]과 같다.

표 5-8 성별과 찬반의견에 따른 결합확률 : 상호독립인 경우

	남자	여자	합계
찬성	0.324	0.216	0.54
반대	0.276	0.184	0.46
합계	0.6	0.4	1

만일 두 사건이 상호독립이라면 [표 5-7]과 [표 5-8]의 각 칸에 대응하는 확률이 모두 동일해야 하는데, 여기서 보면 일치하지 않는다는 것을 알 수 있다. 따라서 두 사건은 상호독립이 아닌 것으로 판단된다.

이상에서 조건부확률과 결합확률을 이용하여 두 사건 간의 상호독립 여부를 알아보는 방법에 대해 설명하였다. 그러나 이 자료는 시민 중에서 일부를 뽑은 표본으로부터 얻은 것이기 때문에 이 결과를 가지고 두 사건 간에 관계가 있다고 결론을 내리는 것은 위험하다. 즉 실제로는 시민들의 성별과 호주제 존속에 대한 의견 사이에 관계가 없는데, 표본을 뽑는 과정에서 우연히 남자는 찬성자가 더 많이 뽑히고 여자는 반대자가 더 많이 뽑혔기 때문에 이러한 결과가 나왔을 수도 있다. 따라서 두 사건 간에 관계가 있는지를 확인하기 위해서는 추가적인 분석이 필요하다. 이에 관해서는 제17장에서 다시 논의하기로 한다.

5. 베이즈 정리

베이즈 정리(Bayes theorem)는 주어진 조건부확률과 주변확률을 이용하여 다른 조건부확률을 구하는 데 이용된다.

사건 A라는 조건 하에서, 그리고 사건 B라는 조건 하에서 각각 특정 사건 '가'가 일어날 확률은 앞에서 살펴본 조건부확률의 정의로부터 다음과 같이 나타낼 수 있다.

$$P(\text{가}|A)=\frac{P(\text{가}\cap A)}{P(A)},\quad P(\text{가}|B)=\frac{P(\text{가}\cap B)}{P(B)}$$

위의 두 식으로부터 다음과 같은 결합확률을 구할 수 있다.

$$P(\text{가}\cap A)=P(\text{가}|A)\cdot P(A),\quad P(\text{가}\cap B)=P(\text{가}|B)\cdot P(B)$$

표 5-9 다이어그램

	A	B
가	$P(\text{가}\cap A)$	$P(\text{가}\cap B)$
나	$P(\text{나}\cap A)$	$P(\text{나}\cap B)$

그러면 사건 '가'라는 조건 하에서 특정 사건 A가 일어날 확률 $P(A|\text{가})$는 다음과 같이 구할 수 있는데 이것을 '베이즈 정리'라고 한다.

$$\begin{aligned}P(A|\text{가})&=\frac{P(\text{가}\cap A)}{P(\text{가})}=\frac{P(\text{가}\cap A)}{P(\text{가}\cap A)+P(\text{가}\cap B)}\\&=\frac{P(\text{가}|A)\cdot P(A)}{P(\text{가}|A)\cdot P(A)+P(\text{가}|B)\cdot P(B)}\end{aligned}$$

베이즈 정리

$$P(A|가)=\frac{P(가|A)\cdot P(A)}{P(가|A)\cdot P(A)+P(가|B)\cdot P(B)} \quad \text{〈공식 5-6〉}$$

베이즈 정리는 주어진 조건부확률을 이용하여 다른 조건부확률을 구하는 것으로, $P(가|A)$, $P(가|B)$를 알고 있을 때 $P(A|가)$를 구할 수 있다. 여기에서 먼저 주어진 $P(가|A)$, $P(가|B)$를 사전확률이라고 하고, $P(A|가)$를 사후확률이라고 한다.

[예 5-4]

미혼 남녀의 결혼을 도와주는 결혼상담소는 남성 고객이 40% 정도라고 한다. 이 회사의 경험에 의하면 맞선을 보고자 하는 남성의 70%와 여성의 30%는 맞선 상대의 외모를 중시한다고 한다. 그러면 맞선 상대의 외모를 중시하는 고객이 여성일 확률은 얼마나 될까?

[풀이]

위에서 주어진 자료를 요약하면 다음과 같다.

	남성	여성
중시함	0.7	0.3
그렇지 않음	0.3	0.7

또한 남성 고객이 40%이므로 다음과 같이 결합확률표를 작성할 수 있다.

외모 \ 성별	남성	여성	합계
중시함	0.28	0.18	0.46
그렇지 않음	0.12	0.42	0.54
합계	0.4	0.6	1

그러므로 맞선 상대의 외모를 중시하는 고객이 여성일 확률은 다음과 같다.

$$P(\text{여성} \mid \text{외모중시}) = \frac{P(\text{여성} \cap \text{외모중시})}{P(\text{외모중시})} = \frac{0.18}{0.28+0.18} = \frac{0.18}{0.46} = 0.3913$$

연 · 습 · 문 · 제

5-1 다음 각 문항에 대하여 맞으면 O, 틀리면 X를 표시하라.

① 확률이란 어떤 사건이 발생할 가능성이다.
② 표본을 추출하여 관찰치를 확인하는 것은 사건이라고 할 수 없다.
③ 주변확률은 조건부확률의 합으로 나타낼 수 있다.
④ 조건부확률은 결합확률과 주변확률로 표시할 수 있다.
⑤ 확률이 −0.1인 경우는 없다.
⑥ 확률이 2인 경우도 있다.
⑦ 상관관계가 없다는 것과 상호독립이라는 것은 다르다.
⑧ 통계학에서 사용하는 확률은 고전적 개념의 확률이다.
⑨ 상대도수로서의 확률은 고전적 개념의 확률을 포함하고 있다.
⑩ 두 모집단에서 동시에 표본을 뽑는 이변량자료의 경우 복합사건이라고 할 수 있다.
⑪ 두 사건의 결합확률을 주변확률의 곱으로 표시할 수 있으면 두 사건은 상호독립이라고 할 수 있다.
⑫ 조건부확률이 결합확률과 주변확률의 곱으로 표시되면 두 사건은 상호독립이라고 할 수 있다.

5-2 다음 예들은 고전적 확률, 상대도수 확률, 주관적 확률 중 어디에 속하는가?

① 화투 한 장을 임의로 뽑았을 때 광이 나올 확률
② 다음 주에 주가지수가 상승할 확률
③ 두 개의 주사위를 던져서 합이 7일 확률
④ 흰돌 세 개와 검은돌 네 개가 든 주머니에서 돌을 하나 꺼낼 때 흰돌이 나올 확률

⑤ 신제품이 시장에서 성공할 확률

⑥ 승용차를 운전하는 사람이 특정 장소에서 사고를 당할 확률

⑦ 어느 공장에서 생산한 제품이 불량품일 확률

⑧ 흡연을 하는 40대 성인이 폐암에 걸렸을 확률

5-3 다음 확률을 구하라.

① $P(A \cap B)=0.5$, $P(B)=0.6$일 때, $P(A|B)$는?

② $P(B)=0.2$, $P(A|B)=0.4$일 때, $P(A \cap B)$는?

③ $P(A \cap B)=0.8$, $P(A|B)=0.9$일 때, $P(B)$는?

④ $P(A \cap B)=0.12$, $P(A \cup B)=0.6$, $P(B)=0.2$일 때, $P(B|A)$는?

5-4 남자사원 20명, 여자사원 15명으로 구성된 부서에서 4명의 테스크포스팀을 구성하기로 하였다. 팀원을 무작위로 선정한다면,

① 전체 부서 사원 중 4명을 선발하는 경우는 몇 가지가 될까?

② 남자사원 중 4명을 선발하는 경우는 몇 가지가 될까?

③ 모든 팀원이 남자사원에서 선발될 확률은 얼마인가?

④ 팀원이 남자사원 2명, 여자사원 2명으로 구성될 확률은 얼마인가?

5-5 로또는 1부터 45까지의 45개의 숫자를 임의로 6개 선택해 당첨된 숫자의 맞는 개수에 따라 등수가 정해진다. 6개의 숫자 중 3개가 맞으면 5등이고 상금은 5,000원이다. 5등에 당첨될 확률은?

5-6 카드는 4가지 종류의 무늬로 이루어져 있고, 각 무늬는 13장이다. 무작위로 4장의 카드를 뽑았을 때, 카드의 모양이 같을 확률은?

5-7 다음 A상사의 고객 250명의 거래내용에 관한 분할표이다.

	현금지불	카드지불	합계
정기고객	10	20	30
비정기고객	20	200	220
합계	30	220	250

위의 자료에서 무작위로 선택된 한 고객이

① 정기고객일 확률을 구하라.
② 카드지불고객일 확률을 구하라.
③ 정기고객이면서 카드지불고객일 확률을 구하라.
④ 정기고객 중에서 카드지불을 할 확률을 구하라.
⑤ 비정기고객 중에서 카드지불을 할 확률을 구하라.

5-8 다음 자료는 흡연과 심장질환의 관계를 알아보기 위해 성인남자 1,000명을 대상으로 흡연과 심장질환 여부를 조사한 것이다.

	흡연	금연	합계
심장질환	100	80	180
심장질환없음	200	620	820
합계	300	700	1,000

① 성인남자가 심장질환이 있는 흡연가일 확률은?
② 성인남자가 흡연가일 때 심장질환이 있을 확률은?

5-9 전립선암을 검사하는 방법인 PSA는 그리 높지 않는 정확도를 가지고 있다고 한다. 암이 아닌 경우에 양성을 보일 확률은 0.135이고 실제로 암에 걸렸을 경우에도 음성으로 나타날 확률은 0.3이라고 한다. 50대 남자가 전립선암에 걸릴 확률은 약 2% 정도라고 알려져 있다. 어떤 50대 남자가 PSA 검사에서 양성이 나왔다면, 실제로 전립선암에 걸렸을 확률은?

5-10 한탕해씨는 오랜 경력의 소매치기이다. 한씨는 대부분(90%) 바람조와 같이 작업을 하지만 10% 정도는 혼자서도 한다. 혼자 작업하는 경우에는 바람조가 없으므로 성공할 확률이 60%로 비교적 낮고, 바람조와 같이 작업하는 경우에는 95%로 성공할 확률이 높다. 한씨가 소매치기를 하다가 걸렸다. 바람조 없이 작업했을 확률은?

5-11 조선전자에서는 두 개의 프로젝트를 시행하기로 결정했다. A 프로젝트는 성공확률이 80%이고, B 프로젝트는 성공확률이 60%이다. 그리고 두 프로젝트의 성공 여부는 상호독립이다.

① 두 프로젝트가 모두 성공할 확률은?
② 1개 이상의 프로젝트가 성공할 확률은?
③ 1개의 프로젝트만 성공한다고 할 때, A 프로젝트가 성공할 확률은?

P·a·r·t 06

확률변수와 확률분포

Part 06

확률변수와 확률분포

제5장에서 우리는 확률에 관한 기본적인 개념에 대해 살펴보았다. 이 장에서는 실험을 했을 때 발생 가능한 모든 사건의 확률을 전체적으로 집약시키는 방법에 대해 살펴보기로 한다.

우리는 하나의 사건만을 가지고 실험에 대하여 평가하기 어렵기 때문에 모든 가능한 사건들과 그 사건들의 발생확률을 집약한 분포, 즉 확률분포에 의거하여 결론을 내린다. 예를 들어 어느 대학생의 토익성적이 900점이라고 하자. 이 학생의 성적이 전체 응시자 중에서 어느 정도인가를 알아보기 위해서는 전체 응시자들의 성적을 하나로 집약시킨 분포에서 이 점수의 위치를 살펴보아야 한다.

추측통계에서 표본평균으로 모집단평균을 추정하고자 할 때에도 마찬가지이다. "어떤 회사에서 생산되는 제품이 불량일 가능성이 0.5%이다" 또는 "제품의 수명이 100시간 이상일 가능성이 10%이다" 등의 표현은 모집단에서 뽑은 가능한 모든 표본의 평균과 그 표본의 평균에 대응하는 확률을 전체적으로 집약시킨 분포에 의거하여 내린 결론이다. 앞으로 이러한 내용을 상세히 다루겠지만, 이 장에서는 기초 개념으로 확률변수, 확률분포 및 확률분포의 특성들에 대해 살펴보기로 한다.

제1절 확률변수와 확률분포

1. 확률변수

확률변수(random variable)란 표본공간을 구성하는 사건에 수치를 부여한 것으로 각 값이 취할 수 있는 가능성을 확률로 표시할 수 있는 변수를 말한다. 확률변수는 일반적으로 X로 표시하는데 실험을 해 보기 전에는 어떤 결과가 나올지 사전에 알 수 없으며 단지 그 가능성이 확률과 관련되어 있다는 점에 특징이 있다.

예를 들어 보자. 주사위를 던지는 실험에서 윗면의 값은 1, 2, 3, 4, 5, 6 중 하나이다. 제5장에서 살펴본 것처럼 이 값들은 실험의 결과로 발생 가능한 사건을 말하며 이들의 집합은 표본공간이다. 즉 표본공간 = {1, 2, 3, 4, 5, 6}이다. 주사위를 던지는 실험에서 나온 결과는 매번 우연에 의해 결정되므로, 표본공간 내의 어떤 값이 나타날지는 사전에 알 수 없다. 그러나 우리는 어떤 값이 나타날 확률이 모두 $\frac{1}{6}$이라는 것을 알고 있다. 이와 같이 어떤 확률에 따라 우연히 나타나는 실험의 결과에 수치를 부여한 것이 확률변수이다.

다른 예를 들어 보자. 동전을 던져 앞면이 나오면 1,000원을 받고 뒷면이 나오면 2,000원을 주기로 했다고 하자. 이 실험에서 표본공간은 {앞면,뒷면}이고 확률변수 X가 취하는 값은 1,000, −2,000이다. 이때 앞면이 나올지 뒷면이 나올지는 동전을 던져 봐야 알 수 있지만 앞면과 뒷면이 나올 확률은 각각 $\frac{1}{2}$이므로 상금은 확률변수이다.

마찬가지로 석유탐사를 하는 경우 그 결과는 '성공' 또는 '실패' 중 하나지만 실제 탐사에서 '성공'할지 '실패'할지는 불확실하며 각각의 가능성은 여러 번의 실험을 통해 얻게 되는 확률과 관련 있으므로 성공 여부는 확률변수이다.

통계학에서 다루는 변수들은 확률변수이므로 이 개념에 대한 명확한 이해가 필요하다.

[예 6-1]

동전을 두 번 던지는 실험에서 앞면의 횟수를 확률변수로 하고자 한다. 표본공간의 원소를 나열하고, 확률변수 X가 취할 수 있는 값을 나타내 보아라.

[풀이]

동전의 앞면을 H, 뒷면을 T라고 할 때 얻을 수 있는 가능한 결과의 집합, 즉 표본공간은 $\{(H, H), (H, T), (T, H), (T, T)\}$이다. 그리고 확률변수 X가 취할 수 있는 값은 0, 1, 2이다.

표본공간	확률변수(X)
(H, H)	2
(H, T)	1
(T, H)	1
(T, T)	0

2. 이산확률변수와 연속확률변수

확률변수는 이산적인 값을 취할 수도, 연속적인 값을 취할 수도 있다. 이와 같이 취할 수 있는 값의 범위에 따라 확률변수는 이산확률변수(discrete random variable)와 연속확률변수(continuous random variable)로 구분된다. 이산확률변수는 취할 수 있는 값이 0, 1, 2, 3과 같이 정수값으로 표시되는 확률변수를 말한다. 예를 들어 동전을 10개 던졌을 때 앞면의 수를 확률변수로 한다면 이 확률변수가 취할 수 있는 값은 0에서 10까지 11가지로 제한되며, 3대의 기계가 있을 때 고장 난 기계의 대수를 확률변수로 한다면 그 값이 0, 1, 2, 3의 4가지로 제한되므로 이러한 확률변수들은 이산확률변수이다.

반면에 연속확률변수는 취할 수 있는 값이 연속된 구간 내의 모든 실수값으로 표시되는 확률변수를 말한다. 예를 들어 어떤 비료제조회사가 여러 지역에서 흙을 수집하여 그 흙속에 포함되어 있는 질소의 양을 측정한다고 하자. 흙속에 포함된 질소의 양은 지역, 기후, 일시 등 여러 가지 우연적 요인에 따라 달라지는데 질소의 양은 정수값을 취하는 것이 아니라 무한히 많은 실수값을 가지므로 연속확률변수이다. 몸무게, 온도, 수명 등은 무한히 많은 실수값을 가지므로 연속확률변수이다.

이산확률변수는 취할 수 있는 값이 한정되므로 표본공간 내의 각 값에 대해 확률을 부여할 수 있다. 반면 연속확률변수는 무한히 많은 값을 가지므로 특정한 값에 대한 확률은 0이다. 따라서 연속확률변수는 각각의 값에 확률을 부여할 수 있는 이산확률변수와 달리 특정한 구간에 대해서만 확률을 부여할 수 있다.

3. 확률분포

확률변수의 개념을 이해하였다면 확률분포(probability distribution)에 대해 살펴보기로 하자. 확률분포란 표본공간에 나타나는 모든 값들과 그 값에 대응하는 확률을 동시에 표시한 것이다. 즉 확률분포는 실험을 할 때 확률변수가 취할 수 있는 모든 값들과 그 값에 대응하는 확률을 함께 표시한 표나 그래프 또는 수식을 말한다.

확률변수를 이산확률변수와 연속확률변수로 구분하는 것처럼, 확률분포도 확률변수의 성격에 따라 이산확률분포와 연속확률분포로 구분한다. 연속확률분포에 대해서는 제8장에서 다루기로 하고, 이 장에서는 먼저 이산확률분포를 중심으로 확률분포의 일반적 특성을 살펴보기로 하자.

예를 들어 동전을 한 번 던지는 실험에서 앞면의 횟수를 확률변수 X라고 할 때, X의 확률분포를 살펴보자. 이 확률변수 X가 취할 수 있는 값은 0(뒷면이 나오는 경우)과 1(앞면이 나오는 경우)이며, 각각의 값이 나올 확률은 모두 $\frac{1}{2}$이다. 이것을 확률분포로 나타내면 [표 6-1]과 같다.

표 6-1 동전을 한 번 던질 때의 확률분포

앞면의 횟수(X)	$P(X)$
0	$\frac{1}{2}$
1	$\frac{1}{2}$
합계	1

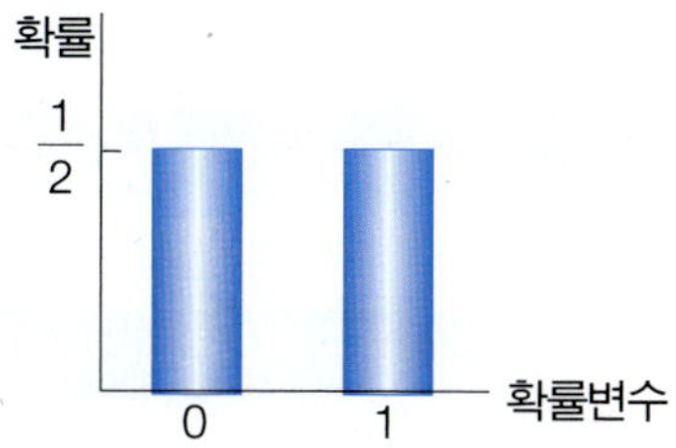

제5장에서 살펴본 것처럼 실험을 통해 얻은 가능한 결과들은 모두 표본공간에 표시되며, 이 결과들은 상호배타적이며 포괄적이므로 확률분포에서 표본공간에 나타난 가능한 결과들에 대응하는 확률의 합계는 1이다.

[예 6–2]

동전을 두 번 던지는 실험에서 앞면의 횟수를 확률변수 X라고 할 때, X의 확률분포를 작성해 보아라.

[풀이]

동전의 앞면을 H, 뒷면을 T라고 할 때 실험에서 가능한 결과는 (H, H), (H, T), (T, H), (T, T)의 4가지이며, 각 사건이 발생할 확률은 모두 $\frac{1}{4}$이다.

표 6-2 동전을 두 번 던질 때 가능한 결과와 확률

1회	2회	앞면의 횟수(X)	$P(X)$
H	H	2	$\frac{1}{4}$
H	T	1	$\frac{1}{4}$
T	H	1	$\frac{1}{4}$
T	T	0	$\frac{1}{4}$

여기서 앞면이 나오는 횟수를 확률변수 X라고 할 때 X가 취할 수 있는 값 0, 1, 2와 이에 대응하는 확률을 표시하면 [표 6-3]과 같은 확률분포가 된다.

표 6-3 동전을 두 번 던질 때의 확률분포

앞면의 횟수(X)	$P(X)$
0	$\frac{1}{4}$
1	$\frac{1}{2}$
2	$\frac{1}{4}$
합계	1

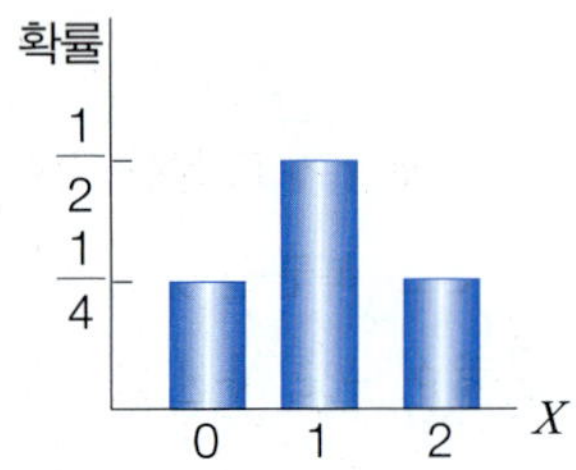

[예 6-3]

철수와 영희는 가위바위보를 하여 이기면 5,000원을, 비기면 10,000원을, 지면 15,000원을 내서 저녁식사를 하기로 하였다. 철수가 내야 할 금액을 확률변수로 하여 확률분포를 작성해 보아라.

[풀이]

철수와 영희가 가위바위보를 한 번 하였을 때 나올 사건의 집합, 즉 표본공간은 {(가위, 가위), (가위, 바위), (가위, 보), (바위, 가위), (바위, 바위), (바위, 보), (보, 가위), (보, 바위), (보, 보)}이다. 표본공간에서 모두 9가지 경우 중 이기거나 비기거나 지는 경우는 각각 3번씩이다. 그런데 철수는 이 게임에서 이기면 5,000원을, 비기면 10,000원을, 지면 15,000원을 내야 한다. 그러므로 내기에서 내야 할 돈의 확률분포는 다음과 같다.

확률변수(X)	$P(X)$
5,000	$\frac{1}{3}$
10,000	$\frac{1}{3}$
15,000	$\frac{1}{3}$
합계	1

제2절 확률변수의 기대치와 분산

1. 확률변수의 기대치와 그 성질

(1) 기대치의 개념

제3장에서 우리는 어떤 변수의 값을 대표하는 중심화 경향치로서 모집단평균에 대해 살펴보았다. 모집단평균과 비슷한 개념으로 확률변수의 기대치(expected value)가 있다. 확률변수의 기대치란 실험을 지속적으로 반복했을 때 평균적으로 기대할 수 있는 값으로 확률분포의 중심화 경향치를 나타내는 특성치이다.

예를 들어 주사위를 여러 차례 반복하여 던질 때, 윗면의 값은 평균적으로 얼마일까? 매번 주사위를 던질 때마다 윗면의 값은 우연에 의해 결정된다. 그러나 주사위를 수없이 많이 던지면 윗면 값의 평균은 결국 주사위의 숫자와 이에 대응하는 확률을 곱하여 더한 것과 같아진다.

복권을 사는 경우를 생각해 보자. 복권을 한두 번 살 경우에는 그날의 운수에 따라 당첨이 안 되어 손해를 볼 수도 있고 당첨이 되어 상금을 받을 수도 있다. 그러나 복권을 무한히 많이 살 경우에 기대할 수 있는 상금은 각 등수의 상금과 이에 대응하는 확률을 곱하여 더한 것과 같아진다. 즉 확률분포의 기대치는 확률변수가 취할 수 있는 모든 값과 그 값들이 나올 확률을 곱하여 모두 더한 것과 같다. 이것을 공식으로 나타내면 다음과 같다.

확률변수의 기대치

$$E(X) = \Sigma XP(X) \quad \text{〈공식 6-1〉}$$

확률변수의 기대치는 모집단평균과 같은 개념이다. 단지 차이가 있다면 평균은 주어진 자료에서 계산된 것인 반면, 기대치는 확률변수가 취할 수 있는 값과 그 값에 대응하는 확률을 이용해 계산된 것이라는 점이다. 이것은 〈공식 6-1〉과 제3장의 상대도수를 이용해 평균을 계산한 것을 비교해 보면 명확해진다.

$$\mu = \Sigma\frac{X_i f_i}{N} = \Sigma X_i \frac{f_i}{N} \Rightarrow \Sigma XP(X) = E(X)$$

위의 공식에서 평균은 각 관찰치에 대응하는 상대도수를 곱하여 계산하지만, 기대치는 상대도수 대신 확률을 곱해서 계산한다는 차이가 있을 뿐이다. 그런데 실험을 무한히 반복할 때 상대도수는 확률로 정의되기 때문에 결국 평균과 기대치는 같아진다. 주사위를 던졌을 때 나올 윗면 숫자의 기대치를 〈공식 6-1〉을 이용해 계산해 보면 다음과 같다.

$$E(X) = 1\times\frac{1}{6} + 2\times\frac{1}{6} + 3\times\frac{1}{6} + 4\times\frac{1}{6} + 5\times\frac{1}{6} + 6\times\frac{1}{6} = 3.5$$

[예 6-4]

[예 6-3]에서 철수가 내야 할 금액의 기대치는 얼마인가?

[풀이]

$$E(X)=(5{,}000\times\frac{1}{3})+(10{,}000\times\frac{1}{3})+(15{,}000\times\frac{1}{3})=10{,}000$$

[예 6-5]

[그림 6-1]과 같은 원판을 돌린 후 화살을 쏘아 맞은 곳에 걸린 금액만큼 상금을 받는다고 하자. 원판에 적힌 상금을 확률변수 X라고 할 때, 상금의 기대치는 얼마일까? (단, 화살이 원판 밖으로 나갈 경우는 없다고 가정한다.)

그림 6-1 원판의 상금

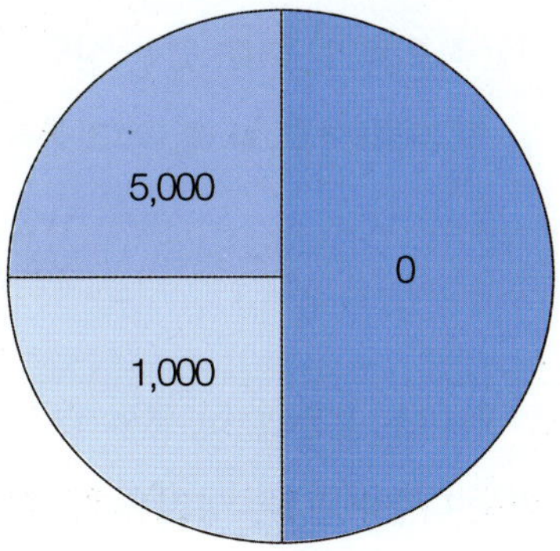

[풀이]

원판에 표시된 상금이 확률변수이므로 확률변수값은 {0, 1,000, 5,000}이다. 그리고 원판에 화살을 쏘아 각각의 숫자에 맞을 확률은 전체 면적에서 차지하는 비율과 같으므로, 상금이 0원일 확률은 $\frac{1}{2}$, 1,000원일 확률은 $\frac{1}{4}$, 5,000원일 확률은 $\frac{1}{4}$이다. 그러므로 상금의 확률분포는 다음과 같다.

표 6-4 상금의 확률분포

X	$P(X)$
0	0.5
1,000	0.25
5,000	0.25
합계	1

$$E(X) = (0 \times 0.5) + (1{,}000 \times 0.25) + (5{,}000 \times 0.25) = 1{,}500$$

원판 돌리기에서 기대할 수 있는 상금이 1,500원이라는 것은 원판 돌리기를 수없이 반복하였을 때 평균적으로 얻을 수 있는 상금이 1,500원이라는 의미이다. 따라서 원판 돌리기를 한 번 할 때마다 2,000원을 지불해야 한다고 하면 매번 평균적으로 500원씩을 잃는다고 할 수 있다.

(2) 기대치의 성질

확률변수의 기대치는 다음과 같은 성질을 가지고 있다.

기대치의 성질

① $E(a) = a$ 〈공식 6-2〉

② $E(aX) = aE(X)$ 〈공식 6-3〉

③ $E(X+Y) = E(X) + E(Y)$ 또는

$E(X-Y) = E(X) - E(Y)$ 〈공식 6-4〉

a는 상수이고 X, Y는 확률변수

①의 공식은 상수의 기대치를 구하면 상수 그 자체라는 것이다.

②의 공식은 확률변수에 상수를 곱하여 얻어진 새로운 확률변수의 기대치는 원래

의 확률변수의 기대치에 상수를 곱한 것과 같다는 것이다.

③의 공식은 두 확률변수를 더하거나 빼서 얻어진 새로운 확률변수의 기대치는 각 확률변수의 기대치를 더하거나 뺀 것과 같다는 것이다.

[예 6–6]

[그림 6-1]에서 상금을 원판에 나타난 금액의 두 배로 했을 때 기대치는 얼마인가?

[풀이]

상금을 Y라고 하면 $Y=2X$가 된다. 그런데 [예 6-5]에서 $E(X)$=1,500이었으므로 Y의 기대치는 다음과 같다.

$$E(Y)=E(2X)=2\times 1{,}500=3{,}000$$

[예 6–7]

[그림 6–1]의 원판을 3회 돌렸을 때 합계금액 Y의 기대치는?

[풀이]

원판을 3회 돌렸을 때의 기대치는 1회 돌렸을 때 금액을 세 번 더한 것과 같다. 원판돌리기의 확률변수를 각각 X_1, X_2, X_3라 하면,

$$E(X_1)+E(X_2)+E(X_3)=1{,}500+1{,}500+1{,}500=4{,}500$$

[예 6–8]

[그림 6–1]에서 상금으로부터 상금의 기대치를 뺀 금액의 기대치는 얼마인가?

[풀이]

상금의 기대치는 $E(X)=1{,}500$이었으므로,

$$E(X-1{,}500)=E(X)-E(1{,}500)=1{,}500-1{,}500=0$$

이것은 $E(X-1{,}500)=(0-1{,}500)\times0.5+(1{,}000-1{,}500)\times0.25+(5{,}000-1{,}500)\times0.25=0$ 과 같이 계산해도 동일하다.

2. 확률변수의 산포도와 그 성질

(1) 확률변수의 분산과 표준편차

앞에서 살펴본 기대치는 평균과 같은 개념으로서 확률변수의 중심화 경향치를 나타내는 특성치라고 하였다. 반면 확률변수의 산포도를 나타내는 특성치로는 분산과 표준편차가 사용된다. 확률변수의 분산은 확률분포가 기대치로부터 얼마나 흩어져 있는가를 나타내는 것으로 $V(X)$로 표시한다. 분산 $V(X)$[1]의 계산공식은 다음과 같다.

확률변수의 분산

$$V(X)=\Sigma[X-E(X)]^2P(X)$$ 〈공식 6-5〉

확률변수의 분산은 확률변수의 각 값에서 기대치를 뺀 값을 제곱한 다음 각 확률변수값에 대응하는 확률을 곱해서 더한 것이다. 기대치에서와 마찬가지로 확률변수의 분산은 모집단 분산과 같은 의미이다. 이는 상대도수를 이용하여 모집단 분산을 계산하는 공식과 확률변수의 분산을 계산하는 공식을 비교해 보면 더욱 분명해진다.

$$\sigma^2=\Sigma(X_i-\mu)^2\frac{f_i}{N}\Rightarrow\Sigma[X-E(X)]^2P(X)=V(X)$$

1) 확률변수의 분산은 $V(X)$로, 공분산은 $Cov(XY)$로 표시한다.

〈공식 6–5〉를 전개하여 보다 간편하게 만들면 다음과 같다.

$$V(X)=E(X^2)-[E(X)]^2$$

확률변수의 표준편차는 모집단의 분산과 마찬가지로 확률변수의 분산에 제곱근을 취한 것으로 계산공식은 다음과 같다.

확률변수의 표준편차

$$\sqrt{V(X)}=\sqrt{\Sigma[X-E(X)]^2P(X)} \quad \text{〈공식 6–6〉}$$

[예 6–9]

[예 6–3]에서 철수가 내야 할 금액의 표준편차는 얼마인가?

[풀이]

[예 6–3]에서 $E(X)=10{,}000$이므로,

$$[E(X)]^2=100{,}000{,}000$$

$$E(X^2)=(5{,}000^2+10{,}000^2+15{,}000^2)/3=116{,}666{,}667$$

$$V(X)=E(X^2)-[E(X)]^2=116{,}666{,}667-100{,}000{,}000=16{,}666{,}667$$

$$\sqrt{V(X)}=\sqrt{16{,}666{,}667}=4{,}082$$

[예 6–10]

[예 6–5]에서 원판 돌리기를 할 때 나오는 숫자의 분산은 얼마인가?

[풀이]

$E(X^2)=(0^2\times 0.5)+(1{,}000^2\times 0.25)+(5{,}000^2\times 0.25)=6{,}500{,}000$이고,

$E(X)=1{,}500$이므로,

$V(X)=6{,}500{,}000-(1{,}500)^2=4{,}250{,}000$

(2) 분산의 성질

확률변수의 분산은 다음과 같은 성질을 가지고 있다.

분산의 성질

① $V(a)=0$ 〈공식 6-7〉

② $V(aX)=a^2V(X)$ 〈공식 6-8〉

③ $V(X\pm Y)=V(X)+V(Y)\pm 2Cov(XY)$ 〈공식 6-9〉

a는 상수, X, Y는 확률변수

$Cov(XY)$는 확률변수 X, Y의 공분산

①의 식은 상수의 분산은 0이라는 것이다. 상수는 변하지 않는 숫자이므로 분산 역시 0이다. 예를 들어 $V(5)=0$이다.

②의 식은 확률변수에 상수를 곱하여 얻어진 새로운 확률변수의 분산은 원래 확률변수의 분산에 상수의 제곱을 곱한 것과 같다는 것이다. 이는 상수를 분산의 계산공식에 대입하면 쉽게 증명된다. 예를 들어 $V(X)=16$이면, $V(2X)=2^2\times V(X)=4\times 16=64$이다.

③의 식은 두 확률변수를 더하거나 빼서 만들어진 새로운 확률변수의 분산은 각각의 분산을 더하고 거기에 두 확률변수의 공분산의 2배를 더하거나 빼주면 된다는 것이다. 여기에서 만일 두 확률변수가 상호독립일 때는 공분산 $Cov(XY)$는 0이 된다.

[예 6-11]

[그림 6-1]의 원판의 금액을 두 배로 했을 때의 분산을 계산하라.

[풀이]

원판을 1회 돌렸을 때의 분산은 4,250,000이고, $Y=2X$이므로,

$$V(Y)=V(2X)=4\times V(X)=4\times 4{,}250{,}000=17{,}000{,}000$$

[예 6–12]

[그림 6–1]의 원판을 3회 돌렸을 때 합계금액의 분산은?

[풀이]

원판 돌리기를 세 번 하였을 때 매회의 시행은 상호독립이므로 공분산은 0이고, 상금의 분산은 각각의 분산을 세 번 더한 것과 같다. 그러므로,

$$V(X_1)+V(X_2)+V(X_3)=4{,}250{,}000+4{,}250{,}000+4{,}250{,}000=12{,}750{,}000$$

[예 6–13]

[그림 6–1]의 기대치와 분산이 각각 $E(X)=1{,}500$, $V(X)=4{,}250{,}000$임을 이용하여 확률변수 $\dfrac{X-E(X)}{\sqrt{V(X)}}$의 기대치와 분산을 구해 보아라.

[풀이]

$$E\left(\frac{X-E(X)}{\sqrt{V(X)}}\right)=E\left(\frac{X-1{,}500}{\sqrt{4{,}250{,}000}}\right)=\frac{1}{\sqrt{4{,}250{,}000}}\{E(X)-1{,}500\}=0$$

$$V\left(\frac{X-E(X)}{\sqrt{V(X)}}\right)=V\left(\frac{X-1{,}500}{\sqrt{4{,}250{,}000}}\right)=\frac{1}{4{,}250{,}000}\cdot V(X-1{,}500)=\frac{1}{4{,}250{,}000}\cdot V(X)=1$$

이와 같이 어떤 확률변수에서 평균을 뺀 값을 표준편차로 나눈 것을 표준화라고 한다. 이미 공부한 것처럼, 표준화한 값의 기대치와 분산은 각각 0, 1이다.

연·습·문·제

6-1 다음 각 문항에 대하여 맞으면 O, 틀리면 X를 표시하라.

① 모든 표본통계량은 변수라고 할 수 있다.
② 확률분포를 가지고 있지 않은 확률변수도 있다.
③ 통계에서의 변수는 모두 확률변수라고 할 수 있다.
④ 확률분포는 확률변수의 표본공간과 대응확률로 구성되어 있다.
⑤ 어떤 확률변수의 확률을 계산하는 데 필요한 특성을 통계량이라고 한다.
⑥ 어떤 확률변수라도 표준화하면 분산은 0이 된다.
⑦ 확률변수의 기대치는 평균과 같은 개념이다.
⑧ 확률변수의 기대치는 확률변수가 취하는 값에 대응확률을 곱하여 합한 것이다.
⑨ 확률변수의 표준편차는 확률변수의 각 값과 평균과 편차 제곱의 평균이다.
⑩ 두 확률변수를 합해서 만들어진 새로운 확률변수의 분산은 각각의 분산을 합한 것과 같다.
⑪ 확률변수에 상수를 곱하여 만들어진 새로운 확률변수의 기대치는 원래 확률변수의 기대치에 상수를 곱한 것과 같다.
⑫ 확률변수에 상수를 곱하여 만들어진 새로운 확률변수의 분산은 원래 확률변수의 분산에 상수의 제곱을 곱한 것과 같다.

6-2 렌트카 센터에서 매일 대여하는 자동차의 대수 X는, 오랜 경험에 비추어 볼 때 다음과 같은 확률분포를 가지고 있다.

대수(X)	0	1	2	3	4	합계
$P(X)$	0.1	0.25	0.4	0.2	0.05	1

① 하루에 두 대 이하를 대여할 확률은?

② 하루에 세 대 이상을 대여할 확률은?

③ 하루에 평균적으로 몇 대의 차를 대여하는가?

6-3 가정주부가 1주일에 백화점에 가는 횟수를 X라고 할 때, X의 확률분포가 다음과 같다고 하자.

X	0	1	2	3	합계
$P(X)$	0.3	0.4	0.2	0.1	1

① $P(X\leq 1)$를 구하라.

② X의 기대치 $E(X)$를 구하라.

③ X의 분산 $V(X)$를 구하라.

6-4 백안전선 조립라인의 한 공정에서 실제 조립시간과 표준조립시간의 차이(X)에 관한 확률분포가 다음과 같다.

X	−2	−1	0	1	2	합계
$P(X)$	0.1	0.3	0.2	0.2	0.2	1

① X의 확률분포를 그래프로 나타내어라.

② $P(X<0)$을 구하라.

③ X의 기대치와 분산을 구하라.

④ $\dfrac{X-\mu}{\sigma}$로 표준화한 새로운 확률변수를 Z라 할 때, Z의 확률분포를 작성하라.

⑤ 표준화된 확률변수 Z의 평균과 분산을 구하라.

6-5 **프로야구 선수인 박세기가 한 게임에서 치는 안타의 수를 X라고 할 때, 확률변수 X의 확률분포는 다음과 같다.**

X	0	1	2	3	4	합계
$P(X)$	0.24	0.4	0.26	0.09	0.01	1

① $P(X>2)$를 구하라.

② X의 기대치와 분산을 구하라.

③ $\frac{X-\mu}{\sigma}$로 표준화한 새로운 확률변수를 Z라 할 때, Z의 확률분포를 작성하라.

④ 표준화된 새로운 확률변수 Z의 평균과 분산을 구하라.

⑤ 매 게임에서 안타를 치는 것이 상호독립이라고 가정할 때, 10게임에서 치는 안타수의 평균과 분산을 구하라.

⑥ 최모씨는 프로야구를 좋아하는데, 박세기 선수의 팬이다. 최모씨는 친구와 내기를 하여 박세기 선수가 안타를 치면 안타 1개당 1만원을 친구로부터 받기로 하였다. 최모씨가 한 게임에서 얻을 수 있는 금액의 평균과 분산을 구하라.

6-6 **보험회사 생활설계사인 김영자씨는 10년, 20년, 30년짜리의 보험에 대한 상담을 한다. 김영자씨가 접촉한 사람들이 10년짜리 보험을 계약할 확률은 10%, 20년짜리를 계약할 확률은 5%, 30년짜리를 계약할 확률은 3%이다. 그리고 나머지 82%는 계약을 하지 않는다. 김영자씨가 보험회사로부터 계약을 체결한 대가로 10년짜리는 10만원, 20년짜리는 20만원, 30년짜리는 30만원의 수수료를 받는다. 김영자씨가 받는 수수료를 X라고 할 때 X의 기대치를 구하라.**

6-7 **서울에 사는 양모씨는 매주 경마장에 간다. 경마장에 가면 10만원을 경마에 거는데, 50% 정도는 돈을 모두 잃고, 30% 정도는 본전을 하고, 20% 정도는 10만원을 딴다. 즉, 양씨가 경마에 10만원을 걸어서 얻을 수 있는 금액은 다음과 같다.**

금액	0	10	20	합계
확률	0.5	0.3	0.2	1

① 양씨가 경마에 10만원을 걸어서 얻을 수 있는 금액의 기대치와 분산을 구하라.

② 양씨가 100만원을 1회의 경마에 걸어서 얻을 수 있는 금액의 평균과 분산을 구하라.

③ 매회 경마의 결과가 상호독립이라고 가정할 때, 양씨가 10만원씩 10회를 걸어서 얻을 수 있는 금액의 평균과 분산을 구하라.

6-8 **경원전자는 신제품 개발을 위해 A, B 두 가지 기술적 대안을 가지고 있다. 각 대안에 대한 신제품 개발의 성공과 실패의 확률, 그리고 신제품 개발이 성공했을 때와 실패했을 때의 손익이 다음 표와 같다고 할 때, 이 회사는 어떤 대안을 선택해야 할까?**

(단위 : 억원)

대안	확률	손익
A	성공확률 0.6	100
	실패확률 0.4	−50
B	성공확률 0.4	300
	실패확률 0.6	−100

6-9 **김인창씨는 국내 우량주 펀드와 해외 펀드에 각각 1억원씩을 투자하고 있다. 두 펀드의 수익률은 상호독립이다. 향후 1년 동안 두 펀드의 예상수익(단위: 만원)에 대해 컨설턴트는 다음과 같이 예측하였다.**

국내 펀드

X	300	600	합계
확률	0.4	0.6	1

해외펀드

Y	200	1000	합계
확률	0.7	0.3	1

① 국내 펀드의 평균 수익과 분산을 구하라.

② 해외 펀드의 평균 수익과 분산을 구하라.

③ 두 펀드의 수익을 합한 금액의 평균과 분산을 구하라.

6–10 다음의 확률분포를 갖는 확률변수 X가 있다.

X	0	1	2	3	4	합계
$P(X)$	0.1	0.2	0.4	0.2	0.1	1

① 위 모집단의 평균과 분산을 구하라.

② 위의 모집단에서 무작위 표본을 2회 추출했을 때, 두 표본 합의 평균과 분산을 구하라.

③ 위의 모집단에서 무작위 표본을 4회 추출했을 때, 두 표본 합의 평균과 분산을 구하라.

6–11 성인남자 1,000명의 학력과 월평균 소득에 대해 조사한 결과가 다음과 같다고 하자.

월평균 소득(X)	교육년수(Y)		
	12	14	16
100	90	40	10
150	80	170	20
200	70	140	130
250	20	40	80
300	10	20	80

① X와 Y의 결합확률분포를 작성하라.

② X의 주변확률분포를 작성하라.

③ $E(X)$, $V(X)$를 계산하라.

④ Y의 주변확률분포를 작성하라.

⑤ $E(Y)$, $V(Y)$를 계산하라.

⑥ $P(X=100 \mid Y=12)$, $P(X=100 \mid Y=16)$

⑦ $P(Y=12 \mid X=150)$, $P(Y=16 \mid X=100)$

⑧ $Y=16$일 때, X의 조건부확률분포를 작성하라.

⑨ $Y=16$일 때, $E(X)$, $V(X)$를 계산하라.

⑩ X와 Y의 공분산을 계산하라.

⑪ X와 Y의 상관계수를 계산하라.

6–12 자녀 수(X)와 1 주일 외식횟수(Y)가 다음과 같은 결합확률분포를 가지고 있다고 하자.

X \ Y	0	1	2	합계
0	0	0.1	0.1	0.2
1	0.05	0.15	0.15	0.35
2	0.05	0.25	0.05	0.35
3	0.1	0	0	0.1
합계	0.2	0.5	0.3	1

① X의 평균과 분산을 구하라.

② Y의 평균과 분산을 구하라.

③ X와 Y의 공분산과 상관계수를 구하라.

④ Y를 표준화한 Z의 분포를 작성하라.

⑤ Y를 표준화한 Z의 평균과 분산을 구하라.

⑥ $X=2$일 때 Y의 확률분포를 작성하라.

⑦ $X=2$일 때 Y의 평균과 분산을 구하라.

6-13 삼원전자의 사회적 기여에 대한 만족 여부(X)와 이 회사 제품의 구매의사 여부(Y)에 대해 조사한 결과 다음과 같은 결합확률표를 얻었다.

X \ Y	0	1	합계
0	0.1	0.1	0.2
1	0.3	0.5	0.8
합계	0.4	0.6	1

① X의 평균과 표준편차를 구하라.

② Y의 평균과 표준편차를 구하라.

③ X와 Y의 공분산을 구하라.

④ X와 Y의 상관계수를 구하라.

⑤ X가 1일 때 Y의 조건부확률분포를 구하라.

⑥ X가 1일 때 Y의 평균과 표준편차를 구하라.

6-14 100원짜리와 500원짜리 동전 2개를 동시에 던져 앞면이 나오는 동전의 금액합계를 확률변수 X라 하자. X의 확률분포는 다음과 같다.

X	0	100	500	600	합계
$P(X)$	$\frac{1}{4}$	$\frac{1}{4}$	$\frac{1}{4}$	$\frac{1}{4}$	1

① 위의 실험을 한 번 시행했을 때, X의 평균과 분산을 구하라.

② 위의 실험을 2회 시행하여 그 결과를 합한 새로운 확률변수 $Y(Y=X_1+X_2)$가 취할 수 있는 값, 즉 표본공간을 나열하라.

③ Y가 취할 수 있는 각각의 값에 대응하는 확률을 구하라.

④ Y의 평균과 분산을 구하라.

⑤ 위의 실험을 4회 시행하여 평균값을 구할 때, 그 평균값의 평균과 분산을 구하라.

P·a·r·t 07

이항분포

Part 07

이항분포

제6장에서 우리는 이산확률변수와 연속확률변수에 대해 살펴보았다. 이산확률변수는 취할 수 있는 값이 정수로 표시되는 확률변수이며, 이산확률변수가 취하는 모든 값에 대응하는 확률을 표시한 표, 그래프, 수식 등을 이산확률분포라고 하였다. 이산확률분포 중에서 대표적인 것이 이항분포이다. 이항분포는 확률분포의 기본개념을 이해하는 데 유용할 뿐만 아니라 모집단의 비율을 계산하는 데 필요한 확률분포이므로 명확한 이해가 필요하다.

이 장에서는 먼저 성공 또는 실패의 두 가지 결과만 나오는 베르누이 시행에 대해 살펴본다. 그리고 이항분포의 성질과 이항확률, 이항확률변수의 기대치와 분산에 대해 설명한다.

제1절 베르누이 시행과 이항분포

1. 베르누이 시행

이항분포를 이해하기 위해서는 먼저 베르누이 시행에 대해 알아야 한다. 베르누이 시행(Bernoulli Trial)이란 실험을 할 때 성공 또는 실패라는 상호배타적인 두 가지의 결과만 나오는 독립적인 실험과정을 말한다. 베르누이 시행에서 원하는 결과가 나오면 성공이고 그렇지 않으면 실패한 것이다.

우리 주변에서는 상호배타적인 두 가지의 결과만 나오는 실험을 자주 볼 수 있다. 동전던지기에서 앞면 또는 뒷면, 출산에서 아들 또는 딸, 입사시험에서 합격 또는 불합격, 선거에서 당선 또는 낙선, 신제품에 대한 만족 또는 불만족 등은 상호배타적인 두 가지의 결과만을 갖는 베르누이 시행의 예이다.

두 가지 이상의 결과가 나타나는 시행이라고 하더라도 그 결과를 두 가지로 나누어 다시 분류하면 베르누이 시행과 동일해진다. 예를 들어 주사위를 던지는 경우 6가지의 가능한 결과를 생각할 수 있지만 짝수가 나오는 경우와 홀수가 나오는 경우로 분류하거나, 고객에게 A, B, C, D, E 5개의 상표 중 가장 좋아하는 상표를 물었을 때 A상표와 나머지 상표로 분류하면 그 결과는 베르누이 시행과 같아진다.

베르누이 시행을 반복할 경우 각각의 시행은 상호독립적이다. 즉 앞번의 시행이 다음 번 시행에 영향을 미치지 않으므로 각각의 시행에서 성공(또는 실패)할 확률은 다른 시행의 결과에 상관없이 언제나 동일하다. 예를 들어 어떤 사람이 첫 출산에서 딸을 낳았다고 하더라도 두 번째 출산에서 딸을 낳을 확률은 첫 출산시 딸을 낳은 것과 관계없이 여전히 0.5이다. 마찬가지로 공장에서 불량품검사를 하는 경우, 앞번에 나온 불량품이 다음 번에 불량품이 나올 확률에 영향을 미치지 않는다.

이상에서 설명한 베르누이 시행의 특징을 요약하면 다음과 같다.

① 실험의 결과는 성공 또는 실패라는 두 가지의 결과만 나오는 상호배타적인 사건이다.

② 성공확률이 p이면 실패확률은 $1-p$로서 시행을 반복하여도 매번 그 확률은 동일하다. 즉 시행을 반복할 경우 각각의 시행결과는 상호독립적으로 이전의 시행결과가 다음의 시행결과에 영향을 미치지 않는다.

2. 이항분포의 성질

베르누이 시행을 반복하는 경우를 생각해 보자. 이 시행에서 알고자 하는 것은 성공횟수, 즉 원하는 결과가 나올 횟수와 이에 대응하는 확률이다. 예를 들어 동전을 5번 던졌을 때 4번 성공(앞면)할 확률이나, 100명의 소비자를 대상으로 신제품에 대한 만족 여부를 물을 때 10명이 만족할 확률 등이다. 이와 같이 베르누이 시행을 반복했을 때 나타나는 성공횟수를 이항확률변수(binomial random variable)라고 한다. 그리고 이항확률변수가 취하는 값들과 이에 대응하는 확률을 표시한 분포를 이항확률분포(binomial probability distribution) 또는 간단히 이항분포라고 한다.

동전을 3번 던지는 실험을 생각해 보자. [표 7-1]에서 보듯이 이 실험에서 얻을 수 있는 가능한 결과는 8가지이며, 각각의 결과가 나올 가능성은 $\frac{1}{8}$이다. 여기에서 앞면의 수를 확률변수 X라고 하면 X가 취할 수 있는 값은 0, 1, 2, 3의 4가지이다. 그러므로 X의 값에 대응하는 확률 $P(X)$를 계산하여 이항분포를 만들어 보면 [표 7-2]와 같다.

표 7-1 동전을 3회 던질 때의 가능한 결과와 확률

가능한 결과	1회	2회	3회	앞면수	확률
1	H	H	H	3	$\frac{1}{8}$
2	H	H	T	2	$\frac{1}{8}$
3	H	T	H	2	$\frac{1}{8}$
4	H	T	T	1	$\frac{1}{8}$
5	T	H	H	2	$\frac{1}{8}$
6	T	H	T	1	$\frac{1}{8}$
7	T	T	H	1	$\frac{1}{8}$
8	T	T	T	0	$\frac{1}{8}$

표 7-2 동전을 3회 던졌을 때의 이항분포

앞면 횟수(X)	$P(X)$
0	$\frac{1}{8}$
1	$\frac{3}{8}$
2	$\frac{3}{8}$
3	$\frac{1}{8}$
합계	1

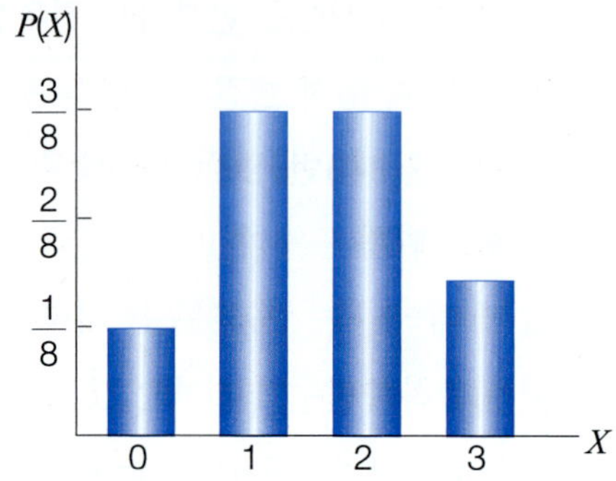

3. 이항분포의 확률

이항분포의 확률이란 성공확률 p인 베르누이 시행을 n회 반복하였을 때 어떤 사건이 x회 일어날 확률로서 다음과 같은 공식에 의해 쉽게 구할 수 있다.

이항분포에서의 확률계산

$$P(X=x) = {}_nC_x p^x (1-p)^{n-x} \qquad \text{〈공식 7–1〉}$$

n : 시행횟수, x : 성공횟수

p : 성공확률, $1-p$: 실패확률

여기서 ${}_nC_x$는 n개 중에서 x개를 선택할 경우의 수로서 ${}_nC_x = \dfrac{n!}{x!(n-x)!}$에 의해 계산된다.

[표 7–2]에서 제시된 이항확률을 〈공식 7–1〉을 이용하여 구해 보기로 하자. 앞면

이 나올 확률은 $p=\frac{1}{2}$이고 뒷면이 나올 확률도 $p=\frac{1}{2}$이므로, 동전의 앞면이 원하는 횟수만큼 나올 확률은 각각 다음과 같다.

$$P(X=0)={}_3C_0\left(\frac{1}{2}\right)^0\left(\frac{1}{2}\right)^3=\frac{1}{8}$$

$$P(X=1)={}_3C_1\left(\frac{1}{2}\right)^1\left(\frac{1}{2}\right)^2=\frac{3}{8}$$

$$P(X=2)={}_3C_2\left(\frac{1}{2}\right)^2\left(\frac{1}{2}\right)^1=\frac{3}{8}$$

$$P(X=3)={}_3C_3\left(\frac{1}{2}\right)^3\left(\frac{1}{2}\right)^0=\frac{1}{8}$$

이와 같이 성공확률(p)과 시행횟수(n)만 알면 이항확률을 구할 수 있으므로 [표 7-2]와 같은 이항분포를 쉽게 작성할 수 있다.

[예 7-1]

주사위를 5번 던져 3의 눈이 한 번 나타날 확률을 구하라.

[풀이]

주사위를 한 번 던져 3의 눈이 나올 확률은 $\frac{1}{6}$이고, 그렇지 않을 확률은 $\frac{5}{6}$이다. 시행횟수 $n=5$이고, 원하는 성공횟수는 $x=1$이므로,

$$\begin{aligned}P(X=1)&={}_5C_1\left(\frac{1}{6}\right)^1\left(\frac{5}{6}\right)^4\\&=3125\cdot\left(\frac{1}{6}\right)^5=0.4019\end{aligned}$$

[예 7-2]

한 프로축구팀에서는 각 선수가 승부차기에 성공할 확률이 80%라고 한다.

① 이 프로축구팀에서 선수 5명을 임의로 뽑아 승부차기를 하였을 때 전원이 성공할 확률은 얼마일까?

② 이 프로축구팀에서 선수 5명을 임의로 뽑아 승부차기를 하였을 때 2명 이하가 성공할 확률은 어떻게 될까?

[풀이]

① n=5이고 p=0.8이므로 모든 선수가 승부차기에 성공할 확률은 다음과 같다.

$$P(X=5)={}_5C_5(0.8)^5(0.2)^0=0.3277$$

② X가 2 이하일 확률, 즉 $P(X=0)$, $P(X=1)$, $P(X=2)$을 모두 계산하여 더해 주면 된다.

$$\begin{aligned}P(X\le 2)&={}_5C_0(0.8)^0(0.2)^5+{}_5C_1(0.8)^1(0.2)^4+{}_5C_2(0.8)^2(0.2)^3\\&=0.0003+0.0064+0.0512=0.0579\end{aligned}$$

[예 7-3]

대동전자에서는 전자부품을 생산하고 있는데, 생산공정에서 제품의 불량률이 1%라고 한다.

① 제품 20개를 임의로 선택해서 조사했을 때, 2개가 불량품일 확률은?

② 제품 20개를 선택했을 때, 불량품이 1개 이하일 확률은?

[풀이]

① $P(X=2)={}_{20}C_2(0.01)^2(0.99)^{18}=0.016$

② $P(X\leq 1)=P(X=0)+P(X=1)$

$$={}_{20}C_0(0.01)^0(0.99)^{20}+{}_{20}C_1(0.01)^1(0.99)^{19}=0.983$$

이항분포의 확률은 시행횟수 n이 커질수록 계산이 복잡해진다. 따라서 시행횟수 n이 클 때에도 확률을 쉽게 구할 수 있도록 이항확률변수가 취할 수 있는 값과 이에 대응하는 확률을 표시한 표를 이항분포표라고 한다. [표 7-3]은 부록에 나와 있는 이항분포표의 일부를 발췌한 것이다. 여기에서 p는 성공확률, n은 시행횟수, k는 성공횟수를 나타낸다. 이항분포표에 나타난 수치는 이항확률변수, 즉 성공횟수가 k 이하일 확률 $P(X\leq k)$을 의미하는데, 이것은 확률변수값들에 대한 누적확률을 쉽게 계산하기 위해서이다. 그러므로 시행횟수 n과 성공확률 p만 알고 있으면 이 표를 이용해 쉽게 이항확률을 구할 수 있다.

예를 들어 한 프로야구 선수의 타율이 3할이라고 하자. 이 선수가 어떤 시합에서 타석에 6번 들어와 3번 이하의 안타를 칠 확률을 이항분포표에서 찾아보자. 여기서 $n=6, p=0.3$이므로 이항확률표의 좌측 열에서 해당되는 $n=6$을 찾은 다음, 두 번째 열에서 성공횟수 $k=3$을 찾아 이 행과 표 상단의 해당 성공확률 0.3이 교차되는 숫자가 여기에 해당되는 확률이다. 즉,

$$P(X\leq 3)=0.930$$

[예 7-4]

어떤 백화점의 의류매장에서 고객의 구매율은 30%라고 한다. 그렇다면 이 의류매장에서 고객 25명을 임의로 뽑아 조사했을 때,

① 12명 이하가 구매할 확률은 얼마일까?

② 8명에서 12명의 고객이 구매할 확률은 어떻게 될까?

③ 12명 이상의 고객이 구매할 확률은 얼마일까?

표 7-3 이항분포표

$$P(X \leq k) = \sum_{x=0}^{k} {}_nC_x\, p^x (1-p)^{n-x}$$

n	k	p												
		.01	.05	.10	.20	.30	.40	.50	.60	.70	.80	.90	.95	.99
5	0	.951	.774	.590	.328	.168	.078	.031	.010	.002	.000	.000	.000	.000
	1	.999	.977	.919	.737	.528	.337	.188	.087	.031	.007	.000	.000	.000
	2	1.000	.999	.991	.942	.837	.683	.500	.317	.163	.058	.009	.001	.000
	3	1.000	1.000	1.000	.993	.969	.913	.812	.663	.472	.263	.081	.023	.001
	4	1.000	1.000	1.000	1.000	.998	.990	.969	.922	.832	.672	.410	.226	.049
6	0	.941	.735	.531	.262	.118	.047	.016	.004	.001	.000	.000	.000	.000
	1	.999	.967	.886	.655	.420	.233	.109	.041	.011	.002	.000	.000	.000
	2	1.000	.998	.984	.901	.744	.544	.344	.179	.070	.017	.001	.000	.000
	3	1.000	1.000	.999	.983	.930	.821	.656	.456	.256	.099	.016	.002	.000
	4	1.000	1.000	1.000	.998	.989	.959	.891	.767	.580	.345	.114	.033	.001
	5	1.000	1.000	1.000	1.000	.999	.996	.984	.953	.882	.738	.469	.265	.059
7	0	.932	.698	.478	.210	.082	.028	.008	.002	.000	.000	.000	.000	.000
	1	.998	.956	.850	.577	.329	.159	.063	.019	.004	.000	.000	.000	.000
	2	1.000	.996	.974	.852	.647	.420	.227	.096	.029	.005	.000	.000	.000
	3	1.000	1.000	.997	.967	.874	.710	.500	.290	.126	.033	.003	.000	.000
	4	1.000	1.000	1.000	.995	.971	.904	.773	.580	.353	.148	.026	.004	.000
	5	1.000	1.000	1.000	1.000	.996	.981	.937	.841	.671	.423	.150	.044	.002
	6	1.000	1.000	1.000	1.000	1.000	.998	.992	.972	.918	.790	.522	.302	.068
8	0	.923	.663	.430	.168	.058	.017	.004	.001	.000	.000	.000	.000	.000
	1	.997	.943	.813	.503	.255	.106	.035	.009	.001	.000	.000	.000	.000
	2	1.000	.994	.962	.797	.552	.315	.145	.050	.011	.001	.000	.000	.000
	3	1.000	1.000	.995	.944	.806	.594	.363	.174	.058	.010	.000	.000	.000
	4	1.000	1.000	1.000	.990	.942	.826	.637	.406	.194	.056	.005	.000	.000
	5	1.000	1.000	1.000	.999	.989	.950	.855	.685	.448	.203	.038	.006	.000
	6	1.000	1.000	1.000	1.000	.999	.991	.965	.894	.745	.497	.187	.057	.003
	7	1.000	1.000	1.000	1.000	1.000	.999	.996	.983	.942	.832	.570	.337	.077

[풀이]

① $n=25,\ p=0.3,\ k=12$이므로, $P(X\leq12)=0.983$

② $P(8\leq X\leq12)$를 찾는 문제이므로 $P(X\leq12)$에서 $P(X\leq7)$의 값을 빼 주면 된다.
여기서 $P(X\leq12)=0.983$이고 $P(X\leq7)=0.512$이므로,

$P(8\leq X\leq12)\ =\ P(X\leq12)-P(X\leq7)\ =\ 0.983-0.512\ =\ 0.471$

③ $P(X\geq12)$를 찾는 문제이므로 1에서 $P(X\leq11)$의 값을 빼 주면 된다. 여기서 $P(X\leq11)=0.956$이므로,

$P(X\geq12)\ =\ 1-P(X\leq11)\ =\ 1-0.956\ =\ 0.044$

제2절 이항확률변수의 기대치와 분산

이항분포도 확률분포이므로 이항확률변수의 기대치와 분산은 앞 장에서 설명한 확률변수의 기대치와 분산의 공식을 이용하여 구할 수도 있다. 여기에서 확률변수의 기대치와 분산 및 표준편차의 공식을 다시 한번 살펴보자.

확률변수의 기대치 : $E(X)=\Sigma XP(X)$

확률변수의 분산 : $V(X)=\Sigma[X-E(X)]^2P(X)$

확률변수의 표준편차 : $\sqrt{V(X)}=\sqrt{[X-E(X)]^2P(X)}$

[예 7-5]

K 회사는 세 가지의 신제품개발 프로젝트를 수행하고 있는데, 이 회사의 신제품개발 성공확률은 20%라고 한다. 신제품개발의 성공횟수에 대한 기대치와 분산 및 표준편차를 구해 보자.

[풀이]

여기서 신제품개발 성공횟수를 확률변수 X라고 하면,

$$P(X=0) = {}_3C_0(0.2)^0(0.8)^3 = 0.512$$
$$P(X=1) = {}_3C_1(0.2)^1(0.8)^2 = 0.384$$
$$P(X=2) = {}_3C_2(0.2)^2(0.8)^1 = 0.096$$
$$P(X=3) = {}_3C_3(0.2)^3(0.8)^0 = 0.008$$

그러므로,

기대치 : $0 \times 0.512 + 1 \times 0.384 + 2 \times 0.096 + 3 \times 0.008 = 0.6$

분산 : $(0-0.6)^2 \times 0.512 + (1-0.6)^2 \times 0.384$
$\quad + (2-0.6)^2 \times 0.096 + (3-0.6)^2 \times 0.008 = 0.48$

표준편차 : $\sqrt{0.48} = 0.6928$

그렇지만 위와 같이 일일이 확률을 계산하지 않고도 이항분포에서는 다음과 같은 공식을 이용하여 기대치와 분산을 쉽게 구할 수 있다.

이항분포의 기대치, 분산, 표준편차

기대치	$E(X) = np$	〈공식 7-2〉
분산	$V(X) = np(1-p)$	〈공식 7-3〉
표준편차	$\sqrt{V(X)} = \sqrt{np(1-p)}$	〈공식 7-4〉

위의 공식을 이용하여 [예 7-5]를 풀어 보자. $n=3$이고 $p=0.2$이므로 기대치는 $3 \times 0.2 = 0.6$이고, 표준편차는 $\sqrt{3 \times 0.2 \times 0.8} = \sqrt{0.48} = 0.6928$로서 위의 풀이와 동일한 결과를 얻게 된다.

[예 7-6]

사지선다형 문제 40문항을 아무것도 모르는 수험생이 순전히 운으로 푼다고 할 때 평균적으로 몇 문제를 풀 수 있을까? 그리고 이때의 분산과 표준편차는 얼마일까?

[풀이]

이 학생이 한두 번은 운이 좋아서 문제를 많이 풀 수도 있지만 여러 번 반복했을 경우에는 평균적으로 기대할 수 있는 값, 즉 기대치만큼 풀게 될 것이다. 사지선다형 문제 하나를 운만으로 맞출 확률 $p=0.25$이고 시행횟수 $n=40$이므로,

기대치 : $np=40\times0.25=10$

분산 : $np(1-p)=40\times0.25\times0.75=7.5$

표준편차 : $\sqrt{7.5}=2.74$

[예 7-7]

서울지역에서 새로 창업한 음식점은 6개월 이내에 10% 정도가 폐업한다고 한다. 만일 서울에서 새로 30곳의 음식점이 창업되었다고 할 경우 6개월 이내에 폐업하는 음식점 수의 평균과 표준편차를 구하라.

[풀이]

$n=30$, $p=0.1$이므로,

기대치 : $np=30\times0.1=3$

분산 : $np(1-p)=30\times0.1\times0.9=2.7$

표준편차 : $\sqrt{2.7}=1.64$

제3절 이항분포의 형태

이항분포의 형태는 시행횟수 n과 성공확률 p에 따라 달라진다. 이항확률변수 X의 확률을 그래프로 표시했을 때 성공확률이 0.5인 경우에는 기대치를 중심으로 완전한 좌우대칭을 이룬다. 그러나 성공확률이 0.5보다 작으면 오른쪽으로 긴 꼬리를 가지는 모양이 되고, 성공확률이 0.5보다 크면 왼쪽으로 긴 꼬리를 가지는 모양이 된다. 즉 이항분포는 성공확률이 0.5에 가까울수록 대칭에 가까워지고, 성공확률이 0.5에서 멀어질수록 비대칭의 정도가 커진다.

[예 7–8]

시행횟수가 6이고 성공확률이 0.2인 경우 이항확률변수 X의 확률을 계산하고 그래프로 나타내 보자.

[풀이]

확률변수 X에 대응하는 확률을 구하면 [표 7–4]와 같다.

표 7-4 이항확률분포

X	0	1	2	3	4	5	6	합계
$P(X)$	0.2621	0.3932	0.2458	0.0819	0.0154	0.0015	0.0001	1

위의 이항확률분포를 그래프로 나타내면 [그림 7–1]과 같이 오른쪽으로 긴 꼬리를 가지는 모양이 된다.

그림 7-1 $n=6$, $p=0.2$인 경우의 이항분포

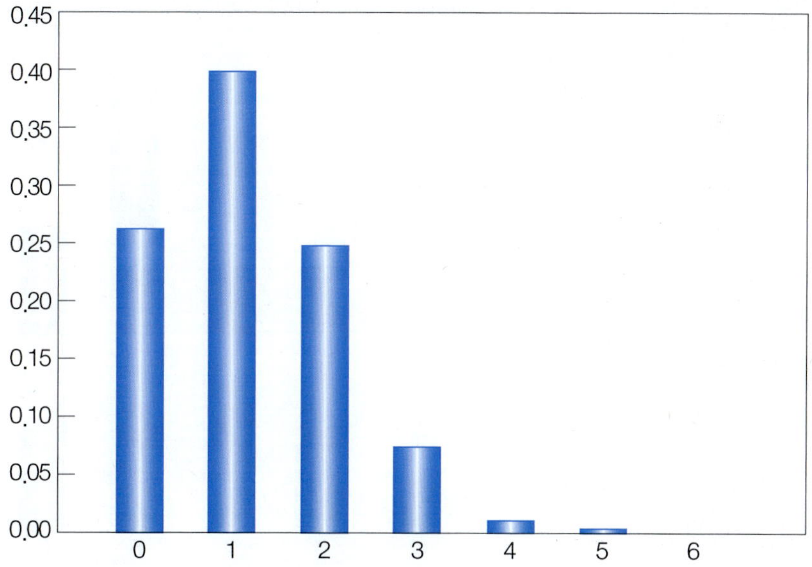

[예 7−9]

시행횟수가 6이고 성공확률이 0.8인 경우 이항확률변수 X의 확률을 계산하고 그래프로 나타내 보자.

[풀이]

확률변수 X에 대응하는 확률을 구하면 [표 7−5]와 같으며, 그래프로 나타내면 [그림 7−2]와 같이 왼쪽으로 긴 꼬리를 가지는 모양이 된다.

표 7-5 이항분포

X	0	1	2	3	4	5	6	합계
$P(X)$	0.0001	0.0015	0.0154	0.0819	0.2458	0.3932	0.2621	1

그림 7-2 $n=6$, $p=0.8$인 경우의 이항분포

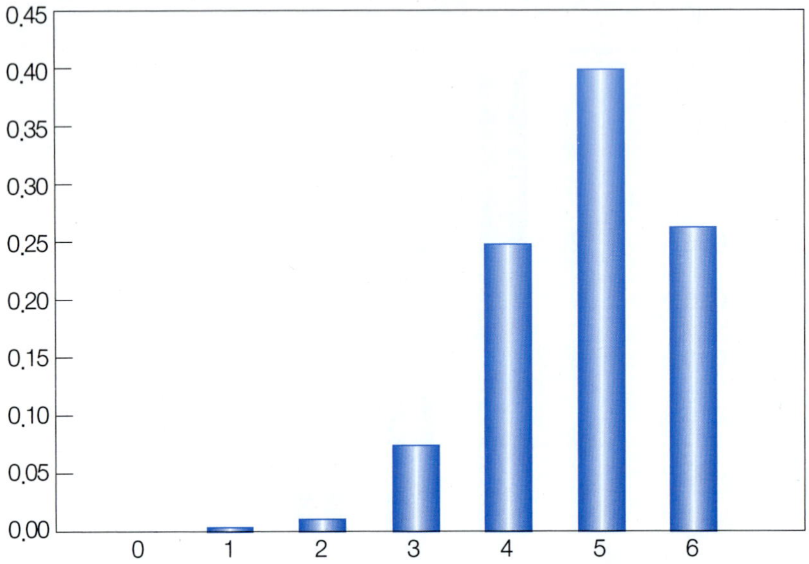

한편 이항분포의 형태는 시행횟수 n에 의해서도 달라진다. 성공확률이 $p=0.5$일 경우 시행횟수 n이 각각 3, 6, 12인 이항분포를 그려보면 [그림 7-3]과 같다. 시행횟수 n이 커질수록 그림처럼 기대치는 오른쪽으로 이동한다. 또한 시행횟수가 커질수록 분산도 증가하여 점점 더 옆으로 퍼진 모양이 된다는 것을 알 수 있다.

시행횟수 n이 매우 커지면 이항분포의 모양은 어떻게 될까? 시행횟수가 더 많아지면 설사 성공확률이 0.5가 아니더라도 기대치를 중심으로 좌우대칭인 정규분포 형태와 유사해진다. 따라서 이항분포의 시행횟수 n이 커지면 정규분포의 특징을 이용하여 이항분포의 근사치를 구할 수 있다. 이에 대해서는 제8장의 정규분포에서 다시 설명하기로 한다.

그림 7-3 시행횟수가 다른 이항분포

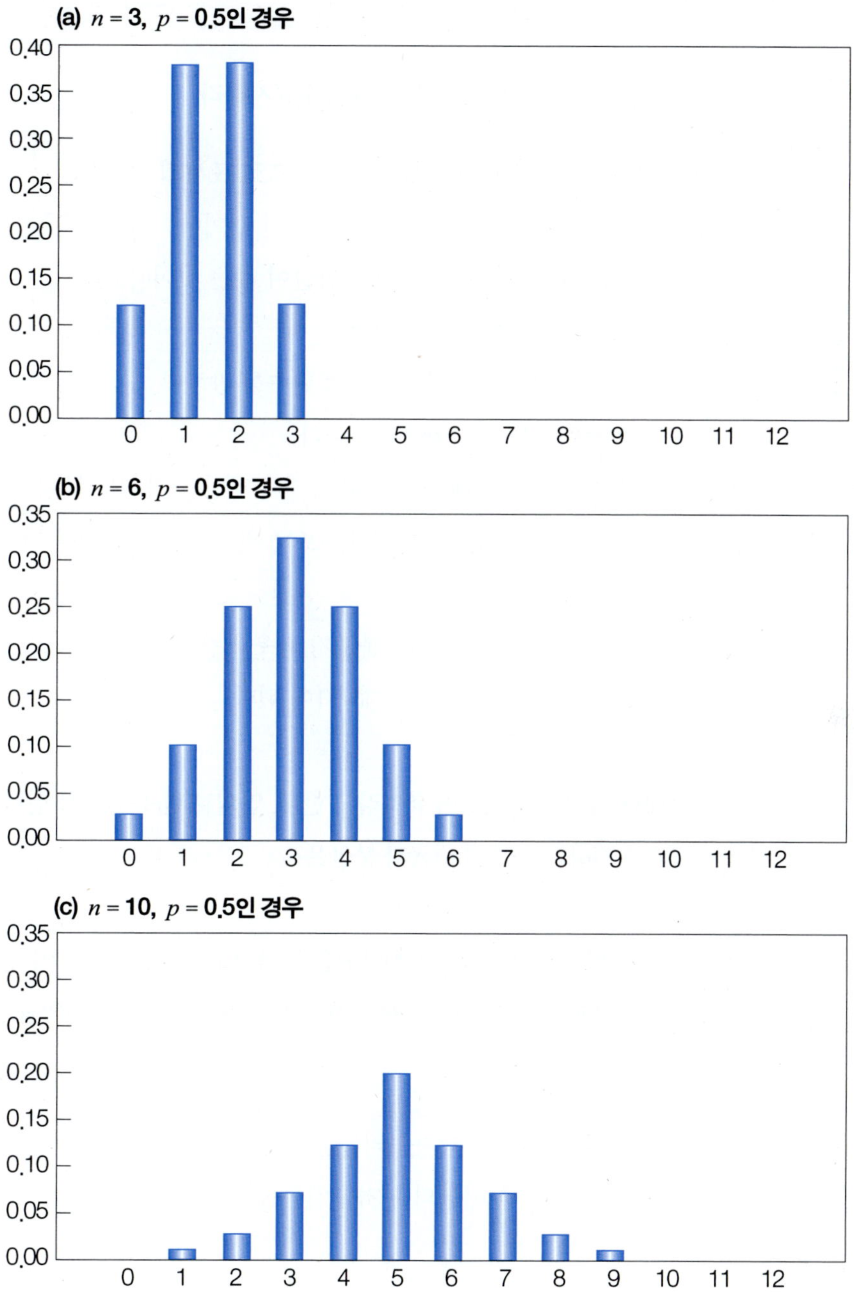

연·습·문·제

7-1 다음 각 문항에 대하여 맞으면 O, 틀리면 X를 표시하라.

① 이항확률변수는 베르누이 확률변수의 합으로 표시될 수 있다.
② 이항분포의 분산은 평균에 실패확률을 곱한 값이다.
③ 독립시행이란 각각의 시행결과들이 상관이 없는 것이다.
④ 이항분포의 표준편차는 $np(1-p)$이다.
⑤ 이산확률변수는 정수값을 가지는 확률변수를 말한다.
⑥ 이항분포 확률변수는 연속확률변수이다.
⑦ 베르누이 시행이란 상호배타적인 두 가지 결과만을 가지는 독립시행이다.
⑧ 성공확률이 0.5보다 작은 경우 이항분포는 왼쪽으로 긴꼬리를 가지는 비대칭이 된다.
⑨ 성공확률이 0.5인 경우에도 이항분포가 좌우대칭이 아닐 수도 있다.
⑩ 이항분포 확률의 전체의 합은 언제나 1이 된다.

7-2 모 정당에 대한 국민의 지지율이 40%라고 한다. 임의로 한 유권자를 선택했을 때, 이 정당에 대해 지지하는 사람의 평균과 분산은?

7-3 김청호씨는 5개의 펀드에 각각 1,000만원을 투자하고 있다. 그리고 이 펀드들이 5% 이상의 투자수익률을 올릴 확률은 60%라고 한다. 각각의 펀드 수익률이 상호독립이라고 가정할 때,

① 2개의 펀드가 5% 이상의 투자수익률을 올릴 확률은?
② 4개 이상의 펀드가 5% 이상의 투자수익률을 올릴 확률은?

7-4 **성인남자의 40%는 프로야구 플레이오프 최종전을 시청한다고 한다. 10명을 임의로 선택하여 조사했을 때,**

① 4명이 시청할 확률은 얼마인가?

② 8명 이하가 시행할 확률은 얼마인가?

7-5 **프로야구선수 중 20%는 시즌 중에 부상을 입는다고 한다. 35명의 선수를 보유하고 있는 팀에서 4명 이상의 선수가 부상을 입을 확률은 얼마인가?**

7-6 **시계제조업체인 대한산업은 자사에서 생산한 시계 중 1년을 사용한 이후에 1분 이상의 오차를 가지는 시계의 비율이 5%를 넘지 않는다고 광고하고 있다. 소비자보호단체에서는 이 광고의 진위를 가리기 위해 5개의 시계를 임의로 수거하여 조사하였다. 대한산업의 주장이 맞는다고 할 때,**

① 5개의 시계 모두가 1분 이내의 오차를 가질 확률은?

② 5개 중 3개가 1분 이상의 오차를 가질 확률은?

7-7 **한 번의 운항에서 비행기 엔진의 고장확률은 2% 정도이다. 4개의 엔진을 장착한 비행기는 2개의 엔진이 가동되면 운항이 가능하고, 2개의 엔진을 장착한 비행기는 1개의 엔진만 가동되면 운항이 가능하다.**

① 4개의 엔진을 장착한 비행기가 엔진고장으로 불시착할 확률은?

② 2개의 엔진을 장착한 비행기가 엔진고장으로 불시착할 확률은?

7-8 **의학계에서는 의사의 오진율이 5%라고 추정하고 있다. 의학계의 주장이 맞는다고 할 때, 15명의 환자를 임의로 선택했을 때 3명의 환자를 오진할 확률은 얼마인가?**

7-9 **항공기사고는 10만대 중 1대꼴로 나타난다고 한다. 또한 항공기사고가 있을 때마다 약 300억원의 손실이 난다고 한다. 한국항공에서는 올해 4만회의 운항이 예정되어 있다.**

① 한국항공의 항공기 사고건수에 대한 기대치는 얼마인가?
② 항공기 사고 건수의 분산은 얼마인가?
③ 항공기사고로 인한 예상손실액은 얼마인가?
④ 항공기사고로 인한 손실액의 분산은 얼마인가?

7-10 **서울백화점의 경험에 의하면 내점한 고객 중 25%만이 상품을 구매하고 있으며, 1인당 평균 구매액은 50,000원이다. 내년에 3,000,000명의 고객이 내점할 것으로 예상할 때,**

① 매출액에 대한 기대치는 얼마인가?
② 매출액의 표준편차는 얼마인가?

7-11 **대양산업은 납품업체로부터 공급받은 부품 20개에 대해 품질검사를 한다. 이때 부품의 불량률이 10% 이상이면 부품인수를 거부한다고 한다. 부품의 실제 불량률이 다음과 같을 때 부품을 인수할 확률은 얼마인가?**

① 1% ② 5% ③ 10%

7-12 **슈퍼마켓에서 주부의 25%는 미백비누를 산다. 비누를 사는 주부 5명을 무작위로 선택했을 때,**

① 5명 중 3명이 미백비누를 살 확률은 얼마인가?
② 5명 중 4명 이상이 미백비누를 살 확률은 얼마인가?
③ 5명 중 미백비누를 사는 주부의 기대치와 분산을 구하라.

7–13 **이항분포 공식을 사용하여 각각의 확률을 구하라.**

① $P(X=1 \mid n=4, p=0.5)$

② $P(X=3 \mid n=5, p=0.15)$

③ $P(X \leq 2 \mid n=6, p=0.2)$

④ $P(X=0 \mid n=7, p=0.1)$

7–14 **다음과 같이 시행횟수 n, 성공확률 p가 주어진 이항분포에서, 성공에 대한 기대치와 표준편차를 구하라.**

① $n=20, p=0.5$

② $n=100, p=0.9$

③ $n=50, p=0.4$

④ $n=30, p=0.7$

7–15 **로또복권은 45개의 숫자 중 6개를 선택하여 맞는 숫자의 개수에 따라 상금을 지급한다. 6개의 숫자 중 3개가 맞으면 5등이 되고, 상금은 1만원이다.**

① 로또복권을 사서 5등에 당첨될 확률은?

② 10회 동안 로또복권을 샀을 때, 5등에 1회 이상 당첨될 확률은?

③ 10회의 로또복권에서 5등 당첨만으로 얻을 수 있는 금액의 평균과 분산을 구하라.

④ 1회의 로또복권에서 10개의 복권을 1개의 번호조합에 걸었다고 하자. 이때 5등 당첨만으로 얻을 수 있는 금액의 평균과 분산은?

7–16 자동차 레이서인 김모라씨는 참가한 경기에서 우승할 확률이 1/3이다. 최근 김모라씨는 네 번의 경기를 앞두고 광고업자와 계약을 맺었다. 네 번의 경기 중 한 번을 우승하면 500만원, 두 번을 우승하면 1,000만원, 세 번을 우승하면 2,000만원, 네 번을 모두 우승하면 5,000만원의 보너스를 받는다. 그러나 네 번의 경기에서 한 번도 우승하지 못한 경우에는 벌금 500만원을 내야 한다. 각 경기가 독립적이라고 할 때, 이 계약에서 김모라씨가 받을 보너스의 기대치를 계산하라.

P·a·r·t 08

정규분포

P·a·r·t 08

정규분포

앞 장에서 우리는 대표적인 이산확률분포인 이항분포에 대해 살펴보았다. 이 장에서는 연속확률분포 중에서 대표적인 정규분포의 성질과 확률 계산에 대해 살펴보기로 한다.

통계분석의 대상이 되는 자료들의 분포는 대부분 정규분포와 유사한 분포를 가지고 있다. 따라서 통계분석에서는 모집단의 분포가 정규분포를 이룬다고 가정하는 경우가 많다. 그러므로 정규분포는 확률분포 중에서 가장 중요한 분포라고 할 수 있다. 통계학을 공부하는 학생들도 앞으로의 학습을 위해 정규분포의 특징과 확률계산 방법에 대해 확실하게 이해해 두어야 할 것이다.

제1절 연속확률분포

제6장에서 연속확률변수란 취할 수 있는 값의 범위가 무한한 확률변수, 예를 들어 키, 몸무게, 온도 등과 같이 연속된 구간 내의 모든 실수값을 취할 수 있는 확률변수라고 하였다. 이러한 연속확률변수에 대응하는 확률분포를 연속확률분포라고 한다. 이 장에서 다루게 될 정규분포는 연속확률분포 중 대표적인 것이다. 정규분포에 대한 이해를 돕기 위해 먼저 연속확률분포의 특징을 이산확률분포와 비교하여 설명하기로 하자.

그림 8-1 이산확률분포와 연속확률분포의 형태

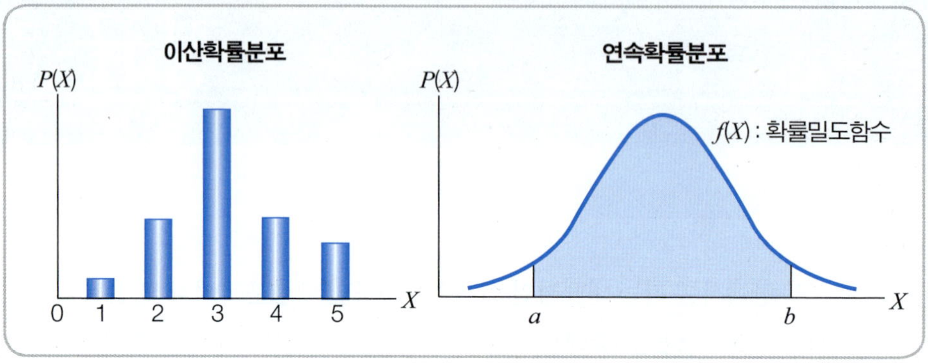

① [그림 8-1]에서 보는 것처럼 이산확률변수는 정수값을 가지므로 취하는 확률변수값 사이에 간격이 있다. 따라서 이산확률분포는 막대그래프의 형태로 표시된다. 반면 연속확률변수는 취할 수 있는 확률변수값이 무한히 많기 때문에, 연속확률분포는 일반적으로 확률변수값이 연속된 곡선이나 수식의 형태로 표시된다. 이때 연속확률분포의 모양을 나타내는 곡선이나 수식을 확률밀도함수라고 한다.

확률밀도함수 $f(X)$는 함수 아래의 총면적을 '1'로 정의한 함수로서, 확률 $P(a \leq X \leq b)$는 확률밀도함수 내의 구간 면적과 같으므로 다음과 같이 적분하면 구할 수 있다.

$$P(a \leq X \leq b) = \int_a^b f(X)dX$$

② 이산확률변수는 정수로 표시되므로 특정 확률변수값에 대한 확률이 존재하지만, 연속확률변수가 취하는 값은 무한히 많으므로 연속확률분포에서 특정 확률변수값이 나올 확률은 0이다. 그러므로 연속확률분포에서는 특정 확률변수값에 해당하는 확률이 아니라 확률변수값의 구간에 해당하는 확률을 계산한다.

즉 이산확률분포에서의 확률은 특정한 확률변수값에 대한 확률, 예를 들어 $P(X=2)$와 같은 형태로 표시되지만, 연속확률분포에서의 확률은 $P(a \leq X \leq b)$와 같이 구간의 확률로 표시된다. 연속확률분포에서 구간의 확률은 그 구간에 해당되는 확률밀도함수의 면적에 해당되며 곡선 아래의 전체 면적은 항상 1이다. 다음과 같은 간단한 연속확률분포를 살펴보자.

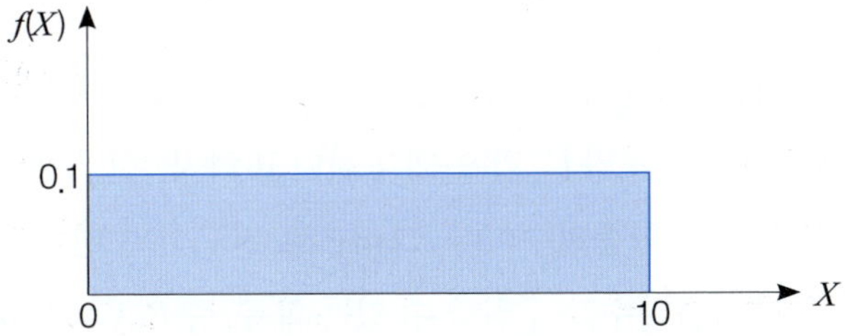

위의 그래프는 일양분포(uniform distribution)의 확률밀도함수이다. 위의 분포를 수식으로 나타내면 $f(X)=0.1\ (0 \leq X \leq 10)$이고, 직사각형의 면적은 1이다. 그러므로 확률 $P(2<X<5)$이 0.3이라는 것을 쉽게 알 수 있다. 이와 같이 연속확률분포에서의 확률은 구간의 면적으로 계산한다.

다음의 그래프를 살펴보자.

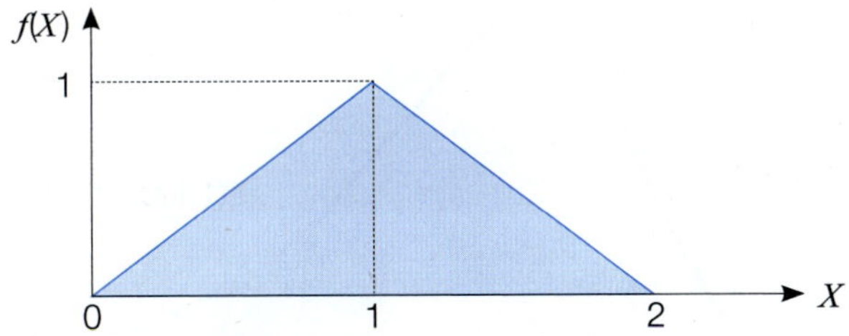

위의 그래프 역시 확률밀도함수의 한 형태이다. 위의 분포를 수식으로 나타내면 다음과 같다.

$$f(X)=\begin{cases} X & (0 \leq X \leq 1) \\ 2-X & (1 \leq X \leq 2) \end{cases}$$

위의 확률밀도함수에서 삼각형의 면적이 1이라는 것은 쉽게 알 수 있다. 그리고 X가 0부터 1 사이에 있을 확률은 전체 도형의 절반에 해당하는 면적이므로 $P(0 \leq X \leq 1) = 0.5$이다.

또 다른 확률밀도함수의 예를 들어 보자. 어느 전구회사에서 새로 개발한 전구의 예상수명시간의 분포가 [그림 8-2]와 같다고 하자. 전구의 수명은 무한히 많은 값을 가질 수 있는 연속확률변수이다. 그러므로 전구의 수명이 정확히 1,400시간일 확률과 같이 특정 확률변수값이 취할 수 있는 확률, 즉 $P(X = 1{,}400) = 0$이다.

이러한 경우에는 전구 수명의 구간을 정하여 그 구간의 확률을 계산하게 된다. 예를 들어 전구 수명이 1,400시간에서 1,420시간일 확률은 $P(1{,}400 \leq X \leq 1{,}420)$와 같이 구간으로 나타내며, 그 구간 내의 확률은 [그림 8-2]에서 보는 바와 같이 확률밀도함수의 면적 0.25가 된다.

그림 8-2 전구 수명의 분포

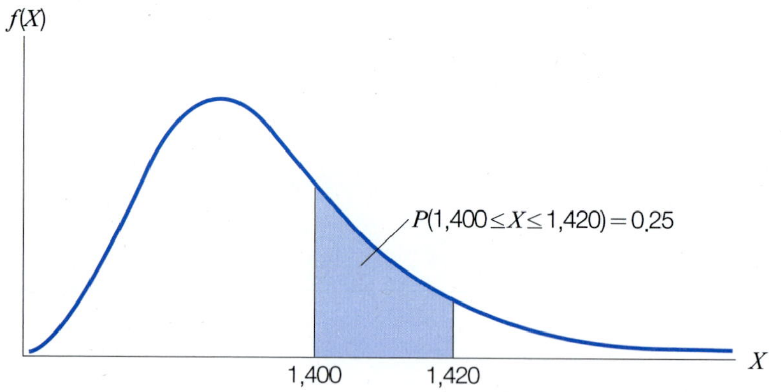

이처럼 연속확률분포는 확률밀도함수의 형태에 따라 매우 다양하다. 우리가 앞으로 공부하게 될 대표적인 연속확률분포에는 정규분포, t-분포, F-분포, χ^2-분포 등이 있는데, 이 장에서는 먼저 정규분포에 대해 살펴본다.

제2절 정규분포의 개념과 특징

정규분포(normal distribution)는 좌우대칭인 종 모양의 분포로서 통계학에서 가장 기본이 되는 연속확률분포이다. 그 이유는 통계분석의 대상이 되는 변수들이 대부분 정규분포를 따르는 경우가 많기 때문이다. 우리가 관심을 가지고 있는 사회적 현상이나 자연적 현상들, 예를 들어 사람들의 수명, 몸무게, 키라든가 소득, 주가 변동, 온도 등의 분포는 정규분포와 매우 유사한 형태를 가진다. 그러므로 우리가 주로 사용하는 통계분석 방법은 모집단이 대부분 정규분포 형태를 하고 있다고 가정한다.

뿐만 아니라 모집단에서 무수히 많은 표본을 추출했을 때, 그 표본들의 평균이 이루는 분포는 모집단의 분포에 관계없이 정규분포와 모양이 비슷해진다고 알려져 있다(이에 관해서는 제9장에서 다룬다). 그러므로 정규분포는 추측통계, 즉 표본을 이용한 통계적 추정이나 가설검정의 기본이 되는 분포이다.

이제 정규분포의 모양과 특징에 대해 살펴보기로 하자. 정규분포의 확률밀도함수는 다음과 같이 정의된다.

정규분포의 확률밀도함수

$$f(X)=\frac{1}{\sigma\sqrt{2\pi}}e^{-\frac{1}{2}(\frac{X-\mu}{\sigma})^2}$$ 〈공식 8-1〉

σ : 정규분포의 표준편차

μ : 정규분포의 평균

π : 3.1415…(원주율)

e : 2.7183…(자연대수의 밑수)

위의 함수는 매우 복잡하게 되어 있지만 평균 μ와 표준편차 σ를 제외하고는 모두 이미 정해진 값이다. 그러므로 평균과 표준편차만 알고 있으면 정규분포의 모양을

그림 8-3 정규분포곡선

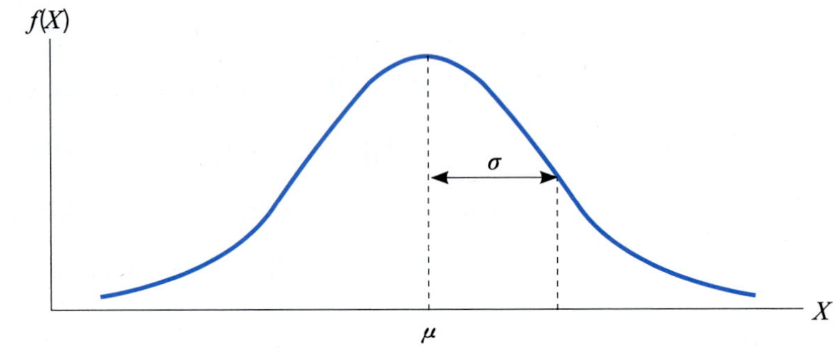

알 수 있을 뿐 아니라 정규분포 내에서의 확률도 계산할 수 있다. 정규분포는 다음과 같은 특징을 가지고 있다.

정규분포의 특징

① 정규분포는 평균을 중심으로 좌우대칭인 종모양을 이룬다.
② 정규분포의 위치와 모양은 평균과 표준편차에 의해 결정된다. 정규분포의 평균은 분포의 위치를 나타내며 표준편차는 분포의 모양을 나타낸다.
③ 정규분포곡선은 X축에 맞닿지 않으므로 확률변수가 취할 수 있는 값의 범위는 $-\infty < X < \infty$이다.
④ 정규분포곡선 아래의 전체 면적은 항상 1이다.

[그림 8-4]는 평균과 표준편차에 따라 정규분포의 모양이 어떻게 달라지는가를 보여 준다. 이 그림에서 (a)는 두 정규분포의 표준편차는 같으나 평균이 다른 경우로서 분포의 모양은 같지만 평균의 위치가 서로 다르다. (b)는 두 정규분포의 평균은 같으나 표준편차가 다른 경우로서 평균의 위치는 같지만 분포의 모양이 다르다. (c)는 평균과 표준편차가 모두 다른 경우로서 두 분포의 모양과 평균의 위치가 모두 다르다.

그림 8-4 평균과 표준편차의 차이에 따른 정규분포의 모양과 위치

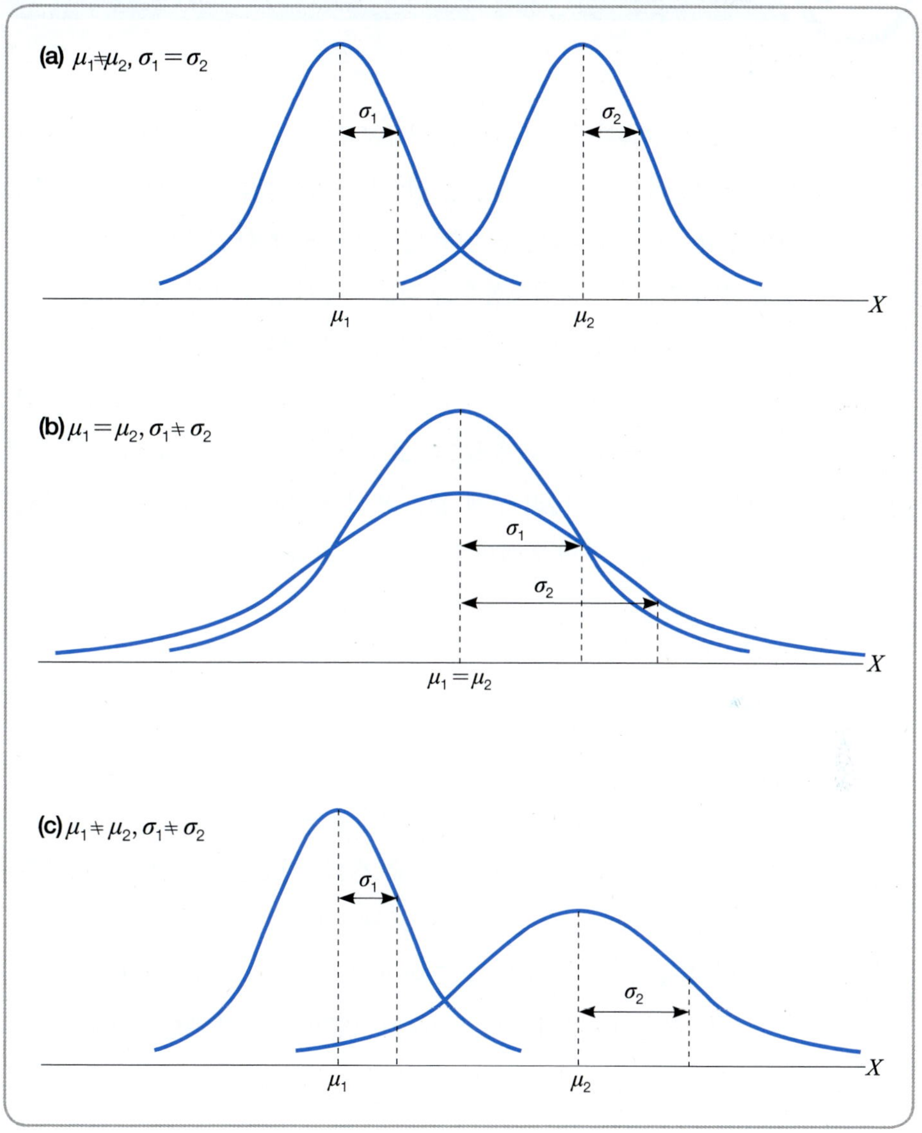

제3절 정규분포에서의 확률 계산

정규분포는 연속확률분포이므로 정규분포에서의 확률은 $P(a \leq X \leq b)$와 같이 구간으로 표시된다. 이 구간의 확률은 정규분포곡선 내의 구간의 면적에 해당된다. 그렇다면 정규분포에서의 확률은 어떤 방법으로 구할 수 있을까?

첫째, 정규분포의 확률밀도함수를 적분하여 특정 구간에 해당하는 확률을 구하는 것이다. 그러나 이것은 매우 번거롭고 복잡한 방법이다.

둘째, 표준정규분포표를 이용하는 것이다. 표준정규분포표는 모든 일반정규분포에 적용할 수 있는 표준화된 분포, 즉 표준정규분포를 만들고 이 분포 내의 특정 구간에 해당하는 확률을 미리 구해 놓은 표이다. 여기에서는 표준정규분포표를 이용하여 확률을 구하는 방법에 대해 살펴보기로 하자.

1. 표준정규분포

제2장에서 살펴본 자료의 표준화를 상기해 보자. 표준화란 측정단위를 통일시키는 것이라고 했다. 그리고 표준화된 값은 Z라는 기호를 사용하는데, Z값은 관찰치에서 평균을 뺀 값, 즉 편차를 표준편차로 나눈 것이다.

일반정규분포를 표준화하는 것도 이와 똑같은 방법을 이용한다. 표준정규분포에서 Z는 어떤 확률변수값이 평균으로부터 표준편차의 몇 배만큼 떨어져 있는가를 나타내는 값으로 다음과 같은 공식에 의해 계산된다.

정규분포의 표준화

$$Z=\frac{X-\mu}{\sigma}$$ 〈공식 8-2〉

위의 〈공식 8-2〉를 이용하면 평균이 μ이고 표준편차가 σ인 정규분포에서 확률변수의 표준화된 값, 즉 Z값을 얻을 수 있다. 이 Z값의 분포는 [그림 8-5]와 같이 평균이 0이고 표준편차가 1인 정규분포가 되는데 이것을 표준정규분포 또는 Z-분포라고 한다.

그림 8-5 표준정규분포

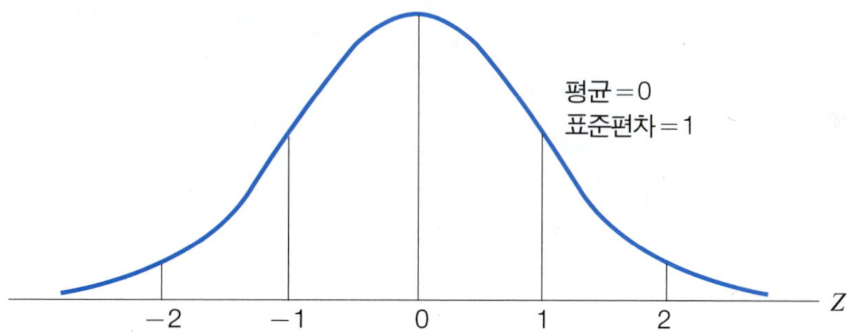

예를 들어 어떤 전구회사에서 작년 1년 동안 생산한 전구는 평균 수명이 100시간이고 표준편차가 10시간인 정규분포를 이룬다고 하자. 이 정규분포를 표준정규분포로 변환시켜 보자.

[그림 8-6]은 원래의 일반정규분포를 표준정규분포로 변환하는 과정을 잘 보여 준다. 이 그림에서 (a)는 평균 수명이 100시간이고 표준편차가 10시간인 원래의 일반정규분포이다. 이제 확률변수값 X에서 평균 μ를 빼면 (b)와 같이 분포의 모양은 평균이 0이고 표준편차가 10인 정규분포가 된다. 여기에서 다시 $(X-\mu)$를 표준편차 σ로 나누어 주면 (c)와 같이 평균이 0이고 표준편차 σ가 1인 표준정규분포를 얻게 된다.

일반정규분포를 표준정규분포로 변환시키는 것은 매우 중요한 의미를 갖는다. 그 이유는 [그림 8-6]에서 보는 바와 같이 색칠한 부분의 면적이 모두 동일하기 때문이다. 즉 (a)의 일반정규분포에서 평균으로부터 1 표준편차만큼 떨어진 구간의 면적, 즉 100에서 110 사이의 면적은 (c)의 표준정규분포에서 평균 0으로부터 1 사이의 면적과 동일하다. 따라서 표준정규분포를 이용하면 평균과 표준편차의 값이 각각 다른 일반정규분포에서 특정 구간의 확률을 쉽게 구할 수 있다.

그림 8-6 정규분포의 표준화 과정

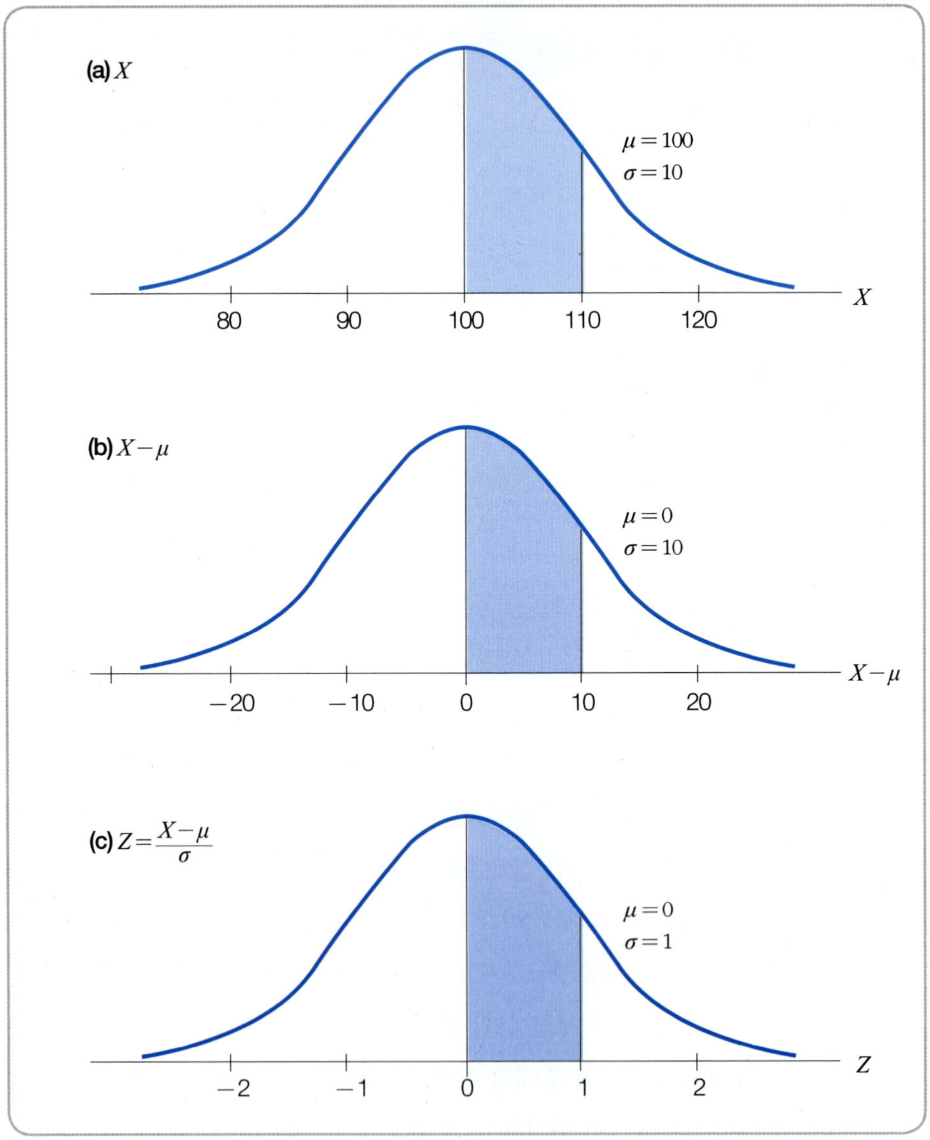

표준정규분포의 평균과 표준편차

평균 : $\mu=0$
표준편차 : $\sigma=1$

2. 표준정규분포에서의 확률 계산

표준정규분포에서 특정 구간의 면적은 표준정규분포표 또는 Z-분포표를 이용하면 쉽게 구할 수 있다. 표준정규분포표는 표준정규분포를 아주 작은 구간으로 나누고 평균 0에서 특정한 Z값에 해당하는 면적, 즉 확률을 미리 계산하여 표로 만들어 놓은 것이다. [표 8-1]은 부록에 있는 표준정규분포표의 일부를 발췌한 것이다.

표준정규분포표 내의 각 숫자는 [그림 8-7]에서 알 수 있는 바와 같이 평균 0에서 Z값 사이에 해당하는 면적(확률)을 나타낸다. 예를 들어 $Z=1.00$, 즉 좌측 열 1.0과 상단 행 0.00에 해당하는 숫자는 0.3413인데, 이 숫자는 $Z=0$에서 $Z=1.00$ 사이의 면적 즉 확률이 0.3413이라는 것을 의미한다. 이것을 확률기호로 표시하면 $P(0 \leq Z \leq 1)=0.3413$이다. 또한 $Z=1.96$, 즉 좌측 열 1.9와 상단 행 0.06에 해당하는 숫자는 0.4750인데, 이 숫자는 $Z=0$에서 $Z=1.96$ 사이의 면적이 0.4750이라는 의미이다. 이

그림 8-7 표준정규분포

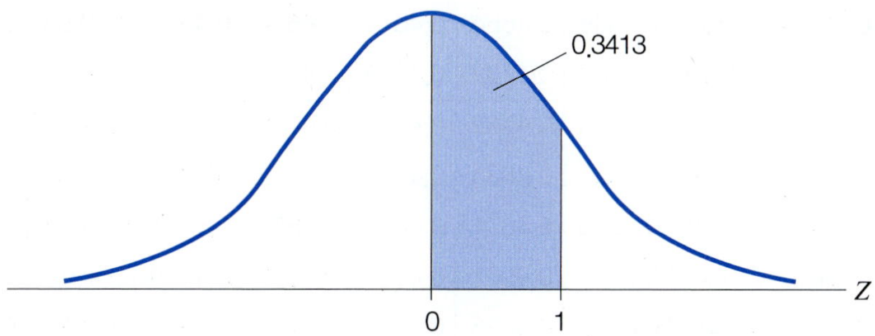

표 8-1 표준정규분포표

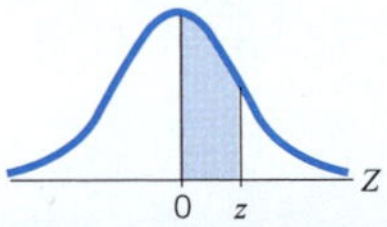

z	z의 두 번째 소수점									
	0.00	0.01	0.02	0.03	0.04	0.05	0.06	0.07	0.08	0.09
0.0	0.0000	0.0040	0.0080	0.0120	0.0160	0.0199	0.0239	0.0279	0.0319	0.0359
0.1	0.0398	0.0438	0.0478	0.0517	0.0557	0.0596	0.0636	0.0675	0.0714	0.0753
0.2	0.0793	0.0832	0.0871	0.0910	0.0948	0.0987	0.1026	0.1064	0.1103	0.1141
0.3	0.1179	0.1217	0.1255	0.1293	0.1331	0.1368	0.1406	0.1443	0.1480	0.1517
0.4	0.1554	0.1591	0.1628	0.1664	0.1700	0.1736	0.1772	0.1808	0.1844	0.1879
0.5	0.1915	0.1950	0.1985	0.2019	0.2054	0.2088	0.2123	0.2157	0.2190	0.2224
0.6	0.2257	0.2291	0.2324	0.2357	0.2389	0.2422	0.2454	0.2486	0.2517	0.2549
0.7	0.2580	0.2611	0.2642	0.2673	0.2704	0.2734	0.2764	0.2794	0.2823	0.2852
0.8	0.2881	0.2910	0.2939	0.2967	0.2995	0.3023	0.3051	0.3078	0.3106	0.3133
0.9	0.3159	0.3186	0.3212	0.3238	0.3264	0.3289	0.3315	0.3340	0.3365	0.3389
1.0	0.3413	0.3438	0.3461	0.3485	0.3508	0.3531	0.3554	0.3577	0.3599	0.3621
1.1	0.3643	0.3665	0.3686	.03708	0.3729	0.3749	0.3770	0.3790	0.3810	0.3830
1.2	0.3849	0.3869	0.3888	0.3907	0.3925	0.3944	0.3962	0.3980	0.3997	0.4015
1.3	0.4032	0.4049	0.4066	0.4082	0.4099	0.4115	0.4131	0.4147	0.4162	0.4177
1.4	0.4192	0.4207	0.4222	0.4236	0.4251	0.4265	0.4279	0.4292	0.4306	0.4319
1.5	0.4332	0.4345	0.4357	0.4370	0.4382	0.4394	0.4406	0.4418	0.4429	0.4441
1.6	0.4452	0.4463	0.4474	0.4484	0.4495	0.4505	0.4515	0.4525	0.4535	0.4545
1.7	0.4554	0.4564	0.4573	0.4582	0.4591	0.4599	0.4608	0.4616	0.4625	0.4633
1.8	0.4641	0.4649	0.4656	0.4664	0.4671	0.4678	0.4686	0.4693	0.4699	0.4706
1.9	0.4713	0.4719	0.4726	0.4732	0.4738	0.4744	0.4750	0.4756	0.4761	0.4767
2.0	0.4772	0.4778	0.4783	0.4788	0.4793	0.4798	0.4803	0.4808	0.4812	0.4817
2.1	0.4821	0.4826	0.4830	0.4834	0.4838	0.4842	0.4846	0.4850	0.4854	0.4857
2.2	0.4861	0.4864	0.4868	0.4871	0.4875	0.4878	0.4881	0.4884	0.4887	0.4890
2.3	0.4893	0.4896	0.4898	0.4901	0.4904	0.4906	0.4909	0.4911	0.4913	0.4916
2.4	0.4918	0.4920	0.4922	0.4925	0.4927	0.4929	0.4931	0.4932	0.4934	0.4936

것을 확률기호로 나타내면 $P(0 \leq Z \leq 1.96) = 0.4750$이다.

그림 8-8 표준정규분포

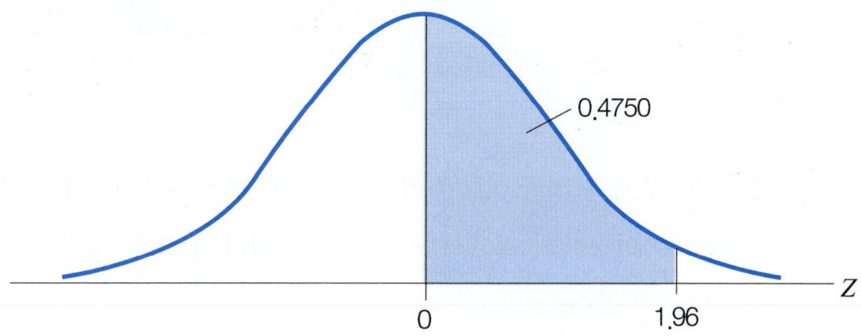

[예 8–1]

표준정규분포표를 이용하여 다음 구간의 확률을 구하라.

① Z가 1에서 2 사이에 있을 확률은?

② Z가 0에서 -1 사이에 있을 확률은?

③ Z가 -1.96과 1.96 사이에 있을 확률은?

[풀이]

① Z가 1에서 2 사이에 있을 확률은 표준정규분포표에서 $P(0 \leq Z \leq 2)$와 $P(0 \leq Z \leq 1)$을 찾은 다음 $P(0 \leq Z \leq 2)$에서 $P(0 \leq Z \leq 1)$를 빼면 된다. 즉,

$$P(1 \leq Z \leq 2) = P(0 \leq Z \leq 2) - P(0 \leq Z \leq 1) = 0.4772 - 0.3413 = 0.1359$$

그러므로 Z가 1에서 2 사이에 있을 확률은 13.59%이다.

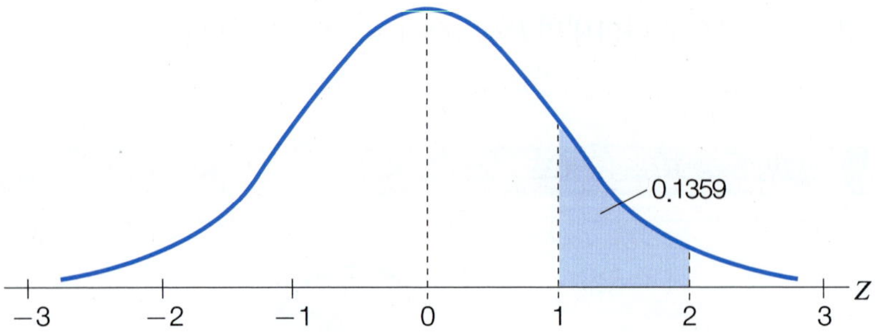

② 표준정규분포는 평균 0을 중심으로 좌우대칭이므로 0에서 특정한 Z값 사이의 면적은 (−)의 Z값에 대해서도 동일하다. 따라서 Z가 0에서 −1 사이에 있을 확률은 다음과 같다.

$P(-1 \leq Z \leq 0) = P(0 \leq Z \leq 1) = 0.3413$

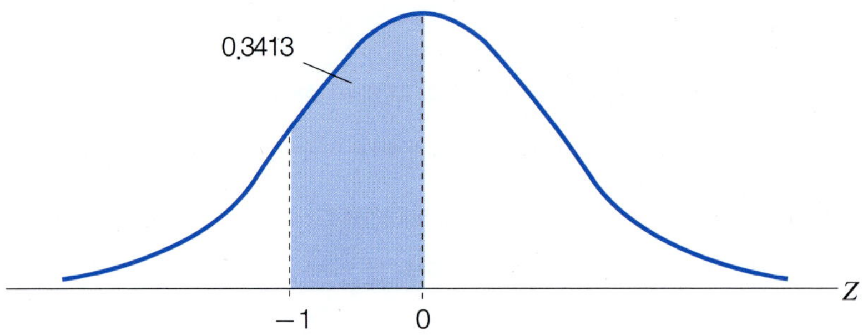

③ Z가 −1.96과 1.96 사이에 있을 확률을 계산하기 위해서는 $Z = 1.96$일 때의 $P(0 \leq Z \leq 1.96)$을 먼저 알아야 하는데, 이 값을 표준정규분포표에서 찾아보면 0.4750이다. 표준정규분포는 좌우대칭이므로 Z가 −1.96에서 1.96 사이에 있을 확률은 다음과 같다.

$P(-1.96 \leq Z \leq 1.96) = 2 \times 0.4750 = 0.95$

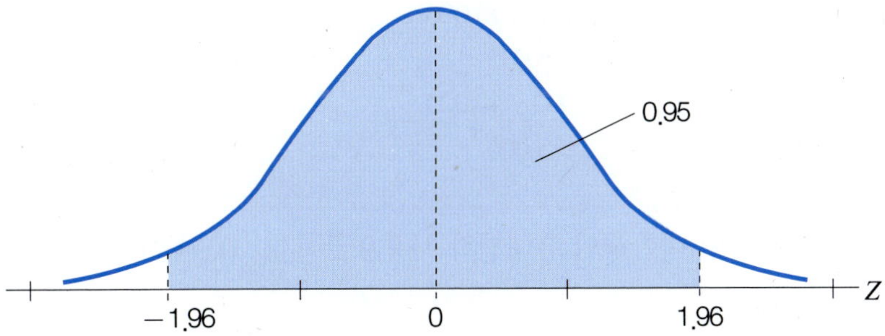

3. 일반정규분포의 확률

앞에서 살펴보았듯이 일반정규분포의 확률변수 X는 표준화를 통해 표준정규분포의 확률변수 Z로 변환된다. 그러므로 일반정규분포에서 특정 구간의 확률을 구하기 위해서는 확률변수를 Z값으로 변환하고 표준정규분포표를 이용하여 Z값에 해당하는 확률을 찾으면 된다.

이때 일반정규분포를 대강 그린 후 구하고자 하는 면적을 빗금으로 표시하여 보는 것이 확률을 구하는 데 도움이 된다. 다음의 예를 이용해서 일반정규분포의 확률을 계산해 보자.

[예 8-2]

대학생들의 월간 휴대전화 사용요금은 평균 40,000원으로 표준편차가 5,000원인 정규분포를 이룬다고 한다. 어떤 대학생의 월간 휴대전화 사용요금이 40,000원에서 45,000원 이내일 확률은 얼마나 될까?

[풀이]

이 문제는 [그림 8-9]에서 색칠한 부분의 확률을 구하는 것이다. 이 확률을 구하기 위해서는 먼저 확률변수를 Z값으로 전환해야 한다.

$$Z=\frac{X-\mu}{\sigma}=\frac{40{,}000-40{,}000}{5{,}000}=0$$

$$Z=\frac{X-\mu}{\sigma}=\frac{45{,}000-40{,}000}{5{,}000}=1$$

따라서 어떤 대학생의 휴대전화 사용요금이 40,000원 이상 45,000원 이내일 확률은 다음과 같다.

$$P(40{,}000\le X\le 45{,}000)=P(0\le Z\le 1) = 0.3413$$

위의 내용을 그림으로 표시하면 [그림 8-9]와 같다. 그림 (a)의 평균이 40,000이고 표준편차가 5,000인 정규분포에서 40,000에서 45,000까지의 면적은 0.3413으로, 그림 (b)의 표준정규분포에서 0에서 1까지의 면적과 동일하다.

그림 8-9 일반정규분포와 표준정규분포의 확률

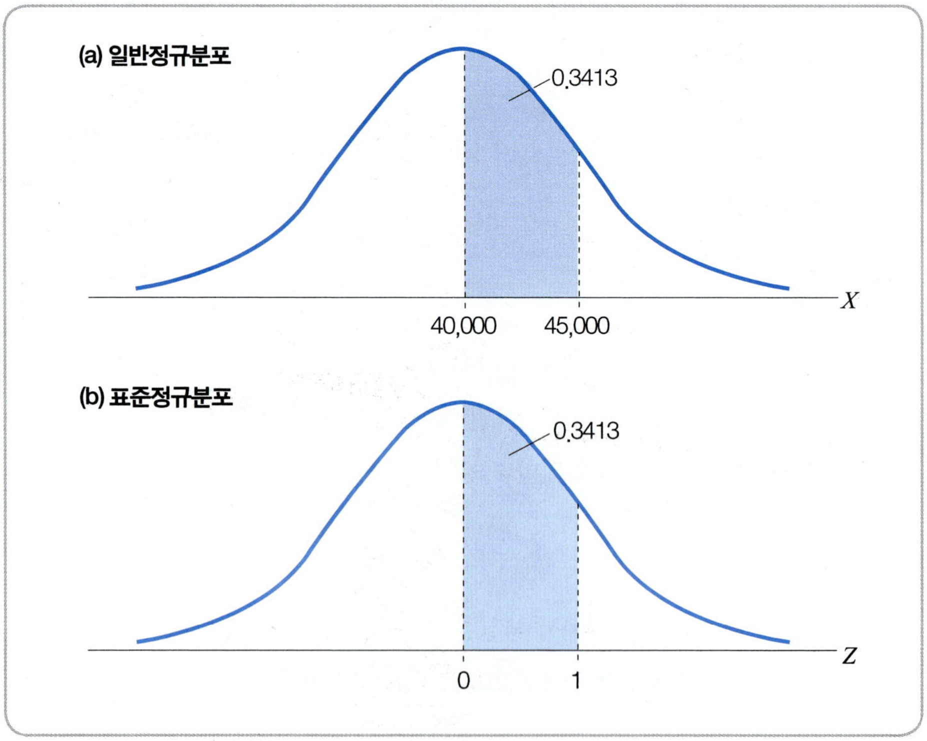

[예 8–3]

위의 [예 8–2]에서 어떤 한 대학생의 월간 휴대전화 사용요금이

① 35,000원 이상 45,000원 이내일 확률은 얼마인가?

② 45,000원 이상일 확률은 얼마인가?

③ 정확하게 45,000원일 확률은 얼마인가?

[풀이]

① 이 확률은 다음 그림에서 색칠한 부분의 면적을 구하면 된다. 먼저 35,000원과 45,000원을 Z값으로 바꾸면 다음과 같다.

$$Z=\frac{X-\mu}{\sigma}=\frac{35{,}000-40{,}000}{5{,}000}=-1$$

$$Z=\frac{X-\mu}{\sigma}=\frac{45{,}000-40{,}000}{5{,}000}=1$$

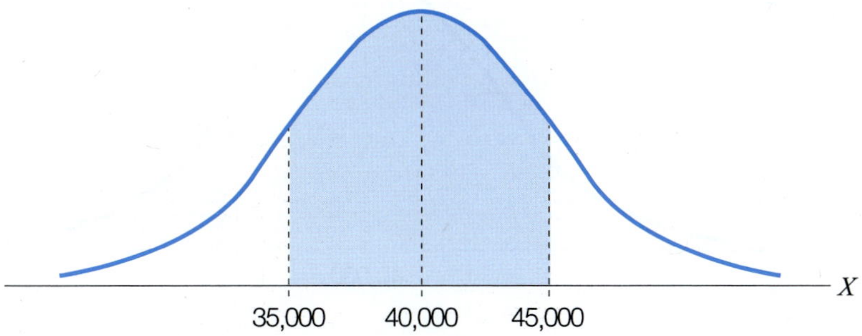

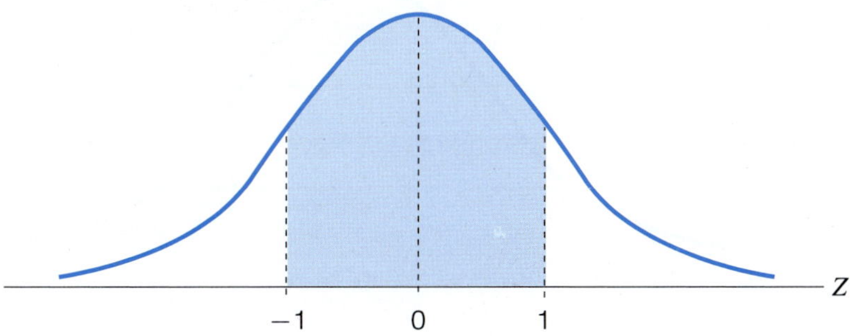

정규분포는 좌우대칭이므로 좌우 두 부분의 면적은 모두 0.3413이다. 따라서 색칠한 부분의 확률은 다음과 같다.

$$P(35{,}000 \leq X \leq 45{,}000) = P(-1 \leq Z \leq 1)$$
$$= 2 \times 0.3413 = 0.6826$$

② 이 확률도 다음 그림에서처럼 색칠한 부분의 면적을 구하는 것이다. 여기서 45,000원을 Z값으로 전환하면 $Z = \frac{45{,}000 - 40{,}000}{5{,}000} = 1$이다. 정규분포는 평균을 중심으로 좌우대칭이므로 Z값이 평균보다 클 확률은 0.5이다. 따라서 색칠한 부분의 면적은 다음과 같다.

$$P(X \geq 45{,}000) = P(Z \geq 1) = 0.5 - P(0 \leq Z \leq 1)$$
$$= 0.5 - 0.3413 = 0.1587$$

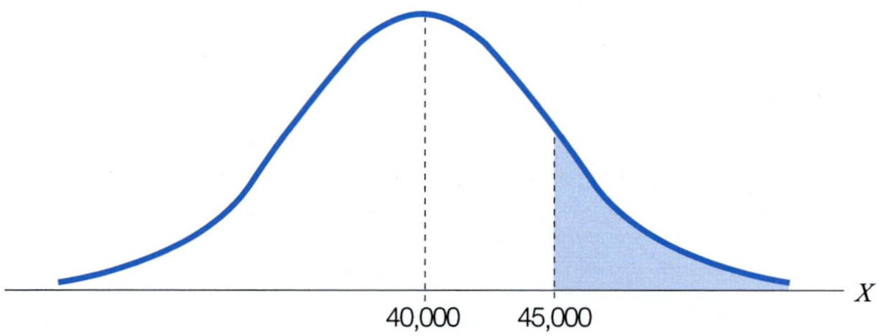

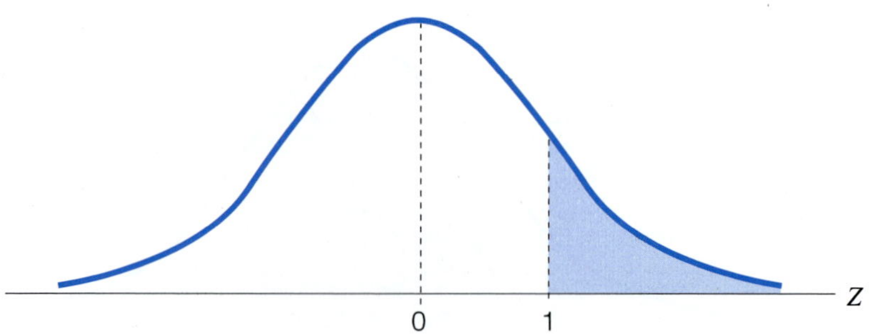

③ 연속확률변수가 정확하게 특정한 값을 가질 확률은 0이다. 즉 45,000원을 Z값으로 전환하면 $Z=\frac{45,000-40,000}{5,000}=1$이므로,

$$P(X=45,000)=P(Z=1)=P(1\leq Z\leq 1)=0$$

[예 8–4]

한남통상에서는 사원을 대상으로 승진시험을 실시하였다. 사원들의 시험성적은 평균 70점이고 표준편차는 10점인 정규분포를 이루고 있다고 한다.

① 한 사원의 점수가 60점 이하일 확률

② 한 사원의 점수가 90점 이상일 확률

③ 한 사원의 점수가 60점에서 90점 사이일 확률

[풀이]

각각에 해당하는 확률을 구하기 위해서는 먼저 각각의 확률변수 X를 Z값으로 변환해야 한다. 60점, 90점에 대한 Z값을 구해 보면 각각 다음과 같다.

$$Z=\frac{60-70}{10}=-1$$

$$Z=\frac{90-70}{10}=2$$

그러므로 우리가 구하고자 하는 확률은 다음과 같다.

① $P(X\leq 60)=P(Z\leq -1)=P(Z\geq 1)$

$$=0.5-0.3413=0.1587$$

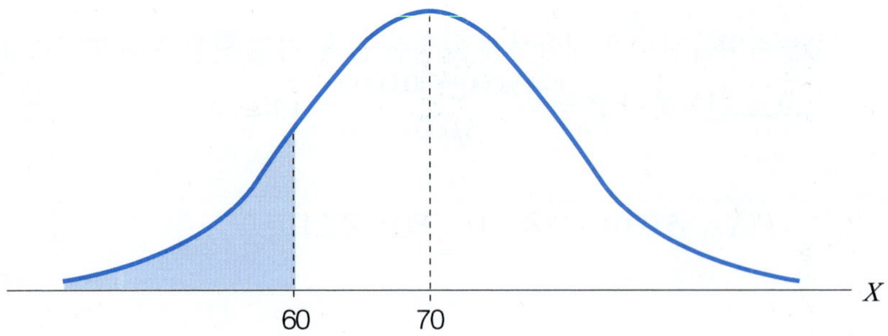

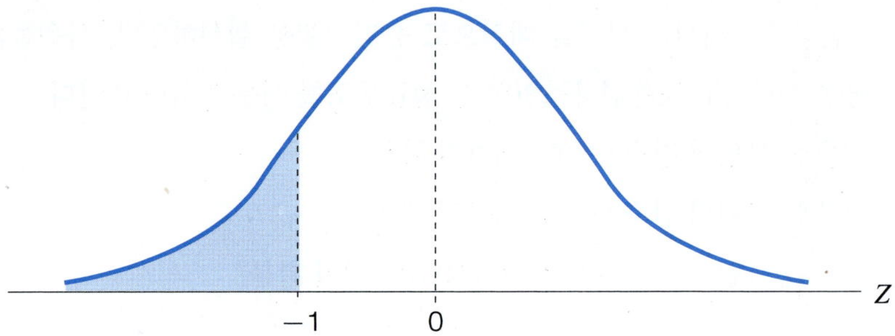

② $P(X \geq 90) = P(Z \geq 2) = 0.5 - P(0 \leq Z \leq 2) = 0.5 - 0.4772 = 0.0228$

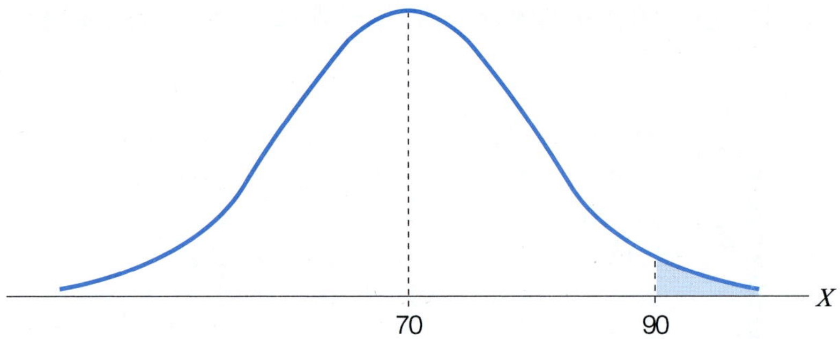

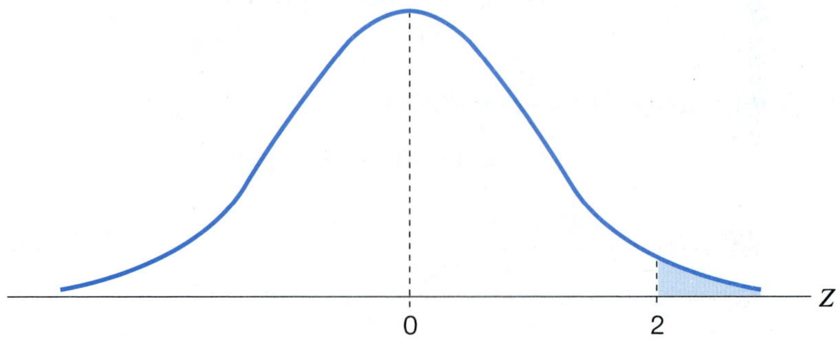

③ $P(60 \leq X \leq 90) = P(-1 \leq Z \leq 2) = P(0 \leq Z \leq 1) + P(0 \leq Z \leq 2)$

$= 0.3413 + 0.4772 = 0.8185$

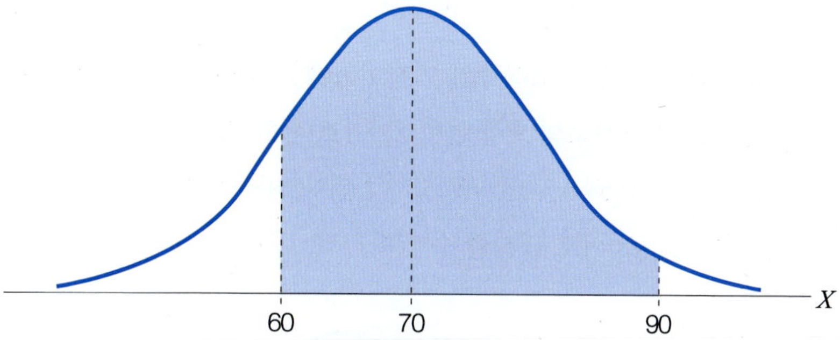

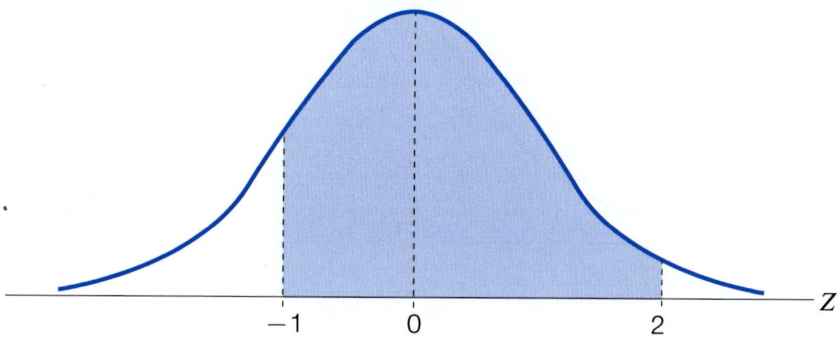

4. 표준정규분포에서의 Z_α

앞에서 설명한 것처럼 일반정규분포에서 확률변수 X의 확률을 구하기 위해서는 표준정규분포의 확률변수인 Z값으로 변환하면 되었다. 마찬가지로 표준정규분포에서 꼬리쪽의 확률을 이용하여 이에 해당하는 Z값도 찾을 수 있다. 예를 들어 표준정규분포에서 0.4370의 확률에 해당하는 Z값은 1.5행과 0.03의 열이 만나는 칸의 값이므로 $Z=1.53$이 된다. 표준정규분포에서 꼬리쪽의 확률을 α라고 할 때 다음과 같은 공식이 성립된다.

표준정규분포의 꼬리쪽 확률

$P(Z \geq Z_\alpha) = \alpha$ 〈공식 8-3〉

위의 공식에서 Z_α는 꼬리쪽의 면적이 α에 해당하는 Z값을 말한다(그림 참조). 예를 들어 표준정규분포의 확률변수 Z가 1보다 클 확률을 확률기호를 이용하여 표시하면 $P(Z \geq 1) = 0.5 - 0.3413 = 0.1587$이 된다. 따라서 이 꼬리쪽 확률 0.1587에 해당하는 Z값은 $Z_{0.1587} = 1$로 표시할 수 있다.

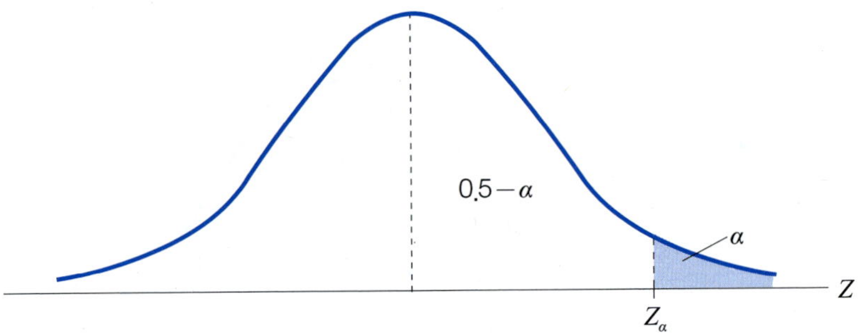

[예 8-5]

표준정규분포에서 Z_α값이 1.5라면 꼬리쪽 확률 α는 얼마인가?

[풀이]

표준정규분포에서 Z_α값이 1.5이면 꼬리쪽 확률의 정의에 따라 α는 확률 $P(Z \geq 1.5)$을 의미한다. 표준정규분포표로부터 Z값 1.5에 해당하는 확률은 0.4332이므로 $P(Z \geq 1.5) = 0.5 - 0.4332 = 0.0668$이 된다. 그러므로 $\alpha = 0.0668$일 때의 Z값, $Z_{0.0668} = 1.5$이다.

[예 8-6]

$\alpha = 0.025$에 해당하는 Z값, 즉 $Z_{0.025}$를 표준정규분포표에서 찾아보아라.

[풀이]

$P(Z>Z_\alpha)=0.025$이면, 표준정규분포표의 확률은 $0.5-\alpha=0.4750$이다(그림 참조). 그리고 표준정규분포표에서 0.4750에 해당하는 Z값을 찾으면 1.96이다.

Z_α는 나중에 다루게 될 신뢰구간 추정에서 신뢰구간의 범위를 계산하거나, 가설검정에서 가설의 기각 여부를 결정하는 데 이용되므로 그 개념을 완전히 이해해 두는 것이 좋다. 일반적으로 자주 사용되는 표준정규분포의 꼬리값은 다음과 같다.

$$Z_{0.1}=1.282 \quad Z_{0.05}=1.645 \quad Z_{0.025}=1.96 \quad Z_{0.01}=2.326 \quad Z_{0.005}=2.576$$

5. 정규분포의 성질

정규분포의 중요한 성질 중의 하나는 정규분포를 이루는 확률변수에 상수를 더하거나 빼서 얻어진 확률변수의 분포는 정규분포를 이룬다는 것이다. 그리고 정규분포를 이루는 확률변수의 상수를 곱하거나 나누어서 얻어진 확률변수의 분포 역시 정규분포를 이룬다. 이러한 내용은 이미 앞에서 살펴 본 정규분포의 표준화과정을 통해서 확인된다. 즉 정규분포를 이루는 확률변수에서 평균을 빼고 표준편차로 나누어 표준화된 분포는 정규분포를 이루는 것을 살펴 보았다.

더 나아가서 정규분포를 이루는 두 확률변수가 상호독립인 경우 그 합이나 차이의 분포도 정규분포를 이룬다. 정규분포의 이러한 성질은 추측통계에서 정규분포가 널리 사용되는 근거를 제공한다.

[예 8-7]

남학생의 키의 분포가 평균이 172이고 표준편차가 8인 정규분포를 이루고, 여학생의 키는 평균이 160이고 표준편차가 6인 정규분포를 이룬다면, 남학생과 여학생의 키의 차이는 어떤 분포를 이룰까?

[풀이]

두 모집단이 각각 정규분포를 이루고 있고, 각 모집단에서 표본이 상호독립적으로 추출된다면 두 모집단의 차이의 분포 역시 정규분포를 이룬다. X를 남학생의 키, Y를 여학생의 키, 그리고 차이를 W라고 하면, $W=X-Y$이다. 기대치의 성질을 이용하면,

W의 평균은

$$E(W)=E(X-Y)=E(X)-E(Y)=172-160=12$$이고

W의 분산은

$$V(W)=V(X-Y)=V(X)+V(Y)-2Cov(X, Y)=8^2+6^2+0=100$$이다.

따라서 키의 차이 W는 평균이 12이고 표준편차가 10인 정규분포를 이루게 된다.

[예 8–8]

여학생과 남학생 키의 분포가 위와 같다고 할 때, 여학생의 키가 남학생의 키보다 클 확률은?

[풀이]

남학생과 여학생의 키의 차이는 평균이 12이고 표준편차가 10인 정규분포를 이루므로 W가 0보다 작을 확률을 구하면 된다.

$$P(W<0)=P(Z<\frac{0-12}{10})=P(Z<-1.2)=0.5-0.3849=0.1151$$

제4절 이항분포의 정규근사

1. 정규분포를 이용한 이항확률 계산

제7장에서 우리는 이항분포표를 이용하여 이항확률을 계산하는 방법에 대해 살펴

본 적이 있다. 여기에서 시행횟수 n과 성공확률 p를 알면 이항분포표를 통해 쉽게 이항확률을 구할 수 있었다. 그러나 이항분포표에는 보통 시행횟수가 25회까지만 나타나 있으므로 시행횟수가 25보다 클 경우에는 이항분포표를 이용할 수 없다. 예를 들어 "어떤 법안에 대한 지지율이 60%일 경우, 1,000명을 조사했을 때 400명 미만이 찬성할 확률"과 같이 시행횟수 n이 크면 이항분포표를 이용해 확률을 구할 수 없다.

이때에는 정규분포를 이용하여 이항분포에 대한 근사확률을 구할 수 있는데 이를 이항분포의 정규근사치라고 한다. 제7장에서 언급한 것처럼 시행횟수 n이 크면 이항분포는 정규분포와 모양이 유사해진다. 일반적으로 시행횟수가 n이고 성공확률이 p인 이항분포는 $np \geq 5$ 또는 $n(1-p) \geq 5$일 경우 평균이 np이고 표준편차가 $\sqrt{np(1-p)}$인 정규분포와 비슷한 모양이 된다. 따라서 시행횟수 n이 클 때에는 정규분포를 이용하여 이항분포의 정규근사치를 구할 수 있다.

정규분포를 이용하여 이항분포의 정규근사치를 구하기 위해서는 먼저 평균 np와 표준편차 $\sqrt{np(1-p)}$를 이용하여 Z값을 구하고, 표준정규분포표를 이용하여 이 Z값에 해당되는 확률을 구한다. 이때 이항확률변수 X에 해당하는 Z값은 다음과 같다.

성공횟수 X에 해당하는 Z값

$$Z=\frac{X-\mu}{\sigma}=\frac{X-np}{\sqrt{np(1-p)}}$$ 〈공식 8-4〉

여기에서 주의할 점은 이항분포는 이산확률분포이고 정규분포는 연속확률분포이므로 확률변수의 특성 차이에서 오는 오차가 생긴다는 것이다. 그러므로 정규분포를 이용하여 이항확률의 근사치를 구하기 위해서는 이산확률변수를 연속확률변수로 조정하는 과정을 거쳐야 한다.

2. 연속성을 위한 조정

다음의 예에서 이항분포의 정규근사치를 구하는 과정을 살펴보자. 동전을 10번 던졌을 때 앞면이 1회 이상 6회 이하로 나올 확률, 즉 $P(1 \leq X \leq 6)$을 구해 보자. 먼저 이항분포에서 이 확률을 구하면 다음과 같다.

$$P(1 \leq X \leq 6)$$
$$= P(X=1)+P(X=2)+P(X=3)+P(X=4)+P(X=5)+P(X=6)=0.8272$$

이제 정규분포를 이용하여 $P(1 \leq X \leq 6)$의 확률을 구해 보자. 이때에는 먼저 평균과 표준편차를 구한 다음, 이것을 이용하여 Z값을 구해야 한다. 여기서 이항분포의 평균은 np이고 표준편차는 $\sqrt{np(1-p)}$이므로,

평균 : $np = 10 \times 0.5 = 5$
분산 : $np(1-p) = 10 \times 0.5 \times 0.5 = 2.5$
표준편차 : $\sqrt{np(1-p)} = 1.58$

즉 $n=10$이고 $p=0.5$인 이항분포는 평균이 5이고 표준편차가 1.58인 정규분포와 유사해지므로, 〈공식 8–4〉를 이용하여 Z값을 구하면 다음과 같다.

$$X=1\text{일 때 } Z=\frac{1-5}{1.58}=-2.53$$
$$X=6\text{일 때 } Z=\frac{6-5}{1.58}=0.63$$

따라서,

$$P(1 \leq X \leq 6) = P(-2.53 \leq Z \leq 0.63) = 0.4943 + 0.2357 = 0.7300$$

여기에서 이항분포에서 계산한 확률은 0.8272인 데 반해 정규분포에서 계산한 확률은 0.7300으로 상당한 차이가 나는 것을 알 수 있다. 이 차이는 이항확률변수와 연속확률변수의 특성이 서로 다른 데서 오는 것이다.

[그림 8-10]에서 보듯이 이항분포에서 계산한 확률은 히스토그램에서 막대 1과 막대 6에 해당하는 확률을 계산해서 더한 것이다. 히스토그램의 막대 1에서 막대 6까지를 더한 확률은 정규분포의 1에서 6 사이의 면적이 아니라 0.5에서 6.5 사이의 면적과 비슷한 값이다.

따라서 이항분포에서 구한 확률과 정규분포에서 구한 확률 사이에는 차이가 생기게 된다. 이 차이를 줄이기 위해서는 정규분포에서 누락된 구간을 포함시켜 확률을 고려해야 한다. 이와 같이 이산확률변수를 연속확률변수로 조정하는 것을 '연속성을 위한 조정' 또는 '연속성 조정(continuity correction)'이라고 한다. 연속성 조정 방법은 다음과 같다.

그림 8-10 **정규분포를 이용한 이항분포의 근사모형**

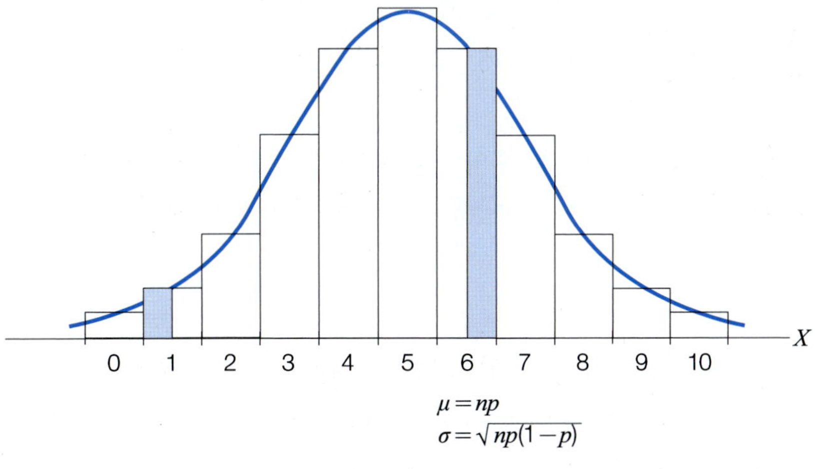

연속성을 위한 조정

이항분포		정규분포
$P(X \leq a)$	$\Rightarrow$	$P(X \leq a+0.5)$
$P(X \geq a)$	$\Rightarrow$	$P(X \geq a-0.5)$
$P(a \leq X \leq b)$	$\Rightarrow$	$P(a-0.5 \leq X \leq b+0.5)$

여기서 이항분포에서의 확률 $P(1 \leq X \leq 6)$를 정규분포에서의 확률로 연속성 조정을 하면 $P(0.5 \leq X \leq 6.5)$가 되는데, 이 확률은 다음과 같이 계산된다.

$$X=0.5\text{일 때 } Z=\frac{0.5-5}{1.58}=-2.85$$
$$X=6.5\text{일 때 } Z=\frac{6.5-5}{1.58}=0.95$$

그러므로,

$$P(0.5 \leq X \leq 6.5)=P(-2.85 \leq X \leq 0.95)=0.4978+0.3289=0.8267$$

즉 연속성 조정을 한 후의 확률은 $P(0.5 \leq X \leq 6.5)=0.8267$로서 이항분포를 이용하여 계산한 확률 $P(1 \leq X \leq 6)=0.8272$와 거의 차이가 없는 것을 알 수 있다.

[예 8-9]

올해 한국대학교의 졸업생 취업률은 60%라고 한다. 이것을 확인하기 위해 한국대학교의 올해 졸업생 150명을 조사하였다. 졸업생 150명 중 85명 이하가 취업했을 확률을 정규분포를 이용하여 계산해 보아라.

[풀이]

여기에서 시행횟수 $n=150$이고 성공확률 $p=0.6$이므로, 취업자수 X의 평균과 표준편차를 구하면 다음과 같다.

$$np=150\times 0.6=90$$
$$\sigma=\sqrt{np(1-p)}=\sqrt{150\times 0.6(1-0.6)}=6$$

이 확률을 정규분포에서 구하기 위해서 연속성 조정을 하면 $X\leq 85.5$가 된다. $X=85.5$일 때의 Z값은 다음과 같다.

$$Z=\frac{85.5-90}{6}=-0.75$$

따라서,

$$P(X\leq 85.5)=P(Z\leq -0.75)=0.5-0.2734=0.2266$$

연·습·문·제

8-1 **다음 각 문항에 대하여 맞으면 O, 틀리면 X를 표시하라.**

① 시행횟수가 커지면 이항분포는 정규분포에 접근한다.
② 평균과 분산을 알아도 정규분포의 확률을 계산할 수 없는 경우가 있다.
③ 명목자료인 경우에도 정규분포를 이룰 수 있다.
④ 연속확률변수는 실수값을 가지는 확률변수를 말한다.
⑤ 평균이 다른 두 정규분포의 합은 정규분포를 갖는다.
⑥ 모든 정규분포의 확률은 표준정규분포를 이용해 구할 수 있다.
⑦ 정규분포의 분산이 커지면 확률밀도함수의 높이는 높아진다.
⑧ 표준정규분포 확률변수가 취할 수 있는 값의 범위는 제한되어 있다.
⑨ 이항분포의 확률은 항상 정규분포를 이용해 구할 수 있다.
⑩ 분산이 다른 두 정규분포 확률변수의 차이는 정규분포를 갖는다.

8-2 **표준정규분포표를 이용하여 다음을 구하라.**

① $P(0 \leq Z \leq 1)$　② $P(Z \geq 1)$
③ $P(Z \leq 0.75)$　④ $P(-0.25 \leq Z \leq 0.75)$
⑤ $P(-1.96 \leq Z \leq -1.5)$　⑥ $P(-0.49 \leq Z \leq 1.05)$

8-3 **다음 값을 표준정규분포표에서 찾아라.**

① $Z_{0.025}$　② $Z_{0.0668}$　③ $Z_{0.2912}$　④ $Z_{0.5}$
⑤ $Z_{0.975}$　⑥ $Z_{0.8413}$　⑦ $Z_{0.9772}$　⑧ $Z_{0.67}$

8–4 표준정규분포표를 보고 다음 값을 구하라.

① $P(Z>z)=0.2206$인 z값

② $P(Z>z)=0.9495$인 z값

③ $P(|Z|>z)=0.9544$인 z값

④ $P(-a<Z<a)=0.95$일 때, a값

⑤ $P(-a<Z<a)=0.99$일 때, a값

8–5 다음의 확률을 구하라.

① $P(Z>Z_{0.025})$ ② $P(Z<Z_{0.375})$ ③ $P(Z>-Z_{0.025})$

④ $P(Z<-Z_{0.1587})$ ⑤ $P(Z_{0.375}<Z<Z_{0.025})$ ⑥ $P(-Z_{0.05}<Z<Z_{0.1})$

8–6 평균 $\mu=15$이고 분산 $\sigma^2=25$인 정규분포에 대하여 다음 확률을 구하라.

① $P(X\leq 20)$ ② $P(X\leq 13)$

③ $P(10\leq X\leq 18)$ ④ $P(19\leq X\leq 40)$

8–7 저성장 아동이 성장촉진제를 1년간 투여받은 후 늘어나는 체중을 확률변수 X라고 하자. X의 분포가 평균이 3kg이고 표준편차가 1.2kg인 정규분포를 이룬다면 성장촉진제를 투여받은 아동의 체중이 4.2kg 이상 늘어날 확률은?

8–8 강남슈퍼마켓에서는 농장에서 구입한 포도를 재포장하여 판매한다. 재포장한 포도의 무게 X는 평균이 600g이고 표준편차가 10g인 정규분포를 이룬다고 할 때 다음 확률을 구하라.

① $P(595\leq X\leq 602)$ ② $P(590\leq X\leq 610)$

8-9 **대한슈퍼에서는 최근에 가을농장과 계약하여 수박을 대량으로 구매하였다. 수박의 무게 X가 평균이 7kg이고 표준편차가 1.2kg인 정규분포를 갖는다고 할 때, 다음 확률을 구하라.**

① $P(8.2 \leq X \leq 9.4)$

② $P(5.8 \leq X \leq 6.4)$

③ 크기가 상위 5%인 수박은 특상품으로 취급된다. 몇kg 이상인가?

④ 크기가 하위 10%인 수박은 반품된다. 몇kg 이하인가?

8-10 **신선산업의 입사시험 성적은 평균이 70점이고 표준편차가 10점인 정규분포를 이룬다고 한다. 입사지원자 중 10%만을 선발한다고 할 때, 합격선은 몇 점인가?**

8-11 **어떤 지방도시의 가구당 월간 전기사용량의 평균은 350kW이고 표준편차는 60kW로 정규분포를 이룬다고 한다. 다음 물음에 답하라.**

① 어느 가구의 월간 전기사용량이 383kW 이상일 확률은 얼마인가?

② 한전에서는 전기사용량을 줄이기 위해 전기사용량이 가장 적은 15%의 가구에는 요금할인 혜택을 주려고 한다. 몇kW 이하를 사용하는 가구에 할인가격을 적용하면 되겠는가?

8-12 **모 대학에서 통계학을 가르치는 황교수는 A가 20%, B가 30%, C가 40%, D 또는 F가 10%로 구성되도록 성적을 부여하고 있다. 성적이 평균이 70점이고 표준편차가 10점이라고 할 때,**

① A를 받기 위해서는 성적이 몇 점 이상이어야 하는가?

② B를 받는 학생은 몇 점부터 몇 점 사이의 점수를 받았는가?

③ F나 D가 되지 않기 위해 받아야 하는 최소한의 점수는?

8-13 **대성전자의 애프터서비스반이 고객들로부터 서비스 요청을 받고 현지에 도착하는 데 걸리는 시간은 평균 3시간이고 표준편차가 1시간인 정규분포를 이룬다고 한다.**

① 2시간 이내에 애프터서비스반이 도착할 확률은 몇 %인가?

② 애프터서비스반은 하루에 평균 50건의 서비스를 처리한다고 한다. 이 중에서 4시간 이후에 애프터서비스반이 도착하게 되는 경우는 평균 몇 건인가?

8-14 **강원제약은 자사에서 판매하는 진통제를 복용한 환자의 50%가 30분 이내에 효과를 본다고 주장한다. 강원제약의 주장이 맞는다고 할 때, 이 진통제를 복용한 환자 100명 중 45명 이하가 30분 이내에 효과를 볼 확률은 얼마인가? (연속성 조정)**

8-15 **A회사에서 제조하는 니켈-카드늄 배터리는 평균 수명 200시간, 표준편차 10시간으로서 정규분포를 이루고 있다.**

① 250시간 이상을 사용할 수 있는 배터리는 전체의 몇 %인가?

② 평균 수명이 180~220시간 지속되는 배터리는 몇 %인가?

③ 이 회사는 보증사용시간을 정하려고 하는데, 그 기준은 전체 생산량 중 반품되는 제품의 비율을 5%로 하려고 한다. 보증사용시간을 얼마로 해야 할까?

8-16 **M기업의 직원 7,000명 중 36%가 노동조합에 가입되어 있다. 기업의 인사관리자는 노조원의 경영에 대한 태도를 알아보기 위해 100명의 종업원을 무작위로 추출하였다.**

① 이 중 24명에서 42명의 노조원이 포함될 확률을 정규분포를 이용하여 구하라. (연속성 조정)

② 이항확률 $P(X \geq 45 \mid n=100, p=0.36)$에 대해 연속성 조정에 의한 정규근사법을 이용하여 구하라.

8-17 국회의원 경선을 준비하고 있는 양회철씨는 지역구 내 경선투표참가자의 1,000명 중 400명 이상이 지지하면 소속 정당의 공천을 받을 수 있을 것으로 생각하고 있다. 경선투표참가자들이 모집단을 완전히 대표한다고 가정할 때,

① 지지율이 45%라고 할 때, 공천을 받을 확률은?

② 지지율이 35%라고 할 때, 공천을 받을 확률은?

8-18 신창기업에서는 자동차의 부품을 생산하고 있다. 이 회사에서 생산하고 있는 부품은 길이가 정확히 50cm가 되어야 하는데 기계의 상태와 작업자의 능력에 따라 오차가 생긴다. 표준 길이에서 약간씩 벗어나는 오차는 정규분포를 가지고 있으므로 이 회사에서는 50cm에서 3mm의 오차를 인정하여 49.7cm에서 50.3cm인 부품은 규격에 맞는 제품으로 인정하고 이를 벗어나는 부품은 불량품으로 취급하여 재작업을 하거나 폐기한다. 현재는 기계를 50cm로 맞추어서 생산하고 있는데, 최근에 생산된 제품을 면밀히 분석한 결과 49.7cm에 못 미치는 불량품은 전체 생산량의 2.28%이고, 50.3cm를 넘는 불량품은 15.87%이었다. 현재 생산되고 있는 제품의 평균과 표준편차는 얼마인가?

8-19 이번 학기 통계학 성적은 평균이 70점이고 표준편차가 10점인 정규분포를 이루고 있다. 담당 교수는 61점에서 79점 사이의 점수를 받은 24명의 학생에게 모두 C학점을 주었다. 그렇다면 시험을 치른 학생은 대략 몇 명인가?

8-20 임인창씨는 두 개의 펀드에 각각 1억원씩 투자하고 있는데 한 펀드의 연 수익률은 평균이 5%이고 표준편차가 2%인 정규분포를 가지고 있고, 또 다른 펀드의 연 수익률은 평균이 7%이고 표준편차가 4%인 정규분포를 가지고 있다. 두 펀드의 수익률이 상호독립이라고 할 때, 두 펀드를 합한 전체 투자 금액의 평균과 표준편차를 구하라.

8-21 **시내 중심에 위치한 두 편의점 A와 B는 경쟁상태에 있다. A편의점의 1일 매출액은 평균이 172만원이고 표준편차가 10만원인 정규분포를 가지고 있고, B편의점의 1일 매출액은 평균이 162만원이고 표준편차가 8만원인 정규분포를 가지고 있다. 두 편의점의 매출액이 상호독립일 때, B편의점의 매출액이 A 편의점의 매출액보다 클 확률은?**

8-22 **어떤 아파트 단지에 소재한 피자집의 피자배달시간은 평균이 20분이고 표준편차가 5분인 정규분포를 가지고 있다. 한편 같은 지역에 있는 중국집의 짜장면 배달시간은 평균이 18분이고 표준편차가 8분인 정규분포를 가지고 있다.**

① 피자가 30분 이내로 배달되지 않을 확률은?
② 피자집에서는 피자가 30분 이내로 배달되지 않으면 5,000원 상당의 쿠폰을 제공하기로 했다. 피자가 배달될 때마다 예상할 수 있는 쿠폰의 금액은?
③ 짜장면이 30분 이내로 배달되지 않을 확률은?
④ 이원동씨는 피자와 짜장면을 동시에 주문하였다. 두 사건이 상호독립일 때 피자가 먼저 배달될 확률은?

8-23 **양모씨는 한 지방도시에서 국회의원에 출마하고자 한다. 지금까지 지역구내 주민들의 의견을 조사한 결과 자신에 대한 지지율이 40%라고 양씨는 믿고 있다. 이것이 사실이라고 할 때,**

① 지역주민 4명에게 질문한 결과 2명(50%)이 지지한다고 응답할 확률은?
② 지역주민 20명에게 질문한 결과 10(50%)명이 지지한다고 응답할 확률은?
③ 지역주민 100명에게 질문한다면, 평균적으로 기대할 수 있는 지지자의 수는?
④ 지역주민 100명에게 질문했을 때, 50명(50%) 이상이 지지한다고 응답할 확률은? (연속성 조정)

8-24 **백악기계는 많은 하청업체로부터 부품을 공급받고 있다. 공급받은 부품 중 일부를 조사하여 불량률이 2% 이상이면 납품을 받지 않는다. 100개의 부품을 조사한다고 했을 때, 다음의 확률을 구하라. (연속성 조정)**

① 실제 불량률이 1%인 경우 납품을 받지 않을 확률은?

② 실제 불량률이 2%인 경우 납품을 받지 않을 확률은?

③ 실제 불량률이 4%인 경우 납품을 받지 않을 확률은?

P·a·r·t 09

표본평균의 분포

P·a·r·t 09

표본평균의 분포

추측통계란 표본의 특성(통계량)으로 모집단의 특성(모수)을 추론하는 통계방법이다. 예를 들어 표본의 평균, 분산, 표준편차로 모집단의 평균, 분산, 표준편차를 추정하거나 가설의 진위 여부를 표본통계량을 이용하여 밝히는 것 등이다.

추측통계는 표본분포에 기초를 두고 있다. 표본분포는 모집단에서 일정한 크기로 가능한 표본을 모두 뽑았을 때 그 표본 특성치의 확률분포로서, 표본평균의 분포나 표본비율의 분포가 대표적인 것이다. 이 장에서는 먼저 표본평균 분포의 개념과 특징에 대해 설명하기로 한다.

제1절 모집단평균과 표본평균

통계학에서의 주된 관심은 모집단의 특성을 파악하는 것이다. 모집단의 특성을 파악하기 위한 방법에는 두 가지가 있다. 첫째는 모집단 전체를 조사하는 전수조사(센서스)이고, 둘째는 모집단으로부터 표본을 뽑아 표본의 특성을 바탕으로 모집단의 특성을 추론하는 표본조사이다.

전수조사는 모집단의 크기가 작을 때는 효과적이다. 그러나 일반적으로 모집단은 매우 크기 때문에 전수조사가 불가능하거나 가능하더라도 시간과 비용상의 문제로 인해 비효율적인 경우가 대부분이다. 따라서 모집단의 특성을 알 수 없는 추상적인 것으로 보고 표본조사를 통해 모집단의 특성을 파악하는 경우가 많은데 이와 관련된 통계가 바로 추측통계이다. 이때 모집단의 특성을 모수(parameter)라고 하며 표본의 특성을 통계량(statistic)이라고 한다. [표 9-1]은 모수와 통계량을 나타낸 것으로 표기를 다르게 하여 양자를 구분한다.

표 9-1 모수와 통계량

모집단(N)의 특성치 : 모수	표본(n)의 특성치 : 통계량
평균 : μ 분산 : σ^2 표준편차 : σ	평균 : $\overline{X}$ 분산 : S^2 표준편차 : S

이제 표본평균 $\overline{X}$를 가지고 모집단평균 μ를 추정하는 문제를 생각해 보자. 여기서 주목해야 할 것은 모집단평균이 하나의 값을 가지는 상수인 데 반해, 표본평균은 표본이 어떻게 선택되느냐에 따라 각기 다른 값을 가지는 확률변수라는 점이다. [그림 9-1]은 모집단평균과 표본평균 사이의 관계를 보여 준다.

그림 9-1 모집단평균과 표본평균

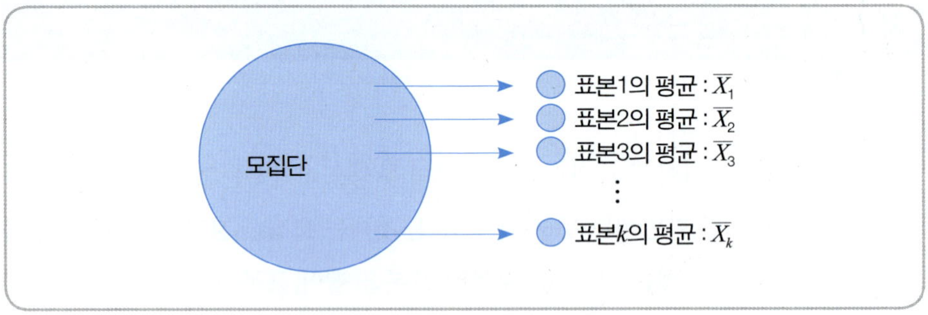

예를 들어 K의류점이 고객들의 평균 소득을 추정하기 위해 데이터베이스에 수록되어 있는 전체 고객 2,000명($N=2,000$) 중에서 100명의 표본($n=100$)을 선택하여 평균소득을 산출하였다고 가정해 보자.

여기서 우리가 알고자 하는 모집단평균은 변하지 않고 고정되어 있는 상수이다. 단지 전수조사를 하지 않았기 때문에 알 수 없을 뿐이다. 이와 달리 모집단으로부터 추출할 수 있는 표본은 매우 많다. 예를 들어 복원추출을 하는 경우 표본은 $2{,}000^{100}$가지, 비복원추출을 하는 경우[1]에도 ${}_{2{,}000}C_{100}$가지가 되는데, 수많은 표본들의 평균은 표본이 어떻게 선택되느냐에 따라 각기 다른 값을 가지게 된다. 그러므로 각 표본들의 평균이 모집단평균과 일치하는 경우는 극히 드물며 대부분의 경우 모집단평균과 표본평균 사이에 오차가 생기게 된다.

위의 예에서 모집단평균이 200만원이라는 것을 알고 있다고 가정하자. 여기서 임의로 $n=100$인 표본을 뽑아 계산된 평균이 190만원이라면 모집단평균과 표본평균 사이에는 -10만원의 오차가 생기게 되며, 또 다른 임의의 표본을 뽑아 계산된 평균이 220만원이라면 20만원의 오차가 생기게 된다. 따라서 표본평균으로부터 모집단평균을 추정하기 위해서는 표본추출 과정에서 발생하는 오차를 고려해야 한다.

그렇다면 어떤 식으로 오차를 고려할 것인가? 이 문제에 답하기 위해서는 먼저 표본평균의 분포를 이해해야 한다.

제2절 표본평균의 분포

1. 표본평균 분포의 개념

표본평균 $\overline{X}$는 표본이 어떻게 선택되느냐에 따라 값이 달라지는 확률변수이다. 그러므로 표본평균을 확률변수로 하여 확률분포를 만들 수 있다. 표본평균 $\overline{X}$가 이루는 확률분포를 표본평균의 분포(sampling distribution of means) 또는 $\overline{X}$-분포라고 한

1) 표본추출 방법에는 복원추출과 비복원추출이 있다. 일반적으로 무작위 표본추출에서는 복원추출을 해야 하지만, 모집단의 크기가 클 경우에는 비복원추출을 하더라도 큰 차이는 없다.

다. 표본평균의 분포는 어떤 모집단에서 동일한 크기로 가능한 표본들을 모두 뽑아서 각각의 평균을 계산하였을 때 그 평균들의 확률분포를 말한다. 다음의 예를 들어 모집단 분포와 표본평균의 분포를 비교해 보자.

4명의 판매원으로 구성된 자동차영업소에서 지난 한 달 동안 판매원의 자동차 판매량을 살펴본 결과가 [표 9-2]와 같다고 하자.

표 9-2 종업원의 자동차 판매량(모집단의 분포)

종업원	판매량
1	3
2	5
3	7
4	9

이 모집단의 평균, 분산, 표준편차를 구하면 다음과 같다.

$$\mu=\frac{3+5+7+9}{4}=6$$

$$\sigma^2=\frac{1}{4}\{(3-6)^2+(5-6)^2+(7-6)^2+(9-6)^2\}=5$$

$$\sigma=\sqrt{\sigma^2}=2.24$$

이제 이 모집단에서 $n=2$인 표본을 복원추출한다고 하자. 이때 가능한 표본의 총 수는 $4^2=16$개가 된다. [표 9-3]은 $n=2$일 때 가능한 모든 표본과 각 표본의 평균, 그리고 각 표본이 뽑힐 확률을 보여 준다.

[표 9-3]의 자료를 정리하여 표본평균의 분포를 만들어 보면 [표 9-4]와 같다. 이 표본평균의 분포를 이용하여 표본평균의 기대치(평균)와 분산을 구해 보면 각각 6과 2.5가 된다. 그러나 [표 9-2]의 모집단의 평균과 분산을 알고 있으면 [표 9-3]과 같은 표를 만들지 않더라도 쉽게 표본평균의 평균과 분산을 구할 수 있다. 이에 관해서는

표 9-3 $n=2$일 때 가능한 모든 분포

표본	표본평균($\bar{X}$)	$P(\bar{X})$	표본	표본평균($\bar{X}$)	$P(\bar{X})$
(3, 3)	3	$\frac{1}{16}$	(7, 3)	5	$\frac{1}{16}$
(3, 5)	4	$\frac{1}{16}$	(7, 5)	6	$\frac{1}{16}$
(3, 7)	5	$\frac{1}{16}$	(7, 7)	7	$\frac{1}{16}$
(3, 9)	6	$\frac{1}{16}$	(7, 9)	8	$\frac{1}{16}$
(5, 3)	4	$\frac{1}{16}$	(9, 3)	6	$\frac{1}{16}$
(5, 5)	5	$\frac{1}{16}$	(9, 5)	7	$\frac{1}{16}$
(5, 7)	6	$\frac{1}{16}$	(9, 7)	8	$\frac{1}{16}$
(5, 9)	7	$\frac{1}{16}$	(9, 9)	9	$\frac{1}{16}$

표 9-4 표본의 크기가 2인 표본평균의 분포

$\bar{X}$	$P(\bar{X})$
3	$\frac{1}{16}$
4	$\frac{2}{16}$
5	$\frac{3}{16}$
6	$\frac{4}{16}$
7	$\frac{3}{16}$
8	$\frac{2}{16}$
9	$\frac{1}{16}$

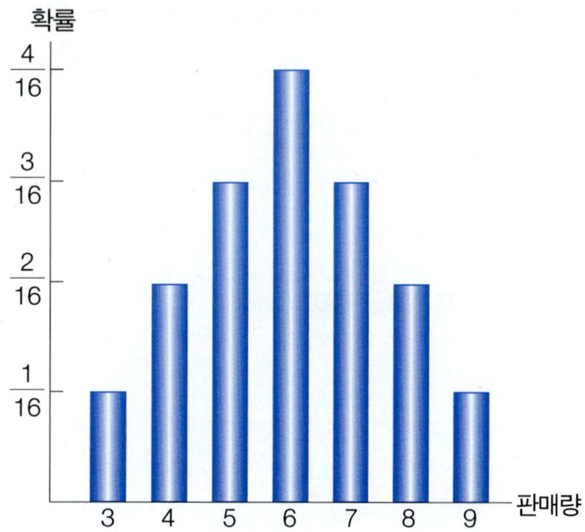

다음에 상세하게 살펴보기로 하자.

표본평균의 분포는 어떤 의미를 가지고 있을까? 만일 모집단에서 판매원 중 1명을 임의로 뽑아 그 판매원의 판매량이 전체 판매원 중에서 어느 정도 수준인가를 알아보기 위해서는 모집단의 분포에서 그 위치를 살펴보면 된다.

그러나 모집단에서 임의로 $n=2$인 표본을 한 개 뽑아 이 표본의 평균이 어느 정도의 위치에 있는가를 알아보고자 할 때는 모집단의 분포를 이용할 수 없다. 이 경우에는 $n=2$인 가능한 모든 표본들의 평균을 계산하여, 그 평균들이 나타날 확률을 표시한 분포 즉 표본평균의 분포에서 그 위치를 살펴보아야 한다. 이와 같이 표본에서 계산된 평균의 위치를 알아보기 위해서는 표본평균의 분포를 알아야 한다. 표본평균의 분포는 앞으로 다루게 될 통계적 추정이나 가설검정을 하는 데 핵심적인 내용이 될 것이다.

2. 표본평균 분포의 평균, 분산, 표준편차

모집단의 분포와 표본평균의 분포는 어떤 관계에 있을까? 결론부터 이야기하면 표본평균의 평균은 모집단의 평균과 일치하고, 표본평균의 분산은 모집단의 분산을 표본의 크기 n으로 나눈 값이다. 그리고 표본평균의 표준편차는 표준오차라고 하는데, 이것은 모집단의 표준편차를 $\sqrt{n}$으로 나눈 값이다. 즉 표본평균의 분포에서 평균을 $\mu_{\overline{X}}$, 분산을 $\sigma_{\overline{X}}{}^2$, 표준편차를 $\sigma_{\overline{X}}$라고 할 때 다음과 같은 관계가 성립한다.

표본평균 분포의 특성

$$\mu_{\overline{X}} = \mu \qquad \text{〈공식 9-1〉}$$

$$\sigma_{\overline{X}}{}^2 = \frac{\sigma^2}{n} \qquad \text{〈공식 9-2〉}$$

$$\sigma_{\overline{X}} = \sqrt{\frac{\sigma^2}{n}} = \frac{\sigma}{\sqrt{n}} \qquad \text{〈공식 9-3〉}$$

위의 식이 성립하는지를 알아보기 위해 [표 9-4]의 표본평균의 분포에서 평균을 구해 보자. 표본평균의 평균은 기대치와 같은 개념으로서 $\mu_{\overline{X}} = \Sigma\overline{X} \cdot P(\overline{X})$이다. 따라서,

$$\mu_{\overline{X}} = 3 \cdot \frac{1}{16} + 4 \cdot \frac{2}{16} + 5 \cdot \frac{3}{16} + 6 \cdot \frac{4}{16} + 7 \cdot \frac{3}{16} + 8 \cdot \frac{2}{16} + 9 \cdot \frac{1}{16} = 6$$

이제 표본평균의 분포에서 분산과 표준편차를 구해 보자.

$$\begin{aligned}\sigma_{\overline{X}}{}^2 &= E[(\overline{X} - \mu_{\overline{X}})^2] = \Sigma(\overline{X} - \mu_{\overline{X}})^2 \cdot P(\overline{X}) \\ &= (3-6)^2 \cdot \frac{1}{16} + (4-6)^2 \cdot \frac{2}{16} + (5-6)^2 \cdot \frac{3}{16} + (6-6)^2 \cdot \frac{4}{16} \\ &\quad + (7-6)^2 \cdot \frac{3}{16} + (8-6)^2 \cdot \frac{2}{16} + (9-6)^2 \cdot \frac{1}{16} = 2.5 \\ \sigma_{\overline{X}} &= \sqrt{\sigma_{\overline{X}}{}^2} = 1.58\end{aligned}$$

여기에서 보면 $\mu_{\overline{X}} = \mu = 6$으로서 표본평균의 평균은 모집단의 평균과 같다. 그리고 표본평균의 분산은 $\sigma_{\overline{X}}{}^2 = \dfrac{\sigma^2}{2} = 2.5$이고, 표본평균의 표준편차는 $\sigma_{\overline{X}} = \dfrac{\sigma}{\sqrt{2}} = 1.58$이다. 그러므로 표본평균의 표준편차는 모집단의 표준편차를 $\sqrt{n}$으로 나눈 것만큼 작아진다는 것을 알 수 있다.

[그림 9-2]에서 보듯이 표준오차 $\sigma_{\overline{X}}$는 모집단의 표준편차를 $\sqrt{n}$으로 나눈 것이기 때문에 n이 커질수록 표준오차는 점점 작아지게 된다. 따라서 표본평균을 가지고 모집단평균을 추정할 때 표본의 크기 n이 커지면 커질수록 오차가 작아진다. 즉 n이 커질수록 모집단평균을 추정하는 데 정확도가 높아진다. 반면 n이 커질수록 모집단평균을 추정하는 데 드는 시간과 비용은 더 커진다. 그러므로 추정의 정확도와 추정에 소요되는 시간과 비용은 서로 상쇄관계(trade off)에 있다고 할 수 있다.

그림 9-2 모집단 분포와 표본의 크기가 다른 표본평균의 분포

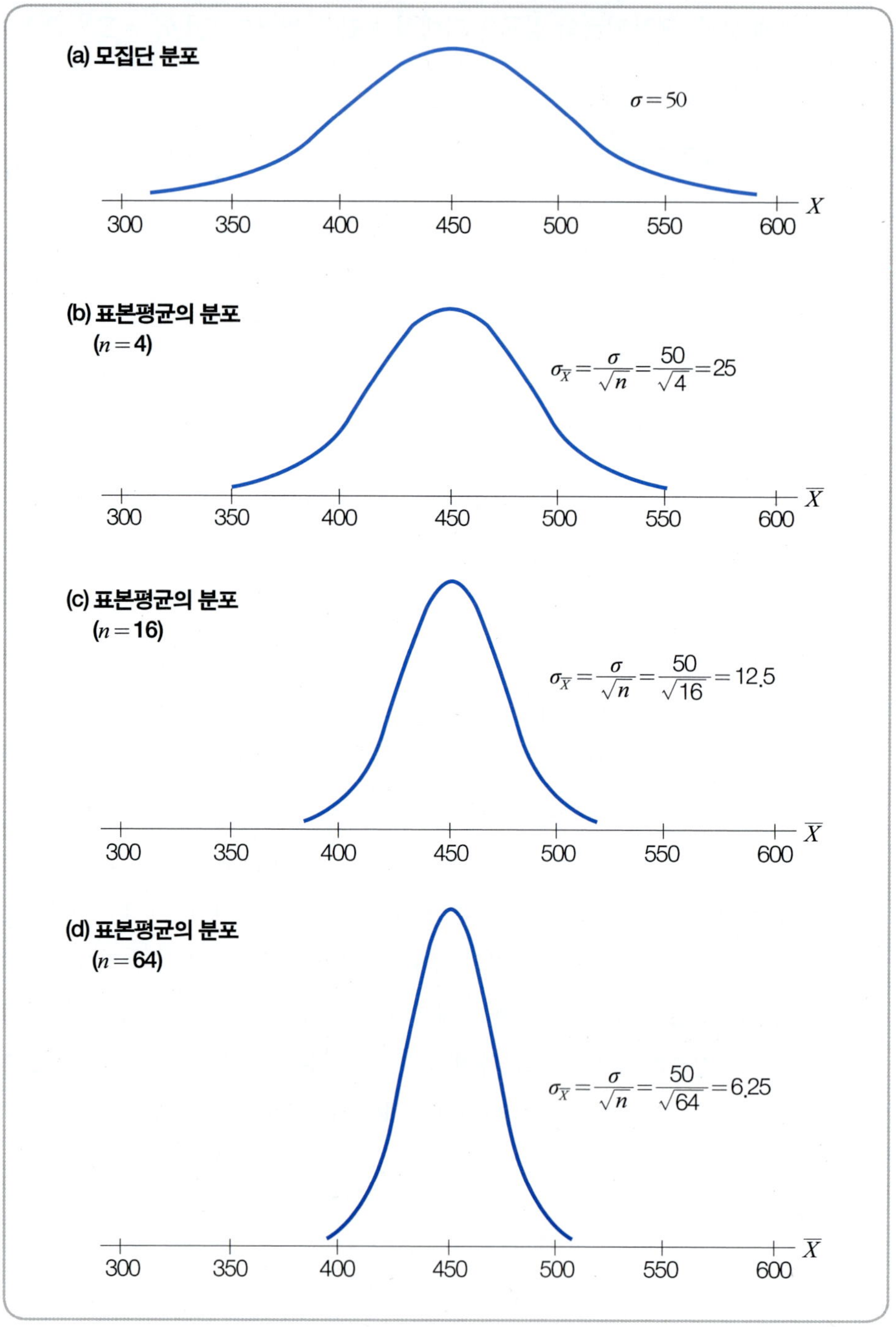

제3절 모집단 분포와 표본평균 분포의 모양

1. 모집단이 정규분포일 때

표본평균 분포의 모양은 모집단이 정규분포인가, 정규분포가 아닌가에 따라 달라진다. 모집단이 정규분포일 때 표본평균의 분포 역시 정규분포를 이루며, 이때 표본평균 분포의 평균은 모집단의 평균과 같고 표준편차는 모집단의 표준편차를 $\sqrt{n}$ 으로 나눈 값이 된다(〈공식 9－1〉～〈공식 9－3〉 참조).

[예 9－1]

여름 휴가철에 해외로 떠나는 비행기 탑승객 한 사람의 수하물 중량은 평균 12kg 이고 표준편차가 5kg이라고 한다. 탑승객의 수하물 중량이 정규분포를 이룬다고 할 때 다음의 물음에 답하라.

① 수하물 중량이 15kg 이상인 탑승객은 몇 %나 되는가?

② 만일 탑승객 중 4명을 표본 추출하였을 때 표본평균 분포의 평균과 표준오차를 구하여라.

[풀이]

① 확률변수를 표준화하면 $Z=\dfrac{15-12}{5}=0.6$이다. $P(0\le Z\le 0.6)=0.2257$이므로,
$P(X\ge 15)=0.5-P(0\le Z\le 0.6)=0.5-0.2257=0.2743$
따라서 수하물 중량이 15kg 이상인 탑승객은 27.43%이다.

그림 9-3 $\mu=12, \sigma=5$인 모집단의 정규분포와 $n=4$인 표본평균의 분포

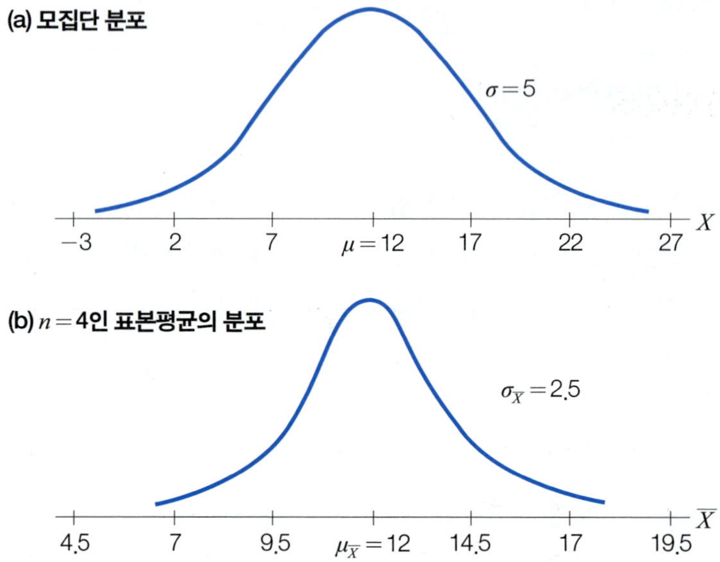

② 표본평균 분포의 평균과 표준편차는, 수하물의 평균과 표준편차가 각각 $\mu=12$이고 $\sigma=5$이므로

$$\mu_{\overline{X}}=\mu=12$$

$$\sigma_{\overline{X}}=\frac{\sigma}{\sqrt{n}}=\frac{5}{\sqrt{4}}=2.5$$

모집단 분포가 정규분포일 때에는 표본평균 분포도 정규분포를 이루므로, 표본평균 분포를 표준정규분포로 나타낼 수 있다. 이때 Z값은 다음과 같이 계산된다.

표본평균 분포의 표준정규분포

$$Z=\frac{\overline{X}-\mu_{\overline{X}}}{\sigma_{\overline{X}}}=\frac{\overline{X}-\mu}{\sigma/\sqrt{n}}$$ 〈공식 9−4〉

[예 9−2]

앞의 [예 9−1]에서 탑승객 중 4명을 표본으로 추출하였을 때 평균 수하물 중량이 15kg 이하일 확률은?

[풀이]

앞의 [예 9−1]에서 $\mu_{\overline{X}}=12, \sigma_{\overline{X}}=2.5$이므로

$$Z=\frac{\overline{X}-\mu_{\overline{X}}}{\sigma_{\overline{X}}}=\frac{\overline{X}-\mu}{\sigma/\sqrt{n}}=\frac{15-12}{2.5}=1.2$$

따라서, $P(\overline{X}\leq 15)=P(Z\leq 1.2)=0.5+P(0\leq Z\leq 1.2)=0.5+0.3849=0.8849$

그림 9-4 표본평균의 분포

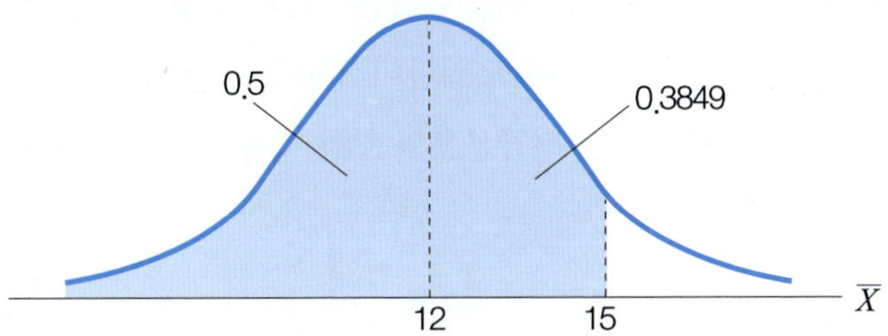

2. 모집단이 정규분포가 아닐 때

앞에서 모집단이 정규분포일 경우 표본평균의 분포는 정규분포를 이룬다고 하였다. 그러면 모집단이 정규분포가 아닐 경우 이 분포에서 추출된 모든 가능한 표본들의 평균은 어떤 분포를 이루게 될까? 표본의 크기가 작을 때는 단정적으로 말할 수

없다.

그러나 표본의 크기가 커질수록 모집단이 정규분포가 아니더라도 표본평균의 분포는 모집단의 분포에 상관없이 정규분포에 가까워진다. 이 경우에도 표본평균의 평균은 모집단의 평균과 같고, 표준오차는 모집단의 표준편차를 $\sqrt{n}$ 으로 나눈 것과 같다. 이것을 중심극한의 정리(central limit theorem)라고 한다.

중심극한의 정리

평균이 μ이고 표준편차가 σ인 모집단에서 크기가 n인 표본을 뽑을 경우, 가능한 표본평균들의 분포는 모집단 분포의 모양과 관계없이 n이 커짐에 따라 정규분포와 유사한 모양이 된다.

[그림 9-5]는 표본의 크기가 커짐에 따라 분포의 모양이 어떻게 달라지는가를 보여 준다. 모집단이 정규분포일 때 표본평균의 분포는 표본의 크기에 관계없이 항상 정규분포를 이룬다. 그러나 모집단이 정규분포가 아닐 경우에도 표본의 크기가 커지면 표본평균의 분포는 정규분포와 모양이 유사해짐을 알 수 있다.

[예 9-3]

국내에 들어오는 외국인 관광객의 국내 소비금액은 1인당 평균 100(만원)이고 표준편차가 16(만원)이라고 한다. 이를 확인하기 위해 외국인 관광객 64명을 뽑아 조사하였을 때 관광객 1인당 평균 소비금액이 96(만원)에서 104(만원) 사이일 확률을 구하라.

[풀이]

모집단 분포를 알 수 없지만, 표본이 충분히 크므로 중심극한의 정리에 따라 정규분포에 근사해진다. 그러므로 $\mu_{\overline{X}} = 100$(만원), $\sigma_{\overline{X}} = \frac{16}{\sqrt{64}} = 2$(만원)이다.

그림 9-5 중심극한의 정리

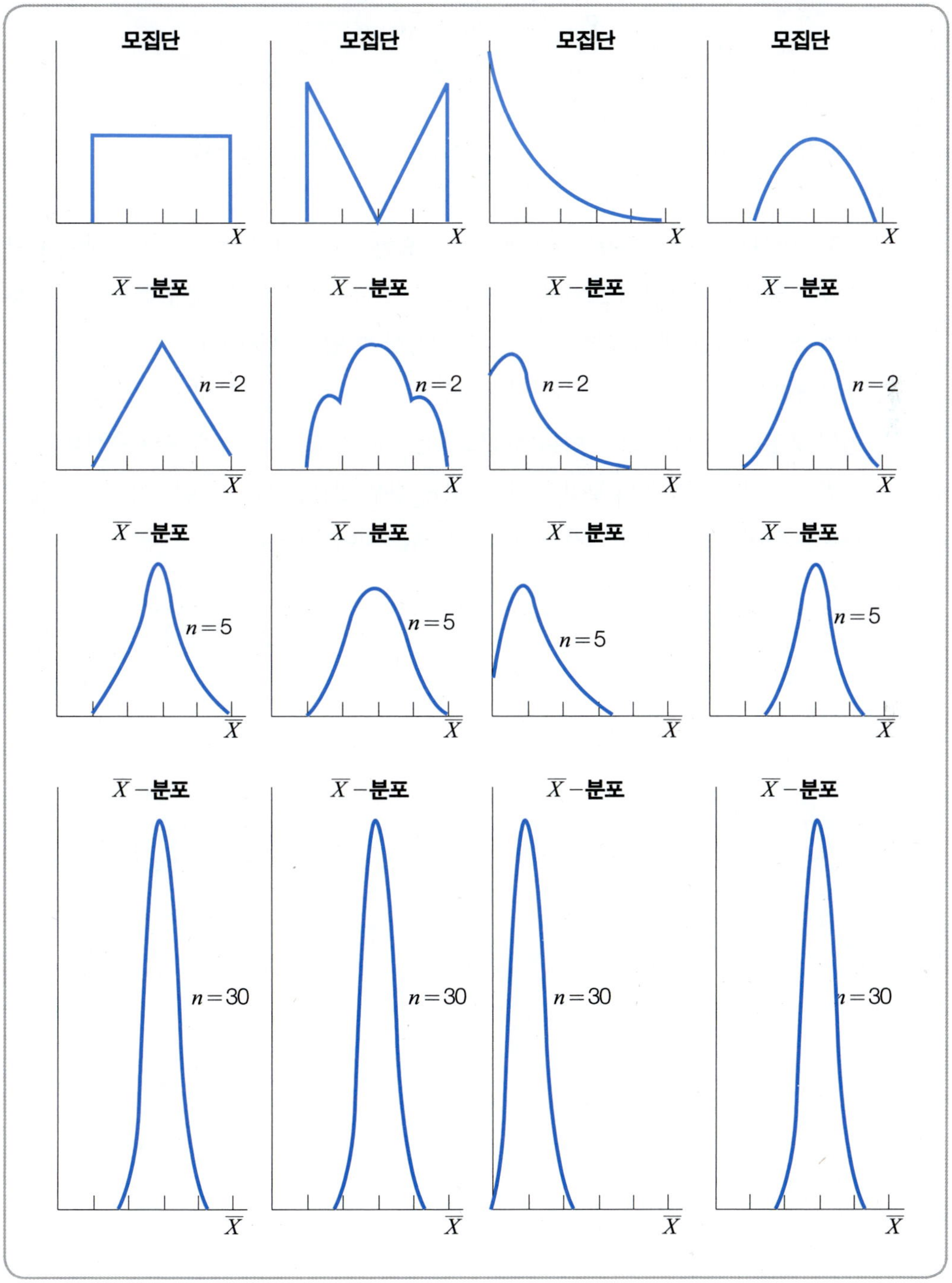

$$\overline{X}=96 \Rightarrow Z=\frac{\overline{X}-\mu_{\overline{X}}}{\sigma_{\overline{X}}}=\frac{96-100}{2}=-2$$
$$\overline{X}=104 \Rightarrow Z=\frac{\overline{X}-\mu_{\overline{X}}}{\sigma_{\overline{X}}}=\frac{104-100}{2}=2$$

따라서, $P(96\leq\overline{X}\leq 104)=P(-2\leq Z\leq 2)=2\times 0.4772=0.9544$

중심극한의 정리는 추측통계에서 매우 중요한 정리이다. 그 이유는 모집단 분포의 모양과 상관없이 표본의 크기가 커지면 표본평균의 분포가 정규분포를 이루므로 통계적 추론을 하는 데 정규분포의 특성을 이용할 수 있기 때문이다.

그러면 표본의 크기가 얼마나 커야 하는가? 일반적으로 표본의 크기가 30개 이상이면 모집단이 정규분포가 아니더라도 표본평균의 분포는 정규분포와 유사해진다. 그러므로 모집단 분포의 모양을 알 수 없는 경우 정규분포의 특성을 이용한 통계적 추론을 위해서는 표본의 크기가 최소한 30개는 되어야 한다.

연·습·문·제

9–1 다음 각 문항에 대하여 맞으면 O, 틀리면 X를 표시하라.

① 모집단이 정규분포일 때, 표본평균은 항상 정규분포를 갖는다.
② 표본평균의 분산은 모집단의 분산에 반비례한다.
③ 표본평균의 분산은 표본의 크기에 비례한다.
④ 표본의 크기가 매우 클 때(30 이상), 표본평균은 항상 정규분포를 갖는다.
⑤ 모집단은 항상 10개 이상의 수치를 가지고 있다.
⑥ 표준오차란 표본평균의 표준편차를 말한다.
⑦ 유한 모집단에서 이론적으로 표본평균의 수는 모집단 자료의 수보다 작다.

9–2 국가의 정책에 대한 찬반의견의 모집단 분포가 다음과 같다고 가정하자

X	0	1	합계
$P(X)$	0.4	0.6	1

① 위 모집단 분포의 평균과 분산을 구하라.
② 위의 모집단에서 크기가 2인 표본을 추출했을 때, 표본평균분포를 작성하라.
③ 표본의 크기가 2인 표본평균 분포의 평균과 분산을 구하라.
④ 표본의 크기가 4인 표본평균 분포의 평균과 분산을 구하라.

9–3 모집단의 분포가 다음과 같다고 하자.

$X = \{2, 3, 4\}$

① 모집단 분포의 평균과 표준편차를 구하라.

② 복원추출 방법으로 $n=2$의 가능한 표본을 뽑을 때, 표본평균의 분포를 작성하라.

③ 위의 표본평균의 분포에서 표본평균의 평균과 표준편차를 구하고, 모집단의 평균, 표준편차와 비교하여 보아라.

9-4 **어떤 도시의 축제를 찾은 관광객이 그 도시에서 지출하는 금액의 평균이 50만원이고 표준편차가 9만원이라고 하자.**

① 4명의 관광객을 무작위로 선택해서 이들이 지출하는 금액의 평균을 $\overline{X}$라고 할 때 $\overline{X}$의 평균, 분산, 표준편차를 계산하라.

② 9명의 관광객을 무작위로 선택해서 이들이 지출하는 금액의 평균을 $\overline{X}$라고 할 때 $\overline{X}$의 평균, 분산, 표준편차를 계산하라.

③ 16명의 관광객을 무작위로 선택해서 이들이 지출하는 금액의 평균을 $\overline{X}$라고 할 때 $\overline{X}$의 평균, 분산, 표준편차를 계산하라.

9-5 **일반 성인여성들의 일주일 동안의 TV 시청시간은 평균이 25시간이고 표준편차가 5시간인 정규분포를 이룬다고 하자.**

① 한 성인여성을 무작위로 조사했을 때, 그들의 TV 시청시간이 22시간을 넘을 확률은?

② 4명의 성인여성을 무작위로 조사했을 때, 그들의 TV 시청시간이 22시간을 넘을 확률은?

③ 9명의 성인여성을 무작위로 조사했을 때, 그들의 TV 시청시간이 22시간을 넘을 확률은?

④ 16명의 성인여성을 무작위로 조사했을 때, 그들의 TV 시청시간이 22시간을 넘을 확률은?

9–6 **조선증권에서는 여러 펀드들을 운용하고 있는데 이 펀드들의 연간 수익률은 평균이 6%이고 표준편차가 3%인 정규분포에 따른다고 한다.**

① 임의로 선정된 한 펀드의 운용수익율이 손실을 초래할 확률은?

② 임의로 선정된 4개 펀드의 평균 운용수익율이 3%이하일 확률은?

③ 임의로 선정된 9개 펀드의 평균 운용수익율이 3%이하일 확률은?

9–7 **대한마트에 주말에 내점하는 고객들의 구매액은 평균이 8만원이고 표준편차가 2.5만원인 정규분포를 가진다고 한다. 16명의 고객을 임의로 선정했을 때,**

① 표본의 평균이 모집단의 평균보다 1만원 이상 작을 확률은?

② 표본평균과 모집단평균의 차이가 1.5만원 이하일 확률은?

9–8 **미도정밀에서 생산하는 부품은 공정이 정상적으로 운영될 때 평균이 5Kg이고 표준편차가 20g인 정규분포에 따른다.**

① 25개의 부품을 임의로 추출했을 때, 표본평균분포의 평균과 표준오차를 구하라.

② 25개 부품들의 평균이 4,980g보다 적을 확률은?

9–9 **소비자조사기관에서 100명의 성인을 대상으로 하여 한 달 동안의 TV 시청시간을 조사하였다. 모집단의 평균이 100시간이고 표준편차가 20시간이라고 가정할 때,**

① 표본평균이 98시간에서 104시간 사이에 있을 확률은?

② 표본평균을 조사해 보니 92시간이 나왔다면, 모집단의 평균이 100이라는 주장이 맞는다고 할 수 있을까?

9–10 **가나종묘의 종자를 사용한 경우, 해당 작물의 수확량은 단위면적당 평균이 50이고 표준편차가 10인 정규분포를 이룬다.**

① 25개의 표본을 추출하였을 때, 이 표본의 평균 수확량과 모집단평균의 차가 4보다 작을 확률을 구하라.

② 64개의 표본을 추출하였을 때, 표본평균의 90%가 포함될 평균 수확량의 상한과 하한을 구하라.

9–11 **AMP사가 생산한 특수전지의 평균 수명은 10,000시간이고, 표준편차는 60시간이다. 특수전지의 수명이 정규분포를 가진다고 가정하면 특수전지 중 36개의 표본을 뽑았을 때,**

① 모집단평균과 표본평균의 차이가 10~20시간일 확률을 구하라.

② 표본평균의 60%가 포함될 평균 수명의 상한과 하한을 구하라.

9–12 **가위바위보를 해서 이기면 1,000원을 받고 지면 1,000원을 주는 게임을 생각해 보자.**

① 이 게임에서 얻을 수 있는 금액의 확률분포를 작성하라.

② 이 게임의 평균과 분산을 구하라.

③ 이 게임을 두 번 했을 때 얻을 수 있는 금액의 평균과 분산을 구하라.

④ 이 게임을 10회 반복했을 때 얻을 수 있는 금액의 평균과 분산을 구하라.

⑤ 한 번의 게임에서 이기면 만원을 받고 지면 만원을 주는 게임의 평균과 분산을 구하라.

10

P·a·r·t

통계적 추정

제1절 통계적 추정 방법

제2절 모집단평균의 신뢰구간 추정 방법

제3절 모집단비율의 신뢰구간 추정 방법

제4절 신뢰구간과 표본의 크기

P·a·r·t 10

통계적 추정

제9장에서 우리는 모집단이 정규분포를 이루면 표본평균의 분포는 정규분포를 이루며, 모집단이 정규분포가 아니더라도 표본의 크기가 충분히 크면 중심극한의 정리에 의하여 표본평균 분포는 정규분포에 근사해진다는 것을 살펴보았다. 그리고 표본평균 분포의 평균과 표준오차는 모집단평균과 표준편차를 알고 있으면 쉽게 구할 수 있다는 것도 살펴보았다.

추측통계는 표본평균 분포가 정규분포를 따른다는 성질을 이용하여 알려져 있지 않은 모집단의 모수, 예를 들어 평균, 분산, 비율 등을 통계적으로 추론하는 것을 말한다. 추측통계에는 통계적 추정과 가설검정이 있다. 통계적 추정이란 표본의 통계량으로 모집단의 모수를 추정하는 방법이며, 가설검정이란 모집단의 모수에 대한 가설을 세우고 표본 통계량을 기초로 가설의 진위 여부를 판단하는 방법이다.

이 장에서는 먼저 통계적 추정에 대해 살펴보고, 가설검정에 대해서는 제11장에서 살펴보기로 한다.

제1절 통계적 추정 방법

우리나라 고교생들의 하루 평균 수면시간을 알고 싶다고 하자. 이를 위해서는 우리나라 모든 고교생들의 수면시간을 조사하면 된다. 그러나 전수조사는 현실적으로 불가능하므로 고교생들의 일부를 표본으로 추출해 이 표본의 평균 수면시간을 기초로 고교생 전체의 평균 수면시간을 추정하는 표본조사가 일반적인 방법이다. 이와 같이 표본으로부터 구한 통계량으로 모집단의 모수를 추정하는 것을 통계적 추정(statistical inference)이라고 한다. 통계적 추정은 예측의 문제를 다루는 데 있어서 매우 중요한 도구이며 현실세계에서 대부분의 의사결정은 통계적 추정에 의해 이루어진다.

통계적 추정에는 점추정(point estimation)과 신뢰구간 추정(interval estimation)의 두 가지 방법이 있다. 점추정이란 표본에서 구한 하나의 값으로 모집단의 모수를 추정하는 방법이다. 반면 신뢰구간 추정이란 모수가 포함될 구간을 설정하여 모수를 추정하는 방법이다. 통계적 추정을 할 때 어떤 값으로 모집단의 모수를 추정하는 것이 가장 좋을까? 이 문제에 답하기 위해서는 먼저 불편추정량의 개념을 이해해 둘 필요가 있다.

1. 불편추정량

모집단의 모수를 추정할 때는 표본통계량을 이용한다. 이런 의미에서 표본통계량을 추정량(estimator)이라고도 한다. 모수를 추정할 때는 추정량 중에서 가장 적절한 것을 사용해야 한다. 추정량의 적절성을 판단하는 기준에는 여러 가지가 있지만 불편성이 가장 중요한 기준이다. 불편성의 조건을 갖춘 추정량을 불편추정량(unbiased estimator)이라고 한다.

불편추정량

$$E(\hat{\theta}) = \theta \qquad \langle 공식\ 10-1 \rangle$$

θ : 모수

$\hat{\theta}$: 추정량

불편추정량이란 〈공식 10-1〉에서 보듯이 추정량의 기대치가 모수와 일치해야 한다는 조건을 만족하는 추정량을 말한다. 추정량의 기대치와 모수의 차이를 편의(bias)라고 하는데, 이 편의가 없는 추정량을 불편추정량이라 한다. 그러므로 불편추정량으로 모수를 추정하는 것이 가장 바람직하다.

[표 10-1]은 모수와 불편추정량을 예시한 것이다. 예를 들어 모집단평균 μ의 불편추정량은 표본평균 $\overline{X}$이다. 그 이유는 앞에서 살펴본 것처럼 표본평균의 기대치가 모집단평균과 일치하기 때문이다. 즉,

$$E(\overline{X})=\mu$$

또한 모집단 표준편차 σ의 불편추정량은 표본 표준편차 S인데, 그것은 표본 표준편차의 기대치가 모집단 표준편차와 일치하기 때문이다. 즉,

$$E(S)=\sigma$$

표 10-1 모수와 불편추정량

모수	불편추정량
모집단평균(μ)	표본평균($\overline{X}$)
모집단분산(σ^2)	표본분산(S^2)
모집단표준편차(σ)	표본표준편차(S)
모집단비율(p)	표본비율($\hat{p}$)

2. 점추정

점추정은 표본에서 계산된 하나의 값으로 모수를 추정하는 방법이다. 점추정을 할 때 모수에 대한 가장 좋은 추정량은 불편추정량이다. 다시 말해 모집단평균 μ에 대

한 가장 좋은 추정량은 불편추정량 $\overline{X}$이며, 모집단표준편차 σ를 추정한다고 할 때 가장 좋은 추정량은 불편추정량 S이다.

예를 들어 금년도 대학 수능시험에 응시한 전체 수험생의 수능 평균 점수를 알아보기 위해 100명의 수험생을 표본으로 뽑아 조사한 결과 평균이 240점이었다고 하자. 이 표본평균 $\overline{X}$를 바탕으로 전체 수험생의 수능 평균 점수가 240점이라고 추정하는 것이 가장 바람직하다.

점추정은 매우 간단한 방법이기는 하지만 오차를 고려하지 않는다는 문제점이 있다. 앞에서 설명한 것처럼 모집단평균은 상수인 데 반해 표본평균은 어떤 표본이 선택되느냐에 따라 값이 달라지는 확률변수이므로, 각각의 표본평균들과 모집단평균 사이에는 대부분 오차가 발생하게 된다. 그러므로 단순히 표본평균을 가지고 모집단평균을 추정하는 것은 신뢰성이 떨어진다. 이와 같은 문제점 때문에 모수를 추정하는 데 점추정보다 다음에 설명하는 신뢰구간 추정이 더 많이 이용된다.

3. 신뢰구간 추정

신뢰구간 추정이란 표준오차 $\sigma_{\overline{X}}$를 고려하여 모집단평균 μ가 포함될 구간, 즉 신뢰구간(confidence interval)을 설정함으로써 모집단평균을 추정하는 방법이다. 이 방법은 계산이 다소 복잡하지만 원하는 정확도를 가지고 모수를 추정할 수 있다는 장점이 있다. 이제 신뢰구간 추정의 기본 개념에 대해 살펴보기로 하자.

앞의 예에서 전체 수험생들의 수능점수의 평균과 표준편차가 각각 $\mu=240, \sigma=80$인 정규분포를 이룬다고 가정하자. 만일 이 모집단에서 $n=4$인 가능한 표본을 모두 뽑았다고 가정할 때, 이 표본평균의 분포는 $\mu_{\overline{X}}=240$, $\sigma_{\overline{X}}=\dfrac{80}{\sqrt{4}}=40$인 정규분포를 이룬다. 이에 대해서는 이미 앞 장에서 살펴본 적이 있다.

이제 모집단에서 임의로 $n=4$인 표본을 5번 뽑아 각각의 표본평균을 구해 보았더니 $\overline{X_1}=200, \overline{X_2}=290, \overline{X_3}=170, \overline{X_4}=320, \overline{X_5}=340$이 나왔다고 하자. 이 표본들의 평균에 양쪽으로 $2\sigma_{\overline{X}}$씩 더하거나 빼서 구간을 설정하여 보자. 여기에서 $2\sigma_{\overline{X}}$는 80(=2

×40)이므로 각각의 구간은 다음과 같다.

구간 A : [200−80, 200+80]=[120, 280]

구간 B : [290−80, 290+80]=[210, 370]

구간 C : [170−80, 170+80]=[90, 250]

구간 D : [320−80, 320+80]=[240, 400]

구간 E : [340−80, 340+80]=[260, 420]

이 결과를 [그림 10−1]과 같이 표시하고 그 의미를 살펴보기로 하자. 여기에서 알고자 하는 것은 임의의 $\overline{X}$로부터 $\pm 2\sigma_{\overline{X}}$만큼의 범위에 있는 신뢰구간이 모집단평균 μ를 포함할 확률이 얼마인가이다. 그림에서 보듯이 $\overline{X}_1=200$으로부터 $\pm 2\sigma_{\overline{X}}$의 구간을 구하면 120~280이 되는데, 이 구간에는 $\mu_{\overline{X}}=240$이 포함되어 있다. 마찬가지로 $\overline{X}_2$, $\overline{X}_3$, $\overline{X}_4$로부터 $\pm 2\sigma_{\overline{X}}$의 구간을 구했을 때 각 구간에는 $\mu_{\overline{X}}=240$이 포함되어 있다. 그러나 $\overline{X}_5=340$으로부터 $\pm 2\sigma_{\overline{X}}$의 구간을 구하면 260~420이 되는데, 이 구간에는

그림 10-1 $\mu_{\overline{X}}=240$, $\sigma_{\overline{X}}=40$인 표본평균의 분포

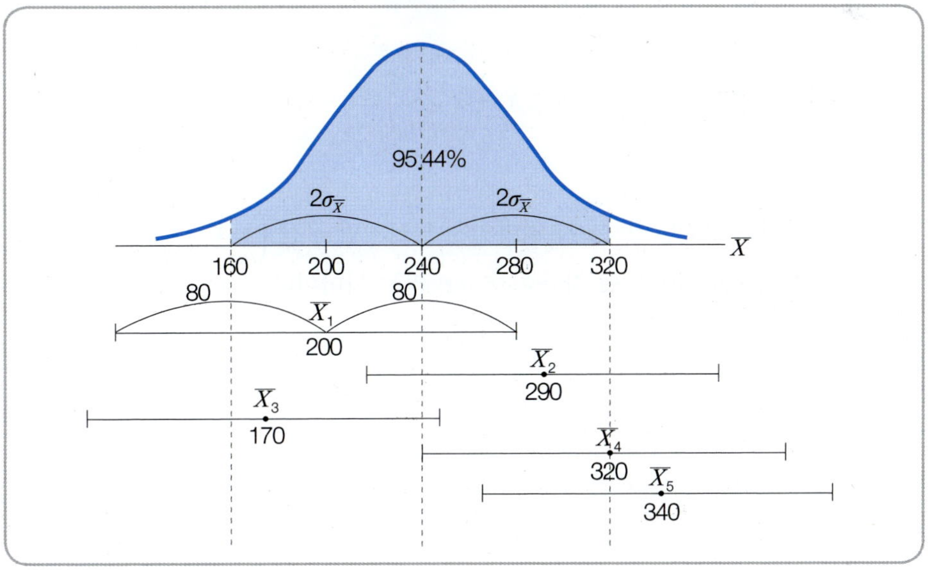

$\mu_{\overline{X}}=240$이 포함되지 않는다는 것을 알 수 있다.

여기서 임의로 $n=4$인 표본을 뽑았을 때 표본평균이 모집단평균 240을 중심으로 $\pm 2\sigma_{\overline{X}}$를 하여 설정한 구간, 즉 160~320 사이에 포함될 가능성은 얼마일까? 그것은 표본평균 분포의 특성을 생각해 볼 때 $P(-2 \leq Z \leq 2)=95.44\%$이다. 그런데 이것을 역으로 생각해 보면 표본평균 $\overline{X}$를 중심으로 $\pm 2\sigma_{\overline{X}}$의 구간에 모집단평균 240이 포함될 확률을 구해도 역시 95.44%가 된다는 것을 논리적으로 추론할 수 있다.

위의 예에서는 신뢰구간에 대한 이해를 돕기 위해 모집단평균을 안다고 가정하였지만 실제로는 모집단평균을 알지 못한다. 그러나 앞서 살펴본 것처럼 평균이 μ인 모집단 분포에서 어떤 표본을 뽑더라도 표본평균 $\overline{X}$가 모집단평균으로부터 $\pm 2\sigma_{\overline{X}}$ 사이에 포함될 가능성이 95.44%라는 사실은 알 수 있다. 즉,

$$P\left(\mu - 2\frac{\sigma}{\sqrt{n}} \leq \overline{X} \leq \mu + 2\frac{\sigma}{\sqrt{n}}\right) = 0.9544$$

이것을 바꾸어 표현하면 모집단평균 μ가 $\overline{X} \pm 2\sigma_{\overline{X}}$ 구간 사이에 포함될 확률 역시 95.44%라는 의미가 된다. 따라서,

$$P\left(\overline{X} - 2\frac{\sigma}{\sqrt{n}} \leq \mu \leq \overline{X} + 2\frac{\sigma}{\sqrt{n}}\right) = 0.9544$$

이것은 모집단평균 μ가 얼마인지 모르지만 구간 $\left(\overline{X} - 2\frac{\sigma}{\sqrt{n}} \leq \mu \leq \overline{X} + 2\frac{\sigma}{\sqrt{n}}\right)$ 사이에 포함되어 있을 확률이 95.44%라는 의미이다.

제2절 모집단평균의 신뢰구간 추정 방법

제1절에서 우리는 모집단평균의 신뢰구간 추정에 대한 기본 개념을 살펴보았다. 모집단평균의 신뢰구간 추정은 모집단표준편차를 알고 있는 경우와 모집단표준편차를 모르는 경우로 나누어 생각해 볼 수 있다. 먼저 모집단표준편차를 알고 있다는 가정하에서 모집단평균의 신뢰구간을 추정해 보자.

1. 모집단표준편차를 알고 있는 경우

정규분포를 이루는 모집단평균이 μ이고 표준편차가 σ라고 하자. 이 모집단에서 임의로 어떤 표본을 뽑아 표본평균을 $\overline{X}$라고 할 때, μ가 $\overline{X} \pm 2\sigma_{\overline{X}}$의 구간에 포함될 확률은 95.44%가 된다는 사실은 앞에서 이미 설명하였다.

여기에서 $\overline{X} \pm 2\sigma_{\overline{X}}$의 구간을 모집단평균 μ가 포함될 신뢰구간이라고 한다. 그리고 95.44%는 이 신뢰구간 내에 모집단평균 μ가 포함될 확률을 의미하는데, 이것을 신뢰도(confidence level) 또는 신뢰수준이라고 한다. 신뢰도는 추정의 정확성을 나타내는 것으로서 신뢰도가 95.44%라는 의미는 표본을 100번 뽑아 그 평균을 구했을 때 95.44번 정도는 신뢰구간 내에 모집단평균이 포함된다는 것이다.

한편 신뢰구간 내에 모집단평균이 포함되지 않을 확률 (1−0.9544) 즉 0.0456을 오차율이라고 하고 α로 표시한다. 신뢰도와 오차율의 관계는 다음과 같다.

$$\text{신뢰도} = 1-\alpha, \text{ 또는 } \alpha = 1-\text{신뢰도}$$

신뢰구간 $\overline{X} \pm 2\sigma_{\overline{X}}$에서 숫자 2는 무엇을 의미하는가? 이것은 $\frac{\alpha}{2}$(오차율 α를 2로 나눈 값)에 해당하는 Z값, 즉 $Z_{\alpha/2}$값이다. $Z_{\alpha/2}$는 표준정규분포에서 오른쪽 꼬리의 면

적이 $\frac{\alpha}{2}$에 해당하는 Z값을 말한다. 신뢰구간 추정에서 Z_α 대신 $Z_{\alpha/2}$를 사용하는 이유는 정규분포가 좌우대칭이므로 오차율 α의 면적을 이등분하여 양쪽으로 $\frac{\alpha}{2}$씩 동일한 면적을 가지도록 하려는 것이다. 위의 예에서 $\alpha = 0.0456$이므로 양쪽 꼬리 부분은 $\frac{\alpha}{2} = 0.0228$이 되며, 이때 $Z_{0.0228} = 2$, $-Z_{0.0228} = -2$의 값을 가지게 된다. [그림 10-2]는 이와 같은 내용을 잘 보여 준다.

[그림 10-2]에서 보면 표준정규분포의 꼬리쪽 확률은 $P(Z \geq Z_{\alpha/2}) = \frac{\alpha}{2}$이고 또한 $P(Z \leq -Z_{\alpha/2}) = \frac{\alpha}{2}$임을 알 수 있다. 따라서 Z에 대한 $1-\alpha$의 신뢰구간은 다음과 같이 나타낼 수 있다.

$$P(-Z_{\alpha/2} \leq Z \leq Z_{\alpha/2}) = 1-\alpha$$

이 식에 $Z = \frac{\overline{X} - \mu}{\sigma\sqrt{n}}$를 대입하여 정리하면 다음과 같은 식을 얻을 수 있다.

$$P\left(\overline{X} - Z_{\alpha/2} \cdot \frac{\sigma}{\sqrt{n}} \leq \mu \leq \overline{X} + Z_{\alpha/2} \cdot \frac{\sigma}{\sqrt{n}}\right) = 1-\alpha$$

그림 10-2 $\alpha = 0.0456$**일 때** $Z_{\alpha/2}$**와** $-Z_{\alpha/2}$**의 값**

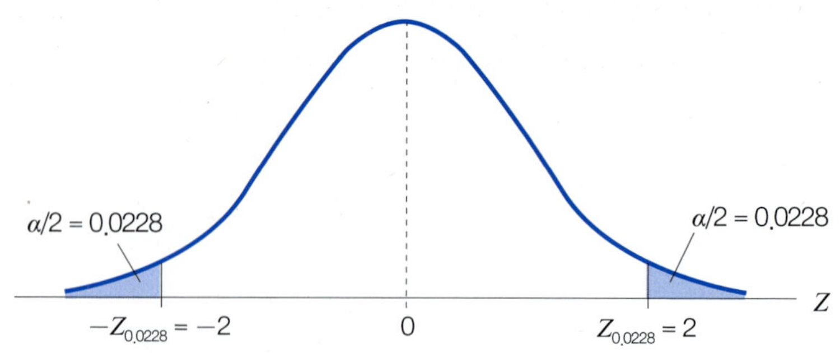

여기에서 $Z_{\alpha/2}$에 표준오차 $\frac{\sigma}{\sqrt{n}}$를 곱한 것, 즉 $Z_{\alpha/2} \cdot \frac{\sigma}{\sqrt{n}}$를 표본오차(오차한계라고도 한다)라고 하는데, 이것은 표본평균과 모집단평균의 차이, 즉 오차를 나타낸다.

이상의 내용을 요약해 볼 때 신뢰구간은 신뢰도에 해당하는 $Z_{\alpha/2}$값을 구한 후 여기에 표준오차 $\sigma_{\overline{X}}$를 곱하여 표본오차를 계산하면 쉽게 구할 수 있다. 즉 모집단의 표준편차 σ를 알고 있을 때 신뢰도 $1-\alpha$에서 모집단평균의 신뢰구간은 다음의 〈공식 10−2〉에 의해 추정할 수 있다.

신뢰도 1-α에서 모집단평균의 신뢰구간

(모집단의 표준편차 σ를 알고 있는 경우)

$$\overline{X} - Z_{\alpha/2} \cdot \frac{\sigma}{\sqrt{n}} \leq \mu \leq \overline{X} + Z_{\alpha/2} \cdot \frac{\sigma}{\sqrt{n}}$$

신뢰구간의 양 끝점은 $\overline{X} \pm Z_{\alpha/2} \cdot \frac{\sigma}{\sqrt{n}}$ 〈공식 10−2〉

신뢰구간의 범위는 정보의 가치를 결정하는 것으로 〈공식 10−2〉에서 보듯이 표본오차 $Z_{\alpha/2} \cdot \frac{\sigma}{\sqrt{n}}$에 의해 결정된다. 따라서 $\frac{\sigma}{\sqrt{n}}$가 정해졌을 때 신뢰구간의 범위는 $Z_{\alpha/2}$를 결정하는 신뢰도에 의해 영향을 받는다. 즉 신뢰도를 높이면 신뢰구간의 범위가 넓어지므로 신뢰구간 내에 모집단평균이 포함될 가능성은 높아지지만 정보로서의 가치는 그만큼 작아진다. 반면 신뢰도를 낮추면 신뢰구간의 범위가 좁아지고 모집단평균이 신뢰구간 내에 포함될 가능성은 낮아지지만 정보로서의 가치는 커진다. 따라서 신뢰도는 추정의 정확성과 정보의 가치를 고려하여 적절한 수준에서 결정되어야 한다. 예를 들어 함량에 조그만 차이가 있어도 커다란 부작용을 가져오는 의약품의 품질관리를 하는 경우와 대학생의 용돈을 대충 파악하고자 하는 경우 신뢰도의 설정기준은 다를 것이다.

일반적으로 사회과학 분야에서는 신뢰도를 95%로 설정하는데 경우에 따라서는 90%나 99%로 설정하는 경우도 많다. 여기서 각 신뢰도에 따른 $Z_{\alpha/2}$값을 살펴보면 다음과 같다.

신뢰도(1−α)	$Z_{\alpha/2}$
0.90	1.645
0.95	1.960
0.99	2.575

[예 10−1]

서해안 간척지의 평당 벼 수확량은 표준편차가 3kg인 정규분포를 따른다고 한다. 이 간척지의 평당 벼 수확량의 신뢰구간을 추정하기 위해 간척지의 논 36개 지역을 표본으로 선택하여 벼 수확량을 조사하였더니 평당 25kg이었다. 신뢰도 95%, 99%에서 벼 수확량의 신뢰구간을 각각 추정해 보라.

[풀이]

① 95%의 신뢰구간

$\mu_{\overline{X}}=25, \sigma=3, n=36, Z_{0.025}=1.96$이므로 모집단평균에 대한 95%의 신뢰구간을 다음과 같이 설정할 수 있다.

$$\left[\overline{X}-Z_{0.025}\cdot\frac{\sigma}{\sqrt{n}},\ \overline{X}+Z_{0.025}\cdot\frac{\sigma}{\sqrt{n}}\right]$$

$$\left[25-1.96\cdot\frac{3}{\sqrt{36}},\ 25+1.96\cdot\frac{3}{\sqrt{36}}\right]$$

$$[25-1.96\times0.5,\ 25+1.96\times0.5]$$

$$[24.02,\ 25.98]$$

② 99%의 신뢰구간

이때에는 $Z_{0.025}=1.960$ 대신에 $Z_{0.005}=2.575$를 사용하면 된다. 따라서

$$\left[\overline{X}-Z_{0.005}\cdot\frac{\sigma}{\sqrt{n}},\ \overline{X}+Z_{0.005}\cdot\frac{\sigma}{\sqrt{n}}\right]$$

$$\left[25-2.575\cdot\frac{3}{\sqrt{36}},\ 25+2.575\cdot\frac{3}{\sqrt{36}}\right]$$

$$[23.71,\ 26.29]$$

이 의미는 이 간척지의 평당 벼 수확량이 24.02kg에서 25.98kg 사이일 확률은 95%이고, 23.71kg에서 26.29kg 사이일 확률은 99%라는 것이다.

2. 모집단표준편차를 모르는 경우

앞에서는 모집단의 표준편차를 안다고 가정하고 신뢰구간을 추정하는 방법에 대해 살펴보았다. 그러나 모집단의 표준편차를 알고 있다는 것은 비현실적인 가정이다. 왜냐하면 모집단표준편차를 구하기 위해서는 모집단평균도 알아야 하기 때문이다. 즉 모집단표준편차를 안다는 것은 모집단평균도 알고 있다는 것을 의미하는데 그렇다면 굳이 표본을 뽑아 모집단평균을 추정할 이유가 없다. 그러므로 모집단표준편차가 알려져 있을 경우의 모집단평균에 대한 추정은 신뢰구간 추정의 이론적인 근거를 설명하는 데 사용될 뿐 현실적으로는 의미가 없다.

모집단표준편차 σ를 모르는 경우에는 σ 대신 불편추정량인 S를 사용하는데, 이때는 표준정규분포 즉 Z-분포가 아니라 t-분포를 이용하여 신뢰구간을 추정한다. 여기서 표본표준편차 S의 계산공식을 다시 한 번 살펴보면 다음과 같다.

$$S=\sqrt{\frac{\Sigma(X-\overline{X})^2}{n-1}}$$

(1) t-분포

t-분포를 이용한 신뢰구간 추정을 설명하기 전에 먼저 t-분포의 특징에 대해 살펴보기로 하자. t-분포는 t값을 확률변수로 한 분포로, $t=0$을 중심으로 좌우대칭인 종 모양이라는 점에서 표준정규분포 즉 Z-분포와 유사한 성질을 가지고 있으나, 분포의 모양이 자유도 $n-1$에 따라 달라진다는 점에서 Z-분포와 차이가 있다. t값의 계산공식은 다음과 같다.

t값의 계산

$$t = \frac{\overline{X} - \mu}{S/\sqrt{n}}$$ 〈공식 10-3〉

[그림 10-3]은 Z-분포와 t-분포를 비교한 것이다. t-분포는 Z-분포보다 더 펼쳐진 모양을 이루고 있는데, 자유도 $n-1$이 커짐에 따라 분포의 모양이 점점 Z-분포와 유사해지는 것을 알 수 있다.

그림 10-3 표준정규분포와 t-분포

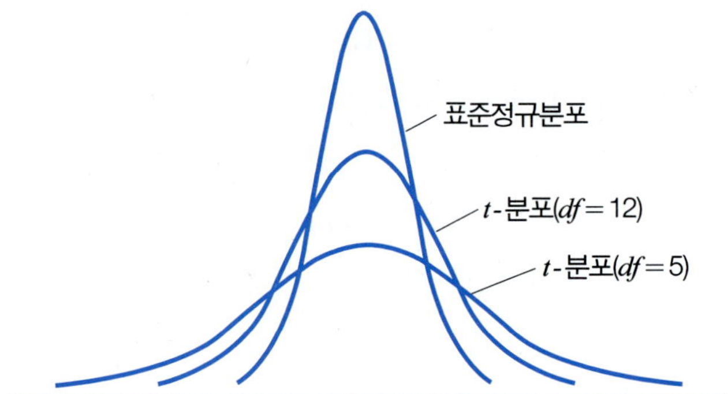

t-분포의 모양이 자유도에 따라 달라지는 것은 t값이 표본표준편차 S에 의해 결정되기 때문이다. 따라서 모집단평균의 신뢰구간을 추정하는 경우 신뢰도가 같다고 하더라도 t값은 Z값보다 더 크며, 따라서 신뢰구간의 범위도 넓어진다. 특히 표본의 크기 n이 작을 경우에는 자유도의 영향이 더 커지므로 이런 경향이 더욱 심하게 나타난다. 이와 같이 t-분포를 이용할 때 신뢰구간의 범위가 넓어지는 것은 모집단의 표준편차 σ를 알지 못하는 데서 오는 추정상의 오류를 보상하는 것이라고 생각하면 된다.

그러나 표본의 크기 n이 커지게 되면 t-분포는 Z-분포와 유사해지므로 Z-분포를 이용하여 통계적 추정을 해도 큰 무리가 없다. 엄밀하게 말하자면 모집단표준편차 σ

를 모를 경우에는 t값을 사용하여 신뢰구간을 추정하는 것이 원칙이지만, 표본의 크기가 크다면(일반적으로 $n \geq 30$일 경우) t값과 Z값에 큰 차이가 없기 때문에 t-분포 대신 Z-분포를 이용하여 신뢰구간을 추정해도 결과는 비슷해진다.

Z-분포와 마찬가지로 t-분포도 t값에 대한 계산이 용이하도록 사전에 t값에 해당하는 확률을 구해 놓은 표가 있는데, 이것을 t-분포표라고 한다. [표 10-2]는 부록에

표 10-2 t-분포표

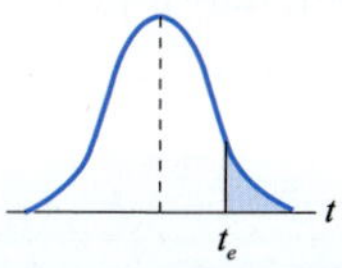

자유도	$t_{0.1}$	$t_{0.05}$	$t_{0.025}$	$t_{0.01}$	$t_{0.005}$
1	3.078	6.314	12.706	31.621	63.657
2	1.886	2.920	4.303	6.965	9.925
3	1.638	2.353	3.182	4.541	5.841
4	1.533	2.132	2.776	3.747	4.604
5	1.476	2.015	2.571	3.365	4.032
6	1.440	1.943	2.447	3.143	3.707
7	1.415	1.895	2.365	2.998	3.449
8	1.397	1.860	2.306	2.896	3.355
9	1.383	1.833	2.262	2.821	3.250
10	1.372	1.812	2.228	2.764	3.169
11	1.363	1.796	2.201	2.718	3.106
12	1.356	1.782	2.179	2.681	3.055
13	1.350	1.771	2.160	2.650	3.012
14	1.345	1.761	2.145	2.624	2.977
15	1.341	1.753	2.131	2.602	2.947
16	1.337	1.746	2.120	2.583	2.921
17	1.333	1.740	2.110	2.567	2.898
18	1.330	1.734	2.101	2.552	2.878
19	1.328	1.729	2.093	2.539	2.861
20	1.325	1.725	2.086	2.528	2.845

있는 t-분포표의 일부를 발췌한 것이다. t-분포표는 자유도에 따라 모양이 달라지므로 Z-분포와 같이 모든 값에 대응하는 확률을 표시하지 않고 오차율 α의 역함수 형태로 표시하고 있다.

t-분포표에서 첫번째 열은 자유도를 나타내고, 상단의 행은 오른쪽 꼬리의 면적 α를 나타낸다. t값을 표시할 때는 다음과 같은 기호를 사용한다. 자유도가 $n-1$이고 오른쪽 꼬리의 면적이 α인 t값은 $t_{\alpha, n-1}$라고 표시한다. 예를 들어 t-분포표에서 $t_{0.05, 20}$의 값은 좌측 열에서 자유도가 20인 행을 찾고 표의 상단 행에서 $\alpha=0.05$인 열을 찾은 다음, 위의 행과 열이 만나는 칸의 숫자를 찾으면 된다. 이때의 t값은 1.725이다.

그림 10-4 $\alpha=0.05$일 때의 t값

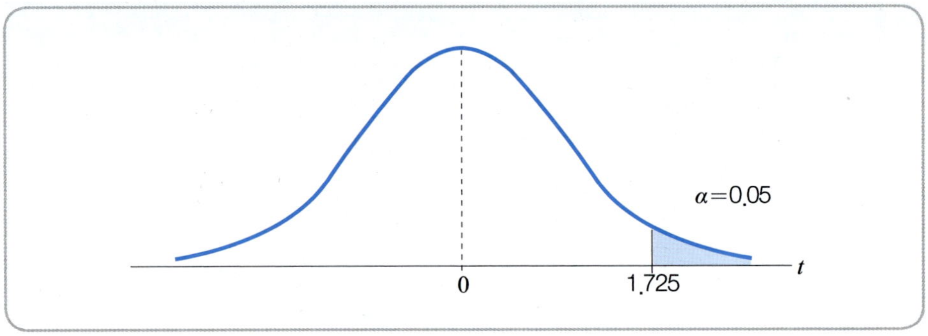

[예 10-2]

다음의 t값들을 t-분포표에서 찾아라.

① $t_{0.05, 5}$

② $t_{0.01, 19}$

③ $t_{0.025, 8}$

[풀이]

① $t_{0.05, 5}$값은 t-분포표 좌측 행의 자유도에서 5를 찾은 다음 $\alpha=0.05$와 만나는 칸에 있는 숫자를 찾으면 된다. 그러므로, $t_{0.05, 5}=2.015$

② $t_{0.01, 19} = 2.539$

③ $t_{0.025, 8} = 2.306$

(2) t-분포를 이용한 신뢰구간 추정

모집단표준편차 σ를 모를 때 t-분포를 이용한 모집단평균의 신뢰구간 추정은 Z값 대신 t값을 이용하는 것 이외에는 Z-분포를 이용한 신뢰구간 추정과 유사하다. σ를 모를 때 신뢰도 $1-\alpha$에서 모집단평균의 신뢰구간은 다음과 같다.

신뢰도 $1-\alpha$에서 모집단평균의 신뢰구간

(모집단표준편차 σ를 모르는 경우)

$$\overline{X} - t_{\alpha/2, n-1} \cdot \frac{S}{\sqrt{n}} \le \mu \le \overline{X} + t_{\alpha/2, n-1} \cdot \frac{S}{\sqrt{n}}$$

신뢰구간의 양 끝점은 $\overline{X} \pm t_{\alpha/2, n-1} \cdot \dfrac{S}{\sqrt{n}}$ 〈공식 10-4〉

위의 공식에서 $t_{\alpha/2, n-1}$은 자유도가 $n-1$이고 오른쪽 꼬리의 면적이 $\alpha/2$에 해당하는 t값을 말한다. [그림 10-5]는 이와 같은 내용을 보여 주고 있다.

그림 10-5 $t_{\alpha/2, n-1}$의 의미

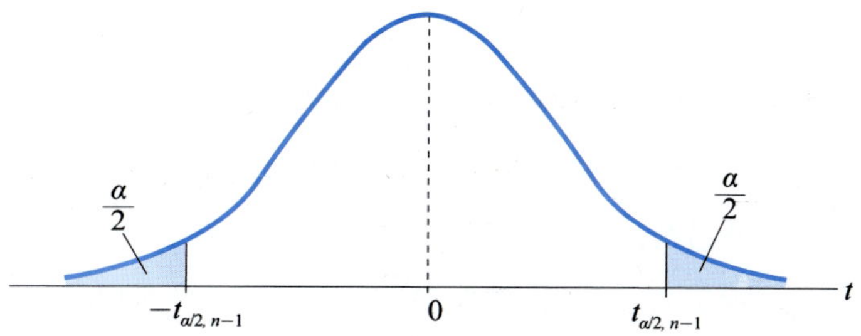

다음의 예를 살펴보자.

[예 10-3]

도시지역에 거주하는 16개 가정을 대상으로 자녀의 월간 사교육비 지출액을 조사하였더니 평균이 32(만원)이고 표준편차가 8(만원)이었다. 이 조사를 통해 도시지역 거주 가정의 월간 사교육비 지출액이 얼마나 되는지 모집단평균에 대한 95%의 신뢰구간을 추정하라.

[풀이]

모집단의 표준편차를 알 수 없으므로 t-분포를 이용한다.

$\overline{X}=32, S=8, n=16, t_{0.025,15}=2.131$이므로

$$\left[\overline{X}-t_{0.025,15}\cdot\frac{S}{\sqrt{n}},\ \overline{X}+t_{0.025,15}\cdot\frac{S}{\sqrt{n}}\right]$$

$$\left[32-2.131\cdot\frac{8}{\sqrt{16}},\ 32+2.131\cdot\frac{8}{\sqrt{16}}\right]$$

$$[32-4.262,\ 32+4.262]$$

$$[27.74,\ 36.26]$$

제3절 모집단비율의 신뢰구간 추정 방법

이제까지 우리는 모집단평균 μ의 신뢰구간 추정에 대해 살펴보았다. 그렇지만 현실세계에서는 모집단평균뿐만 아니라 제품의 불량률, A정당에 대한 지지율, 호주제 폐지에 대한 찬성률, 서비스에 만족한 고객의 비율 등과 같이 모집단의 비율에 관심을 갖는 경우도 매우 많다. 이때에는 모집단평균 μ가 아니라 모집단비율 p의 신뢰구간을 추정해야 한다.

모집단비율 p를 추정하기 위해서는 모집단비율의 불편추정량인 표본비율을 이용하는데 표본비율은 다음과 같이 계산된다.

$$\text{표본비율}(\hat{p}) = \frac{X}{n}$$

위의 식에서 n은 표본의 크기이며, 확률변수 X는 전체 표본 중에서 어떤 사건이 발생하는 횟수를 말한다. 모집단평균 μ의 신뢰구간을 추정하기 위해서 표본평균의 분포를 이해해야 하는 것처럼, 표본비율 $\hat{p}$를 이용해 모집단비율 p의 신뢰구간을 추정하기 위해서는 표본비율의 분포에 대해 이해해야 한다. 여기에서 먼저 표본비율의 분포에 대해 살펴보기로 하자.

어떤 사건이 발생하는 비율이 p인 모집단에서 n개의 가능한 표본을 모두 뽑아 그 사건이 발생하는 표본비율 $\hat{p}$를 계산했을 때, 이 표본비율 $\hat{p}$가 이루는 분포는 그 사건이 발생하는 횟수 X를 확률변수로 하는 이항분포와 동일한 형태가 된다. 그리고 제8장 이항분포의 정규근사치에서 살펴보았듯이 표본의 크기 n이 커지면 표본비율의 분포도 정규분포를 이루게 된다. 이때 표본비율 $\hat{p}$의 평균, 분산 및 표준편차는 다음과 같이 계산된다.

표본비율 $\hat{p}$의 평균, 분산 및 표준편차

$$E(\hat{p}) = p$$

$$\sigma_{\hat{p}}^{2} = \frac{p(1-p)}{n}$$

$$\sigma_{\hat{p}} = \sqrt{\frac{p(1-p)}{n}} \qquad \text{〈공식 10-5〉}$$

표본비율은 모집단비율의 불편추정량이므로 표본비율 분포에서 표본비율의 기대치, 즉 평균은 모집단비율과 같다. 그리고 표본평균 분포에서와 마찬가지로 표본비율의 표준오차 $\sigma_{\hat{p}}$는 표본의 크기 n이 커질수록 작아지게 된다.

그러나 위의 공식은 이론적인 것이며 실제로는 모집단비율 p를 알 수 없기 때문에 $\sigma_{\hat{p}}$ 대신 p의 불편추정량인 표본비율 $\hat{p}$를 이용하여 계산한 $S_{\hat{p}}$를 사용한다. $S_{\hat{p}}$는 다음과 같이 계산된다.

$$S_{\hat{p}} = \sqrt{\frac{\hat{p}(1-\hat{p})}{n}}$$

그러므로 모집단비율의 신뢰구간은 다음과 같은 공식에 의해 추정할 수 있다.

모집단비율의 신뢰구간

$$\hat{p} - Z_{\alpha/2} \cdot \sqrt{\frac{\hat{p}(1-\hat{p})}{n}} \le p \le \hat{p} + Z_{\alpha/2} \cdot \sqrt{\frac{\hat{p}(1-\hat{p})}{n}}$$

신뢰구간의 양 끝점은 $\hat{p} \pm Z_{\alpha/2} \cdot \sqrt{\frac{\hat{p}(1-\hat{p})}{n}}$ 〈공식 10-6〉

위의 공식으로 모집단비율에 대한 신뢰구간을 설정할 때 주의할 점은 표본의 크기가 상당히 커야 한다는 것이다. 그 이유는 앞 장에서 설명한 것처럼 표본의 크기가 작은 경우에는 정규분포를 이용한 이항분포의 근사치를 구할 수 없기 때문이다.

[예 10-4]

한 신문사에서는 총선을 앞두고 유권자 400명을 대상으로 정당의 지지율을 조사하였다. 조사 결과 유권자 400명 중 160명이 '모임당'을 지지하는 것으로 나타났다고 하면, 실제 선거에서 나타날 이 정당의 지지율은 얼마가 될지 신뢰도 95%, 99%에서 신뢰구간을 각각 추정하여라.

[풀이]

① 95%의 신뢰구간

$\hat{p}=\dfrac{160}{400}=0.4, 1-\hat{p}=0.6, n=400$이므로,

$S_{\hat{p}}=\sqrt{(0.4\times 0.6)/400}=0.0245$

$n=400$으로 상당히 큰 표본이기 때문에 정규분포를 이용하여 신뢰구간을 추정해도 된다. 표준정규분포표에서 95%의 신뢰도에 해당하는 $Z_{\alpha/2}$는 1.96이므로,

$$\left[\hat{p}-Z_{0.025}\cdot\sqrt{\frac{\hat{p}(1-\hat{p})}{n}},\ \hat{p}+Z_{0.025}\cdot\sqrt{\frac{\hat{p}(1-\hat{p})}{n}}\right]$$

$[0.4-1.96\times 0.0245,\ 0.4+1.96\times 0.0245]$

$[0.3520,\ 0.4480]$

② 99%의 신뢰구간

마찬가지로 $\hat{p}=\dfrac{160}{400}=0.4, 1-\hat{p}=0.6, n=400$이므로

$S_{\hat{p}}=\sqrt{(0.4\times 0.6)/400}=0.0245$

또한 99%의 신뢰도에 해당하는 $Z_{\alpha/2}$는 $Z_{0.005}=2.575$이므로,

$$\left[\hat{p}-Z_{0.005}\cdot\sqrt{\frac{\hat{p}(1-\hat{p})}{n}},\ \hat{p}+Z_{0.005}\cdot\sqrt{\frac{\hat{p}(1-\hat{p})}{n}}\right]$$

$[0.4-2.575\times 0.0245,\ 0.4+2.575\times 0.0245]$

$[0.3369,\ 0.4631]$

제4절 신뢰구간과 표본의 크기

지금까지 표본평균이나 표본비율을 이용하여 모집단평균과 모집단비율의 신뢰구간 추정에 대해 살펴보았다. 이때 신뢰구간의 범위는 다음과 같이 계산하였다.

모집단평균을 추정하는 경우 : $\overline{X} \pm Z_{\alpha/2} \cdot \frac{\sigma}{\sqrt{n}}$

모집단비율을 추정하는 경우 : $\hat{p} \pm Z_{\alpha/2} \cdot \sqrt{\frac{\hat{p}(1-\hat{p})}{n}}$

앞에서 살펴본 것처럼 신뢰구간의 범위가 너무 넓으면 정보로서의 가치가 떨어지므로 적절한 수준에서 신뢰구간의 범위를 유지할 필요가 있다. 그런데 위의 공식에서 신뢰구간의 범위는 표본오차인 $Z_{\alpha/2} \cdot \frac{\sigma}{\sqrt{n}}$ 또는 $Z_{\alpha/2} \cdot \sqrt{\frac{\hat{p}(1-\hat{p})}{n}}$ 에 달려 있으므로, 결국 신뢰구간의 범위는 신뢰도 $1-\alpha$와 표본의 크기 n에 의해 결정된다고 할 수 있다. 따라서 정해진 신뢰도에서 신뢰구간의 범위를 일정수준으로 유지하기 위해서는 표본의 크기를 조절하지 않으면 안 된다.

여기에서 신뢰도가 주어졌을 때 표본오차를 일정수준에서 유지할 수 있는 표본의 크기 n은 어느 정도가 되어야 하는지 생각해 보자.

1. 모집단평균의 신뢰구간을 추정하는 경우

모집단 표준편차 σ를 알고 있다고 가정하고 모집단평균의 신뢰구간을 추정하는 경우를 생각해 보자. 정해진 신뢰구간에서 표본오차를 D라고 할 때, D는 다음과 같이 계산된다.

$$D = Z_{\alpha/2} \cdot \frac{\sigma}{\sqrt{n}}$$

위 식의 양변을 제곱하면,

$$D^2 = \frac{Z_{\alpha/2}^2 \cdot \sigma^2}{n}$$

위 식으로부터 원하는 신뢰도와 표본오차가 주어졌을 때 표본의 크기 n은 〈공식 10−7〉에 의해 구할 수 있다.

표본의 크기

(σ를 알고 있는 경우)

$$n = \left(\frac{Z_{\alpha/2} \cdot \sigma}{D} \right)^2$$ 〈공식 10−7〉

만일 모집단의 표준편차 σ를 모르는 때에는 어떻게 할까? 이때에는 사전조사를 통해 추정된 S를 이용하면 된다. 이 경우 표본의 크기 n은 다음과 같이 계산된다.

표본의 크기

(σ를 모르는 경우)

$$n = \left(\frac{t_{\alpha/2, \mathrm{n}-1} \cdot S}{D} \right)^2$$ 〈공식 10−8〉

[예 10−5]

한 식품회사에서는 표준 중량이 500g인 포장김치를 생산하고 있다. 경험적으로 볼 때 이 회사에서 생산하는 포장김치의 표준편차는 10g이라고 한다. 이 회사에서 생산하는 포장김치 중량의 신뢰구간을 신뢰도 95% 수준에서 추정하고자 할 때, 표본오차가 2g 이상이 되지 않도록 하려면 표본의 크기는 얼마나 되어야 하는가?

[풀이]

$Z_{\alpha/2}=1.96, \sigma=10, D=2$이므로 $n=\left(\frac{1.96 \cdot 10}{2}\right)^2=96.04$

따라서 최소한 97개 이상을 조사해야 한다.

2. 모집단비율의 신뢰구간을 추정하는 경우

이제 모집단비율의 신뢰구간을 추정하는 경우를 생각해 보자. 정해진 신뢰구간에서 한쪽 폭의 표본오차를 D라고 할 때 D는 다음과 같이 계산된다.

$$D=Z_{\alpha/2} \cdot \sqrt{\frac{\hat{p}(1-\hat{p})}{n}}$$

위 식의 양변을 제곱하면

$$D^2=Z^2_{\alpha/2} \cdot \frac{\hat{p}(1-\hat{p})}{n}$$

위 식으로부터 다음과 같이 표본의 크기를 구하는 식을 도출할 수 있다.

$$n=Z^2_{\alpha/2} \cdot \frac{\hat{p}(1-\hat{p})}{D^2}$$

그러나 위의 식에서 표본의 크기 n을 구하는 데 필요한 $\hat{p}(1-\hat{p})$의 값은 표본을 추출하기 전에는 사전에 알 수 없다. 이와 같이 사전조사 결과가 없어서 표본비율 $\hat{p}$을 알 수 없는 경우에는 여유 있게 충분한 표본을 추출한다는 의미에서 $\hat{p}(1-\hat{p})$를 가장 크게 하는 $\hat{p}$값을 사용하는 것이 바람직하다. 그런데 $\hat{p}(1-\hat{p})$는 $\hat{p}=0.5$일 때 0.25라는 최대값을 가지게 되므로 원하는 표본의 크기는 다음과 같은 식에 의해 구할 수 있다.

모집단비율 추정에서 표본의 크기

($\hat{p}$를 모르는 경우)

$$n=\left(\frac{Z_{\alpha/2}}{2D}\right)^2 \qquad \text{〈공식 10-9〉}$$

만일 표본비율에 대해 경험적으로 개략적인 수치를 알고 있으면, 이를 이용해 보다 정확한 표본의 크기를 계산할 수 있다.

모집단비율 추정에서 표본의 크기

($\hat{p}$를 아는 경우)

$$n=\left(\frac{Z_{\alpha/2}}{D}\right)^2\cdot\hat{p}(1-\hat{p}) \qquad \text{〈공식 10-10〉}$$

[예 10-6]

한 방송사에서 각 정당의 지지도를 조사하였다. 이 조사는 99%의 신뢰수준에서 표본오차 ±3%이었다. 그렇다면 이 방송사는 최소한 몇 명 이상을 조사한 것인가?

[풀이]

$D=0.03,\ Z_{\alpha/2}=2.575$이므로,

$$n=\left(\frac{Z_{\alpha/2}}{2D}\right)^2=\left(\frac{2.575}{2\cdot 0.03}\right)^2=1{,}841.8$$

따라서 적어도 1,842명 이상을 조사한 것이라고 볼 수 있다.

연 · 습 · 문 · 제

10-1 **다음 각 문항에 대하여 맞으면 O, 틀리면 X를 표시하라.**

① 신뢰구간은 항상 모집단평균을 포함한다.

② 표본의 크기가 커지면 신뢰구간의 폭은 커진다.

③ 동일한 조건에서 오차율이 올라가면 신뢰구간의 폭은 작아진다.

④ t-분포는 표준정규분포보다 분산이 크거나 같다.

⑤ 표본의 크기는 표본오차의 제곱에 비례한다.

⑥ 신뢰구간을 구하기 위한 표본의 크기는 오차율에 따라 달라진다.

⑦ 모집단의 표준편차를 모르는 경우에도 t-분포를 이용하면 모집단평균에 대한 신뢰구간을 구할 수 있다.

⑧ 비율에 대한 신뢰구간을 구하기 위해서는 표준정규분포를 사용해야 한다.

⑨ t-분포의 자유도가 커지면 분산도 커진다.

⑩ t-분포의 평균은 자유도에 따라 달라진다.

10-2 **분산이 σ^2인 정규분포로부터 추출한 크기가 n인 표본의 평균이 $\overline{X}$라고 하자. 다음 자료를 이용해 모집단평균의 신뢰구간을 구하라.**

① $n=9$, $\overline{X}=20$, $\sigma^2=9$일 때, 95%의 신뢰구간

② $n=25$, $\overline{X}=120$, $\sigma^2=400$일 때, 95%의 신뢰구간

③ $n=16$, $\overline{X}=52$, $\sigma^2=64$일 때, 90%의 신뢰구간

10-3 **외식산업조합에서 소비자들의 외식비용을 추정하기 위해 4인 가족 81가구를 대상으로 월평균 외식비용을 조사한 결과 평균이 25만원이었다. 과거의 경험에 의하면, 4인 가족의 월평균 가구당 외식비용의 표준편차가 3만원이라고 할 때 외식비용에 대한 95%의 신뢰구간을 구하라.**

10-4 다음 t값을 t-분포표에서 찾아라.

① $t_{0.05, 2}$ ② $t_{0.05, 5}$ ③ $t_{0.05, 10}$

④ $t_{0.01, 20}$ ⑤ $t_{0.1, 25}$ ⑥ $t_{0.025, 20}$

10-5 다음의 값을 t-분포표를 이용하여 구하라.

① 자유도가 11이고 $P(t>a)=0.05$일 때 a값

② 자유도가 15이고 $P(0<t<a)=0.475$일 때 a값

③ 자유도가 25이고 $P(t<a)=0.95$일 때 a값

④ t-분포의 자유도가 10일 때 $P(t>2.764)$값

10-6 다음의 값을 t-분포표를 이용하여 구하라.

① $t_{0.9, 24}$ ② $t_{0.975, 22}$ ③ $t_{0.5, 24}$

④ $t_{0.9, 9}$ ⑤ $t_{0.95, 11}$ ⑥ $t_{0.99, 8}$

10-7 다음의 값을 t-분포표를 이용하여 구하라.

① $P(t<t_{0.025, 12})$ ② $P(-t_{0.1, 15}<t<t_{0.025, 15})$

③ $P(t_{0.6, 15}<t<t_{0.025, 15})$ ④ $P(t_{0.1, 8}<t<t_{0.025, 8})$

⑤ $P(t_{0.975, 8}<t<t_{0.025, 8})$ ⑥ $P(t_{0.95, 5}<t<t_{0.6, 5})$

10-8 오에스제과에서는 10세 이하의 어린이를 포함한 200명을 임의로 선정하여 지난 1주일 동안 스낵류에 지출한 금액을 조사하였다. 그 결과 평균이 5,000원이고 표준편차가 1,500원이었다. 모집단평균에 대한 95%의 신뢰구간을 구하라.

10-9 어떤 대학의 휴게실에서 운영하는 커피자판기의 1주일 1대당 수입은 평균이 5(만원)이고 표준편차가 1(만원)인 것으로 알려져 있다. A씨는 이 대학의 휴게실에서 실제로 이러한 매출액을 올릴 수 있을지 알아보기 위해 16대의 자판기 표본을 추출하여 조사해 보았다.

① 표본평균의 평균과 표준편차(표준오차)는 각각 얼마인가?

② 표본평균과 모집단평균의 차가 0.25에서 0.5 사이에 있을 확률을 구하라.

10-10 현대전기는 최신의 모터에 들어가는 정밀부품을 신한정밀에서 공급받고 있다. 모터 설계자들에 의하면 이 부품이 제대로 작동하기 위해서는 인장강도가 최소한 1,000kg 이상이 되어야 한다. 최근에 신한정밀로부터 공급받은 25개의 부품에 대한 인장강도를 측정한 결과 표본평균이 1,050kg이었다. 95%의 신뢰수준에서 이 부품의 인장강도에 대한 신뢰구간의 하한값이 1,000kg 이상이 되기 위해서는 표본표준편차가 얼마 이하이어야 하는가?

10-11 다음과 같이 시행횟수 n과 표본비율 $\hat{p}$가 주어졌을 때, 95%의 모집단비율에 대한 신뢰구간을 설정하라.

① $n=100,\ \hat{p}=0.23$　　　　② $n=250,\ \hat{p}=\dfrac{150}{250}$

10-12 경찰서에서는 과거 경험으로 볼 때 도둑을 맞고도 신고하지 않은 사람의 비율이 30%라고 추정하고 있다. 이 추정이 맞는가를 알아보기 위해 900명의 시민을 대상으로 신고하지 않은 사람의 비율을 조사하였다. 경찰서의 주장이 맞는다고 할 때 표본비율이 27%에서 33%일 확률은?

10-13 **네모광고에서는 새로 개발한 TV광고의 효과를 측정하기 위해 100명을 대상으로 TV광고를 보여 준 후, 1주일이 지난 다음 TV광고의 내용을 기억하고 있는가를 조사하였다. 그 결과 20%의 시청자가 광고의 내용을 기억하고 있었다. 모집단 비율에 대한 95%의 신뢰구간을 구하라.**

10-14 **동그라미백화점에서는 주말 오후에 고객들이 계산대에서 보내는 시간에 대해 조사하기로 하였다. 모집단의 표준편차를 3분으로 추정할 때,**

① 최대 표본오차가 1분인 95%의 신뢰구간을 구하기 위해서는 몇 명을 조사해야 하는가?

② 최대 표본오차가 30초인 95%의 신뢰구간을 구하기 위해서는 몇 명을 조사해야 하는가?

10-15 **강남기업에서는 불량률을 낮추기 위해 많은 노력을 기울이고 있는데, 지난 주 품질관리 부서가 생산라인에서 생산된 전자부품 250개를 추출하여 조사하였더니 2개가 불량품으로 확인되었다. 불량률이 참값에서 ±0.01 이내에 있을 것을 95% 신뢰도하에서 추정하려고 할 때 표본의 크기를 얼마로 해야 할까?**

10-16 **서울 종로지역 국회의원 입후보자인 '어디로'씨의 지지율은 표본조사 결과 25%인 것으로 나타났다. 이 조사의 신뢰수준은 95%로 표본오차는 ±3%이다.**

① 이 후보가 실제 선거에서 받을 지지율의 신뢰구간을 추정하라.

② 위의 표본조사에 필요한 표본의 크기는 최소한 얼마 이상이어야 하는가?

10-17 대명자동차는 자사에서 제조한 중형 자동차의 시내 주행 시 리터당 연비는 표준편차가 2km/l인 정규분포를 가지고 있다고 주장한다. 이 주장이 맞는가를 알아보기 위해 25대 자동차의 연비를 조사하였다. 25대 자동차의 평균 연비와 모집단평균 연비의 차이가 1km/l 이내일 확률은?

10-18 직장인들이 스마트폰에서 사용하는 앱의 개수는 어느 정도인가를 알아보기 위해 직장인 18명의 스마트폰 앱에 대해 조사하였다. 조사 결과 평균 앱의 개수는 15개이며 표준편차는 6개였다. 스마트폰 앱의 개수가 정규분포를 이룬다고 가정할 때, 95% 신뢰수준에서의 표본오차, 그리고 신뢰구간을 구하시오.

10-19 국회의원 출마를 계획하고 있는 장길동씨는 자신의 지지율을 알아보기 위해 여론조사 기관에 의뢰하였다. 900명의 유권자를 임의로 추출하여 조사한 결과, 95%의 신뢰수준에서 신뢰구간의 하한값과 상한값은 각각 31.9%와 38.1%였다. 표본비율은 얼마인가?

P · a · r · t

11

가설검정

Part 11

가설검정

일상생활에서 우리들은 매우 다양한 주장들을 접하게 된다. 예를 들어 "L사의 냉장고의 수명은 몇 년이다", "A자동차보다 B자동차의 연비가 더 높다", "새로 개발된 약품이 기존의 약품보다 효과가 더 좋다"와 같은 것들이다. 이와 같은 주장들의 옳고 그름을 밝히는 것은 합리적인 의사결정을 하는 데 매우 중요하다. 왜냐하면 주장의 옳고 그름에 따라 의사결정의 방향이 달라지기 때문이다.

그렇다면 어떤 방법으로 이러한 주장의 진위를 가릴 수 있을까? 한 가지 방법은 모집단을 모두 조사해 보는 전수조사이다. 그러나 전수조사는 현실적으로 불가능한 경우가 많고, 설령 가능하더라도 비용과 시간을 고려할 때 효율적이지 못한 경우가 대부분이다. 다른 한 가지 방법은 가설검정을 하는 것이다. 가설검정이란 모집단의 모수에 대해 가설을 설정하고 표본을 추출하여 얻은 통계량을 기초로 가설의 옳고 그름을 판단하는 방법이다. 통계적 가설검정에서는 설정된 가설이 100% 옳거나 또는 틀렸다는 것이 아니라, 일정 수준의 오류를 범할 가능성이 있다는 점을 인정하면서 가설의 진위를 판단하게 된다. 통계적 가설검정은 자연과학이나 사회과학 연구에서 연구자가 자신의 주장을 입증하기 위해서 일반적으로 사용하는 객관적인 방법이다.

가설검정을 이해하기 위해서는 가설검정의 논리, 가설의 종류, 가설검정을 할 때 발생하는 오류, 유의수준, 임계치와 기각영역, 단측검정과 양측검정 등의 기본 개념을 잘 이해해야 한다.

제1절 가설검정의 기본 논리와 절차

1. 가설검정의 기본 논리

모집단의 특성, 즉 모수에 대한 주장을 가설이라고 한다. 가설검정(hypothesis test)이란 표본의 통계량을 이용해 모집단에 대한 가설의 진위를 밝히는 통계분석 방법이다. 가설검정은 표본통계량을 이용한다는 점에서 이미 공부한 바 있는 신뢰구간 추정과 유사하다. 신뢰구간 추정이 표본통계량을 기초로 모집단의 모수가 포함될 구간을 추정하는 것이라면, 가설검정은 먼저 모수에 대한 가설을 세우고 표본통계량을 이용해 이 가설이 옳다고 판단할 수 있는 근거가 충분한가를 살펴보는 것이다. 다음의 예를 통해 가설검정의 기본 논리를 살펴보기로 하자.

> 철수와 영희는 서로 좋아하는 사이로 매주 토요일 저녁에 만나 데이트를 즐긴다. 어느 날 평소와 마찬가지로 철수는 영희에게 전화를 해서 이번 토요일 저녁에 만나자고 했다. 그러나 영희는 어머니가 아파서 간호를 해야 하므로 만날 수 없다고 했다. 철수는 섭섭한 마음으로 전화를 끊었다. 그 다음 주에도 철수는 영희에게 전화를 걸었다. 그러나 영희는 집안의 급한 일 때문에 시골에 가야 하므로 이번에도 만날 수 없다고 했다. 3주, 4주, 5주째에도 영희는 매번 어떤 이유를 대면서 데이트에 응해 주지 않았다.
>
> 여러분도 마찬가지겠지만 이러한 상황이 지속된다면 철수는 어느 시점에 가서는 영희가 변심했다는 결론을 내리고 그녀를 포기하는 결정을 해야 할 것이다. 그렇다면 철수는 몇 주째에 영희를 포기해야 하는가?

위의 예는 가설검정을 이해하는 데 필요한 조건을 모두 갖추고 있다. 여기서 철수가 "영희는 변심하지 않았다"는 가정을 하였다고 하자. 하지만 영희가 매번 데이트 요구를 거절할 때마다 이 가정에 대한 확신은 줄어들게 된다. 철수의 입장에서 볼 때 이런 일이 반복되는 횟수가 많아질수록 영희가 변심했을지 모른다는 의심이 커지기 때문이다. 그러나 이 가정의 사실 여부는 영희로부터 "너에게 관심이 없어졌어"라는 말을 듣지 않는 한 판단하기 어렵다. 왜냐하면 철수로서는 영희의 데이트 거절이 실제로 그럴 만한 이유가 있는 것인지 아니면 핑계에 불과한 것인지 알 수 없기 때문이다.

만일 철수가 어느 시점에서 "영희는 변심하지 않았다"는 가정을 철회하고 영희를 포기하는 결정을 내린다고 하자. 그때 철수는 영희가 매번 어떤 사정이 있어 데이트에 응하지 못했음에도, 즉 영희가 변심하지 않았음에도 불구하고 영희를 포기하게 되는 오류를 감수해야 한다.

이와 같은 상황을 확률로 표현해 보면 다음과 같다. 철수가 영희의 상황을 전혀 알 수 없기 때문에 영희의 데이트 거절 사유가 사실일 확률이 0.5라고 가정하자. 이때, 영희가 실제로 어떤 사정 때문에 계속 데이트에 응하지 못했을 확률을 주별로 표시하면 [표 11－1]과 [그림 11－1]로 나타낼 수 있다.

[표 11－1]의 확률은 바꾸어 말하자면 특정한 주에 영희를 포기하게 될 때 범하게 되는 오류의 확률을 의미한다. 예를 들어 철수가 3주째에 영희가 변심했다고 결론짓고 영희를 포기하기로 결정하면 이 오류의 확률은 12.5%가 된다. 따라서 3주째에 영희를 포기하는 것은 너무 성급한 것일 수 있다. 그러나 철수가 6주째에 영희를 포기하기로 하였다면 이 오류의 확률이 1.563%밖에 안 되므로 철수의 결정은 상당한 설

표 11-1 연속된 데이트 거절 이유가 사실일 확률

주	확률
1주	0.5(0.5)
2주	0.5^2(0.25)
3주	0.5^3(0.125)
4주	0.5^4(0.0625)
5주	0.5^5(0.03125)
6주	0.5^6(0.01563)
7주	0.5^7(0.00782)
.	.
.	.

그림 11-1 연속된 데이트 거절 이유가 사실일 확률

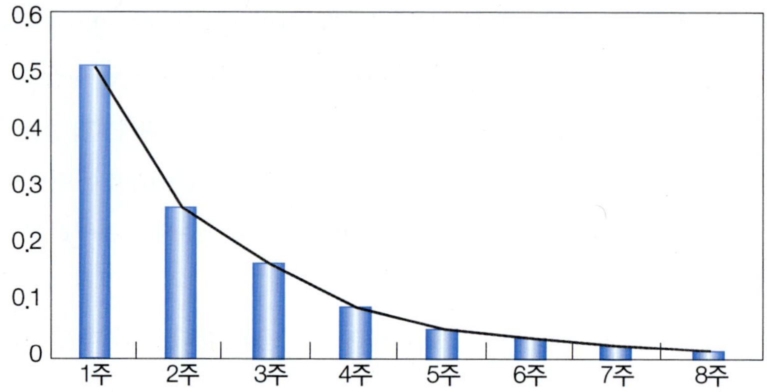

득력이 있다.

그러면 철수는 그 오류가 얼마나 작아야 영희를 포기할 수 있을까? 이에 대한 해답은 철수의 주관적인 판단기준에 따라 달라진다. 여기서 주관적인 판단기준이란 잘못된 결정을 하는 데서 발생하는 오류의 최대 허용한도를 말한다. 만일 철수가 판단기준을 5%로 설정한다면 그 오류가 5% 이하가 되는 5주째에 영희를 포기하게 될 것이며, 판단기준을 1%로 설정한다면 오류가 1% 이하가 되는 7주째에 영희를 포기하게 될 것이다.

결국 철수가 영희를 좋아하는 정도에 따라 그 오류에 대한 최대 허용한도는 달라진다고 할 수 있다. 만일 철수가 영희를 포기함으로써 입게 되는 손실(마음의 상처)이 크지 않다면 그 오류의 최대 허용한도는 높게 설정될 것이고, 더 일찍 영희를 포기하게 될 것이다. 그러나 그 손실이 크다면 그 오류의 최대 허용한도는 낮게 설정될 것이고 철수는 상당 기간 동안 계속 전화를 하게 될 것이다. 여러분이 철수라면 몇 주째에 영희를 포기하겠는가?

2. 가설검정의 절차

위의 예를 가지고 가설검정의 절차를 살펴보기로 하자.

(1) 가설

가설검정의 첫 번째 단계는 검정해야 할 가설을 설정하는 것이다. 가설이란 모집단의 특성 즉 모수에 대한 주장을 말하는데, 여기에는 귀무가설(null hypothesis)과 대립가설(alternative hypothesis)의 두 가지 종류가 있다. 귀무가설은 검정의 대상이 되는 가설로서 보통 H_0로 표시한다. 반면 대립가설은 귀무가설이 기각되었을 때 받아들여지는 가설을 말하며 보통 H_1로 표시한다. 위의 예에서 귀무가설과 대립가설은 다음과 같이 설정된다.

귀무가설(H_0) : 영희는 변심하지 않았다(영희의 말은 사실이다).
대립가설(H_1) : 영희는 변심했다(영희의 말은 사실이 아니다).

귀무가설과 대립가설은 상호배타적이다. 따라서 귀무가설이 채택되면 대립가설은 기각되며, 귀무가설이 기각되면 대립가설이 채택된다. 즉, 가설검정에서는 귀무가설과 대립가설 중 하나의 가설만이 채택되며, 두 개의 가설이 동시에 채택되는 경우는 없다.

일반적으로 귀무가설은 기존의 주장을 반영하고 있으며, 대립가설은 새로운 주장 내지 연구자의 주장을 반영하고 있다. 따라서 귀무가설은 일반적으로 모집단의 모수에 대한 회의적인 태도를 반영하고 있으며, 보통 "차이가 없다", "전과 동일하다"라는 내용이 담겨 있다.

가설검정에서는 기존의 주장을 귀무가설로 설정하고 귀무가설을 기각시킬 만한 충분한 근거를 제시하여 귀무가설을 기각시킴으로써 연구자의 주장을 반영하는 대립가설을 채택하는 방법을 택한다. 만일 귀무가설을 기각할 만한 충분한 근거가 제시되지 않을 경우에는 기존의 주장을 담은 귀무가설이 계속적인 지지를 받게 된다.

이와 같이 가설검정에서 기존의 주장과 다른 새로운 주장을 하기 위해서는 이를 입증할 만한 충분한 근거를 제시해야 한다. 이것은 법정에서 피고의 유죄를 입증할 만한 충분한 근거를 제시하지 못할 경우 무죄가 되는 것과 같은 논리이다.

(2) 가설검정의 오류

귀무가설을 기각하고 대립가설을 채택하기 위해서는 귀무가설이 틀렸다고 할 만한 충분한 근거가 있어야 한다. 위의 예에서 영희가 데이트에 응하지 않은 사실들이 귀무가설을 기각하는 근거가 된다. 만약 철수가 5주째에 "영희는 변심했다"는 결론을 내렸다고 하자. 이때 철수가 내린 결론은 영희의 마음을 알 수 없는 상태에서 도출된 것이므로 잘못되었을 가능성이 존재한다.

[표 11-1]에서 영희가 어떤 불가피한 사정으로 5주 연속 데이트에 응하지 않았을 확률은 3.125%인데, 바꾸어 말하자면 이 확률은 영희가 변심하지 않았음에도 불구하고 변심했다는 결론을 내릴 경우 발생하는 오류라고 할 수 있다. 이와 같이 귀무가설이 옳은데도 불구하고 귀무가설을 기각할 때 발생하는 오류를 제1종 오류(type I error) 또는 α오류라고 한다.

이와 반대로 귀무가설이 틀렸는데도 불구하고 귀무가설을 채택할 때 발생하는 오류를 제2종 오류(type II error) 또는 β오류라고 한다. 위의 예에서 영희가 변심했는데도 불구하고 영희를 포기하지 않을 경우 발생하는 오류가 β오류이다. 그러므로 철수가 영희의 본심을 확실하게 알기 전에는 어떤 결정을 하든지 간에 α오류와 β오류는 발생하게 된다.

전통적으로 가설검정에서는 α오류가 주로 고려의 대상이 되는데 그 이유는 α오류의 심각성이 β오류보다 더 크기 때문이다. 그러므로 가설검정에서는 기존의 주장을 귀무가설로 설정하고 귀무가설을 기각시키기 위한 판단의 기준으로서 α오류를 이용하게 된다.

그러나 연구자의 입장에서 볼 때 α오류와 β오류 모두 위험 또는 손실을 의미한다. 따라서 가능하면 두 가지 오류를 동시에 줄일 필요가 있는데, 그 방법은 표본의 크기를 늘리는 것이다. 왜냐하면 표본의 크기가 커질수록 표준오차가 줄어들기 때문이다.

(3) 유의수준

귀무가설이 옳음에도 불구하고 귀무가설을 기각하게 되는 경우 발생하는 오류를 α오류라고 하였는데, α오류를 범할 확률의 최대허용치를 유의수준(significance level)이라고 하며 α라고 표기한다. 유의수준은 연구자의 주관적 판단기준에 따라 설정된다. 이 유의수준을 기준으로 하여 귀무가설의 기각 여부가 결정된다. 위의 예에서는 철수가 "영희는 변심하지 않았다"는 귀무가설의 기각 여부를 판단하는 데 필요한 주관적인 판단기준이 유의수준에 해당된다.

표 11-2 가설검정의 오류

결정 \ 귀무가설의 진위	귀무가설이 옳음	귀무가설이 틀림
귀무가설의 채택(영희를 포기하지 않음)	옳은 결정	β 오류(제2종 오류)
귀무가설의 기각(영희를 포기함)	α 오류(제1종 오류)	옳은 결정

유의수준은 α오류에 대한 위험 또는 손실이 클수록 낮게 설정해야 한다. 그 이유는 유의수준을 높게 설정하면 귀무가설의 기각 가능성은 높아지지만 α오류를 범할 가능성도 커지며, 유의수준을 낮게 설정하면 귀무가설의 기각 가능성은 낮아지지만 α오류를 범할 가능성도 상대적으로 작아지기 때문이다. 일반적으로 사회과학 분야에서는 유의수준을 0.05(5%)로 설정한다. 그렇지만 연구의 성격에 따라 0.01(1%) 또는 0.1(10%)로 설정하는 경우도 있다.

(4) 임계치와 기각영역, p값

귀무가설의 기각 여부를 결정하는 방법에는 두 가지가 있다.

첫째, 유의수준에 해당하는 임계치(critical value)를 계산하여 기각영역(region of rejection)을 설정하고, 표본에서 계산된 통계량이 기각영역에 포함되는가를 살펴보는 것이다. 여기에서 임계치란 유의수준에 따라 귀무가설의 기각 여부를 결정하는 기준이 되는 값으로, 임계치를 기준으로 기각영역과 채택영역이 구분된다. 위의 예에서 철수가 유의수준을 5%로 하였다면 임계치는 4.3($0.5^{4.3}=0.05$)주가 된다. 따라서 철수가 5주 연속 데이트를 거절당했다면 이 5주는 기각영역에 포함되므로 영희를 포기하게 된다.

둘째, p값(p-value)을 이용하는 것이다. p값이란 실제로 α오류를 범할 확률을 말한다. 위의 예에서 5주째에 철수가 영희를 포기하는 결정을 한다고 할 때 α오류를 범할 확률은 0.0325인데 바로 이 확률이 p값에 해당한다. p값을 이용하여 가설검정을 하는 경우 유의수준과 p값을 비교하여 p값이 유의수준보다 더 작으면 귀무가설을 기각하고 대립가설을 채택하게 된다. 그러나 p값이 유의수준보다 더 클 경우에는 귀무가설이 계속 지지를 받게 된다.

예를 들어 철수가 유의수준을 5%로 설정했다고 하자. 이때에는 4주 연속 데이트를 거절당하더라도 철수는 영희를 포기하지 않는다. 왜냐하면 이때의 p값은 6.25%로서 유의수준 5%보다 더 크기 때문이다. 그러나 5주째에는 p값이 3.125%로 유의수준 5%보다 더 작으므로 영희를 포기하게 된다.

지금까지 설명한 것을 종합해 볼 때 가설검정은 다음과 같은 순서에 따라 이루어지는 것을 알 수 있다.

① 가설을 설정한다. 가설에는 검정하고자 하는 귀무가설과 귀무가설과 상반되는 대립가설이 있다.

② 유의수준 α를 결정한다. 유의수준은 연구자에 의해 결정되는데 α오류에 대한 위험 또는 손실이 클수록 유의수준을 낮게 설정한다.

③ 유의수준에 해당하는 임계치를 계산하여 기각영역과 채택영역을 결정한다(p값을 이용하여 가설검정을 하는 경우에는 이 과정이 생략된다).

④ 표본통계량을 계산하여 임계치와 비교한다(p값을 이용하여 가설검정을 하는

경우에는 p값을 계산하여 이를 유의수준과 비교한다).

⑤ 결론을 내린다.

그러면 실제로 가설검정이 어떻게 이루어지는지 다음의 예를 통해 살펴보기로 하자.

[예 11-1]

A타이어회사의 연구개발부서에서는 수명이 획기적으로 개선된 신제품 타이어를 개발하였다. 연구개발팀은 이 타이어의 평균 수명이 50,000km를 넘는다고 주장하고 있다. 회사에서는 연구개발팀의 주장이 옳을 경우 시판을 하기로 하고 연구개발팀의 주장을 확인하기 위해 400명의 소비자를 대상으로 주행 테스트를 실시한 결과 타이어의 평균 수명이 50,280km이었다. 경험적으로 볼 때 타이어 수명의 분포는 표준편차가 3,000km인 정규분포를 이룬다고 할 때 연구개발팀의 주장이 옳다고 할 수 있는가? 유의수준 5%에서 가설을 검정하라.

[풀이]

① **가설의 설정**

이 가설검정에서는 타이어의 평균 수명이 50,000km를 넘는가 하는 것이 쟁점이 되고 있다. 이 경우에는 연구개발팀의 새로운 주장, 즉 평균 수명이 50,000km를 초과한다는 주장을 대립가설로 설정하고, 회의적인 태도를 반영하는 기존의 주장, 즉 평균 수명이 50,000km 이하라는 주장을 귀무가설로 설정한다. 따라서 귀무가설과 대립가설은 다음과 같이 설정된다.

귀무가설(H_0) : 타이어의 평균 수명은 50,000km 이하이다($\mu \leq 50,000$).

대립가설(H_1) : 타이어의 평균 수명은 50,000km를 초과한다($\mu > 50,000$).

② **유의수준의 결정**

유의수준은 의사결정 과정에서 발생할 수 있는 α오류에 따른 손실의 심각성을 고려하여 결정되어야 한다. 여기에서는 유의수준을 0.05로 설정하였다.

$$\alpha = 0.05$$

③ 유의수준에 해당하는 임계치의 계산과 기각영역의 산출

임계치는 유의수준 α가 설정되었을 때 귀무가설의 기각 여부를 결정하는 기준이 되는 값이다. 임계치는 귀무가설이 옳다고 할 때 가정되는 표본분포에서 그 위치가 정해진다. 따라서 임계치를 계산하기 위해서는 먼저 표본평균의 분포를 살펴보아야 한다.

이 예에서 모집단의 분포가 정규분포를 이루고 표준편차가 3,000km이므로, 귀무가설이 옳다고 가정할 때 표본평균의 분포는 평균 $\mu_{\bar{X}}$가 50,000km이고 표준오차 $\sigma_{\bar{X}}$가 150km($\sigma_{\bar{X}} = \frac{3{,}000}{\sqrt{400}}$)인 정규분포를 이룬다. 이 표본평균의 분포를 알게 되면 임계치를 구할 수 있는데, 임계치의 공식은 다음과 같다.

$$\text{임계치} = \text{귀무가설에서 가정한 평균} + Z_{\alpha} \cdot \frac{\sigma}{\sqrt{n}}$$

그림 11-2 임계치와 기각영역

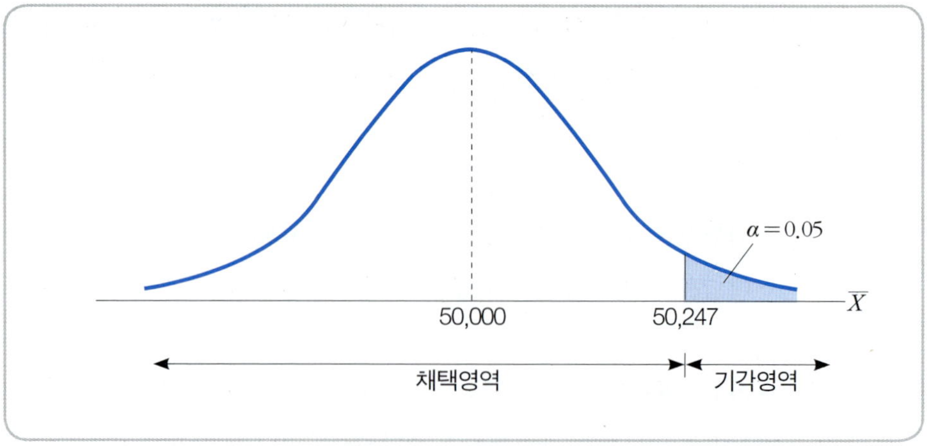

여기에서 유의수준이 0.05일 때의 Z값은 $Z_{0.05} = 1.645$이므로 임계치는 $50,000 + 1.645 \times 150 = 50,247$이다. 그러므로 귀무가설의 기각영역은 임계치보다 더 큰 값을 갖는 영역, 즉 $\overline{X} > 50,247$로서 [그림 11-2]에서 색칠된 부분이 된다.

④ **표본통계량의 계산과 임계치의 비교**

임계치와 표본통계량을 비교하여 귀무가설의 기각 여부를 결정한다. 표본통계량이 임계치를 벗어나 기각영역 내에 포함된다는 것은 다음 두 가지 결과 중의 하나를 의미한다.

첫 번째, 귀무가설이 옳음에도 불구하고(즉 신제품의 평균 수명이 50,000km 이하임에도 불구하고) 표본을 뽑다 보니 우연히 표본평균이 귀무가설의 기각영역 내에 포함되었다.

두 번째, 귀무가설이 틀렸다(즉 신제품의 평균 수명이 50,000km를 초과한다).

위의 두 가지 가능성 중 첫 번째 결과가 발생할 확률은 5% 이하이고 두 번째 결과가 발생할 확률은 95% 이상이므로, 두 번째 결과가 더 타당하다고 할 수 있다. 이와 같이 표본평균이 기각영역에 포함되는 경우에는 귀무가설을 기각하고 대립가설을 채택하게 된다.

그림 11-3 가설검정의 논리

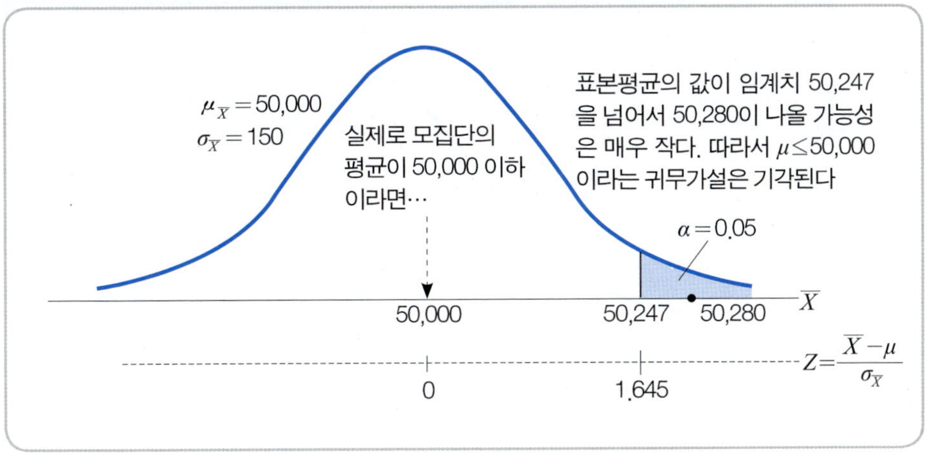

여기에서 계산된 표본통계량, 즉 표본평균 $\overline{X}$는 50,280km로서 임계치 50,247km보다 크기 때문에 기각영역에 포함된다. 따라서 귀무가설이 기각되고 대립가설이 채택된다.

⑤ 결론

새로 개발된 타이어의 평균 수명이 50,000km 이상이라는 연구개발팀의 주장이 채택되었으므로 이 회사는 신제품을 시판하기로 결정한다.

앞에서 표본평균 $\overline{X}$는 임계치와 비교되어 귀무가설의 기각 여부를 판단하는 데 사용되었다. 이와 같이 귀무가설의 기각 여부를 판단하는 데 사용되는 표본통계량을 검정통계량(test statistic)이라고 한다.

일반적으로 $\overline{X}$를 표준화한 Z값을 검정통계량으로 사용한다. 이때에 기각영역은 $\overline{X}$-분포 대신 Z-분포에 설정되며 기각영역을 결정하는 기준값인 임계치는 Z_α가 된다. 그리고 $\overline{X}$를 표준화한 Z값이 표준정규분포에서 설정된 기각영역에 포함될 경우 귀무가설은 기각된다. 이 $\overline{X}$를 표준화한 Z값을 '계산된 Z값(calculated Z)'이라고 하며 Z_c라고 표시한다.

그림 11-4 표준정규분포에서 임계치와 기각영역

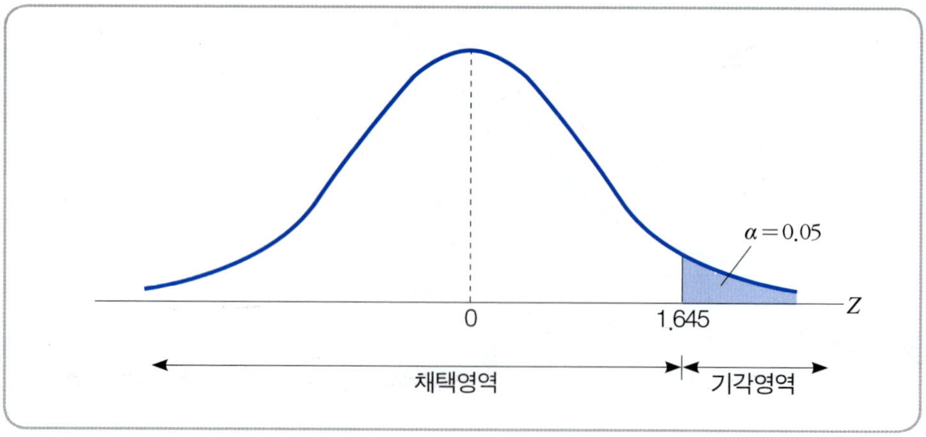

앞의 예에서 Z값을 이용하여 가설검정을 해 보자. 이때에는 먼저 임계치 Z_α값을 표준정규분포표에서 찾아야 한다. 여러분이 이미 알고 있듯이 $\alpha=0.05$일 때의 임계치는 $Z_{0.05}=1.645$이다.

다음에는 $\overline{X}$에 해당하는 Z값, 즉 Z_c를 계산한다. 여기서 $\overline{X}=50,280$이므로,

$$Z_c=\frac{\overline{X}-\mu}{\sigma/\sqrt{n}}=\frac{50,280-50,000}{150}=1.87$$

임계치 $Z_{0.05}$는 1.645이고 $\overline{X}$에 해당하는 Z값은 1.87이므로 기각영역에 포함된다. 따라서 귀무가설이 기각되고 대립가설이 채택된다.

이상에서 보듯이 검정통계량으로 Z값을 사용해도 $\overline{X}$를 사용한 것과 동일한 결과를 얻게 된다. 일반적으로 Z값이 $\overline{X}$보다 계산이 간단하므로 주로 Z값(σ를 모를 때는 t값)을 검정통계량으로 사용하게 된다.

3. p값을 이용한 가설검정

앞의 예에서는 $\overline{X}$나 Z값을 이용하여 가설을 검정하였으나 p값을 이용하여 가설을 검정할 수도 있다. 앞에서 살펴본 것처럼 p값은 실제로 α오류를 범할 확률을 말한다.

p값을 이용하여 가설을 검정할 때는 표본통계량 $\overline{X}$에 대응하는 p값을 계산하여 이것을 유의수준과 비교하면 된다. 이때 p값이 유의수준보다 작을 경우 귀무가설을 기각하고 대립가설을 채택한다.

p값을 이용한 가설검정

$p<\alpha \Rightarrow$ 귀무가설의 기각
$p\geq\alpha \Rightarrow$ 귀무가설의 채택

앞의 예를 이용해 p값을 구해 보기로 하자. 여기에서 p값은 $\overline{X} \geq 50,280$의 확률, 즉 $P(\overline{X} \geq 50,280)$을 말한다. p값을 계산하기 위해서는 우선 표본평균 $\overline{X}$를 Z값으로 전환하고 이 Z값에 해당하는 확률을 표준정규분포표에서 찾아야 한다. 즉,

$$Z_c = \frac{\overline{X} - \mu}{\sigma/\sqrt{n}} = \frac{50,280 - 50,000}{150} = 1.87$$

이때 Z값에 해당하는 확률을 표준정규분포표에서 찾아보면 0.4693이므로 p값은 다음과 같이 계산된다.

$$P(\overline{X} \geq 50,280) = P(Z \geq 1.87) = 0.5 - 0.4693 = 0.0307$$

여기서 p값은 유의수준 0.05보다 작기 때문에 검정통계량으로 $\overline{X}$나 Z값을 사용한 경우와 마찬가지로 귀무가설은 기각된다.

그림 11-5 기각영역과 p의 영역

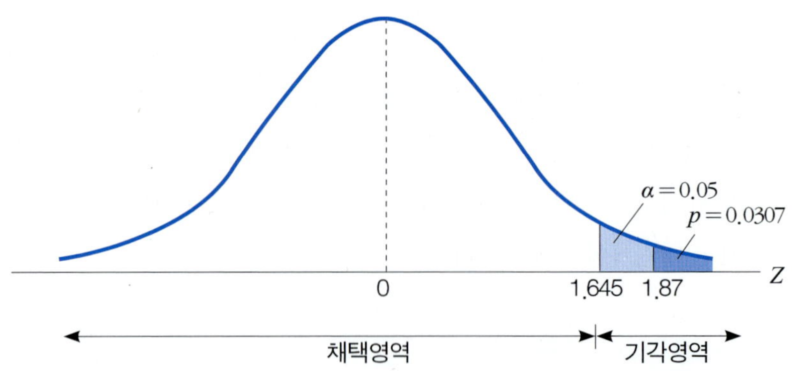

p값을 이용한 가설검정은 Z값을 이용한 가설검정보다 한 단계의 과정을 더 거치게 되므로 번거로울 수 있다. 가설검정을 위해 컴퓨터의 통계분석 프로그램을 이용

할 경우에는, 연구자가 주관적으로 결정하는 유의수준을 컴퓨터가 정할 수 없으므로 통계분석 프로그램은 언제나 귀무가설의 기각 여부를 판단하기 위한 값으로 p값을 보여 준다. 이 경우 연구자는 통계분석 프로그램이 제시하는 p값과 자신이 설정한 유의수준을 비교해 귀무가설의 기각 여부를 결정하게 된다. 오늘날 가설검정은 대부분 통계분석 프로그램을 이용하기 때문에 학생들은 이 p값의 개념을 명확히 이해해 두어야 할 것이다.

[예 11-2]

최근 청소년의 하루 수면시간이 400분이 안 된다는 주장이 많다. 이러한 주장이 사실인지 확인하기 위해 청소년 121명을 대상으로 수면시간을 조사한 결과 청소년의 하루 평균 수면시간은 382분으로 나타났다. 경험적으로 볼 때 청소년 수면시간의 분포는 표준편차가 88분인 정규분포를 이룬다고 한다. 청소년의 수면시간이 부족하다는 주장이 사실이라 할 수 있는지 유의수준 5%에서 p값을 이용해 가설검정을 하라.

[풀이]

① **가설의 설정**

조사 결과 청소년의 수면시간은 382분으로 400분을 넘지 않고 있으므로 이것을 대립가설로 설정하고, 이 대립가설에 반대되는 것을 귀무가설로 설정한다.

귀무가설(H_0) : 청소년의 수면시간은 400분 이상이다($\mu \geq 400$).

대립가설(H_1) : 청소년의 수면시간은 400분을 넘지 않는다($\mu < 400$).

② **유의수준의 결정**

$\alpha = 0.05$

③ p값 계산

표본통계량 $\overline{X}$에 대응하는 Z값을 계산한다.

$$Z=\frac{\overline{X}-\mu}{\sigma/\sqrt{n}}=\frac{382-400}{88/\sqrt{121}}=-2.25$$

여기서 Z값에 해당하는 확률을 표준정규분포표에서 찾아보면 0.4878이므로,

$$p\text{값}=P(\overline{X}\leq 382)=P(Z\leq -2.25)=0.5-0.4878=0.0122$$

계산된 p값이 0.0122로서 유의수준 0.05보다 작으므로 귀무가설은 기각되고 대립가설이 채택된다. 그러므로 청소년의 하루 수면시간은 400분을 넘지 않는다고 할 수 있다.

제2절 단측검정과 양측검정

앞의 [예 11-1]에서 설정한 귀무가설과 대립가설을 다시 살펴보자.

$$H_0 : \mu\leq 50{,}000$$
$$H_1 : \mu > 50{,}000$$

이 가설에서는 귀무가설이 부등호로 표시되어 있기 때문에 귀무가설에서 주장하는 모집단 평균은 단일한 값이 아니다. 이와 같이 모집단평균에 대해 주장하는 값이 다수인 경우의 가설을 복합가설이라고 한다.

귀무가설이 복합가설일 때는 표본평균의 분포에서 한쪽 꼬리 부분에 기각영역이 설정된다. 즉, 귀무가설에서 모집단평균 μ가 모집단에 대해 가정한 값보다 작다고

할 경우에는 우측 꼬리 부분에, 크다고 할 경우에는 좌측 꼬리 부분에 기각영역이 설정된다. 앞의 예에서는 $H_0 : \mu \leq 50{,}000$이므로 우측 꼬리 부분에 기각영역이 설정되며, 따라서 표본평균 $\overline{X}$의 값이 모집단평균 50,000km보다 상당히 클 때 귀무가설을 기각할 수 있다. 이와 같이 표본평균의 분포의 한쪽 꼬리에만 기각영역이 설정될 때의 가설검정 방법을 단측검정이라고 한다.

그렇지만 귀무가설이 부등호가 아니라 등호로 표시되는 경우에는 어떻게 될까? 위의 예에서 귀무가설이 다음과 같이 표시되었다고 가정해 보자.

$$H_0 : \mu = 50{,}000$$

이 귀무가설은 모집단평균이 단일 값으로 정확하게 50,000km라는 것을 주장하고 있다. 이와 같이 모집단평균에 대해 주장하는 값이 단일한 경우의 가설을 단순가설이라고 한다. 이때에는 대립가설도 다음과 같은 형태로 바뀌게 된다.

$$H_1 : \mu \neq 50{,}000$$

귀무가설이 단순가설일 경우 표본평균을 계산해 보기 전에는 표본평균이 귀무가설에서 주장하는 모집단평균보다 클지 아니면 작을지를 알 수 없기 때문에 기각영역은 이 두 가지의 경우를 모두 고려해야 한다. 그러므로 귀무가설이 단순가설일 때에는 표본평균의 분포의 양쪽 꼬리 부분에 기각영역이 설정된다. 이와 같이 표본평균의 분포에서 기각영역이 양쪽 꼬리 부분에 설정되는 경우의 가설검정 방법을 양측검정이라고 한다.

단측검정과 양측검정

단측검정 : 귀무가설이 부등호 형태 ⇒ 기각영역이 한쪽에만 설정됨
양측검정 : 귀무가설이 등호의 형태 ⇒ 기각영역이 양쪽에 설정됨

그림 11-6 단측검정을 할 때의 임계치와 기각영역

(a) $H_0 : \mu \leq \mu_0$이고 $\alpha = 0.05$일 때

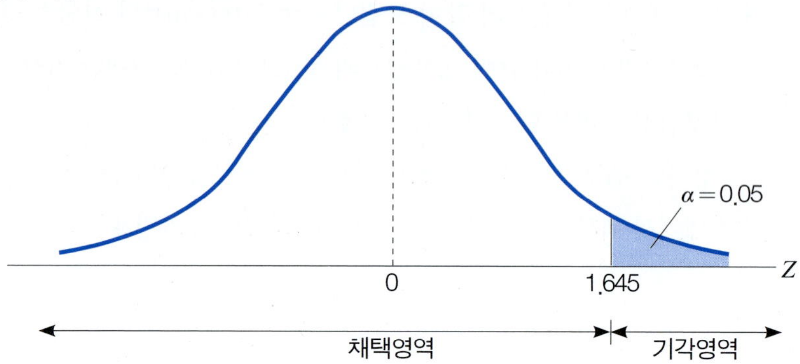

(b) $H_0 : \mu \geq \mu_0$이고 $\alpha = 0.05$일 때

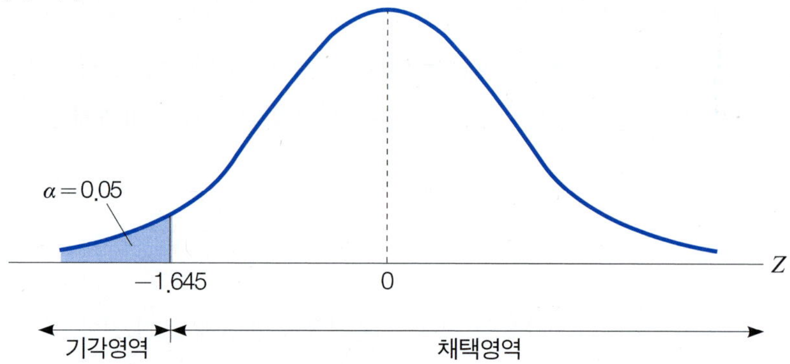

그림 11-7 양측검정을 할 때의 임계치와 기각영역

$H_0 : \mu = \mu_0$이고 $\alpha = 0.05$일 때

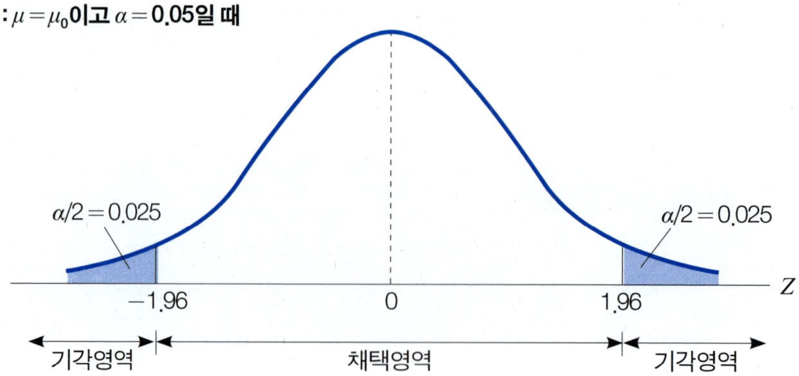

양측검정에서는 유의수준도 양쪽으로 나뉘게 된다. 앞의 예에서 유의수준이 0.05이지만 양측검정에서의 유의수준은 양쪽으로 나뉘어 각각 $\frac{\alpha}{2}=0.025$가 된다. 그리고 [그림 11－6]과 [그림 11－7]에서 보는 것처럼 단측검정에서의 임계치가 $Z_{0.05}=1.645$이었던 것과 달리, 양측검정에서의 임계치는 $Z_{0.025}=1.960$과 $-Z_{0.025}=-1.960$이라는 두 값을 가진다.

단측검정과 양측검정에서의 귀무가설과 대립가설

① 단측검정

$H_0: \mu \leq \mu_0$, $H_1: \mu > \mu_0$ 또는

$H_0: \mu \geq \mu_0$, $H_1: \mu < \mu_0$

② 양측검정

$H_0: \mu = \mu_0$, $H_1: \mu \neq \mu_0$

(μ_0는 귀무가설에서 가정한 모수값임)

표본통계량이 동일하더라도 단측검정이냐 양측검정이냐에 따라 가설검정의 결과는 달라진다. 왜냐하면 양측검정에서는 유의수준이 $\frac{\alpha}{2}$로 작아져서 임계치의 위치가 꼬리 끝부분으로 더 치우치게 되므로 귀무가설을 기각하기가 어려워지기 때문이다. 따라서 단측검정에서 귀무가설이 기각된다고 하더라도 양측검정에서는 귀무가설이 기각되지 않을 수 있다. 앞의 예에서 양측검정에서는 임계치가 $Z_{0.025}=1.96$, $-Z_{0.025}=-1.96$이므로 기각영역은 $Z>1.96$ 또는 $Z<-1.96$이다. 그런데 $\overline{X}$에 해당하는 Z값은 1.87이므로 기각영역에 포함되지 않는다. 따라서 양측검정에서는 귀무가설을 기각할 수 없다.

가설검정에 있어서 단측검정을 하느냐 양측검정을 하느냐는 연구의 목적이나 문제의 상황에 따라 달라지므로 연구자는 적절한 검정 방법을 선택해야 한다. 예를 들어, 앞의 [예 11-1]에서는 타이어의 평균 수명이 50,000km를 넘는지가 쟁점이므로 단측검정이 적합하다. 그러나 의약품의 품질검사를 할 때에는 성분이 과하거나 부족함이 없이 항상 일정한 수준을 유지하는 것이 쟁점이므로 양측검정이 더 적합할 것이다.

연·습·문·제

11－1 다음 각 문항에 대하여 맞으면 O, 틀리면 X를 표시하라.

① 유의수준이 낮을수록 귀무가설은 채택되기 쉬워진다.
② p값이 유의수준보다 높으면 귀무가설은 채택된다.
③ p값의 범위는 -1에서 1이다.
④ 귀무가설이 기각되면 항상 대립가설이 성립된다.
⑤ 가설이란 모집단의 모수에 대한 주장을 말한다.
⑥ 귀무가설이 단순가설이면 단측검정을 사용해야 한다.
⑦ 귀무가설이 복합가설이면 양측검정을 사용해야 한다.
⑧ 가설검정에서 제1종 오류란 귀무가설을 기각함으로써 발생되는 오류를 말한다.
⑨ 가설검정에서 제1종 오류를 유의수준이라고도 한다.
⑩ p값은 귀무가설을 기각할 수 있는 최대의 유의수준이라고 할 수 있다.

11－2 다음의 귀무가설에 대해 대립가설을 설정하라.

① 학생들의 주당 학습시간과 취업률은 관계가 없다.
② 중소기업의 정보화 투자비용은 매출액의 0.5% 이하이다.
③ 올해 기업들의 평균 채용인원은 작년의 평균 채용인원과 같다.
④ 대동전자 평면스크린의 불량률은 1% 이상이다.

11－3 다음의 가설에 대해 제1종 오류와 제2종 오류를 기술하라.

① H_0 : 신상품과 기존의 상품의 품질은 같다.
H_1 : 신상품과 기존의 상품의 품질은 다르다.
② H_0 : 생산된 제품이 품질규격에 맞다.

H_1 : 생산된 제품이 품질규격에 미달한다.

③ H_0 : 이 공정의 불량률은 1%이다.

H_1 : 이 공정의 불량률은 1%가 아니다.

11-4 다음의 귀무가설에 대해 대립가설을 설정하고 표준정규분포표를 이용하여 각각의 유의수준에 해당되는 임계치를 찾아라.

① $H_0 : \mu \geq 50$, 유의수준 5%

② $H_0 : \mu \leq 50$, 유의수준 10%

③ $H_0 : p \leq 0.05$, 유의수준 1%

④ $H_0 : \mu = 250$, 유의수준 5%

11-5 다음의 귀무가설, 유의수준, 그리고 p값에 대해 대립가설을 세우고 결론을 내려라.

① H_0 : 학생들의 한 달 평균 용돈은 25만원 이하이다.
유의수준 5%, p값 $= 0.024$

② H_0 : 이 공정의 불량률은 3% 이하이다.
유의수준 10%, p값 $= 0.12$

③ H_0 : 이 진통제의 진통지속시간은 8시간 이하이다.
유의수준 1%, p값 $= 0.002$

④ H_0 : 이 후보자의 지지율은 45%이다.
유의수준 5%, p값 $= 0.5$

11-6 홍길동군은 친구가 가져온 동전에 대해 의심하고 있다. 친구는 정상적인 동전이라고 주장하지만, 동전을 던졌을 때 앞면이 더 많이 나오도록 조작된 동전이라는 의심이 든다. 6%의 유의수준을 사용한다면 동전을 10회 던졌을 때 몇 회 이상 앞면이 나오면 정상적인 동전이 아니라고 결론을 내려야 하는가?

11-7 **어떤 신도시에 거주하는 주민들은 주택단지 내의 소음이 환경 기준치를 넘는다고 주장하고 있다. 하지만 지금까지 해당 지방자치단체의 환경담당부서에서 조사한 바에 의하면 이 지역의 소음이 환경 기준치 이내인 것으로 나타나고 있다. 환경담당부서에서는 주민들의 주장이 맞지 않다는 것을 증명하기 위해 임의로 정한 시간대에 10번의 소음 측정을 하였다.**

① 귀무가설과 대립가설을 설정하라.

② 위의 귀무가설을 유의수준 0.05로 하여 검정하려고 하는데, p값을 계산해 보았더니 0.03이 나왔다. 귀무가설이 기각되는가?

11-8 **어떤 지방도시에서는 쓰레기 소각장을 근교에 설치하려고 하는데 주민들의 반대가 심하다. 주민들의 절반 이상이 소각장 설치에 반대하고 있다는 의견이 있어서 이러한 주장이 사실인지에 대해 조사하려고 한다. 지자체에서는 주민들의 절반 이상이 소각장 설치에 찬성하고 있다는 것을 증명하기 위해 1,000명의 지역주민들에 대해 조사를 실시하기로 하였다.**

① 귀무가설과 대립가설을 설정하라.

② 10%의 유의수준에서 p값이 0.12라면 주민들의 절반 이상이 소각장 설치에 찬성한다고 할 수 있는가?

11-9 **대학생인 홍길동군은 대학생들이 스마트폰에서 사용하는 앱의 개수가 직장인들이 사용하는 앱의 개수와 다르다고 생각한다. 이를 증명하기 위해서 자료를 조사하기로 했다.**

① 귀무가설과 대립가설을 설정하시오.

② 분석결과 p값이 0.02가 계산되었다면 5%의 유의수준에서 대학생과 직장인이 사용하는 앱의 개수가 다르다고 할 수 있는가?

11－10 **한 지방도시의 시민단체는 도시 중심으로 흐르고 있는 하천의 수질에 대해 관심이 많다. 최근에 하천 주변에 거주하는 주민들은 하천의 수질이 환경오염 기준치를 넘어선다고 주장하고 있다. 이에 대해 환경단체에서는 하천의 수질이 환경오염 기준치를 넘어선다는 것을 증명하기 위해 하천 50지역을 임의로 선정하여 수질조사를 실시하였다.**

① 귀무가설과 대립가설을 설정하라.
② 제1종 오류와 제2종 오류를 기술하라.
③ p값이 0.025라면 5%의 유의수준에서 하천의 수질이 환경 기준치 이내라고 할 수 있는가?

11－11 **다음의 각 귀무가설과 계산된 통계량 값에 대해 p값을 구하라.**

① $H_0: \mu \geq 50,\ Z_c = 1.96$
② $H_0: \mu \leq 50,\ Z_c = 1.645$
③ $H_0: \mu = 50,\ Z_c = 1.28$
④ $H_0: p \leq 0.5,\ Z_c = -2.33$
⑤ $H_0: p \geq 0.5,\ Z_c = -2$
⑥ $H_0: p = 0.5,\ Z_c = -1.44$

11－12 **다음의 각 귀무가설과 계산된 통계량 값에 대해 p값을 구하라.**

① $H_0: \mu \geq 50,\ t_{c,22} = -2.508$
② $H_0: \mu \leq 50,\ t_{c,12} = 1.782$
③ $H_0: \mu = 50,\ t_{c,24} = 2.064$
④ $H_0: \mu \leq 50,\ t_{c,22} = 0$
⑤ $H_0: \mu \geq 50,\ t_{c,22} = 0$
⑥ $H_0: \mu = 50,\ t_{c,22} = 0$

11-13 김진기씨는 고가의 골동품을 구입하는 것을 고려하고 있다. 하지만 고가의 골동품은 항상 위조의 가능성을 지니고 있기 때문에 진품임을 확인해야 한다. 그래서 김진기씨는 해당 분야의 전문가 5명에게 위 골동품의 감정을 의뢰하였다. 각 전문가들의 의견이 상호독립적이고 전문가들의 의견이 맞을 확률이 70%라고 하자. 5%의 유의수준을 사용했을 때, 몇 명 이상의 전문가가 위조라는 의견을 제시하면 위조라고 결론을 내릴 수 있을까?

P·a·r·t 12

단일 모집단에 대한 가설검정

P·a·r·t 12

단일 모집단에 대한 가설검정

우리는 제11장에서 가설검정의 기본개념과 절차에 대해 살펴보았다. 이제 좀 더 구체적으로 모집단이 하나일 때의 가설검정에 대해 살펴보기로 하자. 단일 모집단의 가설검정에는 검정하고자 하는 모수에 따라 평균에 관한 가설검정, 분산에 관한 가설검정, 비율에 대한 가설검정이 있다. 그런데 분산에 대한 가설검정은 그다지 많이 이용되지 않으므로 이 장에서는 모집단의 평균과 비율에 관한 가설검정을 중심으로 살펴보기로 한다.

여기에서 유의해야 할 점은 가설의 내용에 따라 사용해야 할 검정 방법과 검정통계량은 차이가 있지만, 가설검정의 기본적인 논리와 절차는 앞 장에서 설명한 것과 동일하다는 것이다. 그러므로 가설검정의 논리와 절차를 잘 이해하고 있다면 앞으로 다루게 될 여러 가지 가설검정 방법들도 쉽게 이해할 수 있다. 다만 조사의 목적과 상황에 따라 어떤 가설검정 방법과 검정통계량을 사용하는 것이 좋은가에 대한 이해의 폭을 넓혀야 할 것이다.

제1절 단일 모집단의 평균에 대한 가설검정

단일 모집단의 평균에 대한 가설검정은 정해진 유의수준에서 표본평균이 모집단평균이라고 할 수 있는가를 검정하는 것으로서, 모집단의 표준편차를 알고 있는 경우와 알고 있지 않은 경우로 나누어 설명할 수 있다.

1. 모집단의 표준편차를 알고 있는 경우

제11장의 가설검정에서 살펴본 바와 같이, 모집단의 표준편차를 알고 있을 때는 Z값을 검정통계량으로 사용한다.

모집단의 표준편차를 알고 있을 때의 가설검정

검정통계량 : $Z=\dfrac{\overline{X}-\mu}{\sigma/\sqrt{n}}$ 〈공식 12－1〉

① 단측검정

$H_0:\mu\leq\mu_0$이고 $H_1:\mu>\mu_0$일 때 $Z_c>Z_a$이면 H_0를 기각한다.

$H_0:\mu\geq\mu_0$이고 $H_1:\mu<\mu_0$일 때 $Z_c<-Z_a$이면 H_0를 기각한다.

② 양측검정

$H_0:\mu=\mu_0$이고 $H_1:\mu\neq\mu_0$일 때 $Z_c>Z_{a/2}$ 또는 $Z_c<-Z_{a/2}$이면 H_0를 기각한다.

[예 12－1]

A회사는 자사에서 생산하는 전지의 수명이 50시간을 넘는다고 광고하고 있다. 경험에 의하면 전지의 수명은 정규분포를 이루며, 표준편차는 3시간인 것으로 알려져 있다. 그런데 최근 한국소비자보호원에 이 회사 전지의 수명이 50시간이 되지 못한다는 소비자들의 불만이 접수되고 있다. 한국소비자보호원에서는 소비자들의 주장대로 전지의 수명이 50시간에 미달하는지를 알아보기 위해 이 회사의 전지 16개를 조사한 결과 평균 수명이 48.9시간이었다. 소비자들의 주장이 맞는지 유의수준을 5%로 설정하여 검정하라.

[풀이]

전지 수명의 분포가 정규분포를 이루므로 표본평균의 분포 역시 정규분포를 이룬다. 따라서 귀무가설이 옳다고 할 때 가정되는 표본평균의 분포는 $\mu_{\overline{X}}=50$이고, $\sigma_{\overline{X}}=\frac{3}{\sqrt{16}}=0.75$인 정규분포이다. 이 표본평균의 분포를 염두에 두고 가설검정을 해 보자.

① 가설의 설정

한국소비자보호원에서는 이 회사의 전지수명이 50시간에 미달한다는 것을 입증하려는 것이므로 귀무가설은 이 회사의 주장이 옳다는 것이어야 한다. 따라서 귀무가설과 대립가설은 다음과 같다.

H_0 : 전지의 평균 수명은 50시간 이상이다($\mu \geq 50$).

H_1 : 전지의 평균 수명은 50시간 미만이다($\mu < 50$).

그림 12-1 귀무가설이 옳다고 가정할 때 표본평균의 분포

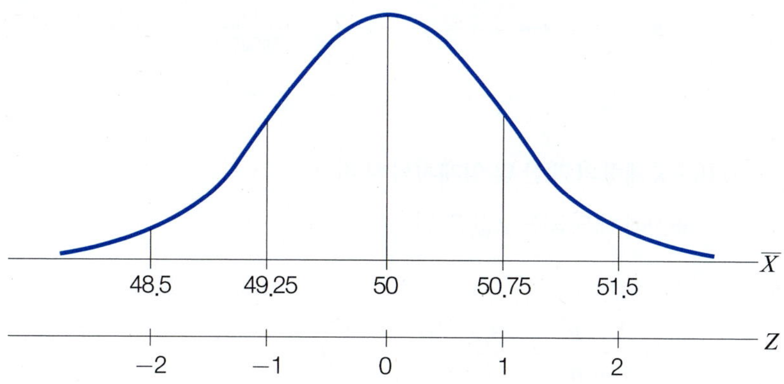

② 유의수준 $\alpha=0.05$

③ 임계치와 기각영역

귀무가설이 복합가설이므로 단측검정을 해야 한다. 귀무가설에서 평균이 50시간 이상이라고 하였으므로 왼쪽 꼬리 부분에 기각영역이 설정되며, 이때 임계치에 해당하는 Z값은 (−)가 된다. 유의수준이 5%이므로 임계치와 기각영역은 다음과 같다.

임계치 : $-Z_{0.05}=-1.645$

기각영역 : $Z<-1.645$

그림 12-2 임계치와 기각영역

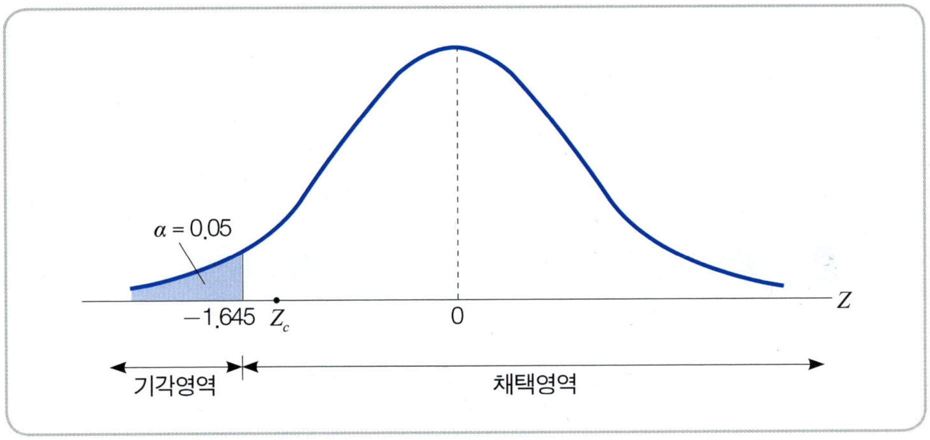

④ 표본통계량의 계산 및 임계치와의 비교

$\overline{X}=48.9$에 해당되는 Z값은 다음과 같다.

$$Z_c=\frac{\overline{X}-\mu}{\sigma/\sqrt{n}}=\frac{48.9-50}{0.75}=-1.47$$

계산된 Z값이 기각영역에 포함되지 않으므로 귀무가설을 기각할 수 없다. 따라서 이 회사의 전지 광고는 과장되었다고 볼 수 없다.

[예 12-2]

의약품 성분의 함량은 품질을 결정하는 데 매우 중요한 요소이다. 성분의 함량이 부족하면 약효가 떨어지고 초과하면 부작용이 생긴다. A회사에서 생산하는 항생제에 포함된 항생물질의 평균 함량은 1캡슐당 200mg이고 표준편차는 3mg을 초과하지 않도록 품질관리가 이루어지고 있다. 최근 품질관리부서에서 이 항생제 400캡슐을 표본으로 추출하여 항생물질의 함량을 조사한 결과 표본의 평균이 200.32mg이었다. 이 항생물질의 함량이 적절한지 유의수준 0.05에서 검정하라.

[풀이]

$n=400$이므로 표본평균의 분포는 모집단 분포의 모양에 관계없이 정규분포를 이룬다. 따라서 귀무가설이 옳다고 할 때 가정되는 표본평균의 분포는 $\mu_{\overline{X}}=200$, $\sigma_{\overline{X}}=\frac{3}{\sqrt{400}}=0.15$인 정규분포이다.

① **가설의 설정**

의약품의 함량이 200mg임을 주장하고 있으므로 귀무가설은 단순가설이 되어야 한다.

H_0 : 항생물질의 함량은 200mg이다($\mu=200$).

H_1 : 항생물질의 함량은 200mg이 아니다($\mu \neq 200$).

② **유의수준** $\alpha=0.05$

③ **임계치와 기각영역**

귀무가설이 단순가설이므로 양측검정을 해야 한다. 따라서 기각영역은 양쪽 꼬리 부분에 설정된다. $\frac{\alpha}{2}=0.025$이므로 임계치와 기각영역은 다음과 같다.

그림 12-3 임계치와 기각영역

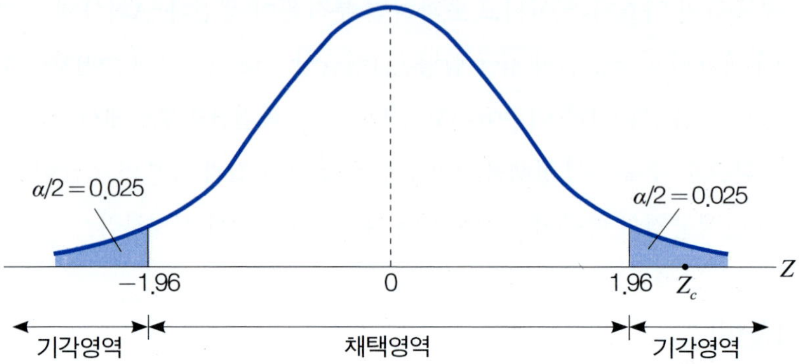

임계치 : $Z_{0.025}=1.96,\ -Z_{0.025}=-1.96$

기각영역 : $Z>1.96$ 또는 $Z<-1.96$

④ **표본통계량의 계산 및 임계치와의 비교**

$\overline{X}=200.32$에 해당하는 Z값을 계산하면 다음과 같다.

$$Z_c=\frac{\overline{X}-\mu}{\sigma/\sqrt{n}}=\frac{200.32-200}{0.15}=2.13$$

계산된 Z값이 2.13으로 기각영역에 포함되므로 귀무가설은 기각되고 대립가설이 채택된다. 따라서 항생물질은 함량이 200mg이라고 할 수 없다.

[예 12-3]

[예 12-2]의 자료를 이용하여 항생물질의 함량이 적절하다고 할 수 있는지 유의수준 5%에서 p값을 이용해 가설검정하라.

[풀이]

①가설의 설정

조사결과 항생물질의 함량은 200.32mg이므로 이것을 대립가설로 설정한다.

H_0 : 항생물질의 함량은 200mg이다($\mu=200$).

H_1 : 항생물질의 함량은 200mg이 아니다($\mu\neq200$).

②유의수준 $\alpha=5\%$

③p값 계산

표본통계량 $\overline{X}$에 대응하는 Z값을 계산한다.

$$Z=\frac{\overline{X}-\mu}{\sigma/\sqrt{n}}=\frac{200.32-200}{0.15}=2.13$$

여기서 Z값에 해당하는 확률을 표준정규분포표에서 찾아보면 0.4834이다. 양측검정이므로 p값은 다음과 같이 계산된다.

$$\begin{aligned} p\text{값} &= P(\overline{X}\geq 200.32)\times 2 \\ &= P(Z\geq 2.13)\times 2=(0.5-0.4834)\times 2=0.0332 \end{aligned}$$

계산된 p값이 0.0332로서 유의수준 5%보다 작으므로 귀무가설은 기각되고 대립가설이 채택된다. 그러므로 항생물질의 함량은 200mg이라고 할 수 없다.

2. 모집단의 표준편차를 모르는 경우

위의 예에서는 모집단의 표준편차를 알고 있다고 가정하였지만 현실적으로는 모집단의 표준편차를 모르는 경우가 대부분이다. 이때에는 모집단의 표준편차 σ의 불편추정량인 표본의 표준편차 S를 대신 사용한다.

신뢰구간 추정에서와 마찬가지로 σ 대신 S를 사용할 때는 Z값 대신 t값을 이용하여 가설검정을 하여야 한다. 이때 t값은 자유도 $n-1$인 t-분포를 이룬다. t값은 다음과 같이 계산된다.

$$t = \frac{\overline{X} - \mu}{S/\sqrt{n}}$$

t-분포를 이용하여 가설검정을 하는 경우에도 가설검정의 기본 개념과 절차는 동일하다. 다만 임계치와 표본통계량을 계산할 때 Z값 대신 t값을 이용하는 점만 다를 뿐이다. 유의수준 α에서 t-분포를 이용하여 단측검정을 하면 임계치는 $t_{\alpha,\,n-1}$이고 귀무가설의 기각영역은 $t > t_{\alpha,\,n-1}$이 된다. 또한 양측검정을 하면 임계치는 $t_{\alpha/2,\,n-1}$ 또는 $-t_{\alpha/2,\,n-1}$로서 기각영역은 각각 $t > t_{\alpha/2,\,n-1}$와 $t < -t_{\alpha/2,\,n-1}$가 된다.

예를 들어 유의수준이 5%이고 자유도가 9라고 할 때, 단측검정을 할 때의 임계치는 $t_{0.05,\,9} = 1.833$이며, 양측검정을 할 때의 임계치는 $t_{0.025,\,9} = 2.262$ 또는 $-t_{0.025,\,9} = -2.262$가 된다.

모집단의 표준편차를 모르는 경우의 가설검정

검정통계량 : $t = \dfrac{\overline{X} - \mu}{S/\sqrt{n}}$ 〈공식 12-2〉

① 단측검정

$H_0 : \mu \le \mu_0$이고 $H_1 : \mu > \mu_0$일 때 $t > t_{\alpha,\,n-1}$이면 H_0를 기각한다.

$H_0 : \mu \ge \mu_0$이고 $H_1 : \mu < \mu_0$일 때 $t < -t_{\alpha,\,n-1}$이면 H_0를 기각한다.

② 양측검정

$H_0 : \mu = \mu_0$이고 $H_1 : \mu \neq \mu_0$일 때 $t > t_{\alpha/2,\, n-1}$ 또는 $t < -t_{\alpha/2,\, n-1}$이면 H_0를 기각한다.

[예 12-4]

성인 남성의 하루 권장 칼로리 섭취량은 2,500kcal로 알려져 있다. 국내의 한 연구기관에서는 남자 대학생 25명을 표본추출하여 대학생들이 권장 칼로리 섭취량을 충족하고 있는지 조사하였다. 조사 결과 남자 대학생들의 하루 칼로리 섭취량은 평균이 2,560kcal이고 표준편차가 200kcal이었다. 유의수준을 10%로 하여 다음과 같이 가설 검정하라.

1) 대학생들의 하루 칼로리 섭취량이 2,500kcal이 넘는가를 검정하여라.

2) 대학생들의 하루 칼로리 섭취량이 2,500kcal인가를 검정하여라.

[풀이]

모집단의 표준편차 σ를 알 수 없으므로 σ의 불편추정량인 S를 사용하여 가설검정을 한다. 이때 가정되는 표본평균의 분포는 $\mu_{\overline{X}} = 2{,}500$, $S_{\overline{X}} = \dfrac{200}{\sqrt{25}} = 40$, 자유도 $n-1 = 24$인 t-분포를 이룬다.

1)의 검정

① **가설의 설정**

$H_0 : \mu \leq 2{,}500$

$H_1 : \mu > 2{,}500$

② **유의수준** $\alpha = 0.10$

③ 임계치와 기각영역

귀무가설이 복합가설이므로 단측검정을 해야 한다. $\alpha=0.10$, 자유도 $25-1=24$이므로 임계치와 기각영역은 다음과 같다.

그림 12-4 임계치와 기각영역

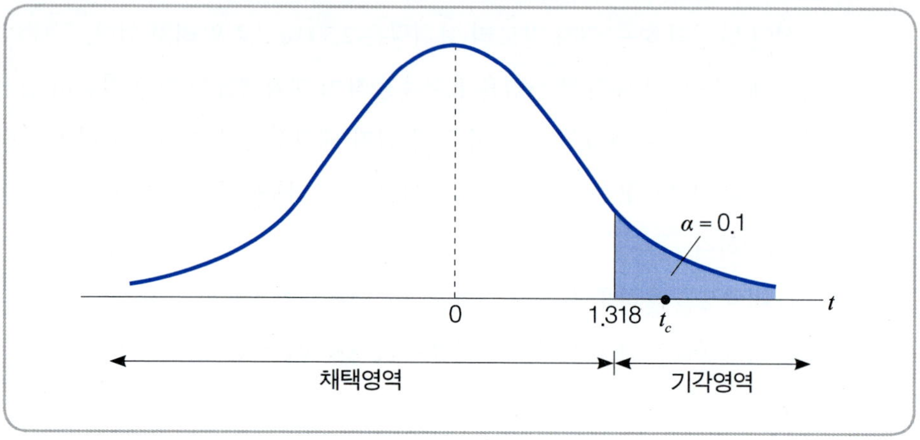

임계치 : $t_{0.1,24}=1.318$

기각영역 : $t>1.318$

④ 표본통계량의 계산 및 임계치와의 비교

$\overline{X}=2{,}560$에 해당하는 t값을 구해 보면 다음과 같다.

$$t_c=\frac{\overline{X}-\mu}{S/\sqrt{n}}=\frac{2{,}560-2{,}500}{200/\sqrt{25}}=1.5$$

계산된 t값이 귀무가설의 기각영역 내에 포함되므로 귀무가설은 기각된다. 따라서 남자 대학생들의 하루 칼로리 섭취량은 2,500kcal를 넘는다고 할 수 있다.

2)의 검정

① **가설의 설정**

$H_0 : \mu = 2{,}500$

$H_1 : \mu \neq 2{,}500$

② **유의수준** $\alpha = 0.10$

③ **임계치와 기각영역**

귀무가설이 단순가설이므로 양측검정을 해야 한다. $\frac{\alpha}{2} = 0.05$이고 자유도 25−1=24이므로 임계치와 기각영역은 다음과 같다.

그림 12-5 임계치와 기각영역

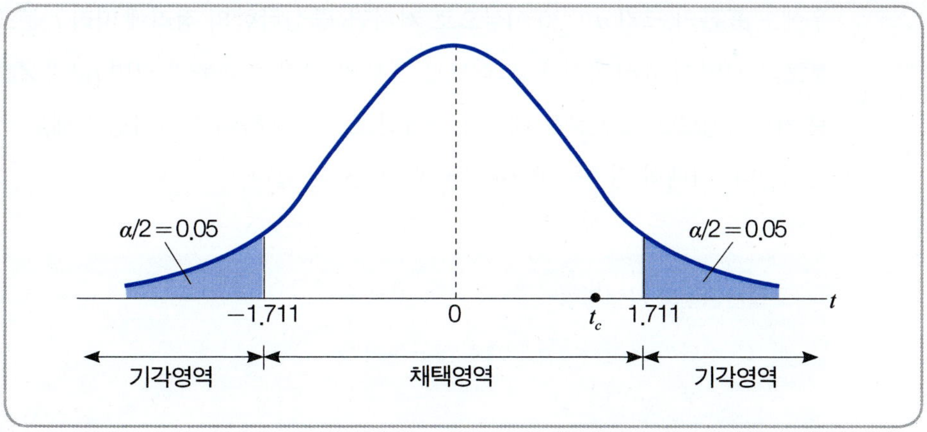

임계치 : $t_{0.05,\,24} = 1.711$ 또는 $-t_{0.05,\,24} = -1.711$

기각영역 : $t > 1.711$ 또는 $t < -1.711$

④ 표본통계량의 계산 및 임계치와의 비교

$\overline{X}=2{,}560$에 해당하는 t값을 구해 보면 다음과 같다.

$$t_c=\frac{\overline{X}-\mu}{S/\sqrt{n}}=\frac{2{,}560-2{,}500}{200/\sqrt{25}}=1.5$$

계산된 t값이 귀무가설의 기각영역 내에 포함되지 않으므로 귀무가설을 기각할 수 없다. 따라서 남자 대학생들의 하루 칼로리 섭취량은 2,500kcal가 아니라고 할 수 없다.

3. 모집단의 표준편차를 모르지만 표본의 크기가 클 경우

신뢰구간 추정에서와 마찬가지로 모집단의 표준편차를 모르는 경우에는 t-분포를 이용하여 가설검정을 하는 것이 원칙이다. 그러나 모집단의 표준편차를 모르는 경우에도 표본의 크기 n이 30 이상으로 커지면, 중심극한의 정리에 따라 t-분포는 정규분포와 모양이 유사해진다. 그러므로 표본의 크기가 충분히 크면 t값과 Z값 사이에 큰 차이가 없으므로 t-분포 대신에 정규분포를 이용하여 가설검정을 해도 결과는 비슷해진다. 이때의 검정통계량은 〈공식 12-3〉과 같다.

모집단평균의 가설검정

(모집단의 표준편차를 모르지만 표본이 클 경우)

$$Z=\frac{\overline{X}-\mu}{S/\sqrt{n}}$$ 〈공식 12-3〉

제2절 단일 모집단의 비율에 대한 가설검정

지금까지 모집단의 평균에 관한 가설검정에 대해 살펴보았다. 그러나 우리의 일상생활에서는 모집단평균뿐만 아니라 모집단비율에 대한 가설검정이 요구되는 상황도 매우 많다. 예를 들어 "작년 대학졸업생의 취업률은 60%다", "우리 제품을 선호하는 소비자의 비율은 80%를 넘는다", "A정당에 대한 지지도가 30%다" 등과 같은 주장의 진위를 밝히기 위해서는 모집단비율에 대한 가설검정을 해야 한다. 모집단비율에 대한 가설검정은 정해진 유의수준에서 표본비율을 이용해 모집단비율에 대한 주장의 진위를 검정하는 것이다.

모집단비율에 대한 신뢰구간 추정과 마찬가지로 모집단비율에 대한 가설검정에서도 모집단비율 p의 불편추정량인 표본비율 $\hat{p}$을 이용한다.

여기에서 사용되는 표본비율을 다시 한 번 살펴보면 다음과 같다.

$$\hat{p} = \frac{X}{n}$$

위의 식에서 n은 표본의 크기이며, X는 표본에서 기대하는 사건이 발생하는 횟수를 말한다. 모집단비율의 신뢰구간 추정에서 살펴본 것처럼 모집단에서 n개의 가능한 표본을 뽑아, 기대하는 사건이 나타나는 비율 $\hat{p}$를 계산했을 때, 이 표본비율이 이루는 분포는 이항분포와 동일한 형태가 된다. 이때 표본비율이 이루는 분포의 평균과 표준오차 $\sigma_{\hat{p}}$는 다음과 같이 계산된다.

$$E(\hat{p}) = p$$

$$\sigma_{\hat{p}} = \sqrt{\frac{p(1-p)}{n}}$$

8장의 이항분포 정규근사에서 살펴보았듯이, 표본비율의 분포는 시행횟수 n이 커져 $np \geq 5$ 또는 $n(1-p) \geq 5$가 되면 정규분포와 유사해진다. 따라서 n이 충분히 클 경우 모집단비율에 대한 가설검정도 정규분포를 이용할 수 있으며, 이때 사용되는 검정통계량 Z는 다음과 같다.

$$Z = \frac{\hat{p}-p}{\sigma_{\hat{p}}} = \frac{\hat{p}-p}{\sqrt{p(1-p)/n}}$$

모집단비율에 대한 가설검정의 기본논리와 절차는 모집단평균에 대한 가설검정의 경우와 동일하다. 즉 표본비율 $\hat{p}$에 해당하는 Z값을 구하고, 이 Z값을 임계치와 비교하여 귀무가설의 기각 여부를 결정한다.

모집단비율의 검정

(표본의 크기가 클 때)

검정통계량 : $Z = \frac{\hat{p}-p}{\sigma_{\hat{p}}} = \frac{\hat{p}-p}{\sqrt{p(1-p)/n}}$ 〈공식 12-4〉

① 단측검정

$H_0 : p \leq p_0$이고 $H_1 : p > p_0$일 때 $Z_c > Z_\alpha$이면 H_0를 기각한다.

$H_1 : p \geq p_0$이고 $H_1 : p < p_0$일 때 $Z_c < -Z_\alpha$이면 H_0를 기각한다.

② 양측검정

$H_0 : p = p_0$이고 $H_1 : p \neq p_0$일 때 $Z_c > Z_{\alpha/2}$ 또는 $Z_c < -Z_{\alpha/2}$이면 H_0를 기각한다.

[예 12-5]

매년 해맞이 관광객이 늘어나고 있는 가운데, 동해안의 유명 해맞이 관광지에서는 내년 도시 직장인의 해맞이 관광 비율이 20%를 넘을 것이라고 주장한다. 국내 한 여행사에서는 이를 확인하기 위해 도시 직장인 400명을 대상으로 표본 조사를 실시하였다. 조사 결과, 도시 직장인 400명 중 84명이 내년 해맞이 관광을 계획하고 있는 것으로 나타났다. 내년 도시 직장인의 해맞이 관광비율이 20%가 될 것인지 유의수준 5%에서 양측 검정하라.

[풀이]

① 가설의 설정

표본비율은 $\hat{p}=84/400=0.21$이다. 해맞이 관광비율이 20%인지를 양측검정에 의해 검정한다.

H_0 : 해맞이 관광 비율은 20%이다($p=0.20$).

H_1 : 해맞이 관광 비율은 20%가 아니다($p\neq 0.20$).

② 유의수준 $\alpha=0.05$

③ 임계치와 기각영역

임계치 : $Z_{0.025}=1.96$ 또는 $-Z_{0.025}=-1.96$

기각영역 : $Z>1.96$ 또는 $Z<-1.96$

그림 12-6 임계치와 기각영역

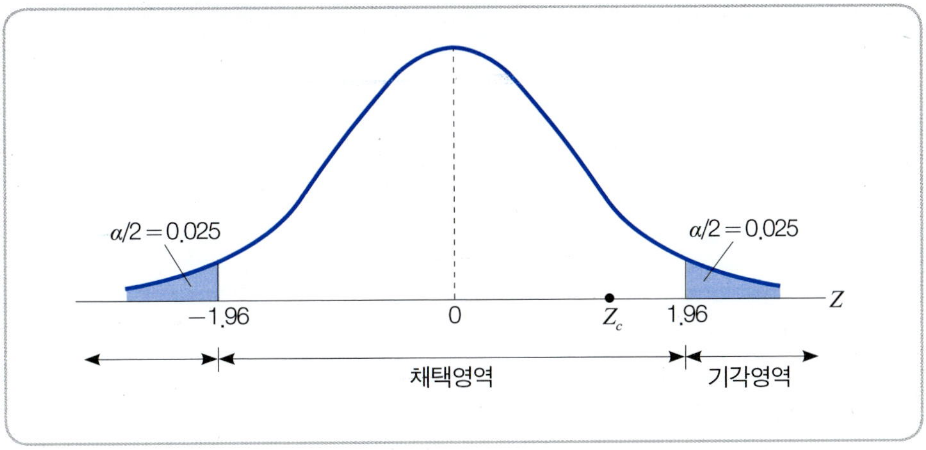

④ 표본통계량의 계산 및 임계치와의 비교

귀무가설에서 $p=0.20$으로 가정하고 있으므로,

$$\sigma_{\hat{p}}=\sqrt{\frac{p(1-p)}{n}}=\sqrt{\frac{0.2\times0.8}{400}}=0.02$$

따라서 $\hat{p}=0.21$에 해당하는 Z값은 다음과 같다.

$$Z_c=\frac{\hat{p}-p}{\sigma_{\hat{p}}}=\frac{0.21-0.20}{0.02}=0.5$$

계산된 Z값 0.5는 기각영역에 포함되지 않으므로 귀무가설을 기각할 수 없다. 따라서 내년 도시 직장인의 해맞이 관광 비율은 20%를 넘는다고 할 수 없다.

연·습·문·제

12-1 다음 각 문항에 대하여 맞으면 O, 틀리면 X를 표시하라.

① 모집단이 정규분포일 때, 표본평균과 모집단평균의 차이는 t-분포를 이룬다.

② 정규분포를 갖는 표본평균이 모집단평균과 정확하게 같을 확률은 0이다.

③ 표본분산은 모집단분산보다 작다.

④ 표본의 크기가 커질수록 표본평균은 모집단평균에 가까워진다.

⑤ 양측검정의 귀무가설에서 주장하는 평균이 신뢰구간에 포함되는 경우, 오차율과 같은 유의수준에서 이 귀무가설은 기각된다.

⑥ 모집단평균에 대한 가설검정에서 모집단의 분산을 알고 있는 경우에는, 표본의 크기에 상관없이 표준정규분포를 이용해서 가설을 검정할 수 있다.

⑦ 비율에 대한 가설검정은 언제나 t-분포를 사용한다.

⑧ 가설검정에서 귀무가설이 기각되면 p값은 항상 유의수준보다 작다.

⑨ t-분포의 분산은 표준정규분포의 분산과 같거나 크다.

⑩ 표준정규분포를 사용해야 하는 가설검정에서 t-분포를 사용한 가설검정은 귀무가설을 기각할 가능성이 높아진다.

12-2 영재교실에서 공부하는 학생들의 IQ는 평균이 130이고 표준편차는 20이라는 주장이 있다. 100명의 학생을 뽑아서 IQ를 검사하였더니 평균이 125가 나왔다. 영재교실에서 공부하는 학생들의 평균 IQ가 130에 미치지 못한다는 주장을 유의수준 0.01로 하여 검정하라.

12-3 푸른생수에서 판매하는 2리터짜리 생수병에 들어 있는 생수의 표준편차는 10ml를 넘지 않도록 품질관리가 이루어지고 있다. 최근 50개의 생수병을 임의로 추출하여 생수의 양을 측정해 보았더니 평균이 1.99리터였다. 이 생수의 양이 2리터에 미달한다는 주장을 유의수준 0.05에서 검정하라.

12-4 다음과 같은 값이 주어졌을 때, 귀무가설의 기각 여부를 검정하라.

① $n=9,\ \overline{X}=324.7,\ S^2=9,\ \alpha=0.10$
$H_0: \mu \geq 327,\ H_1: \mu < 327$
② $n=25,\ \overline{X}=26,\ S^2=16,\ \alpha=0.05$
$H_0: \mu \leq 20,\ H_1: \mu > 20$
③ $n=25,\ \overline{X}=50,\ S^2=100,\ \alpha=0.01$
$H_0: \mu = 55,\ H_1: \mu \neq 55$

12-5 해외제과에서는 최근 원자재값의 인상으로 자사에서 생산하는 스낵제품의 무게를 200g으로 재조정하였다. 소비자단체에서는 이 스낵제품 100봉지를 임의로 선정하여 조사한 결과 $\overline{X}=198$g, $S=10$g이 나왔다. 이 스낵제품의 평균 무게가 200g이라고 할 수 있는가를 유의수준 0.05로 하여 검정하라.(양측검정)

12-6 금성모터는 자사에서 제조한 모터의 전류가 평균 0.8A 이상이라고 주장한다. 이 회사의 모터 18개를 시험한 결과 $\overline{X}=0.663$, $S=0.255$로 조사되었다. 5%의 유의수준에서 다음의 가설을 검정하라.

① $H_0: \mu \geq 0.8,\ H_1: \mu < 0.8$
② $H_0: \mu \leq 0.8,\ H_1: \mu > 0.8$

12-7 건설장비를 납품하는 제조업자가 자신이 납품하는 장비의 95% 이상이 품질규격 조건에 맞다고 주장하고 있다. 이를 알아보기 위하여 200개의 장비를 표본으로 뽑아 검사해 보니 8개가 불합격품이었다. 이 회사가 납품하는 장비의 5% 미만이 품질규격 조건에 미달한다는 주장을 유의수준을 0.05로 하여 검정하라.

12-8 한미자동차에서는 최근 새로운 경승용차를 개발하였는데, 이들의 주장에 의하면 이 승용차의 리터당 평균 연비가 20km/l 이상이라고 주장하고 있다. 소비자단체에서는 이 승용차로 16번의 주행을 실시한 결과 평균이 18km/l이고, 표준편차가 2.5km/l로 나타났다. 다음 각각의 가설에 대해 유의수준 5%에서 검정하라.

① $H_0 : \mu \geq 20$
② $H_0 : \mu \leq 20$

12-9 대명전자에서는 DVD를 생산하고 있는데, 품질관리가 제대로 이루어진 경우 DVD의 불량률이 5% 미만이라고 한다. 이 주장을 검정하기 위해 200대의 완성품을 추출하여 조사한 결과 15개가 불량품이었다.

① 대명전자의 품질관리가 제대로 이루어지고 있다고 보는가? 유의수준을 5%로 하여 검정하라.
② p값을 구하라.

12-10 심리학에 의하면 전체 인구 중 약 10% 미만이 왼손잡이라고 한다. 이 주장이 맞는가를 알아보기 위해 200명을 대상으로 왼손잡이 유무를 조사하려고 한다. 유의수준을 5%로 하여 가설검정을 한다고 할 때 조사대상 200명 중 몇 명이 왼손잡이일 때 인구의 10% 미만이 왼손잡이라는 대립가설이 맞다고 할 수 있는가?

12−11 **청소년의 음주는 학습에 지장을 주고 폭력을 동반하기 쉬우며, 이러한 음주습관은 성인이 되어서도 유지되어 여러 가지 나쁜 영향을 끼치는 것으로 알려져 있다. 모 일간지의 기사에 의하면 고등학교 3학년 재학생 중 50% 이상의 학생이 한 달에 1회 이상 음주를 한다고 한다. 교육부에서는 이 기사의 내용이 맞는가에 대해 알아보기 위해 500명의 고등학교 3학년 학생에 대해 조사한 결과 220명의 학생이 한 달에 1회 이상 음주를 했다고 응답하였다.**

① 이 일간지의 기사내용을 5%의 유의수준에서 검정하라.
② 위 가설검정의 p값을 구하라.

12−12 **푸른농산에서는 농장에서 생산되는 사과를 엄격한 품질관리를 통해 규격화하여 출시하고 있다. 푸른농산에서 출시하는 고급품 사과 한 상자에 들어 있는 사과의 평균 무게는 500g이고 표준편차는 10g이 넘지 않도록 관리하고 있다. 최근에 고급품 사과 한 상자에 들어 있는 20개의 무게를 측정하였더니 표본평균이 495g이었다.**

① 모집단의 표준편차가 10g이라고 할 때, 고급품 사과의 평균 무게가 500g 이상이라는 주장에 대해 5%의 유의수준에서 검정하라.
② 고급품 사과 20개의 표준편차를 계산하였더니 15g이었다. 동일한 유의수준에서 표본표준편차를 이용하여 위의 가설을 검정하라.

12−13 **비앤엠출판사에서는 도서를 출판하고 있다. 출판사에서는 출판되는 서적의 오류를 최소화하기 위해 다양한 노력을 기울이고 있다. 출판사의 방침은 페이지당 오류를 0.1개 이하로 줄이는 것이다. 최근에 출판된 교양서적의 200페이지를 면밀히 검토한 결과 페이지당 오류의 표준편차는 0.05개였다. 5%의 유의수준에서 페이지당 오류가 0.1개 미만이라는 대립가설을 채택하기 위해서는 몇 개 이하의 오류가 검출되어야 하는가?**

12-14 **대원산업에서는 종업원의 직무만족에 큰 관심을 가지고 있다. 직무에 만족한 종업원은 생산성이 높고 여러 가지 면에서 긍정적인 효과를 가져오기 때문이다. 지금까지 알려진 바에 의하면 전체 종업원의 75%가 자신의 직무에 만족하고 있다고 한다. 하지만 최근에 실시한 일부 종업원들에 대한 조사에서는 대상자의 70%만이 자신의 직무에 만족한다고 응답하였다.**

① 몇 명 이상의 종업원을 대상으로 하였을 때, 5%의 유의수준에서 종업원의 75% 이상이 직무에 만족한다는 귀무가설을 기각할 수 있는가?

② 1%의 유의수준을 사용한다면 몇 명 이상의 종업원을 대상으로 조사했을 때, 종업원의 75% 미만이 직무에 만족한다는 대립가설을 채택할 수 있는가?

12-15 **대종증권에서 운영하는 펀드의 운영실적을 알아보기 위해 25개의 펀드를 조사한 결과 표준편차가 2%였다. 펀드의 실적이 정규분포를 가지고 있다고 가정할 때,**

① 5%의 유의수준에서 이 증권회사에서 운영하는 펀드의 실적이 6%를 넘는다는 대립가설을 채택하기 위해서는 표본평균이 얼마 이상이어야 하는가?

② 1%의 유의수준에서 이 증권회사에서 운영하는 펀드의 실적이 6%를 넘는다는 대립가설을 채택하기 위해서는 표본평균이 얼마 이상이어야 하는가?

12-16 **동양정밀에서 생산하는 자동차 부품의 무게는 정규분포를 가지고 있다. 16개 부품의 무게를 검사한 결과 평균은 4.8kg이었다. 5%의 유의수준에서 자동차 부품의 평균 무게가 5kg 이상이라는 귀무가설을 기각하기 위해서는 표준편차가 얼마 이하이어야 하는가?**

12-17 신영전기에서는 전자부품을 생산하여 대기업에 납품하는데 저항이 2Ω 이하이어야 한다. 최근에 생산된 부품들의 표본을 조사한 결과 평균이 1.98Ω으로 계산되었다. 이 회사에서 생산하는 전자부품의 저항은 표준편차가 0.05Ω인 정규분포를 가지고 있다고 가정할 때, 몇 개 이상의 표본이어야 5%의 유의수준에서 부품들의 평균 저항이 2Ω 이상이라는 귀무가설을 기각할 수 있는가?

P · a · r · t

13

두 모집단에 대한 가설검정

Part 13

두 모집단에 대한 가설검정

제12장에서는 단일 모집단의 평균과 비율에 대한 가설검정에 대해 살펴보았다. 그러나 현실세계에서는 단일 모집단 이외에도 두 모집단의 평균 또는 비율을 비교하는 경우가 매우 많다. 예를 들어 "중소기업보다 대기업의 임금수준이 더 높다", "A 정당보다 B 정당의 지지율이 더 높다" 등이다. 이와 같은 두 모집단의 평균 또는 비율의 차이에 대한 주장을 가설로 세우고 이를 검정하는 것이 두 모집단에 대한 가설검정이다.

두 모집단의 경우에도 가설검정의 기본적인 논리와 절차는 단일 모집단과 동일하다. 즉 가설을 설정한 후 가정된 표본분포에서 유의수준에 해당하는 임계치를 구해 귀무가설의 기각영역을 설정하고, 표본통계량이 기각영역에 포함되는가의 여부에 따라 귀무가설의 기각 여부를 결정한다.

이 장에서는 먼저 두 모집단에 대한 가설검정의 기초가 되는 표본평균의 차이의 분포와 표본비율 차이의 분포를 설명한 후, 두 모집단에 대한 가설검정 방법에 대해 살펴보기로 한다.

제1절 두 모집단의 평균 차이에 대한 가설검정

우리는 일상생활에서 두 모집단간의 평균 차이에 관심을 두는 경우가 많다. 예를 들어 "A고등학교보다 B고등학교의 수능성적이 더 높다," "A상표의 휘발유가 B상표보다 연비가 더 좋다," "A훈련방법보다 B훈련방법의 효과가 더 크다" 등의 표현은 두 모집단간의 평균 차이를 말하고 있는 것이다. 다음의 예를 들어 보자.

> S회사는 수원공장과 광주공장에서 동시에 냉장고를 생산하고 있다. 그런데 광주공장 종업원들은 수원공장 종업원들의 임금이 자신들의 것보다 더 높다고 주장하고 있다. 노동조합에서는 이 주장을 입증하기 위해 임의로 수원공장 종업원 중 40명을 뽑고 광주공장 종업원 중 50명을 뽑아 각각의 월평균 임금을 계산해 보았다. 만약 수원공장이 220만원, 광주공장이 217만원이었다면, 수원공장 종업원들의 임금이 더 높다고 주장할 수 있을까?

이 조사 결과만 가지고 단순히 수원공장 종업원의 임금이 광주공장 종업원의 임금보다 높다고 쉽게 단정할 수는 없다. 왜냐하면 조사대상이 전 종업원이 아니라 표본이기 때문이다. 그러므로 표본의 조사결과를 전 종업원으로 확대하여 해석해도 되는지를 검정해 볼 필요가 있다.

1. 표본평균 차이의 분포

두 모집단의 평균에 차이가 있는가를 검정하기 위해서는 먼저 두 모집단에서 뽑은 표본평균들의 차이가 어떤 분포를 이루는지를 알아야 한다. 위의 예에서 수원공장 전체 종업원의 평균 임금이 μ_1, 분산이 σ_1^2이라고 하고, 광주공장 전체 종업원의 평균 임금이 μ_2, 분산이 σ_2^2이라고 하자. 이때 수원공장에서 크기가 n_1개인 가능한 표본을 모두 뽑아 표본평균 $\overline{X}_1$을 구하고, 광주공장에서 크기가 n_2개인 가능한 표본을 모두 뽑아 표본평균 $\overline{X}_2$를 구했다고 하자. 여기에서 두 모집단의 표본평균들을 모두 대응시켜 표본평균의 차이 $(\overline{X}_1-\overline{X}_2)$를 계산했을 때, 표본평균의 차이 $(\overline{X}_1-\overline{X}_2)$는 어떤 분포를 이루게 될까?

결론적으로 말해 두 공장 종업원의 임금이 정규분포를 이룬다면 표본평균의 차이

그림 13-1 두 모집단의 표본평균과 표본평균의 차이 예

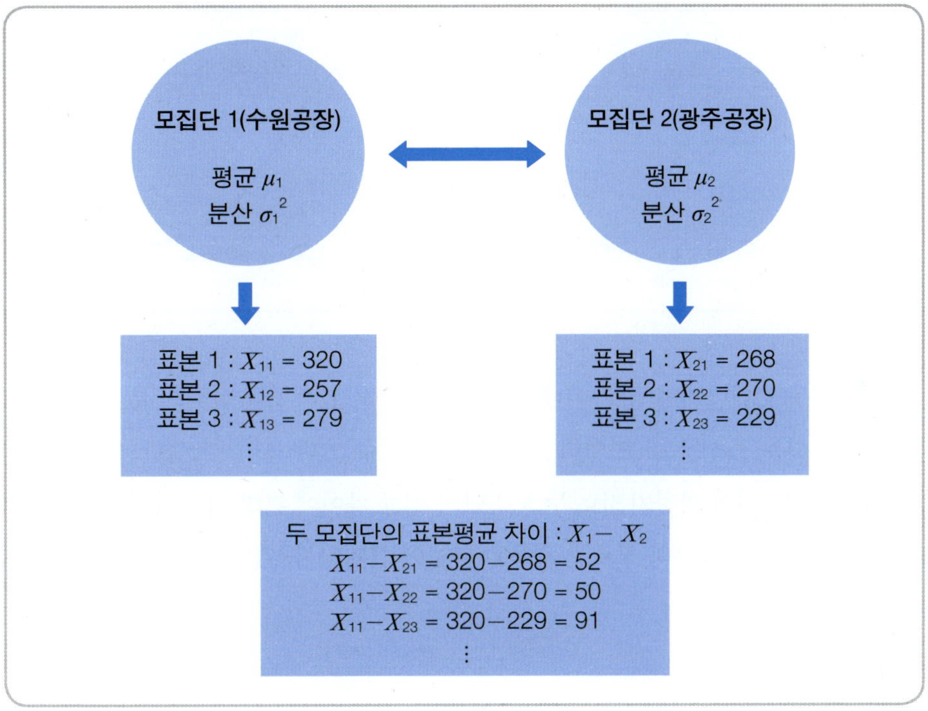

$(\overline{X}_1-\overline{X}_2)$의 분포 역시 정규분포를 이룬다. 설령 두 모집단이 정규분포가 아니더라도 n_1, n_2가 충분히 클 경우에는 중심극한의 정리에 따라 $(\overline{X}_1-\overline{X}_2)$의 분포는 정규분포와 모양이 비슷해진다. 이때 표본평균의 차이 $(\overline{X}_1-\overline{X}_2)$가 이루는 분포는 다음과 같은 평균, 분산 및 표준오차를 갖게 된다.

표본평균 차이의 분포에서 평균, 분산, 표준오차

평균 : $\mu_{\overline{X}_1-\overline{X}_2}=\mu_1-\mu_2$ 〈공식 13-1〉

분산 : $\sigma^2_{\overline{X}_1-\overline{X}_2}=\dfrac{\sigma_1^2}{n_1}+\dfrac{\sigma_2^2}{n_2}$ 〈공식 13-2〉

표준오차 : $\sigma_{\overline{X}_1-\overline{X}_2}=\sqrt{\dfrac{\sigma_1^2}{n_1}+\dfrac{\sigma_2^2}{n_2}}$ 〈공식 13-3〉

그림 13-2 표본평균 차이의 분포

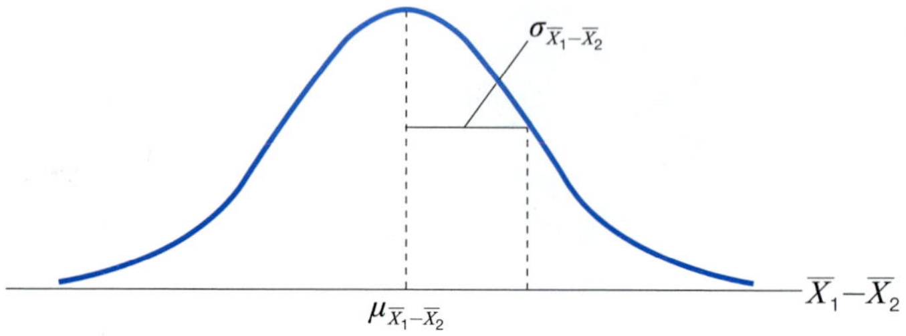

두 모집단의 평균 차이에 관한 가설검정은 표본평균 차이의 분포가 정규분포를 이룬다는 특성을 알고 있다면 쉽게 이해할 수 있다. 단일 모집단의 평균에 관한 가설검정에서와 마찬가지로 두 모집단의 평균 차이에 관한 가설검정도 모집단의 분산을 알고 있는 경우와 모르는 경우로 나누어 설명할 수 있다.

2. 두 모집단의 분산을 알고 있는 경우

두 모집단의 분산을 알고 있으면 Z-분포를 이용하여 가설검정을 한다. 이때의 검정통계량 Z값은 다음과 같이 계산된다.

두 모집단의 평균 차이의 검정통계량

(모집단의 분산을 알고 있는 경우)

$$Z=\frac{(\bar{X}_1-\bar{X}_2)-(\mu_1-\mu_2)}{\sigma_{\bar{X}_1-\bar{X}_2}}=\frac{(\bar{X}_1-\bar{X}_2)-(\mu_1-\mu_2)}{\sqrt{\frac{\sigma_1^2}{n_1}+\frac{\sigma_2^2}{n_2}}}$$ 〈공식 13-4〉

[예 13-1]

위의 예에서 수원공장 종업원 임금의 분산이 25, 광주공장 종업원 임금의 분산이 35라는 것을 경험적으로 알고 있다고 할 때, 두 공장 종업원들의 임금에 차이가 있는지를 유의수준 $\alpha=0.05$에서 검정하여 보자.

[풀이]

① **가설의 설정**

두 모집단의 평균 차이에 대한 가설을 검정할 때는 두 모집단의 평균에 차이가 없다는 귀무가설을 세운다. 여기서 수원공장 종업원 임금의 평균을 μ_1, 광주공장 종업원 임금 평균을 μ_2라고 할 때 설정되는 귀무가설과 대립가설은 다음과 같다.

H_0 : 수원공장과 광주공장 종업원의 임금은 차이가 없다.
($\mu_1=\mu_2$ 또는 $\mu_1-\mu_2=0$)
H_1 : 수원공장과 광주공장 종업원의 임금은 차이가 있다.
($\mu_1\neq\mu_2$ 또는 $\mu_1-\mu_2\neq0$)

② **유의수준** $\alpha=0.05$

③ **임계치와 기각영역의 계산**

위의 귀무가설은 단순가설이므로 양측검정을 해야 한다. $\alpha=0.05$에 해당하는 임계치는 $Z_{\alpha/2}$가 된다. 따라서

임계치 : $Z_{0.025}=1.96$, $-Z_{0.025}=-1.96$
기각영역 : $Z>1.96$ 또는 $Z<-1.96$

그림 13-3 임계치와 기각영역

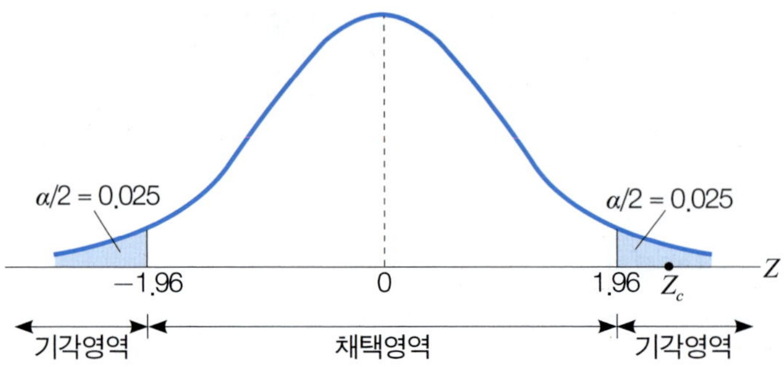

④ **표본통계량의 계산 및 임계치와의 비교**

위의 예에서 $\sigma_{\overline{X}_1-\overline{X}_2}=\sqrt{\frac{\sigma_1^2}{n_1}+\frac{\sigma_2^2}{n_2}}=\sqrt{\frac{25}{40}+\frac{35}{50}}=1.15$이므로,

$$Z_c=\frac{(220-217)-0}{1.15}=2.61$$

계산된 Z값이 기각영역에 포함되므로 귀무가설은 기각되고 대립가설이 채택된다. 따라서 수원공장과 광주공장 종업원의 임금 평균이 같다고 말할 수 없다.

[예 13−2]

수도권 지역과 지방 도시 근로자의 출근소요시간은 차이가 있다고 한다. 이러한 주장이 사실인지를 알아보기 위해 수도권 근로자 50명과 지방 도시 근로자 100명을 표본으로 뽑아 조사해 보았더니 평균 출근소요시간은 각각 49분과 42분이었다. 과거 자료에 의하면 수도권 지역과 지방 도시 근로자의 출근소요시간의 분산은 각각 300분과 400분이라고 한다. 두 지역의 출근소요시간은 차이가 있는지 유의수준 $\alpha=0.05$에서 검정하여 보아라.

[풀이]

① **가설의 설정**

수도권 지역의 평균 출근소요시간을 μ_1, 지방 도시의 평균 출근소요시간을 μ_2라고 하면 설정되는 귀무가설과 대립가설은 다음과 같다.

H_0 : 수도권 지역과 지방 도시 근로자의 출근소요시간은 차이가 없다.
($\mu_1 = \mu_2$ 또는 $\mu_1 - \mu_2 = 0$)
H_1 : 수도권 지역과 지방 도시 근로자의 출근소요시간은 차이가 있다.
($\mu_1 \neq \mu_2$ 또는 $\mu_1 - \mu_2 \neq 0$)

② **유의수준** $\alpha = 0.05$

③ **임계치와 기각영역의 계산**

위의 귀무가설은 단순가설이므로 양측검정을 해야 한다.

그림 13-4 임계치와 기각영역

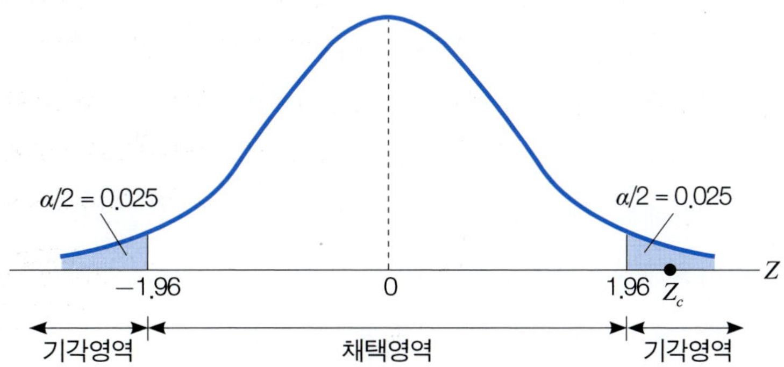

임계치 : $Z_{0.025} = 1.96$, $-Z_{0.025} = -1.96$

기각영역 : $Z > 1.96$ 또는 $Z < -1.96$

④ 표본통계량의 계산 및 임계치와의 비교

$$\sigma_{\overline{X}_1-\overline{X}_2}=\sqrt{\frac{\sigma_1^{\,2}}{n_1}+\frac{\sigma_2^{\,2}}{n_2}}=\sqrt{\frac{300}{50}+\frac{400}{100}}=3.162$$

$$Z_c=\frac{(49-42)-0}{3.162}=2.21$$

계산된 Z값이 기각영역에 포함되므로 귀무가설은 기각된다. 그러므로 수도권 지역과 지방 도시 근로자의 출근소요시간은 차이가 있다고 할 수 있다.

3. 두 모집단의 분산을 모르는 경우

앞에서는 두 모집단이 정규분포를 이루고 두 모집단의 분산 $\sigma_1^{\,2}$과 $\sigma_2^{\,2}$을 알고 있다고 가정하였다. 단일 모집단평균에 대한 가설검정에서도 살펴보았듯이 모집단의 분산을 모르는 경우에는 모집단 분산 σ^2의 불편추정량인 S^2을 대신 이용하여 계산된 t값으로 가설검정을 하였다. 두 모집단이 있을 경우에도 모집단의 분산을 모르면 각각의 모집단 분산 $\sigma_1^{\,2}, \sigma_2^{\,2}$ 대신 표본으로부터 얻은 분산 $S_1^{\,2}, S_1^{\,2}$을 이용하여 계산된 t값으로 가설을 검정한다. 이때에는 두 모집단의 분산 $\sigma_1^{\,2}=\sigma_2^{\,2}$이 동일하다고 가정하고 모집단 분산의 불편추정량인 합동분산(pooled variance)을 사용하는 것이 일반적이다.

두 모집단의 분산이 동일하다고 가정한다면, 즉 $\sigma_1^{\,2}=\sigma_2^{\,2}$이라면 두 모집단의 평균에 차이가 없다는 귀무가설의 주장은 결국 두 개의 표본이 평균과 분산이 같은 동일한 모집단에서 뽑혔다는 것과 같은 의미이다. 그러나 실제로는 두 표본에서 계산된 서로 다른 표본분산 $S_1^{\,2}$, $S_2^{\,2}$을 가지고 있으므로 $\sigma_1^{\,2}=\sigma_2^{\,2}$이라는 가정에 따라 하나의 표본분산값으로 모집단 분산을 추정하는 것이 좋다.

이를 위해 두 모집단에서 뽑은 표본의 분산 $S_1^{\,2}$, $S_2^{\,2}$을 각 표본의 자유도로 가중평균하면 모집단의 분산에 보다 더 가까운 표본분산값을 얻게 된다. 이 가중된 표본분산을 합동분산이라고 하며 $S_p^{\,2}$으로 표기한다.

표본 1의 분산을 $S_1^2 = \dfrac{\Sigma(X_1 - \overline{X}_1)^2}{n_1 - 1}$, 표본 2의 분산을 $S_2^2 = \dfrac{\Sigma(X_2 - \overline{X}_2)^2}{n_2 - 1}$라고 할 때 각 표본분산의 자유도는 각각 $n_1 - 1$, $n_2 - 1$이 되며, 총자유도는 $(n_1 - 1) + (n_2 - 1) = n_1 - n_2 - 2$가 된다. 이에 따라 합동분산 S_p^2과 합동표준편차 S_p는 다음과 같은 공식으로 구한다.

합동분산과 합동표준편차

두 표본의 분산을 $S_1^2 = \dfrac{\Sigma(X_1 - \overline{X}_1)^2}{n_1 - 1}$, $S_2^2 = \dfrac{\Sigma(X_2 - \overline{X}_2)^2}{n_2 - 1}$라고 할 때

$$S_p^2 = \frac{(n_1 - 1)S_1^2 + (n_2 - 1)S_2^2}{(n_1 - 1) + (n_2 - 1)} = \frac{\Sigma(X_1 - \overline{X}_1)^2 + \Sigma(X_2 - \overline{X}_2)^2}{n_1 + n_2 - 2}$$

〈공식 13-5〉

$$S_p = \sqrt{\frac{(n_1 - 1)S_1^2 + (n_2 - 1)S_2^2}{(n_1 - 1) + (n_2 - 1)}} = \sqrt{\frac{\Sigma(X_1 - \overline{X}_1)^2 + \Sigma(X_2 - \overline{X}_2)^2}{n_1 + n_2 - 2}}$$

〈공식 13-6〉

그리고 두 모집단의 분산을 모르는 경우 두 모집단의 평균 차이 검정을 위해서는 모집단 분산 대신 합동분산을 이용하여 계산된 t값이 사용된다. 이때 t-분포의 자유도는 $(n_1 - 1) + (n_2 - 1) = n_1 + n_2 - 2$가 되며, 검정통계량 t값은 다음과 같이 계산된다.

두 모집단평균 차이의 검정통계량

(모집단의 분산을 모르는 경우)

$$t = \frac{(\overline{X}_1 - \overline{X}_2) - (\mu_1 - \mu_2)}{S_p\sqrt{\dfrac{1}{n_1} + \dfrac{1}{n_2}}}$$

〈공식 13-7〉

[예 13-3]

남자 대학생과 여자 대학생의 아르바이트 시급에 차이가 있는지를 알아보기 위해 남학생 10명, 여학생 20명을 조사하였다. 표본조사 결과 남학생의 경우 아르바이트 시급의 평균과 표준편차는 각각 5,800원과 200원이었고, 여학생의 경우 아르바이트 시급의 평균과 표준편차는 각각 6,000원과 300원이었다. 두 모집단의 분산이 같다고 가정할 때 남학생과 여학생의 아르바이트 시급에 차이가 있는지 유의수준 5%에서 검정하라.

[풀이]

① 가설의 설정

H_0 : 남학생과 여학생의 아르바이트 시급은 차이가 없다($\mu_1 = \mu_2$).

H_1 : 남학생과 여학생의 아르바이트 시급은 차이가 있다($\mu_1 \neq \mu_2$).

② 유의수준 $\alpha = 0.05$

③ 임계치와 기각영역

모집단의 표준편차를 알 수 없으므로 합동표준편차를 사용하여야 한다. 여기서 t-분포의 자유도는 $n_1 + n_2 - 2 = 28$이므로 임계치와 기각영역은 다음과 같다.

임계치 : $t_{0.025,\,28} = 2.048,\ \ -t_{0.025,\,28} = -2.048$

기각영역 : $t < -2.048$ 또는 $t > 2.048$

④ 표본통계량의 계산 및 임계치와의 비교

여기서 $S_1^2 = 200^2 = 40{,}000$이고, $S_2^2 = 300^2 = 90{,}000$이므로 합동분산과 합동표준편차는 다음과 같다.

$$S_p^2 = \frac{40{,}000 \times 9 + 90{,}000 \times 19}{10 + 20 - 2} = \frac{2{,}070{,}000}{28} = 73{,}928.6$$

그림 13-5 임계치와 기각영역

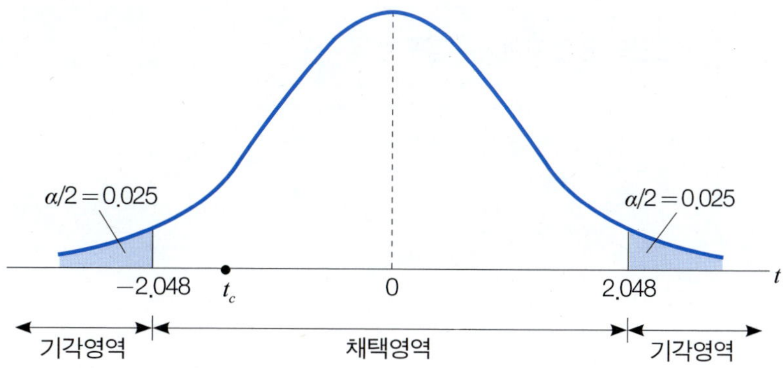

$$S_p = \sqrt{73{,}928.6} = 271.9$$

따라서,

$$t_c = \frac{(5{,}800-6{,}000)-(0)}{\sqrt{73{,}928.6} \times \sqrt{\dfrac{1}{10}+\dfrac{1}{20}}} = \frac{-200}{271.9 \times 0.3873} = -1.899$$

계산된 t값이 기각영역에 포함되지 않으므로 귀무가설을 기각할 수 없다. 따라서 남학생과 여학생의 아르바이트 시급에는 차이가 있다고 할 수 없다.

4. 두 모집단의 분산을 모르지만 표본이 큰 경우

모집단의 분산을 모르는 경우에는 앞에서 살펴본 것처럼 t-분포를 이용하여 가설검정을 하여야 한다. 그러나 모집단에서 뽑은 표본이 각각 30개 이상으로 큰 경우, 중심극한의 정리에 따라 모집단 분포의 모양에 관계없이 표본평균 차이의 분포가 정규분포와 유사해지므로 Z값을 이용하여 가설검정을 할 수 있다. 이때 검정통계량

Z값은 〈공식 13−8〉과 같이 계산된다.

두 모집단의 평균 차이의 검정통계량

(표본의 크기가 충분히 큰 경우)

$$Z = \frac{(\overline{X}_1 - \overline{X}_2) - (\mu_1 - \mu_2)}{\sqrt{\frac{S_1^2}{n_1} + \frac{S_2^2}{n_2}}} \qquad \text{〈공식 13−8〉}$$

대부분의 가설검정은 모집단의 정보를 가지고 있지 않은 상태에서 표본만으로 이루어지므로 모집단의 분산을 알 수 없는 경우가 일반적이다. 또한 대부분 컴퓨터를 이용하여 통계처리를 하므로 모집단평균에 대한 가설검정은 표본의 크기에 관계없이 t값이 검정통계량으로 사용된다. 다만 〈공식 13−8〉의 Z값에 의한 가설검정은 표본의 크기가 충분한 경우 손쉽게 정규분포에 의해 근사치를 구할 수 있다는 데 의의가 있다고 할 수 있다.

5. 두 표본이 대응된 쌍을 이루는 경우

앞에서 살펴본 두 모집단의 평균 차이에 관한 가설검정은 두 개의 표본이 서로 독립적으로 추출되는 경우이다. 그렇지만 두 개의 표본이 서로 종속적으로 관련되어 대응된 쌍을 이루는 경우에는 쌍대비교(paired comparison)에 의한 가설검정 방법이 사용된다.

쌍대비교와 독립된 표본비교의 차이는 어떤 방식으로 표본을 추출하였는가에 달려 있다. 예를 들어 어느 헬스클럽에서 새로운 다이어트 프로그램의 효과를 검정하려고 할 때, 다음과 같은 두 가지의 실험 방법을 생각해 볼 수 있다.

첫째, 독립된 두 개의 표본을 추출하여 비교하는 것이다. 한 표본에는 다이어트 프로그램을 실시하고 다른 표본에는 다이어트 프로그램을 실시하지 않는다. 일정 기간이 지난 후 두 표본의 평균 체중에 차이가 있는가를 검정한다. 이 방법은 이미 앞에서 설명한 두 모집단의 평균 차이 검정이다.

둘째, 쌍대비교를 하는 것이다. 이것은 동일한 표본에 대해 다이어트 프로그램을 실시하기 전과 실시한 후의 체중을 반복 측정하여 평균 체중에 변화가 있는가를 검정하는 방법이다.

쌍대비교를 위해서는 실험 전과 실험 후의 관찰치의 차이 $D=X_1-X_2$를 구한 후, 이 차이가 이루는 표본분포를 알아야 한다. 이때 쌍을 이룬 각 표본의 관찰치들이 정규분포를 이룬다면 그 차이의 분포도 정규분포를 이룬다고 할 수 있다.

여기서 실험 전후의 관찰치 차이($D=X_1-X_2$)분포의 평균 $\overline{D}$와 표준편차 S_D는 다음과 같다.

쌍을 이룬 표본 차이의 분포

평균: $$\overline{D}=\frac{\Sigma D}{n}=\overline{X}_1-\overline{X}_2$$

표준편차: $$S_D=\sqrt{\frac{\Sigma(D-\overline{D})^2}{n-1}}$$

그리고 쌍을 이룬 표본의 평균 차이 $\overline{D}$가 이루는 분포의 평균 $\mu_{\overline{D}}$와 표준오차 $\sigma_{\overline{D}}$는 다음과 같다.

쌍을 이룬 표본평균 차이의 분포

평균: $$\mu_{\overline{D}}=\mu_1-\mu_2$$

표준편차: $$\sigma_{\overline{D}}=\frac{\sigma_D}{\sqrt{n}}$$ 〈공식 13-9〉

그러므로 쌍을 이룬 표본의 평균 차이에 대한 가설검정은 자유도 $n-1$의 t-분포를 사용하며 검정통계량은 다음과 같다.

쌍대비교의 검정통계량

$$t=\frac{\overline{D}-(\mu_1-\mu_2)}{S_D/\sqrt{n}} \qquad \text{〈공식 13-10〉}$$

[예 13-4]

한 헬스클럽은 최근 새로운 다이어트 프로그램을 개발하였다. 이 헬스클럽은 이 다이어트 프로그램이 체중감량에 효과가 있는지를 살펴보기 위해 10명을 대상으로 다이어트 프로그램의 실시 전과 실시 후의 체중을 측정하여 [표 13-1]과 같은 자료를 얻었다. 이 자료를 보고 다음 물음에 답해보자.

표 13-1 다이어트 프로그램 실시 전과 실시 후의 체중

대상	실시 전 체중	실시 후 체중
1	76	72
2	69	71
3	75	72
4	70	70
5	69	70
6	72	69
7	69	64
8	70	66
9	69	64
10	63	64

1) 이 다이어트 프로그램의 실시 전과 후 체중 차이가 이루는 분포의 평균과 표준편차를 구하라.

2) 이 다이어트 프로그램이 체중감량에 효과가 있는지를 유의수준 5%에서 검정하라.

[풀이]

1) 위의 자료를 통해 $D, D-\overline{D}, (D-\overline{D})^2$를 각각 구해 보면 다음과 같다.

대상	실시 전 체중	실시 후 체중	D	$D-\overline{D}$	$(D-\overline{D})^2$
1	76	72	4	2	4
2	69	71	−2	−4	16
3	75	72	3	1	1
4	70	70	0	−2	4
5	69	70	−1	−3	9
6	72	69	3	1	1
7	69	64	5	3	9
8	70	66	4	2	4
9	69	64	5	3	9
10	63	64	−1	−3	9
합계			20		66

위의 표에서 $\Sigma D=20$이고 $\Sigma(D-\overline{D})^2=66$이므로 다이어트 프로그램 실시 전과 후의 체중 차이(D)의 평균 $\overline{D}$과 표준편차 S_D는 각각 다음과 같다.

$$\text{평균}: \overline{D}=\frac{20}{10}=2$$

$$\text{표준편차}: S_D=\sqrt{\frac{\Sigma(D-\overline{D})^2}{n-1}}=\sqrt{\frac{66}{9}}=2.71$$

2) 이 다이어트 프로그램의 체중감량 효과에 대한 가설 검정은 다음과 같이 이루어진다.

① 가설의 설정

H_0 : 새로 개발한 다이어트 프로그램은 효과가 없다($\mu_1 = \mu_2$).

H_1 : 새로 개발한 다이어트 프로그램은 효과가 있다($\mu_1 \neq \mu_2$).

② 유의수준 $\alpha = 0.05$

③ 임계치 및 기각영역

$\frac{\alpha}{2} = 0.025$, 자유도 $10-1=9$이므로,

임계치 : $t_{0.025,9} = 2.262$, $-t_{0.025,9} = -2.262$

기각영역 : $t > 2.262$ 또는 $t < -2.262$

④ 표본통계량의 계산 및 임계치와의 비교

다이어트 실시 전과 후의 체중 차이(D)의 평균과 표준편차는 각각 $\overline{D} = 2$, $S_D = 2.71$ 이므로,

$$t_c = \frac{\overline{D} - (\mu_1 - \mu_2)}{S_D / \sqrt{n}} = \frac{2-0}{2.71/\sqrt{10}} = 2.33$$

계산된 t값이 기각영역에 포함되므로 귀무가설은 기각된다. 따라서 새로 개발한 다이어트 프로그램은 체중감량 효과가 있다고 할 수 있다.

제2절 두 모집단의 비율 차이에 대한 가설검정

두 모집단의 비율에 차이가 있는가에 관한 가설검정도 흔히 사용되는 검정방법이다. 예를 들어 "담배를 피우는 사람과 피우지 않는 사람들 사이의 폐암발생률에 차이가 있는가", "서울 대학생과 지방 대학생의 취업률에 차이가 있는가", "두 약품의 치료율에는 차이가 있는가", "두 공장에서 생산되는 제품의 불량률에 차이가 있는가"와 같이 두 모집단의 비율 차이에 대한 주장을 가설로 세우고 이를 검정하는 것이 두 모집단에 관한 가설검정이다.

두 모집단 비율의 차이 p_1-p_2에 대한 가설검정을 위해서는 먼저 표본비율 차이의 분포에 대해 이해해야 한다. 모집단 비율이 각각 p_1, p_2인 두 모집단에서 각각 n_1, n_2개의 가능한 모든 표본을 뽑아 표본비율 $\hat{p}_1$, p_2를 구하였다고 하자. 여기에서 각 표본비율들을 대응시켜 표본비율의 차이 $\hat{p}_1-\hat{p}_2$를 계산했을 때 $\hat{p}_1-\hat{p}_2$는 다음과 같은 평균과 분산을 가지는 정규분포가 된다. 표본비율 차이분포의 기대값과 분산은 제12장에서 공부한 표본비율의 분포를 잘 이해하고 있다면 다음과 같이 쉽게 도출할 수 있다.

표본비율 차이의 분포

기대값 $E(\hat{p}_1-\hat{p}_2)=p_1-p_2$

분산 $\sigma^2_{\hat{p}_1-\hat{p}_2}=\dfrac{p_1(1-p_1)}{n_1}+\dfrac{p_2(1-p_2)}{n_2}$

표준편차 $\sigma_{\hat{p}_1-\hat{p}_2}=\sqrt{\dfrac{p_1(1-p_1)}{n_1}+\dfrac{p_2(1-p_2)}{n_2}}$

위의 식을 살펴보면 표본비율 차이의 기대값과 분산을 구하기 위해 모집단 비율 p_1과 p_2가 사용되고 있다. 그러나 실제로는 모집단의 비율 p_1과 p_2를 알지 못하는 경우가 일반적이므로 p_1과 p_2의 불편추정량인 $\hat{p}_1$과 $\hat{p}_2$를 대신 사용해야 한다. 이때 $\hat{p}_1$과 $\hat{p}_2$를 대신 사용해 추정된 표본비율 차이의 분산 $S^2_{\hat{p}_1-\hat{p}_2}$과 표준오차 $S_{\hat{p}_1-\hat{p}_2}$는 다음과 같다.

표본비율 차이 분포의 분산과 표준오차

$$S^2_{\hat{p}_1-\hat{p}_2}=\frac{\hat{p}_1(1-\hat{p}_1)}{n_1}+\frac{\hat{p}_2(1-\hat{p}_2)}{n_2}$$ 〈공식 13-11〉

$$S_{\hat{p}_1-\hat{p}_2}=\sqrt{\frac{\hat{p}_1(1-\hat{p}_1)}{n_1}+\frac{\hat{p}_2(1-\hat{p}_2)}{n_2}}$$ 〈공식 13-12〉

두 모집단의 비율 차이의 검정에서 설정되는 귀무가설은 다음과 같다.

귀무가설 $H_0 : p_1=p_2$ 또는 $p_1-p_2=0$

위의 귀무가설은 두 모집단의 비율에 차이가 없다는 것인데, 귀무가설이 사실이라고 전제하면 두 표본비율 $\hat{p}_1$과 $\hat{p}_2$는 동일한 p_1과 p_2의 추정치라는 의미가 되므로 $p_1=p_2$에 가까운 하나의 표본비율로 모집단의 비율을 추정해야 한다. 이 표본비율은 두 표본비율 $\hat{p}_1$과 $\hat{p}_2$를 각각의 표본 크기 n_1, n_2로 가중평균하여 구한다. 이때 가중평균된 표본비율 $\hat{p}$은 다음과 같이 나타낼 수 있다.

가중평균된 표본비율

$$\hat{p}=\frac{n_1\hat{p}_1+n_2\hat{p}_2}{n_1+n_2}$$ 〈공식 13-13〉

또한 가중평균된 표본비율 $\hat{p}$를 사용해 추정된 표본비율 차이의 표준오차 $S_{\hat{p}_1-\hat{p}_2}$는 다음과 같이 구한다.

가중평균된 표본비율을 사용한 표본비율 차이의 표준오차

$$S_{\hat{p}_1-\hat{p}_2}=\sqrt{\frac{\hat{p}(1-\hat{p})}{n_1}+\frac{\hat{p}(1-\hat{p})}{n_2}}=\sqrt{\hat{p}(1-\hat{p})\left(\frac{1}{n_1}+\frac{1}{n_2}\right)}$$ 〈공식 13-14〉

이때 모집단 비율 차이의 유무에 대한 검정통계량 Z값은 다음과 같이 구한다.

두 모집단 비율 차이의 검정통계량

$$Z=\frac{(\hat{p}_1-\hat{p}_2)-(p_1-p_2)}{S_{\hat{p}_1-\hat{p}_2}}=\frac{(\hat{p}_1-\hat{p}_2)-(p_1-p_2)}{\sqrt{\hat{p}(1-\hat{p})\left(\frac{1}{n_1}+\frac{1}{n_2}\right)}} \quad \text{〈공식 13-15〉}$$

[예 13-5]

국내의 열차와 항공기는 모두 탑승권 예약제도를 실시하고 있지만, 예약 후 탑승하지 않은 예약취소율이 심각하게 높다. 한 연구기관에서는 열차와 항공기 이용객의 예약취소율이 차이가 있는지를 알아보기 위해 열차 예약고객 200명과 항공기 예약고객 300명을 표본 추출해 조사한 결과 각각 44명과 78명이 예약취소 처리되었다. 열차와 항공기 이용객의 예약취소율에는 차이가 있는지를 유의수준 5%에서 검정하라.

[풀이]

① **가설의 설정**

$H_0 : p_1=p_2$

$H_1 : p_1\neq p_2$

② **유의수준** $\alpha=0.05$

③ **임계치 및 기각영역**

임계치 : $Z_{0.025}=1.96,\ -Z_{0.025}=-1.96$

기각영역 : $Z>1.96$ 또는 $Z<-1.96$

④ **표본통계량의 계산 및 임계치와의 비교**

$\hat{p}_1=\frac{44}{200}=0.22,\ \hat{p}_2=\frac{78}{300}=0.26$이므로

그림 13-6 임계치와 기각영역

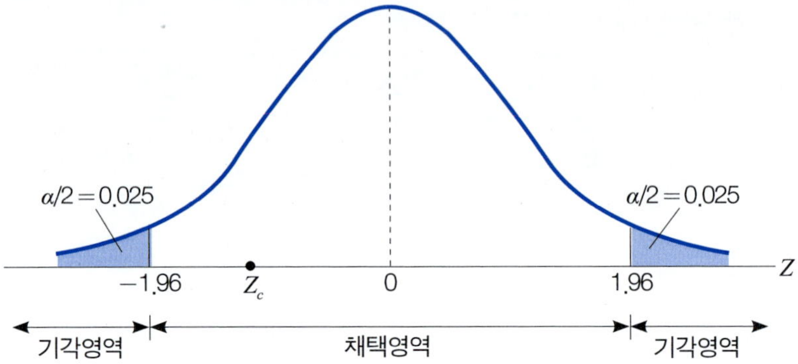

가중평균된 표본비율은 $\hat{p} = \dfrac{200 \times 0.22 + 300 \times 0.26}{200 + 300} = \dfrac{44 + 78}{500} = 0.244$이다.

$$Z_c = \frac{(0.22 - 0.26) - 0}{\sqrt{0.244 \times 0.756\left(\frac{1}{200} + \frac{1}{300}\right)}} = \frac{-0.04}{0.0392} = -1.02$$

계산된 Z값 -1.02는 기각영역에 포함되지 않으므로 귀무가설을 기각할 수 없다. 따라서 열차와 항공기 이용객의 예약취소율에는 차이가 있다고 할 수 없다.

제3절 가설검정 방법의 요약

우리는 지금까지 제12장과 제13장을 통해 단일 모집단과 두 모집단에 관한 가설검정을 공부하였다. [그림 13-7]과 [표 13-2]는 지금까지 설명한 여러 가지 가설검정 방법과 검정통계량을 요약, 정리한 것이다.

그림 13-7 가설검정 방법의 요약

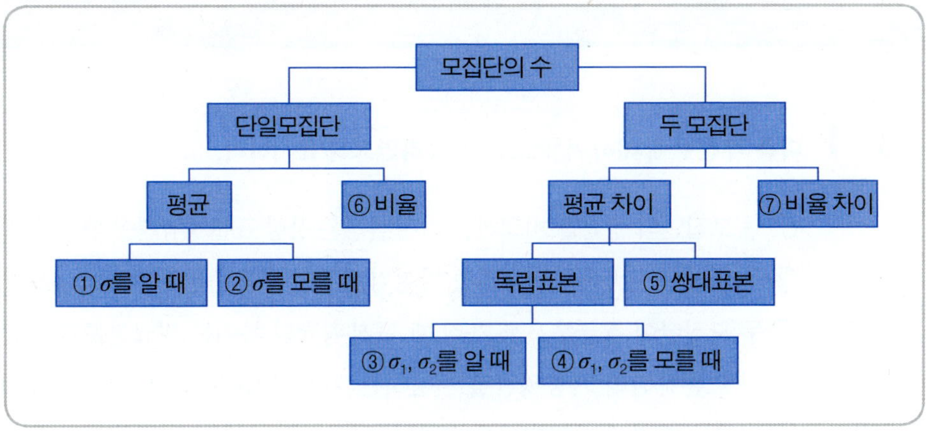

표 13-2 가설검정 방법의 요약

모수	귀무가설	검정통계량	비고
평균	$\mu=\mu_0$	① $Z=\dfrac{\overline{X}-\mu}{\sigma/\sqrt{n}}$	σ를 알 때
	$\mu=\mu_0$	② $t=\dfrac{\overline{X}-\mu}{S/\sqrt{n}}$	σ를 모를 때
평균 차이 (독립 표본)	$\mu_1=\mu_2$	③ $Z=\dfrac{(\overline{X}_1-\overline{X}_2)-(\mu_1-\mu_2)}{\sqrt{\dfrac{{\sigma_1}^2}{n_1}+\dfrac{{\sigma_2}^2}{n_2}}}$	σ_1, σ_2를 알 때
	$\mu_1=\mu_2$	④ $t=\dfrac{(\overline{X}_1-\overline{X}_2)-(\mu_1-\mu_2)}{S_p\sqrt{\dfrac{1}{n_1}+\dfrac{1}{n_2}}}$	σ_1, σ_2를 모를 때
평균 차이 (쌍대 표본)	$\mu_1=\mu_2$	⑤ $t=\dfrac{\overline{D}-(\mu_1-\mu_2)}{S_D/\sqrt{n}}$	
비율	$p=p_0$	⑥ $Z=\dfrac{\hat{p}-p}{\sqrt{p(1-p)/n}}$	
비율 차이	$p_1=p_2$	⑦ $Z=\dfrac{(\hat{p}_1-\hat{p}_2)-(p_1-p_2)}{\sqrt{\dfrac{\hat{p}(1-\hat{p})}{n_1}+\dfrac{\hat{p}(1-\hat{p})}{n_2}}}$	

*μ_0, p_0는 귀무가설에서 가정된 모수값이다.

연 · 습 · 문 · 제

13-1 다음 각 문항에 대하여 맞으면 O, 틀리면 X를 표시하라.

① 두 모집단의 평균을 비교하는 가설검정은 항상 표준정규분포를 사용해야 한다.

② 두 모집단의 비율을 비교하는 가설검정은 항상 표준정규분포를 사용해야 한다.

③ 두 모집단이 정규분포를 가질 때, 표본평균의 차이는 정규분포를 갖는다.

④ 두 표본분산의 가중평균을 사용하는 가설검정에서는 모집단의 분산이 동일하다는 가정이 성립되어야만 한다.

⑤ 표본이 대응된 쌍을 이루고 있으면, 두 표본평균은 상호독립이라고 할 수 있다.

⑥ 공분산을 모르는 경우에, 표본평균이 상호독립이 아니더라도 표본평균의 차이에 대한 분산을 구할 수 있다.

⑦ 두 모집단비율의 차이에 관한 가설검정에서 귀무가설이 맞다면 두 모집단은 동일한 모집단이다.

⑧ 두 모집단비율의 차이에 관한 가설검정에서 귀무가설이 맞다면 표본비율의 차이는 정규분포를 갖는다.

⑨ 두 모집단의 평균을 비교하는 가설검정에서 다른 조건이 동일하다면, 표본의 크기가 커질수록 귀무가설을 기각하기 쉬워진다.

⑩ 평균을 비교하는 가설검정에서 표본의 크기가 작으면 두 표본분산의 가중평균을 사용해야 한다.

13-2 통계학 시험을 치른 결과, A반 12명 학생의 평균 성적이 78점이고 표준편차가 6점이었으며, B반의 학생 15명은 평균 74점, 표준편차 8점이었다고 한다. 두 반 성적의 분산이 동일하다고 가정할 때, 두 반의 성적이 동일한지에 대해 $\alpha=0.05$에서 검정하라.

13-3 분산이 같은 정규분포로부터 무작위 추출한 두 독립표본의 평균, 표준편차가 다음과 같을 때, 유의수준 $\alpha=0.01$에서 $\mu_1=\mu_2$라는 귀무가설을 검정하라.

표본	n	평균	표준편차
1	20	77.1	21
2	12	62.3	10

13-4 갑을대학의 심리학자들은 안경을 착용한 사람들이 교통사고가 적다고 생각하고 있다. 안경을 착용한 사람들은 자신의 시력에 대한 자신감이 적어 운전을 조심스럽게 하기 때문이라는 것이다. 이 주장을 검정하기 위해 비슷한 연령과 운전경력을 가진 사람 중, 안경을 착용한 사람과 착용하지 않은 사람을 각각 200명씩 임의로 선택하여 지난 1년 동안의 교통사고 건수를 조사한 결과 안경을 착용한 사람의 평균 사고건수는 0.72, 표준편차는 0.3, 안경을 착용하지 않은 사람의 평균 사고건수는 0.82, 표준편차는 0.4이었다.

① 두 집단의 교통사고 건수에 차이가 있는가를 $\alpha=0.05$로 하여 검정하라.
② 가설검정의 p값을 구하라.

13-5 대학생들과 직장인들이 사용하는 스마트폰 앱의 개수에 차이가 있을까? 대학생들은 다양한 앱을 경험하는 것을 좋아하지만 직장인들은 꼭 필요한 앱을 집중적으로 사용한다는 가설을 검정하기 위해 학생 200명과 직장인 200명이 사용하는 스마트폰의 앱 개수를 조사하였다. 조사 결과 대학생들의 평균 앱의 개수는 20, 표준편차는 6이고 직장인들의 평균 앱의 개수는 18, 표준편차는 5이었다.

① 대학생과 직장인이 사용하는 앱의 개수가 다르다는 대립가설을 검정하라.
② 위 가설검정의 p값을 구하라.

13–6 **동일한 상권에 소재한 두 백화점 고객들의 구매액에 차이가 있는가를 조사하기 위해 각 백화점 고객 200명에 대해 구매액을 조사하였다.**

① 두 백화점 고객들의 구매액에 차이가 있다는 대립가설을 검정하기 위한 검정 통계량 공식은?

② 유의수준 5%에서 임계치는?

③ 검정 통계량이 −2.5일 때 p값은?

13–7 **상경대학 도서관에서는 학생들의 도서 대출률의 변화에 관심이 많다. 그래서 작년에 도서관을 이용한 학생 30명의 자료를 분석한 결과 작년 학생 1인당 도서대출은 평균 8.5권이고 표준편차는 2.5권이었다. 올해에는 지금까지의 자료 중 30명의 학생을 조사한 결과 평균은 9.5권, 표준편차는 3.1권이었다. 올해의 학생 1인당 도서대출 권수는 작년의 도서대출 권수와 차이가 있는가? 두 모집단의 분산이 동일하다고 가정하고 유의수준 5%에서 검정하라.**

13–8 **제조업자 A가 생산한 전구 중에서 표본으로 뽑은 30개의 전구의 평균 수명은 1,190시간이고 표준편차가 90시간이었다. 또 다른 제조업자 B가 생산한 전구 25개를 시험해 보니 평균 수명이 1,230시간이고 표준편차는 120시간이었다. 두 모집단의 분산이 동일하다고 가정하고, 유의수준을 0.05로 할 때 두 제조업자가 만든 전구의 평균 수명에 차이가 있다고 할 수 있는가?**

13–9 **외제 승용차와 국산 승용차의 교통사고 건수에 차이가 있을까? 외제 승용차의 경우 수리비와 보험료가 높으므로 사고 건수가 적다는 주장이 제기되어 외제 승용차와 국산 승용차 각각 16대에 대해 사고 건수를 조사하였다. 두 종류 승용차의 사고 건수가 동일한 분산을 가지고 있다고 가정할 때,**

① 두 종류 승용차의 사고 건수가 동일하다는 귀무가설을 검정하기 위한 검정통계량의 공식은?

② 5%의 유의수준에서 임계치의 값은 얼마인가?

③ 검정통계량의 값이 2라면 귀무가설이 기각되는가?

④ 위의 검정통계량의 p값의 범위는?

13-10 **반도기계에서는 볼트를 제조하는 기계의 성능에 차이가 있는가를 알아보기 위해 A 기계에서 제조한 볼트 200개를 임의로 뽑아 검사해 보니 불량품이 19개이고, 기계 B에서 제조한 볼트 100개를 임의로 뽑아 검사해 보니 불량품이 5개 나왔다. 유의수준 0.05에서 두 기계의 성능이 같다는 귀무가설을 검정하라.**

13-11 **신통제약에서는 자사에서 생산하는 진통제의 성능이 경쟁사의 제품보다 우수한가를 알아보기 위해, 800명을 임의로 선택하여 400명에게는 자사의 진통제를, 나머지 400명에게는 경쟁사의 진통제를 투약하고 1시간 내에 진통효과가 있는지의 여부를 조사하였다. 그 결과 자사의 진통제를 복용한 사람들 중 260명이 진통효과가 있다고 응답하였고, 경쟁사의 진통제를 복용한 사람들 중 240명이 진통효과가 있다고 응답하였다. 두 진통제의 효과에 차이가 있는지를 $\alpha=0.05$로 하여 검정하라.**

13-12 **국회의원 선거에서 성별에 따라 지지하는 후보에 차이가 있을까? 이를 알아보기 위해 어느 지방도시의 선거구에서 남녀 각각 400명에 대해 모 후보에 대한 지지율을 조사하였다.**

① 성별에 따라 지지 후보가 다르다는 대립가설을 검정하기 위한 검정통계량의 공식은?

② 5%의 유의수준에서 임계치의 값은 얼마인가?

③ 검정통계량의 값이 2.32라면 성별에 따라 지지 후보가 다르다고 할 수 있는가?

④ 위 검정통계량의 p값은?

13-13 **지방대학에 다니는 대학생인 A씨는 그 지역의 아파트 시세를 알아보기 위해 지난해 10월 임의로 30평형 아파트 10개를 선택하여 시세를 조사하고, 올해 10월에 다시 동일한 아파트 10개의 시세를 조사한 결과가 다음과 같다.(단위 : 백만원)**

지난해	75	57	65	82	92	83	94	102	78	67
올해	75	55	67	84	98	87	99	105	80	65

① 지난해와 올해의 아파트 가격에 차이가 있는가를 5%의 유의수준에서 검정하라.

② 이 가설검정의 p값의 범위를 구하라.

13-14 **헬스는 체중조절에 효과가 있을까? 어느 지방도시에 있는 봉봉헬스에서는 헬스를 시작한 지 3개월째 되는 회원 10명을 대상으로 헬스클럽 가입 전의 체중과 가입 3개월 후의 체중을 조사하여 다음과 같은 결과를 얻었다.**

시작 전	59	65	73	55	48	66	81	75	52	92
시작 후	55	66	68	53	49	60	75	74	52	81

① 몸무게 차이의 표본평균과 표본 표준편차를 구하라.

② 회원의 몸무게가 정규분포를 가진다고 할 때, 헬스 시작 전과 3개월 후의 몸무게에 차이가 있는가? 유의수준 5%에서 검정하라.

13-15 **모바일 기기를 과도하게 사용하는 것은 시력의 손상을 가져올 수 있다. 이를 확인하기 위해 대학생 20명에 대해 모바일 기기를 사용하기 전인 오전에 시력을 측정하고 일정 시간 동안 동일한 모바일 기기를 사용하게 한 후 시력을 측정하였다.**

① 모바일 기기를 사용하기 전과 후의 시력에 차이가 있다는 대립가설을 검정하기 위한 검정통계량의 공식은?

② 5% 유의수준에서 위 가설검정의 임계치는?

③ 검정통계량의 값이 2.7이라면 5% 유의수준에서 귀무가설은 기각되는가?

④ 위 검정통계량값에 대한 p값의 범위는?

13-16 **어떤 지방도시의 주민들은 그 도시의 중심을 흐르는 하천의 수질에 대해 관심이 많다. 한 연구에 의하면 하천의 수질은 계절에 따라 차이가 있다고 한다. 하천의 수량이 많은 여름철에는 비교적 하천의 수질이 양호하고 수량이 적은 겨울철에는 하천의 수질이 나빠진다는 것이다. 이를 조사하기 위해 하천 20지역에 대해 여름과 겨울 두 차례에 걸쳐 수질을 조사하였다.**

① 이를 검정하기 위한 통계량의 공식은?

② 5%의 유의수준에서 임계치의 값은?

③ 유의수준 5%에서 p값이 0.012라면 계절에 따라 하천의 수질에 차이가 있다고 할 수 있는가?

13-17 **국회의원에 입후보하고 있는 Y씨는 주민들의 지지 성향이 연령층에 따라 차이가 있다고 생각하고 있다. 이를 알아보기 위해 40대 미만 200명과 40대 이상 200명에 대해 각각 지지율을 조사하였다.**

① 연령층에 따라 지지율에 차이가 있는지를 알아보기 위한 가설검정의 통계량 공식은?

② 5%의 유의수준에서 임계치의 값은?

③ 유의수준 1%에서 p값이 0.025라면 연령층에 따라 지지율에 차이가 있다고 할 수 있는가?

13-18 주택단지에 소규모 외식업체 개점을 계획하고 있는 홍길동씨는 해당 지역의 배달음식 소비 수준을 조사하기로 했다. 고려하고 있는 상권은 2개의 지역이다. 기존의 조사에 의하면 A지역의 1주일간 배달음식 소비의 모집단 표준편차는 2만원이고, B 지역의 1주일간 배달음식 소비의 모집단 표준편차는 3만원이다. 각 지역에서 25가구의 표본을 추출할 때, 표본평균의 차이가 얼마 이상이면 모집단평균에 차이가 있다고 할 수 있는가?

13-19 중소기업인 국제상사에서는 새로 채용한 신입직원의 교육에 2가지 방법을 사용하였다. 15명의 A그룹은 기존에 사용하던 팀 중심의 교육 방법을 적용하였고, 10명의 B그룹에는 컴퓨터를 이용한 자율학습 방법을 사용하였다. 교육이 끝나고 교육 효과를 측정하기 위해 문제를 주고 각 신입직원이 주어진 문제를 해결하는 시간을 측정한 결과가 다음과 같다. 두 가지 교육방법의 성과에 차이가 있는가에 대해 5%의 유의수준에서 검정하라.

A그룹 : $n_1 = 15,\ \Sigma X_1 = 360,\ \Sigma X_1^2 = 8{,}900$

B그룹 : $n_2 = 10,\ \Sigma X_2 = 220,\ \Sigma X_2^2 = 5{,}000$

13-20 스프레드시트는 경영활동과 기타 분야에 널리 사용되는 소프트웨어이지만 오류를 포함하고 있는 경우가 많다. 스프레드시트의 사용수준에 따라 시트당 포함된 오류에 차이가 있다는 주장을 검정하기 위해 전문가들이 작성한 시트 15개와 초보자들이 작성한 시트 15개를 조사한 결과, 전문가 시트에서 발견된 에러의 표준편차는 3이고 초보자 시트에서 발견된 에러의 표준편차는 5였다. 두 모집단의 표준편차가 같다고 가정할 때, 표본평균의 차이가 얼마 이상이면 스프레드시트의 사용수준에 따라 시트에 포함된 오류에 차이가 있다고 할 수 있는가?

P·a·r·t 14

단순회귀분석

P·a·r·t 14

단순회귀분석

부모들의 키를 보고 자녀들의 키를 예측할 수 있을까? 19세기 영국의 유전학자 프랜시스 골턴(Francis Galton)은 이 문제에 관심을 갖고 부모의 키를 통해 자녀들의 키를 예측할 수 있는 방법을 연구하였다. 이 연구에서 그는 키가 큰 부모가 낳은 자녀들은 역시 키가 컸지만 대부분이 부모보다는 작았고, 또한 키가 작은 부모가 낳은 자녀들은 역시 키가 작았지만 대부분 부모들보다는 컸다는 흥미로운 사실을 발견하였다. 이와 같이 자녀의 키는 부모의 키에 의존하지만 결국 평균 키로 회귀(regression to the mean)하는 경향이 있다는 것에서 회귀분석(regression analysis)이라는 분석방법이 유래하게 되었다.

회귀분석은 독립변수가 종속변수에 미치는 영향을 파악하기 위한 통계분석 방법으로, 사회과학뿐만 아니라 거의 모든 학문 분야에서 어떤 결과의 예측을 위해 널리 활용되고 있다. 예를 들어 IQ가 시험 성적에 영향을 미치는가, 광고비가 상품 매출액에 영향을 미치는가와 같은 문제는 회귀분석을 통해 알 수 있다. 이 장에서는 독립변수가 하나인 단순회귀분석을 중심으로 회귀분석의 기본 개념에 대해 살펴본다. 독립변수가 여러 개인 다중회귀분석에 대해서는 다음 장에서 다룰 것이다.

제1절 회귀분석의 기본 개념

회귀분석은 독립변수와 종속변수의 관계를 선형적 함수관계로 표현함으로써 독립변수가 종속변수에 미치는 영향의 정도를 분석하는 방법이다. 여기서 독립변수란 다른 변수에 영향을 미치는 변수를 말하며, 종속변수란 독립변수의 영향을 받아 변화되는 변수를 말한다.

가장 기본적인 회귀분석은 단순회귀분석(simple regression)으로서 하나의 독립변수로 종속변수를 예측하는 것이다. 반면 다중회귀분석(multiple regression)은 여러 개의 독립변수를 가지고 종속변수를 예측하는 것이다. 예를 들어 광고비라는 하나의 독립변수가 매출액에 미치는 영향을 알고자 할 때는 단순회귀분석이 사용되지만, 광고비와 가격이라는 두 개의 독립변수가 매출액에 미치는 영향을 알고자 할 때는 다중회귀분석이 사용된다.

이 장에서는 먼저 단순회귀분석을 중심으로 회귀분석의 기본 개념을 이해하고, 주어진 자료에 가장 적합한 회귀식을 산출하는 방법, 그리고 회귀계수와 관련된 통계적 추론에 대해 살펴보기로 하자.

1. 회귀분석의 예

회귀분석에 대한 이해를 돕기 위해 다음의 예를 들어보자.

[예 14-1]

한 레스토랑은 전국적으로 많은 체인점을 갖고 있다. 이 레스토랑은 각 체인점의 매장 면적(단위 : m^2)이 매출액 증가에 어떤 영향을 미치는지를 파악하기 위해 임의로 체인점 8곳을 뽑아 월간 매출액(단위 : 백만원)을 조사한 결과 [표 14-1]과 같은 자료를 얻었다.

이 자료를 가지고 산점도를 그려보면 [그림 14-1]과 같다. 이 산점도를 보면 체인점의 매장 면적과 매출액은 관련성이 있는 것으로 보인다. 이 두 변수 간의 관련성의 정도를 알고자 하면 제4장에서 살펴본 것처럼 상관계수를 구해 보면 된다. 그러나 상관계수로는 두 변수 간의 관련성의 정도를 파악할 수 있을 뿐, 이 체인점의 매장

표 14-1 체인점의 매장 면적과 매출액

매장 면적(m^2)	매출액(백만원)
13	37
15	43
17	46
19	51
21	53
23	52
25	50
27	68

그림 14-1 산점도 : 매장 면적과 매출액

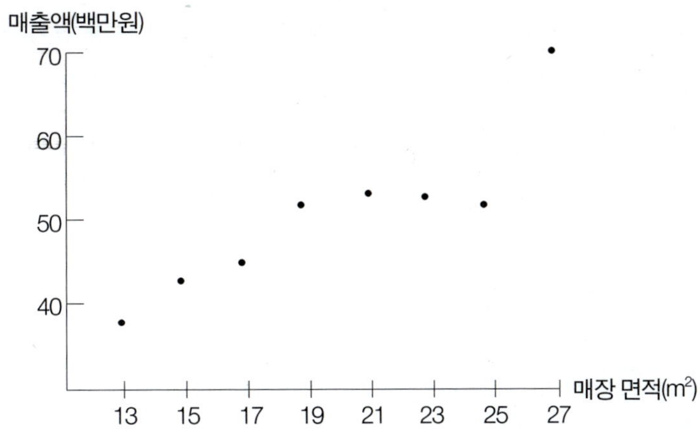

면적이 매출액에 어느 정도 영향을 미치는지는 알 수 없다. 이것을 알기 위해서는 매장 면적과 매출액 간에 함수관계를 설정해야 한다. 함수관계 중에서 가장 간단한 형태는 독립변수와 종속변수 간의 관계를 선형으로 보는 것이다. [표 14-1]의 매장 면적과 매출액 간의 관계는 매장 면적을 독립변수로 하고 매출액을 종속변수로 하여 다음과 같은 단순 선형식으로 나타낼 수 있다.

$$\text{매출액} = \alpha + \beta \times \text{매장 면적}$$

이와 같이 독립변수와 종속변수 간의 관계를 함수로 나타낸 것을 회귀식이라고 한다. 매장 면적과 매출액 간의 선형적 함수관계를 설정하면 매장 면적이 매출액에 미치는 영향을 파악할 수 있다. 요컨대 회귀분석은 독립변수와 종속변수 간의 관계를 선형적 함수관계로 표시한 후 그 절편과 기울기를 추정함으로써 독립변수가 종속변수에 미치는 영향력의 크기를 알아보고자 하는 통계분석 방법이다.

2. 회귀식과 회귀모형

(1) 모집단회귀식과 모집단회귀모형

[표 14-1]의 자료는 전국의 체인점 중 8곳을 뽑아 매장 면적과 매출액을 조사한 표본자료이다. 그러나 전국의 모든 체인점에 대해 매장 면적과 매출액을 조사했다고 하면 이 자료는 모집단자료가 된다. 이때 매장 면적을 X라 하고 매출액을 Y라고 하면 두 변수 간의 관계를 다음과 같은 식으로 표시할 수 있다. 이것을 모집단회귀식이라고 한다.

모집단회귀식

$$\mu_{Y|X} = \alpha + \beta X \qquad \text{〈공식 14-1〉}$$

이 공식에서 보면 모집단회귀식을 결정하는 것은 절편 α와 기울기 β이며, 따라서 α와 β의 값을 알면 독립변수의 값이 주어졌을 때 종속변수의 값을 예측할 수 있다. 이 α와 β를 모집단회귀계수(coefficient of regression)라고 한다.

그렇다면 독립변수값이 주어졌을 때, 모집단회귀식에서 종속변수의 값을 정확하게 예측할 수 있을까? 모든 독립변수와 종속변수가 모집단회귀식과 동일한 선형관계에 있다면 가능하다. 그러나 [그림 14-2]의 (b)에서 보는 바와 같이 산포도상의 각

그림 14-2 모집단회귀식과 모집단회귀모형

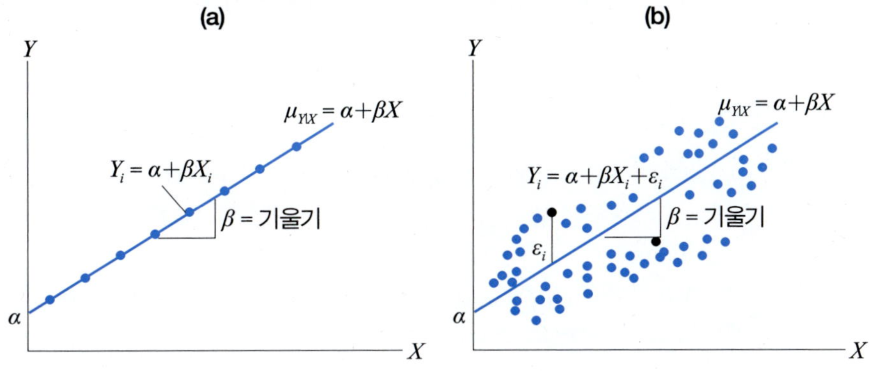

점들이 모두 회귀선상에 있는 것은 아니므로 〈공식 14-1〉을 적용하여 체인점의 실제 매출액을 정확히 예측할 수는 없다. 그 이유는 회귀식에서 사용된 독립변수인 매장 면적 이외에도 체인점의 위치, 친절도, 지역 주민의 수와 소득 정도 등과 같이 회귀식에 포함되지 않은 다른 변수들이 매출액에 영향을 미칠 수 있기 때문이다. 따라서 어떤 한 체인점 i의 실제 매출액은 오차 ε_i를 고려하여 다음과 같이 표시하게 되는데, 이것을 모집단회귀모형이라고 한다.

모집단회귀모형

$Y_i = \alpha + \beta X_i + \varepsilon_i$ 〈공식 14-2〉

모집단회귀모형에서 실제값 Y_i는 회귀식 $\alpha + \beta X_i$과 오차 ε_i의 합으로 표시된다. 즉 각 체인점의 실제 매출액은 모집단회귀식을 통해 구한 종속변수값에 오차 ε_i를 더한 것이다. 여기에서 오차 ε_i는 [그림 14-2]에서 보듯이 체인점의 실제 매출액과 모집단회귀식에 의해 예측된 값의 차이를 말한다.

(2) 모집단회귀모형의 가정

모집단회귀모형에는 다음과 같은 가정이 포함되어 있다.

모집단회귀모형의 가정

① 독립변수 X의 각 값에 대해 종속변수 Y값은 상호 독립적인 정규분포를 이룬다.
② Y값이 이루는 정규분포의 평균은 회귀선 $\mu_{Y|X}=\alpha+\beta X$ 위에 위치한다. 즉 $E(\varepsilon_i)=0$이다.
③ X의 각 값에 대해 Y값이 이루는 정규분포는 모두 동일한 분산을 갖는다. 이것을 '등분산성'이라고 한다.

모집단 회귀모형에 대한 가정을 그림으로 표시해 보면 [그림 14-3]과 같다. 이 가정들은 기본적으로 회귀선에 의해 설명되지 않는 오차 ε_i에 관한 것인데 이것은 [그림 14-3]에서 알 수 있듯이 각 X_i값에 대해 상호독립적이다. 또한 오차들은 각 X_i값에 대해 분산이 동일한 정규분포를 이루고 있다. 그리고 X_i값이 주어졌을 때 Y_i의 평균($\mu_{Y_i|X_i}$)은 모집단 회귀선 위를 지나고 있음을 알 수 있다.

그림 14-3 모집단회귀모형의 가정

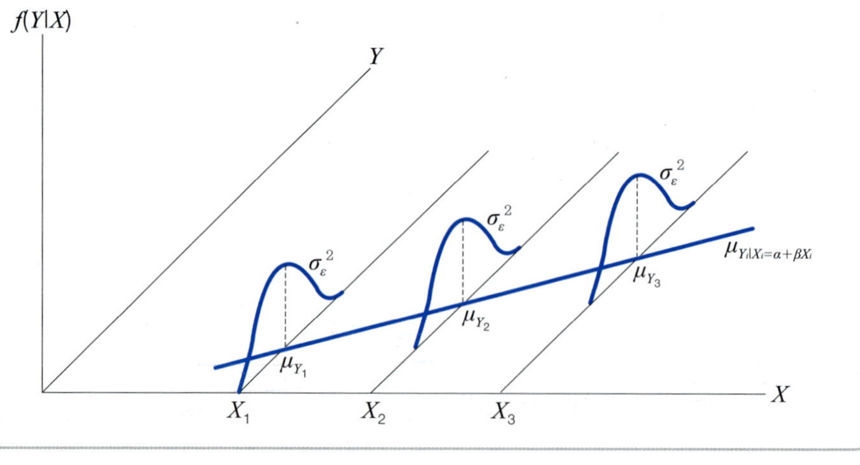

(3) 표본회귀식과 표본회귀모형

회귀분석을 통해 알고자 하는 것은 결국 모집단회귀식 $\mu_{Y|X}=\alpha+\beta X$의 α와 β이다. 만일 모집단 전체의 자료를 가지고 있다면 α와 β를 구할 수 있다. 그러나 모집단자료의 수집이 현실적으로 어려우므로 표본자료를 이용해 α와 β를 추정하지 않으면 안 된다. 표본자료를 이용해 구한 회귀식을 표본회귀식이라고 하며 다음과 같이 표시한다.

표본회귀식

$\hat{Y}=a+bX$ 〈공식 14-3〉

표본회귀식에서 a, b는 각각 모집단회귀계수 α, β의 추정치로서 표본회귀계수라고 한다. 여기에서 a와 b의 값을 구하게 되면, 독립변수 X값이 주어졌을 때 예측치 $\hat{Y}$의 값을 계산할 수 있다. 그러나 모집단회귀식과 마찬가지로 표본회귀식을 통한 예측치 $\hat{Y}$값은 실제 매출액과 일치하지 않기 때문에, 어떤 체인점 i의 실제 매출액 Y_i는 오차 e_i를 고려하여 다음과 같이 표시해 주어야 한다. 이것을 표본회귀모형이라고 한다.

표본의 회귀모형

$Y_i=a+bX_i+e_i$ 〈공식 14-4〉

여기에서 e_i는 모집단회귀모형의 오차 ε_i의 추정치로서, 이것을 잔차(residual)라고 한다. 표본회귀모형과 표본회귀식 간의 차이는 잔차 e_i에 있다. 즉 체인점 i의 실제 매출액은 표본회귀식을 통해 구한 매출액의 예측치에 잔차 e_i를 더한 값이다.

모집단회귀식과 표본회귀식은 서로 어떤 차이가 있을까? [그림 14-4]에서와 같이 모집단회귀식의 α와 β는 고정된 상수인 반면, 표본회귀식의 a와 b는 표본자료에서 계산된 것이므로 추출되는 표본에 따라 각각 값이 달라지는 확률변수라는 점에 차이가 있다.

따라서 [그림 14-5]에서 보는 것처럼 표본회귀선은 모집단회귀선과 완전히 일치하지는 않는다. 그리고 선택된 표본에 따라 표본회귀선은 L_1나 L_2와 같이 모집단회귀선과 유사한 형태가 될 수도 있지만 L_3와 같이 상당한 차이가 있을 수도 있다. 그

그림 14-4 모집단회귀선과 표본회귀선

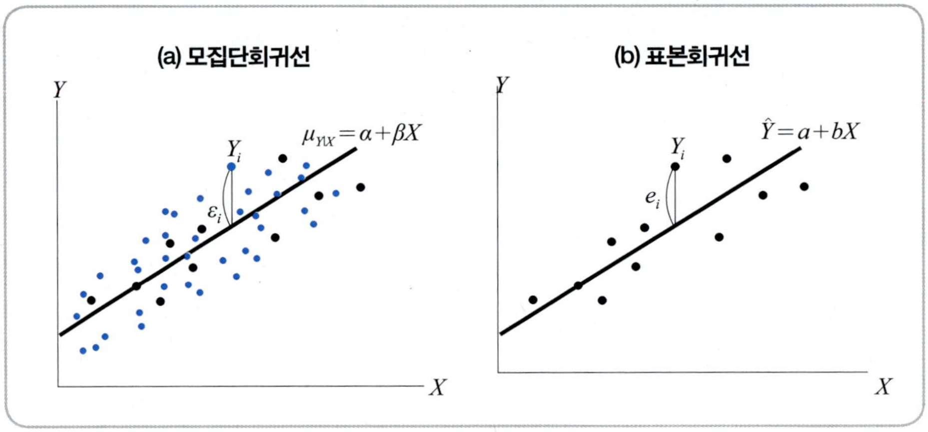

그림 14-5 모집단회귀선과 표본회귀선

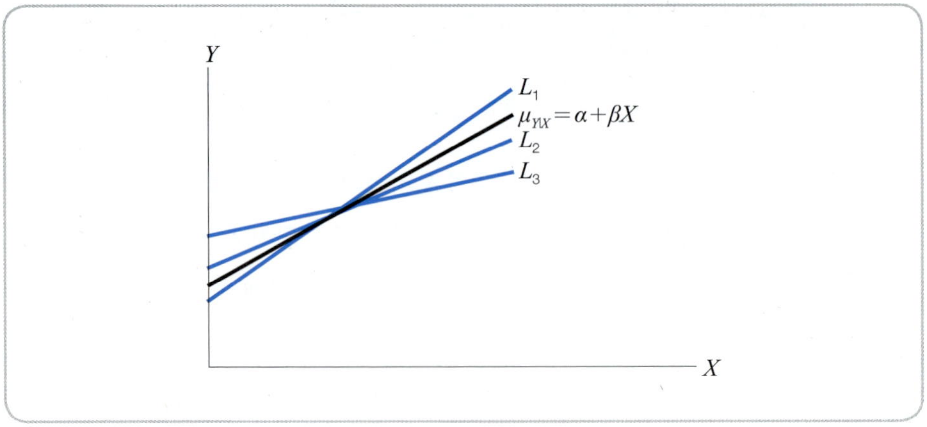

렇지만 모집단에 대한 다른 정보가 없는 상황에서는 표본자료에 가장 적합하도록 설정된 표본회귀선이 모집단회귀선에 가장 가까울 것이라고 생각할 수 있다. 그러므로 회귀분석에서 일차적 문제는 표본자료에 가장 적합한 표본회귀선을 찾는 것이다.

제2절 최소자승법과 표본회귀식의 산출

표본자료에 가장 적합한 표본회귀선은 어떤 것일까? 그것은 실제 관찰치와 예측된 값의 차이, 즉 잔차 e_i의 전체 크기를 가장 작게 하는 회귀선이다. [그림 14-6]에서 회귀선 A, B, C 중에서 자료에 가장 적합한 회귀선은 잔차의 전체 크기를 가장 작게 해 주는 B라고 할 수 있다.

그림 14-6 표본의 회귀선

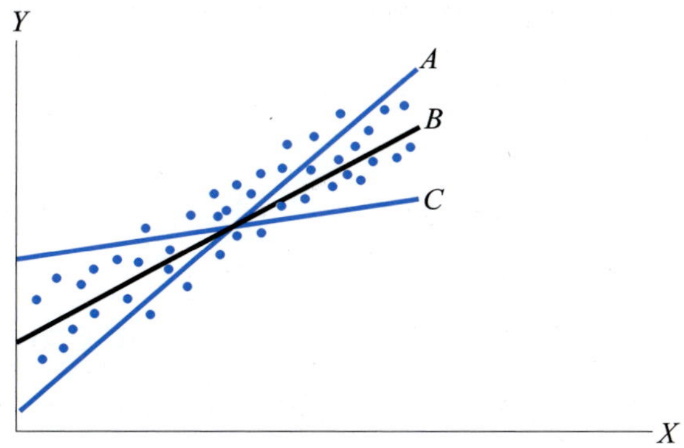

여기에서 잔차 e_i에 대해 좀더 자세히 살펴보기로 하자. [그림 14-7]에서 보듯이 잔차 e_i는 실제 관찰치 Y_i와 표본회귀선에 의한 예측치 $\hat{Y}_i$의 차이를 말한다. 즉,

그림 14-7 잔차의 값

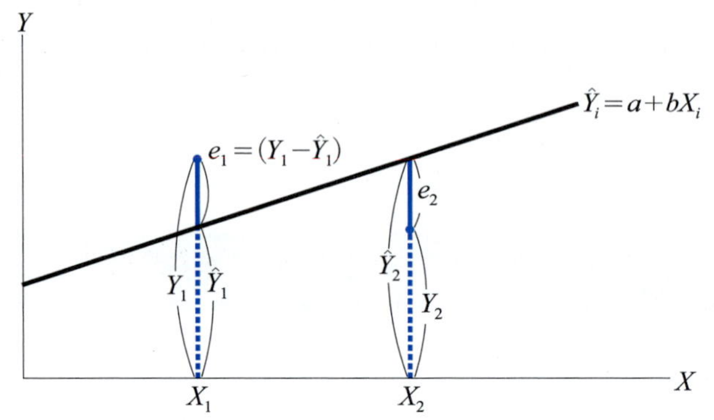

$$e_i = Y_i - \hat{Y}_i$$

따라서 잔차 e_i는 Y_i가 표본회귀선 위쪽에 있을 때는 (+)값을 가지며 아래쪽에 있을 때는 (−)값을 가진다. 그렇다면 잔차의 전체 크기를 가장 작게 해 주는 회귀선은 어떻게 구할 수 있을까? 다음과 같은 세 가지 방법을 생각할 수 있다.

첫째, 잔차의 합을 가장 작게 하는 회귀선을 구하는 방법이다. 즉, 다음의 조건을 충족시키는 a와 b를 구하는 것이다.

$$\min \Sigma e_i = \min(Y_i - \hat{Y}_i)$$

그러나 이 방법은 (+)값을 가지는 잔차와 (−)값을 가지는 잔차가 서로 상쇄되어 버리므로 개별적인 잔차의 크기가 제대로 반영되지 않는다는 문제가 있다.

둘째, 잔차의 절대값의 합을 가장 작게 하는 회귀선을 구하는 방법이다. 즉 다음의 조건을 충족시키는 a와 b를 구하는 것이다.

$$\min \Sigma |e_i| = \min |Y_i - \hat{Y}_i|$$

그림 14-8 잔차가 다른 두 회귀선

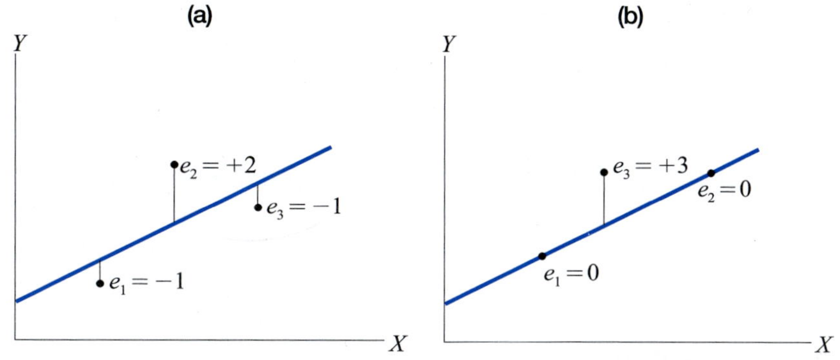

이 방법은 (+)값을 가지는 잔차와 (−)값을 가지는 잔차가 서로 상쇄되는 문제점을 해결할 수 있다. 그러나 [그림 14−8]에서 보듯이 절대값으로 계산된 잔차의 합은 회귀선 (b)의 경우가 회귀선 (a)보다 더 작지만, 실제로는 (b)보다 (a)가 더 적합한 회귀선이 된다는 점에서 역시 문제가 있다.

셋째, 잔차 제곱의 합을 가장 작게 하는 회귀선을 구하는 방법이다. 즉 다음의 조건을 충족시키는 a와 b를 구하는 것이다.

$$\min\Sigma e_i^2 = \min(Y_i - \hat{Y}_i)^2$$

이 방법을 최소자승법(least square method)이라고 한다. 최소자승법은 위의 첫째와 둘째의 방법이 가지고 있는 문제점을 모두 해소할 수 있다. 따라서 표본의 자료에 가장 적합한 a와 b는 최소자승법을 이용하여 구하는 것이 가장 바람직하다.

최소자승법

잔차 제곱의 합 $\sum_{i=1}^{n}(Y_i - \hat{Y}_i)^2$이 최소가 되는 회귀선을 구하는 방법

이제 최소자승법을 이용하여 a와 b를 구하는 방법을 생각해 보자. $e_i = (Y_i - \hat{Y}_i)$이고, $\hat{Y}_i = a + bX_i$이므로,

$$\Sigma e_i^2 = (Y_i - a - bX_i)^2$$

위의 식을 a와 b에 대해 각각 편미분하면 잔차제곱을 최소화하는 a와 b를 구할 수 있다. a와 b의 계산공식은 다음과 같다.

최소자승법에 의한 표본회귀식의 회귀계수

$$a = \overline{Y} - b\overline{X} = \frac{\Sigma Y}{n} - b\frac{\Sigma X}{n}$$ 〈공식 14-5〉

$$b = \frac{\Sigma XY - n\overline{X}\,\overline{Y}}{\Sigma X^2 - n\overline{X}^2}$$ 〈공식 14-6〉

위의 공식을 사용하여 계산된 a와 b를 최소자승 추정량이라고 한다. 최소자승 추정량 a와 b는 잔차제곱의 합을 최소로 하므로 표본자료에 가장 적합한 추정량이라고 할 수 있다. 이 최소자승 추정량이 모집단의 회귀계수인 α, β에 대한 불편추정량이라는 것은 가우스-마아코프 정리에 의해 잘 알려져 있다.

[예 14-2]

[예 14-1]의 자료를 이용해 표본회귀식의 계수 a와 b를 최소자승법에 의해 구해 보자.

[풀이]

X	Y	X^2	XY
13	37	169	481
15	43	225	645
17	46	289	782
19	51	361	969
21	53	441	1,113
23	52	529	1,196
25	50	625	1,250
27	68	729	1,836
160	400	3,368	8,272

위의 자료에서 X와 Y의 평균은 각각 $\frac{160}{8}=20$, $\frac{400}{8}=50$임을 알 수 있다. 그러므로

$$a=\overline{Y}-b\overline{X}=50-(1.62\times 20)=17.62$$

$$b=\frac{\Sigma XY-n\overline{X}\ \overline{Y}}{\Sigma X^2-n\overline{X}^2}=\frac{8{,}272-(8\times 20\times 50)}{3{,}368-(8\times 20^2)}=1.62$$

따라서 구하는 표본회귀식은 다음과 같다.

$$\hat{Y}=17.62+1.62X$$

이 표본회귀식의 기울기 b가 1.62라는 것은 매장 면적(m^2)이 1단위 늘어남에 따라 매출액의 평균이 1.62(백만원) 증가한다는 의미이다.

[예 14－3]

위의 예에서 한 체인점의 매장 면적이 25(m^2)이라면 예상매출액은 얼마나 될까?

[풀이]

위의 표본회귀식의 X에 25를 대입하여 $\hat{Y}$값을 구하면 다음과 같다.

$$\hat{Y}=17.62+1.62X=17.62+1.62\times 25=58.12$$

그러므로 매장 면적이 25(m^2)일 때 58.12(백만원)의 매출액이 예상된다고 할 수 있다.

제3절 회귀식의 적합도

1. 적합도의 개념

회귀식의 적합도(goodness of fit)란 표본회귀식이 종속변수의 변화를 설명해 주는 정도를 말한다. 회귀식의 적합도가 높다는 것은 표본회귀식에 의한 종속변수의 예측치가 실제 관찰치에 가까워 예측이 더 정확하게 이루어지고 있다는, 즉 설명력이 높다는 것을 의미한다.

예를 들어, 두 모집단에서 각각 표본을 뽑아 최소자승법에 의해 두 회귀식을 구했을 때 두 회귀식의 a와 b가 [그림 14-9]에서와 같이 동일하게 나타났다고 하자. 이와 같이 두 회귀식이 동일하면 두 회귀식의 설명력도 같은 것일까? 그렇지 않다. 회귀식이 동일하다고 하더라도 회귀식의 설명력에는 차이가 있다.

[그림 14-9]에서 두 자료의 산점도를 비교해 보면 (a)의 경우에는 각 관찰치들이 회귀선 근처에 몰려 있으므로 이 회귀선을 이용해 종속변수의 값을 비교적 정확하게 예측할 수 있으나, (b)의 경우에는 각 관찰치들이 회귀선으로부터 상당히 흩어져 있으므로 (b)의 회귀선에 의한 예측은 (a)보다 더 부정확할 것이다. 그러므로 동일한

그림 14-9 적합도가 다른 두 회귀선

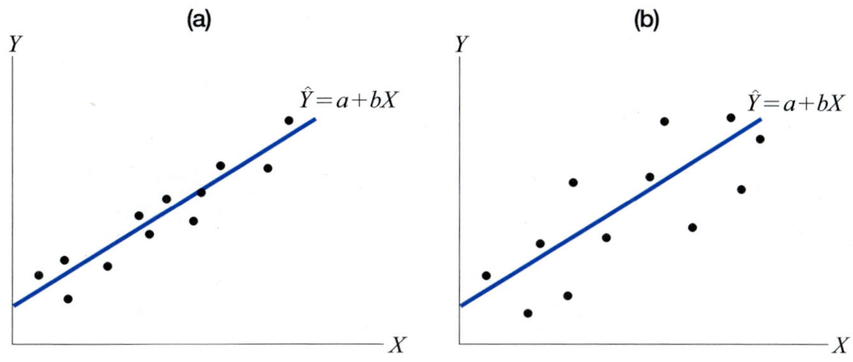

회귀선이라 할지라도 회귀선 (a)가 회귀선 (b)보다 설명력이 더 크므로 적합도가 높다고 할 수 있다.

[그림 14-9]를 보면 직관적으로 알 수 있겠지만 회귀선의 적합도는 두 변수 간의 상관의 정도와 관련이 있다. 그러므로 회귀선의 적합도 측정에는 두 변수의 상관계수를 제곱한 결정계수가 사용된다.

2. 편차와 제곱의 합

결정계수(coefficient of determination)를 이해하기 위해서는 먼저 편차(deviation)의 분해와 제곱의 합(sum of squares)에 대해 살펴보아야 한다. [그림 14-10]에서 보는 것처럼 독립변수에 관한 자료가 없을 때 어떤 점포의 매출액 Y_i는 표본평균 $\overline{Y}$로 추정하는 것이 최선이다. 그 이유는 평균이 대표값이기 때문이다. 만일 독립변수에 관한 자료를 추가로 수집하여 표본회귀선을 구했다고 하자. 이 표본회귀선으로 Y_i를 추정하게 되면 표본평균 $\overline{Y}$에서 회귀선까지의 거리만큼 설명력이 더 높아진다.

[그림 14-10]에서 종속변수의 실제 관찰치를 Y_i라 하고 이들의 평균을 $\overline{Y}$, 표본회귀식에 의한 예측치를 $\hat{Y}_i$라고 할 때 종속변수의 실제 관찰치와 평균의 차이, 즉 $Y_i - \overline{Y}$를

그림 14-10 **편차의 구성**

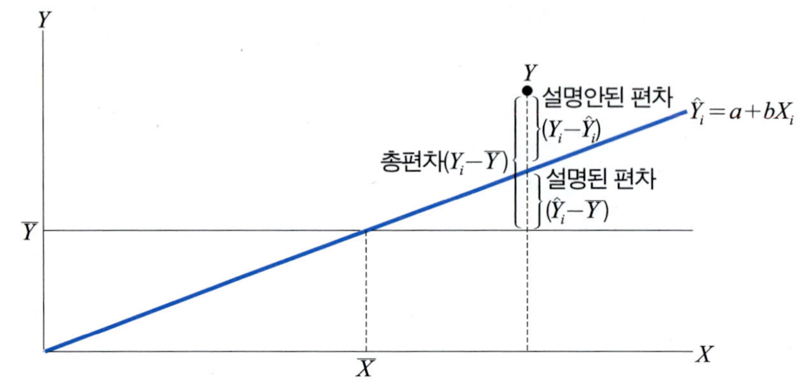

총편차라고 한다. 이 총편차는 관찰치와 예측치의 차이인 $Y_i-\hat{Y}_i$와 예측치와 평균의 차이인 $\hat{Y}_i-\overline{Y}$의 합으로 구성되어 있다.

여기에서 $\hat{Y}_i-\overline{Y}$는 평균을 가지고 예측을 하는 것보다 회귀선에 의해 예측할 경우 설명력이 증가된 부분이므로 이것을 회귀선에 의해 설명된 편차(explained deviation)라고 한다. 반면 잔차 e_i에 해당되는 $Y_i-\hat{Y}_i$는 회귀선에 의해서도 여전히 설명이 되지 않은 부분이므로 이것을 설명되지 않은 편차(unexplained deviation)라고 한다. 그러므로 총편차는 다음과 같이 분해하여 나타낼 수 있다.

총편차의 구성

총편차＝설명된 편차＋설명되지 않은 편차

$(Y_i-\overline{Y})=(\hat{Y}-\overline{Y})+(Y_i-\hat{Y})$ 〈공식 14－7〉

한편 관찰치들의 편차를 제곱하여 더한 것을 제곱의 합(Sum of Squares) 또는 변동(variation)이라고 하는데, 이것은 표본회귀선을 중심으로 종속변수가 흩어져 있는 정도를 나타낸다. 제곱의 합은 <공식 14-7>으로부터 다음과 같은 관계가 성립한다.

$$\Sigma(Y_i-\overline{Y})^2=\Sigma(\hat{Y}_i-\overline{Y})^2+\Sigma(Y_i-\hat{Y}_i)^2$$

위의 식에서 $\Sigma(Y_i-\overline{Y})^2$을 총제곱의 합(Sum of Squares Total)이라고 하며 간단히 SST로 표시한다. 이것은 독립변수를 고려하지 않았을 때 종속변수가 흩어져 있는 정도를 나타낸다. 한편 $\Sigma(\hat{Y}_i-\overline{Y})^2$은 회귀식에 의해 설명된 제곱의 합으로 이것을 회귀제곱의 합(Sum of Squares Regression)이라고 하며 SSR로 표시한다. 마지막으로 $\Sigma(Y_i-\hat{Y}_i)^2$는 회귀식에 의해 설명되지 않은 제곱의 합으로 이를 잔차제곱의 합(Sum of Squares Error)이라고 하며 SSE로 표시한다. 그러므로 총제곱의 합은 결국 설명된 제곱의 합과 설명되지 않은 제곱의 합으로 분해된다는 것을 알 수 있다.

총제곱합의 분해

총제곱의 합 = 설명된 제곱의 합 + 설명되지 않은 제곱의 합

$SST=SSR+SSE$ <공식 14-8>

[예 14-4]

[예 14-1]의 체인점 면적과 매출액에 관한 자료를 이용해 SST, SSR, SSE를 구해 보자.

[풀이]

[예 14-2]에서 구한 표본회귀식 $\hat{Y}=17.62+1.62X$를 이용해 다음과 같이 SST, SSR, SSE를 구할 수 있다.

i	X_i	Y_i	$\hat{Y}_i$	$(Y_i-\overline{Y})^2$	$(Y_i-\hat{Y}_i)^2$	$(\hat{Y}_i-\overline{Y})^2$
1	13	37	38.67	169	2.78	128.44
2	15	43	41.90	49	1.20	65.53
3	17	46	45.14	16	0.73	23.59
4	19	51	48.38	1	6.86	2.62
5	21	53	51.62	9	1.91	2.62
6	23	52	54.86	4	8.16	23.59
7	25	50	58.10	0	65.53	65.53
8	27	68	61.33	324	44.44	128.44
합계	160	400		572	131.62	440.38
				(SST)	(SSE)	(SSR)

3. 결정계수

편차와 제곱의 합의 개념을 이해하였다면 적합도의 개념도 쉽게 이해할 수 있다. 적합도의 척도로 사용되는 결정계수(coefficient of determination) r^2은 총제곱의 합 중 설명된 제곱의 합의 비율을 말한다.

결정계수

$$r^2=\frac{SSR}{SST}=1-\frac{SSE}{SST}$$ 〈공식 14-9〉

이 식에서 보면 회귀식에 의해 설명된 제곱의 합이 크면 클수록 결정계수 r^2의 값은 커지며 설명된 제곱의 합이 작을수록 r^2의 값은 작아진다. 따라서 r^2의 값이 클수록 표본회귀식으로 종속변수의 실제 관찰치 Y값을 예측하는 데 있어 정확성이 더 높아진다고 할 수 있다. 예를 들어 표본회귀식으로 관찰치를 정확히 예측할 수 있다면 $SSE=0$이 되어 $r^2=1$이 된다. 반면에 표본회귀선으로 관찰치를 전혀 예측할 수 없다면 $SST=SSE$가 되어 $r^2=0$이 된다. 이때에는 종속변수의 평균 $\overline{Y}$로 예측하는 것과 동일한 결과가 된다.

결정계수 r^2은 제4장에서 언급한 독립변수와 종속변수 간의 표본상관계수 r을 제곱한 것과 같다. 그러므로 두 변수 간의 상관계수가 크면 결정계수 r^2도 커진다. 그러므로 표본상관계수 r을 알면 결정계수 r^2도 쉽게 구할 수 있다.

[예 14-5]

[예 14-3]에서 계산된 제곱 합을 이용해 결정계수와 상관계수를 구해 보자.

[풀이]

[예 14-3]에서 $SST=572$, $SSR=440.38$, $SSE=131.62$이었으므로 결정계수와 상관계수는 각각 다음과 같다.

$$r^2=\frac{SSR}{SST}=\frac{440.38}{572}=0.7699$$

$$r=\sqrt{0.7699}=0.8774$$

제4절 회귀식의 통계적 추론

우리는 앞에서 최소자승법을 이용하여 표본회귀식을 구하는 방법에 대해 살펴보았다. 또한 최소자승법에 의해 계산된 표본회귀식 $\overline{Y}=a+bX$에서 a와 b는 우리가 알고자 하는 모집단회귀식의 계수 α와 β의 불편추정량이라고 하였다.

그러나 표본회귀식을 구했다고 하여 이것을 그대로 예측에 활용할 수 있는 것은 아니다. 왜냐하면 a와 b는 표본자료에서 구한 것이므로 추출된 표본에 따라 그 값도 달라지기 때문이다. 따라서 표본회귀식에 대해 다음과 같은 통계적 추론이 추가적으로 필요하게 된다. 첫째는 회귀계수 β에 대한 유의성 검정과 신뢰구간 추정이고,

둘째는 회귀모형의 유의성을 검정하는 것이다.

회귀식에 대한 통계적 추론은 앞에서 살펴본 모집단회귀모형의 가정을 전제로 성립된다. 그 가정은 특정 X값에 대한 Y의 평균 즉 기대치는 회귀선 $\alpha+\beta X$ 위에 위치하며, 모든 X값에 대한 Y의 분포는 분산이 동일한 정규분포를 이룬다는 것이다. 이 가정을 염두에 두면서 회귀분석에서의 통계적 추론에 대해 살펴보자.

1. 모집단회귀계수 β에 대한 유의성 검정

회귀분석에서 특히 관심의 대상이 되는 것은 표본회귀계수 b에 관한 것이다. 그 이유는 b가 바로 종속변수에 미치는 독립변수의 설명력을 나타내는 것이기 때문이다. 앞에서 우리는 최소자승법을 이용하여 표본의 자료에 가장 적합한 표본회귀계수 b를 구하였다. 그렇다면 표본회귀계수 b는 모집단회귀계수 β와 일치할까? 그렇지는 않다. 그 이유는 앞에서도 설명하였듯이 b는 표본이 어떻게 뽑히느냐에 따라 각기 다른 값을 가지는 확률변수이기 때문이다. 따라서 표본회귀계수 b의 분포를 고려하여 모집단회귀계수 β에 대한 신뢰구간 추정과 가설검정을 할 필요가 있다. 먼저 β에 대한 가설검정을 살펴보기로 하자.

모집단 회귀계수 β에 대한 가설검정은 표본회귀식을 사용하여 모집단회귀식을 추정할 때 발생되는 오류와 관련이 있다. 회귀식의 기울기, 즉 β는 독립변수의 값이 1단위 증가함에 따라 변화하는 종속변수의 평균변동비율이다. 그런데 만일 β가 0이라면 독립변수가 아무리 증가하더라도 종속변수의 값에는 전혀 변화가 없으므로 회귀관계가 성립하지 않는다.

그러나 모집단에서 독립변수와 종속변수 간에 선형적 관계가 없는 경우에도 표본에서는 우연히 선형적인 관계가 있는 것처럼 나타날 수가 있다. 즉 표본자료에서 구한 표본회귀계수 b가 0이 아니더라도 모집단회귀계수는 0일 수가 있으므로 모집단회귀계수 β가 0이 아니라는 것을 검정해야 할 필요가 있다. 이것을 모집단 회귀계수 β에 대한 유의성 검정이라고 한다.

회귀계수 β에 대한 유의성 검정에서 귀무가설과 대립가설은 다음과 같이 설정된다.

$$H_0 : \beta = 0$$
$$H_1 : \beta \neq 0$$

이 가설을 검정하기 위해서는 표본회귀계수 b의 분포에 대해 알고 있어야 한다. 앞서 살펴본 회귀분석의 가정이 모두 성립한다면, 모집단에서 크기가 n인 가능한 표본을 모두 뽑아 계산된 표본회귀계수 b의 분포는 정규분포를 이루게 된다.

여기에서 b의 표본분포의 평균과 분산에 대해 살펴보자. 회귀분석의 가정이 성립된다면, 표본회귀계수 b는 β의 불편추정량이므로 표본회귀계수 b의 평균은 모집단 회귀계수의 β와 같다.

표본회귀계수 b의 평균

$$E(b) = \beta$$

그리고 b의 분산은 오차 ε_i의 분산 σ_ε^2을 $(X_i - \overline{X})$의 제곱의 합으로 나눈 것이다.

$$\sigma_b^2 = \frac{\sigma_\varepsilon^2}{\Sigma(X_i - \overline{X})^2}$$

그러나 실제로는 오차의 분산인 σ_ε^2을 알 수 없으므로 σ_b^2을 구할 수 없다. 그러므로 σ_ε^2 대신 표본자료에서 구한 잔차의 분산 S_e^2을 이용하게 된다. σ_ε^2에 대한 불편추정량 S_e^2은 표본에서 계산된 잔차의 제곱합 $\Sigma(Y_i - \hat{Y}_i)^2$을 자유도 $n-2$로 나눈 값이다. 즉,

$$S_e^2 = \frac{\Sigma e_i^2}{n-2} = \frac{\Sigma(Y_i - \hat{Y}_i)^2}{n-2} = \frac{SSE}{n-2} = MSE$$

그리고 표본회귀계수 b의 분산에 대한 불편추정량 S_b^2은 S_e^2을 $(X_i-\overline{X})$의 제곱의 합으로 나누어 준다. 따라서 표본회귀계수 b의 표본분산과 표준오차는 다음과 같이 나타낼 수 있다.

표본회귀계수 b의 분산과 표준오차

$$S_b^2=\frac{S_e^2}{\Sigma(X_i-\overline{X})^2}$$ 〈공식 14-10〉

$$S_b=\sqrt{S_b^2}=\sqrt{\frac{S_e^2}{\Sigma(X-\overline{X})^2}}=\sqrt{\frac{SSE/n-2}{\Sigma(X-\overline{X})^2}}$$ 〈공식 14-11〉

위에서 설명한 것처럼 표본회귀계수 b의 모집단 표준오차를 알지 못하므로 이에 대한 불편추정량인 표본의 표준오차를 이용하여 b를 표준화하면 자유도가 $n-2$인 t-분포를 이룬다. 그러므로 귀무가설 $\beta=0$을 검정하기 위한 검정통계량은 다음과 같다.

모집단회귀계수의 검정통계량

$$t=\frac{b-\beta}{S_b}$$ 〈공식 14-12〉

[예 14-6]

[예 14-1]의 자료에서 체인점의 면적이 매출액을 결정하는 요인이 되는지를 유의수준 0.05로 하여 검정하여 보아라.

[풀이]

① **가설의 설정**

$H_0:\beta=0$

$H_1:\beta\neq0$

② **유의수준** $\alpha=0.05$

③ **임계치와 기각영역**

$\alpha=0.05$, 자유도 $8-2=6$일 때,

임계치 : $t_{0.025,6}=2.447$, $-t_{0.025,6}=-2.447$

기각영역 : $t>2.447$ 또는 $t<-2.447$

그림 14-11 임계치와 기각영역

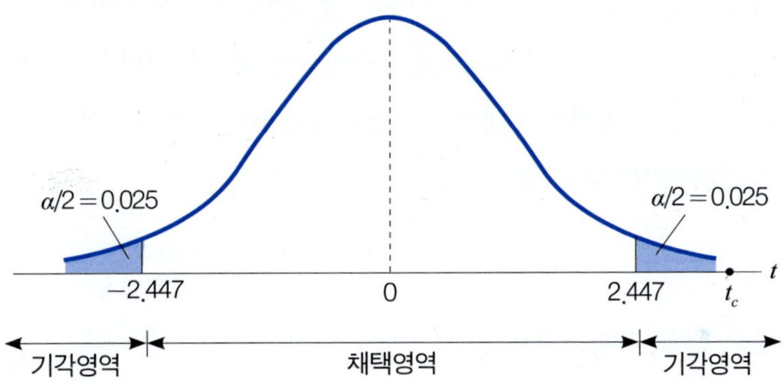

④ **표본통계량의 계산 및 임계치와의 비교**

[예 14−3]에서 $\Sigma(Y_i-\hat{Y})^2=131.62$이었으므로,

$$S_e^{\,2}=\frac{\Sigma(Y_i-\hat{Y})^2}{n-2}=\frac{131.62}{8-2}=21.94$$

또한 $\Sigma(X_i-\overline{X})^2=168$이므로

$$S_b=\sqrt{S_b^{\,2}}=\sqrt{\frac{S_e^{\,2}}{\Sigma(X_i-\overline{X})^2}}=\sqrt{\frac{21.94}{168}}=0.361$$

표본회귀계수는 $b=1.62$이었으므로 검정통계량 t는 다음과 같이 계산된다.

$$t_c=\frac{b-\beta}{S_b}=\frac{1.62-0}{0.361}=4.48$$

계산된 t값이 기각영역에 포함되므로 귀무가설 $\beta=0$은 기각된다. 따라서 체인점의 면적은 매출액에 영향을 미친다고 할 수 있다.

여기에서 한 가지 유의할 점이 있다. 회귀계수 β에 대한 가설검정에서 β가 0이 아니라는 것은 모집단에서 독립변수와 종속변수 사이에 선형적 함수관계가 있다는 것만을 나타낼 뿐, 그 자체만으로 종속변수에 대한 독립변수의 설명력을 나타내는 것은 아니다. 종속변수에 대한 독립변수의 설명력은 앞에서 설명한 것처럼 결정계수 r^2에 의해 파악된다는 것을 이해해야 한다.

2. β에 대한 신뢰구간 추정

앞에서 설명한 것처럼 표본회귀계수 b는 자유도가 $n-2$이고 표준오차가 S_b인 t-분포를 이루므로 모집단회귀계수 β에 대한 신뢰구간은 다음과 같이 추정된다.

모집단회귀계수에 대한 신뢰구간

$$b-t_{\alpha/2,n-2}S_b \le \beta \le b+t_{\alpha/2,n-2}S_b$$

신뢰구간의 양끝점은 $b \pm t_{\alpha/2,n-2}S_b$ 〈공식 14-13〉

[예 14-7]

[예 14-1]의 자료를 이용해 회귀계수에 대한 신뢰구간을 유의수준 0.05에서 추정하여 보자.

[풀이]

자유도는 표본의 크기가 $n=8$이므로 $n-2=6$이 되고, 표본회귀계수는 [예 14−2]에서 $b=1.62$이다. 또한 [예 14−3]에서 $\Sigma(Y_i-\hat{Y})^2=131.62$이었으므로,

$$S_e^{\,2}=\frac{\Sigma(Y_i-\hat{Y})^2}{n-2}=\frac{131.62}{8-2}=21.94$$

한편, $\Sigma(X_i-\overline{X})^2=168$이므로,

$$S_b=\sqrt{S_b^{\,2}}=\sqrt{\frac{S_e^{\,2}}{\Sigma(X_i-\overline{X})^2}}=\sqrt{\frac{21.94}{168}}=\sqrt{0.1306}=0.361$$

그리고 $t_{0.025,6}=2.447$이므로 신뢰구간은 다음과 같다.

$$[b-t_{0.025,6}S_b,\quad b+t_{0.025,6}S_b]$$
$$[1.62-(2.447\times0.361),\ 1.62+(2.447\times0.361)]$$
$$[0.7366,\ 2.5034]$$

제5절 회귀모형의 유의성 검정

회귀모형의 유의성 검정은 회귀모형의 타당성 여부를 검정하는 것이다. 만일 회귀모형에 포함된 독립변수들이 종속변수에 영향을 미치지 않는다면, 즉 모든 독립변수들의 회귀계수가 0이라면 회귀모형 자체가 아무런 의미가 없다. 그러므로 독립변수가 여러 개인 다중회귀분석의 경우라 하더라도 0이 아닌 회귀계수가 최소한 하나 이상은 있어야 하는데 이를 검정하는 것이 회귀모형의 유의성 검정이다.

예를 들어 독립변수가 3개인 다중회귀분석의 경우 회귀모형의 유의성 검정을 위한 귀무가설은 모든 독립변수의 β값이 0이라는 것이다. 즉

$$H_0 : \beta_1 = \beta_2 = \beta_3 = 0$$

독립변수가 하나인 단순회귀분석에서는 회귀모형의 유의성 검정에 필요한 귀무가설이 $\beta = 0$이 되므로 앞에서 살펴본 회귀계수 β의 유의성 검정과 동일한 결과를 얻게 된다. 따라서 단순회귀분석에서 회귀모형의 유의성 검정은 큰 의미가 없다. 그러나 다음 장에서 설명하게 될 다중회귀분석에서는 회귀모형의 유의성 검정이 반드시 필요하므로 이 장에서 그 기본적인 개념을 미리 살펴보기로 한다.

회귀모형의 유의성 검정을 위해서는 분산분석(analysis of variance)을 사용한다. 분산분석은 독립변수에 의해 설명된 분산과 설명되지 않은 분산의 비율을 이용하여 가설검정을 하는데 이때 두 분산의 비율이 이루는 분포가 F-분포이다. 따라서 분산분석을 이해하기 위해서는 먼저 F-분포에 대해 살펴볼 필요가 있다.

1. F-분포

분산이 σ^2이고 정규분포를 이루는 모집단에서 표본의 크기가 n_1인 표본을 뽑았을 때 그 표본의 분산을 S_1^2이라 하고, 역시 분산이 σ^2이고 정규분포를 이루는 모집단에서 크기가 n_2인 표본을 뽑았을 때 그 표본의 분산을 S_2^2이라고 하자. 여기에서 표본분산 S_1^2과 표본분산 S_2^2의 비율 $\frac{S_1^2}{S_2^2}$는 각각 어떤 표본이 추출되는가에 따라 달라지는 확률변수이다. 이때 모든 가능한 표본추출의 결과로 얻어진 두 표본분산의 비율을 F값이라 하면, F값은 자유도가 각각 n_1-1, n_2-1인 F-분포를 이룬다.

F값

$$F=\frac{S_1^2}{S_2^2}$$ 〈공식 14−14〉

그림 14-12 자유도의 차이에 따른 *F*-분포의 모양

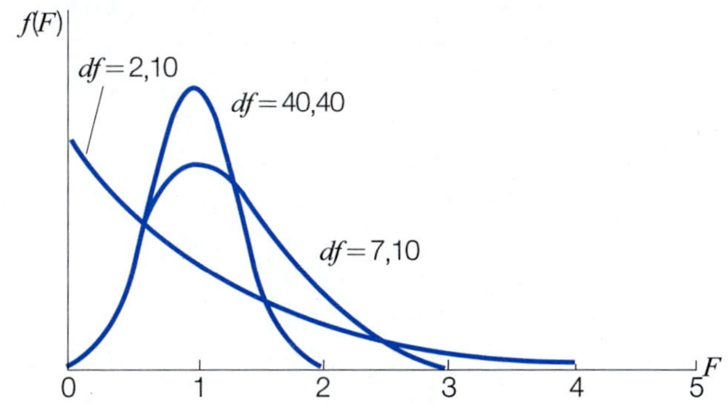

[그림 14−12]에서 보는 바와 같이 *F*-분포는 S_1^2의 자유도 n_1-1과 S_2^2의 자유도 n_2-1에 따라 그 모양이 달라지는데, 자유도가 커질수록 정규분포와 유사한 형태를 가지게 된다.

*F*값은 S_1^2과 S_2^2이 모두 양수이므로 항상 양수값만을 갖는다. 그리고 *F*값은 두 표본분산의 비율 $\frac{S_1^2}{S_2^2}$이므로 *F*값이 1에 가깝다면 두 모집단의 분산이 같다고 생각할 수 있는 반면, 1과 큰 차이가 난다면 두 모집단의 분산이 다르다고 생각할 수 있다.

[표 14−2]는 부록에 수록되어 있는 *F*-분포표의 일부를 발췌한 것이다. *F*-분포표에서 유의수준 α에 해당하는 값을 찾기 위해서는 *F*-분포표의 상단 행의 분자의 자유도와 좌측 열의 분모의 자유도를 찾아서 두 자유도가 만나는 칸의 값을 보면 된다. 예를 들어 분자의 자유도(v_1)가 2이고 분모의 자유도(v_2)가 12일 때 유의수준 $\alpha=0.05$에 해당하는 *F*값 즉 $F_{0.05\,(2,\,12)}$는 3.89가 된다.

표 14-2 *F*-분포

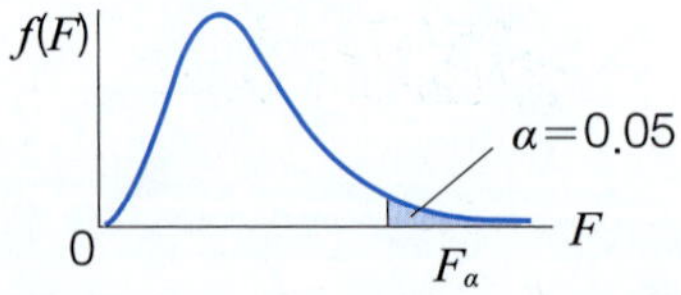

v_2 \ v_1	1	2	3	4	5	6	7	8	9
1	161.4	199.5	215.7	224.6	230.2	234.0	236.8	238.9	240.5
2	18.51	19.00	19.16	19.25	19.30	19.33	19.35	19.37	19.38
3	10.13	9.55	9.28	9.12	9.01	8.94	8.89	8.85	8.81
4	7.71	6.94	6.59	6.39	6.26	6.16	6.09	6.04	6.00
5	6.61	5.79	5.41	5.19	5.05	4.95	4.88	4.82	4.77
6	5.99	5.14	4.76	4.53	4.39	4.28	4.21	4.15	4.10
7	5.59	4.74	4.35	4.12	3.97	3.87	3.79	3.73	3.68
8	5.32	4.46	4.07	3.84	3.69	3.58	3.50	3.44	3.39
9	5.12	4.26	3.86	3.63	3.48	3.37	3.29	3.23	3.18
10	4.96	4.10	3.71	3.48	3.33	3.22	3.14	3.07	3.02
11	4.84	3.98	3.59	3.36	3.20	3.09	3.01	2.95	2.90
12	4.75	3.89	3.49	3.26	3.11	3.00	2.91	2.85	2.80
13	4.67	3.81	3.41	3.18	3.03	2.92	2.83	2.77	2.71
14	4.60	3.74	3.34	3.11	2.96	2.85	2.76	2.70	2.65
15	4.54	3.68	3.29	3.06	2.90	2.79	2.71	2.64	2.59
16	4.49	3.63	3.24	3.01	2.85	2.74	2.66	2.59	2.54
17	4.45	3.59	3.20	2.96	2.81	2.70	2.61	2.55	2.49
18	4.41	3.55	3.16	2.93	2.77	2.66	2.58	2.51	2.46
19	4.38	3.52	3.13	2.90	2.74	2.63	2.54	2.48	2.42
20	4.35	3.49	3.10	2.87	2.71	2.60	2.51	2.45	2.39
21	4.32	3.47	3.07	2.84	2.68	2.57	2.49	2.42	2.37
22	4.30	3.44	3.05	2.82	2.66	2.55	2.46	2.40	2.34
23	4.28	3.42	3.03	2.80	2.64	2.53	2.44	2.37	2.32
24	4.26	3.40	3.01	2.78	2.62	2.51	2.42	2.36	2.30
25	4.24	3.39	2.99	2.76	2.60	2.49	2.40	2.34	2.28
26	4.23	3.37	2.98	2.74	2.59	2.47	2.39	2.32	2.27
27	4.21	3.35	2.96	2.73	2.57	2.46	2.37	2.31	2.25
28	4.20	3.34	2.95	2.71	2.56	2.45	2.36	2.29	2.24
29	4.18	3.33	2.93	2.70	2.55	2.43	2.35	2.28	2.22
30	4.17	3.32	2.92	2.69	2.53	2.42	2.33	2.27	2.21
40	4.08	3.23	2.84	2.61	2.45	2.34	2.25	2.18	2.12
60	4.00	3.15	2.76	2.53	2.37	2.25	2.17	2.10	2.04
120	3.92	3.07	2.68	2.45	2.29	2.17	2.09	2.02	1.96
∞	3.84	3.00	2.60	2.37	2.21	2.10	2.01	1.94	1.88

2. 분산분석에 의한 회귀모형의 유의성 검정

회귀모형의 유의성 검정을 위해 분산분석의 과정을 살펴보자. 분산분석은 제16장에서 다시 상세히 다루므로 그 내용을 미리 알고 싶은 학생들은 제16장을 먼저 읽기를 권한다.

분산분석에서는 독립변수에 의해 설명된 제곱의 합 SSR과, 독립변수에 의해 설명되지 않은 제곱의 합 SSE를 각각의 자유도로 나누어 분산을 구한 후, 두 분산의 비율인 F값을 계산한 다음 이를 임계치와 비교하여 귀무가설의 기각 여부를 결정한다. 즉,

$$F = \frac{SSR/SSR\text{의 자유도}}{SSE/SSE\text{의 자유도}}$$

SSR과 SSE에 대해서는 이미 살펴보았으므로 F값을 구하기 위해서는 각 제곱의 합에 대한 자유도만 알면 되는데, 단순회귀분석에서 제곱합의 자유도는 다음과 같다.

단순회귀분석에서 제곱합의 자유도

SSR의 자유도 1
SSE의 자유도 $n-2$
SST의 자유도 $n-1$

여기에서 SSR과 SSE를 각각의 해당되는 자유도로 나눈 것을 평균제곱(Mean Square)이라고 하고 MSR(Mean Square Regression)과 MSE(Mean Square Error)로 표시한다. MSR은 회귀평균제곱이라고 하는데, 이것은 결국 독립변수에 의해 설명된 분산이다. MSE는 오차평균제곱이라고 하는데, 이것은 독립변수로 설명되지 않은 오차의 분산이다.

단순회귀분석에서 회귀평균제곱

$$MSR = \frac{SSR}{SSR\text{의 자유도}} = \frac{SSR}{1} = \sum(\hat{Y}_i - \overline{Y})^2$$ 〈공식 14-15〉

단순회귀분석에서 오차평균제곱

$$MSE = \frac{SSE}{SSE\text{의 자유도}} = \frac{SSE}{n-2} = \frac{\sum(Y_i - \hat{Y}_i)^2}{n-2}$$ 〈공식 14-16〉

단순회귀분석에서는 독립변수가 1개이므로 회귀모형의 유의성 검정을 위해 설정되는 귀무가설은 다음과 같다.

$$H_0 : \beta = 0$$

이 귀무가설의 검정통계량 F값은 〈공식 14-17〉과 같이 계산된다. 이때 F값은 분자의 자유도가 1, 분모의 자유도가 $n-2$인 F-분포를 이룬다.

단순회귀모형의 유의성 검정을 위한 검정통계량

$$F = \frac{MSR}{MSE}$$ 〈공식 14-17〉

앞에서 설명한 바와 같이 MSR은 독립변수에 의해 설명된 분산이고, MSE는 오차의 분산이다. 따라서 MSR이 MSE에 비해 상대적으로 매우 크다면 독립변수에 의해 설명된 변동이 그만큼 크다는 것을 의미하므로 이때에는 회귀모형이 유의하지 않다는 귀무가설이 기각될 가능성이 크다. 반면 MSR이 MSE에 비해 상대적으로 매우 작다면 독립변수에 의해 설명된 변동이 크지 않다는 것을 의미하므로 이때에는 회귀모형이 유의하지 않다는 귀무가설이 채택될 가능성이 커진다.

이상의 내용을 표로 요약한 것이 분산분석표이다. [표 14−3]은 단순회귀분석에서 회귀모형의 유의성 검정을 위해 작성된 분산분석표이다. 이와 같은 분산분석표를 작성하면 회귀모형의 유의성 검정에 필요한 검정통계량 F값을 쉽게 계산할 수 있다.

표 14-3 단순회귀분석의 경우 분산분석표

변동 원천	제곱합	자유도	평균제곱	F값
회귀	SSR	1	$MSR=\dfrac{SSR}{1}$	$F=\dfrac{MSR}{MSE}$
잔차	SSE	$n-2$	$MSE=\dfrac{SSE}{n-2}$	
합계	SST	$n-1$		

[예 14−8]

[예 14−1]의 자료에서 회귀모형의 유의성을 유의수준 0.05에서 검정하여 보아라.

[풀이]

①**가설의 설정**

$H_0 : \beta=0$

$H_1 : \beta\neq0$

②**유의수준** $\alpha=0.05$

③**임계치와 기각영역**

SSR의 자유도가 1이고 SSE의 자유도가 6이므로,

임계치 : $F_{0.05(1,6)} = 5.99$

기각영역 : $F > 5.99$

그림 14-13 **임계치와 기각영역**

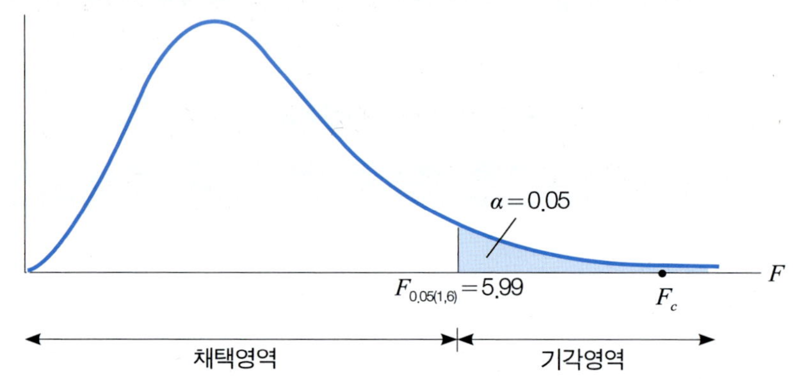

④ 표본통계량의 계산 및 임계치와의 비교

〈표 14-4〉와 같이 분산분석표를 작성하여 F값을 구해 보면 $F_c = 20.07$임을 알 수 있다.

표 14-4 **분산분석표**

변동 원천	제곱합	자유도	평균제곱	F값
회귀 잔차	440.38 131.62	1 6	440.38 21.94	20.07
합계	572	7		

이 표에서 계산된 F값은 20.07로서 임계치 5.99보다 크므로 귀무가설은 기각된다. 그러므로 이 회귀모형은 유의하다고 할 수 있다.

연 · 습 · 문 · 제

14−1 다음 각 문항에 대하여 맞으면 O, 틀리면 X를 표시하라.

① 모집단 회귀모형에서 잔차는 확률변수이다.

② 회귀분석의 가정에 의하면, 모집단 회귀모형의 잔차는 정규분포를 가지고 있다.

③ 회귀분석의 가정에 의하면, 모집단 회귀모형의 잔차는 상호간에 독립적이다.

④ 표본회귀모형의 통계량은 모두 최소자승 추정량이다.

⑤ 표본회귀모형의 잔차는 모집단회귀모형 잔차의 추정량이다.

⑥ 결정계수란 표본회귀선에서 종속변수가 독립변수의 변동을 어느 정도 설명해 주느냐를 나타낸다.

⑦ 결정계수의 값을 알면 상관계수의 값을 알 수 있다.

⑧ 표본회귀선의 기울기는 표본공분산을 종속변수의 표본분산으로 나눈 값이다.

⑨ 표본회귀선에서 종속변수 총편차의 제곱합은 회귀선에 의해서 설명된 편차의 제곱합과 잔차의 제곱합으로 나뉜다.

⑩ 표본회귀선의 기울기 b의 분산은 잔차의 분산에 반비례한다.

⑪ 표본회귀선의 기울기 b의 분산은 독립변수의 표본분산에 비례한다.

⑫ F-분포는 동일한 모집단에서 계산된 두 표본평균의 비율을 나타낸다.

⑬ 분자의 자유도가 커지면 F-분포의 분산은 작아진다.

14−2 어느 사무실의 실내온도(Y)와 가스사용량(X)에 관한 표본회귀모형이 $Y_i = 10 + 3.5X_i + e_i$라고 하자.

① $X_1 = 10$, $Y_1 = 50$일 때, e_1을 구하라.

② $X_2 = 14, Y_2 = 58$일 때, e_2를 구하라.

14-3 다음 자료를 이용하여 회귀분석에 필요한 계산을 하고 빈칸을 채워라.

번호	X	Y	X^2	Y^2	XY	$\hat{Y}$	e_i
1	9	0	81	0	0		
2	6	2	36	4	12		
3	4	6	16	36	24		
4	2	10	4	100	20		
5	5	10	25	100	50		
6	7	12	49	144	84		
7	6	8	36	64	48		
8	1	16	1	256	16		
합계	40	64	248	704	254		

① 다음 표의 빈칸을 채워라.

SST		SSR	
b		SSE	
a		S_e^2	
R^2		S_b^2	

② 위의 표에서 $\hat{Y}$와 e_i를 계산하여 빈칸을 채워라.

③ 모집단회귀선의 기울기 β에 대한 95% 신뢰도의 신뢰구간을 구하라.

S_b	$t_{n-2,\alpha}S_b$	하한값	상한값

④ $H_0 : \beta = 0$에 대한 t-검정에 필요한 값들을 구하라.

t 통계량 값	
$\alpha = 0.05$의 임계치	
p값의 범위	

14-4 **다음은 네모산업의 i 기의 광고비 증가율 X와 매출액 증가율 Y에 관한 자료이다.**

i	1	2	3	4	5	6	7	8	9	10
X	8	10	7	6	9	5	6	7	5	6
Y	6	9	5	5	10	8	7	9	7	8

① 위 자료의 산점도를 그려라.

② ΣX, ΣY, ΣXY, ΣX^2, ΣY^2을 구하라.

③ $\overline{X}$, $\overline{Y}$를 구하라.

④ 표본회귀선을 구하라.

⑤ $X=7$일 때 $\hat{Y}$값은 얼마인가?

⑥ 각 X_1에 대한 e_i를 구하라.

14-5 **자동차의 연간 수리비용은 차의 연령에 따라 달라진다. 다음은 대현자동차에서 생산한 모델의 연령(X)과 수리비(Y)에 관한 자료이다.**

연령(년)	5	6	4	10	13	11	7	4	2	8
수리비(만원)	70	100	80	90	170	95	110	85	90	110

① 표본회귀선을 구하라.

② 상관계수 r과 결정계수 r^2을 계산하라.

③ SST, SSE, SSR을 계산하라.

④ S_e^2을 계산하라.

⑤ σ_b^2에 대한 추정치(S_b^2)를 계산하라.

⑥ 귀무가설 $\beta=0$에 대해 5%의 유의수준에서 검정하라.

⑦ β에 대한 90%의 신뢰구간을 구하라.

14-6 **피자는 가격할인에 대한 매출의 탄력성이 높아서 가격을 할인하면 매출이 증가한다. 경원피자에서는 여러 체인점을 대상으로 서로 다른 가격(X, 단위 : 원)에서 매출액(Y, 단위 : 만원)이 어떻게 변화하는가를 관찰하여 다음과 같은 자료를 얻었다.**

$n=10,\ \Sigma X=103{,}300,\ \Sigma Y=4{,}470,\ \Sigma X^2=1{,}068{,}650{,}000$

$\Sigma Y^2=2{,}006{,}500,\ \Sigma XY=46{,}073{,}000$

① 표본회귀선을 구하라.

② R^2을 계산하라.

③ S_e^2, S_b^2을 계산하라.

④ 가격이 10,000원일 때 $\hat{Y}$를 구하라.

⑤ $\beta=0$이라는 귀무가설을 5%의 유의수준에서 검정하라.

⑥ 표본회귀선에 대한 분산분석표를 작성하라.

14-7 **다음 값들을 F-분포표에서 찾아라.**

① $F_{0.05(2,11)}$ ② $F_{0.05(1,15)}$

③ $F_{0.01(4,4)}$ ④ $F_{0.01(1,30)}$

14-8 **편의점의 매장면적은 매출액에 얼마나 영향을 줄까? 30개의 편의점에 대해 매장면적(X)과 일일매출액을 조사한 결과가 다음과 같다.**

$\Sigma X=1{,}050,\ \Sigma Y=5{,}160,\ \Sigma X^2=38{,}700,\ \Sigma Y^2=956{,}574,\ \Sigma XY=189{,}658$

① 표본회귀선을 구하라.

② R^2을 계산하여라.

③ S_e^2 S_b^2을 계산하라.

④ 매장면적이 35 일 때 $\hat{Y}$를 구하라.

⑤ $\beta=0$이라는 귀무가설을 5%의 유의수준에서 검정하라.

⑥ 표본회귀선에 대한 분산분석표를 작성하라.

14-9 프로야구 관중수는 그 구단의 승률과 밀접한 관계를 가지고 있다. 어느 지방도시의 프로야구 구장의 관중수(단위 : 천명)는 평균이 100이고 표준편차가 30인 정규분포를 가지고 있으며 그 구단의 승률(%)은 다음과 같은 모집단의 회귀관계를 가지고 있다고 한다.

$$관중수=-50+3\times 승률+\varepsilon,\ \sigma_\varepsilon^2=100$$

① 위의 모형이 회귀모형의 가정을 충족시킨다고 할 때, 승률이 50%일 때의 관중수의 평균과 분산은 얼마인가?

② 위의 모형이 회귀모형의 가정을 충족시킨다고 할 때, 승률이 60%일 때의 관중수는 어떤 분포를 가지는가 ?

③ 모집단회귀모형의 기울기 3.0은 무엇을 의미하는가?

14-10 대개 발이 크면 키도 크다. 성인남자의 발바닥 길이와 키 사이에 다음과 같은 모집단 회귀관계가 성립한다고 가정하자.

$$키=-165+12\times 발\ 크기+\varepsilon,\ \sigma_\varepsilon^2=25$$

① 위의 모형이 회귀모형의 가정을 충족시킨다고 할 때, 발 크기가 30인 성인남자 키의 평균과 분산은?

② 위의 모형이 회귀모형의 가정을 충족시킨다고 할 때, 발 크기가 26인 성인남자 키는 어떤 분포를 가지는가?

14-11 **어떤 자동차 부품 소재의 표면강도가 제품의 강도에 미치는 영향을 살펴보기 위해 10개의 표본을 조사하여 다음과 같은 결과를 얻었다.**

$\overline{X}=7,\ \overline{Y}=9,\ S_X^{\ 2}=2.667,\ S_Y^{\ 2}=4.667,\ S_{XY}=3.333$

① 표본회귀선을 구하라.

② 결정계수를 구하라.

③ 표본회귀선의 잔차의 분산을 구하라.

④ 표본회귀선 기울기의 표준편차를 구하라.

14-12 **어떤 포트폴리오의 수익률(Y)은 시장수익율(X)에 영향을 받는다. 두 가지 자료를 분석한 결과 다음의 표본회귀식을 얻었다 : $\hat{Y}=0.008+0.977X$**
시장수익율의 표준편차는 0.156이고 포트폴리오의 표준편차는 0.167이라고 하면 결정계수는 얼마인가?

14-13 **할인점에 머무는 시간과 구매액은 관계가 있을까? 대형유통점인 백악마트에서 고객들이 매장에 머무는 시간(X : 분)과 구매비용(Y : 천원) 사이의 관계를 알아보기 위해 30명의 고객을 조사하여 다음과 같은 결과를 얻었다.**

$\overline{X}=40,\ \overline{Y}=60,\ S_X=10.171,\ S_Y=8.305,\ r=0.6121$

① 표본회귀선을 구하라.

② 결정계수를 구하라.

③ 표본회귀선의 잔차의 분산을 구하라.

④ 표본회귀선 기울기에 대한 95%의 신뢰구간을 구하라.

P·a·r·t 15

다중회귀분석

Part

15 다중회귀분석

제14장에서 우리는 하나의 독립변수로 종속변수의 변화 정도를 설명하는 단순회귀분석에 대해 살펴보았다. 그렇지만 현실적으로 경험하는 여러 가지 현상들은 대부분 하나의 원인이 아니라 여러 가지 원인들에 의해 발생한다. 예를 들어 레스토랑 체인점의 매출액은 광고비 지출 외에도 위치, 지역주민의 소득, 종업원의 친절, 분위기 등 여러 가지 요인들에 의해 영향을 받는다. 그러므로 이러한 경우에는 광고비뿐만 아니라 종속변수에 영향을 미칠 수 있는 다른 독립변수들을 회귀모형에 포함시켜 분석하는 것이 바람직하다. 이와 같이 2개 이상의 독립변수를 회귀모형에 포함시켜 종속변수에 미치는 영향을 분석하는 것을 다중회귀분석(multiple regression analysis)이라고 한다.

다중회귀분석의 기본 개념은 독립변수의 수가 2개 이상이라는 점을 제외하고는 단순회귀분석과 동일하다. 그러므로 제14장에서 공부한 단순회귀분석의 내용을 잘 이해하고 있다면 다중회귀분석을 이해하는 데 큰 어려움은 없을 것이다. 다만 다중회귀분석의 경우 대부분의 계산과정은 손으로 처리하기에는 너무 복잡하기 때문에 컴퓨터의 도움을 받지 않으면 안 된다. 이 장에서는 컴퓨터를 통한 자료처리 결과를 이용해 다중회귀분석과 관련된 가설검정에 대해 살펴보기로 한다.

제1절 다중회귀모형과 다중회귀식

다중회귀분석은 독립변수가 2개 이상인 경우의 회귀분석을 말한다. 먼저 다중회귀모형과 다중회귀식에 대해 살펴보자.

종속변수 Y가 k개의 독립변수 $X_1, X_2, X_3, \cdots, X_k$와 선형적인 관계가 있을 때 모집단의 다중회귀모형과 다중회귀식은 다음과 같이 일반화할 수 있다.

모집단의 다중회귀모형

$$Y = \alpha + \beta_1 X_1 + \beta_2 X_2 + \beta_3 X_3 + \cdots + \beta_k X_k + \varepsilon \qquad \langle \text{공식 } 15-1 \rangle$$

모집단의 다중회귀식

$$\mu_{Y|X} = \alpha + \beta_1 X_1 + \beta_2 X_2 + \beta_3 X_3 + \cdots + \beta_k X_k \qquad \langle \text{공식 } 15-2 \rangle$$

그리고 모집단의 다중회귀모형과 다중회귀식에 대응되는 표본회귀모형과 표본회귀식은 다음과 같이 표시한다.

표본의 다중회귀모형

$$Y = a + b_1 X_1 + b_2 X_2 + b_3 X_3 + \cdots + b_k X_k + e \qquad \langle \text{공식 } 15-3 \rangle$$

표본의 다중회귀식

$$\hat{Y} = a + b_1 X_1 + b_2 X_2 + b_3 X_3 + \cdots + b_k X_k \qquad \langle \text{공식 } 15-4 \rangle$$

표본의 다중회귀식에서 $\hat{Y}$는 모집단의 다중회귀식 $\mu_{Y|X}$에 대한 추정치이며, 표본의 다중회귀식의 회귀계수 $a, b_1, b_2, b_3, \cdots, b_k$는 모집단의 다중회귀식의 회귀계수 $\alpha, \beta_1, \beta_2, \beta_3, \cdots, \beta_k$에 대한 추정치이다.

제2절 표본회귀식의 결정

단순회귀분석에서와 마찬가지로 다중회귀분석에서도 표본자료에 가장 적합한 표본회귀식을 구하는 것이 일차적인 과제가 된다. 예를 들어 어느 음료회사는 대리점의 판매원수와 광고비가 매출액에 영향을 미친다고 생각하고 있다. 이 경우 판매원수와 광고비를 독립변수로 하고 매출액을 종속변수로 하여 이 변수들의 관계를 선형적 함수관계로 표시하면 다음과 같다.

$$\mu_{Y|X} = \alpha + \beta_1 X_1 + \beta_2 X_2$$

위의 식에서 Y는 매출액이며 X_1, X_2는 대리점의 판매원수와 광고비를 나타낸다. 회귀분석을 통해 추정해야 하는 것은 모수 α, β_1, β_2이다. 그런데 모집단회귀식은 표본회귀식에 의해 추정되므로 α, β_1, β_2에 대한 추정치를 각각 a, b_1, b_2라고 하면 표본회귀식은 다음과 같이 나타낼 수 있다.

$$\hat{Y} = a + b_1 X_1 + b_2 X_2$$

여기에서 문제는 표본자료에 가장 적합한 회귀계수 즉 a, b_1, b_2의 값을 구하는 것이다. 표본회귀식의 회귀계수를 구하기 위해서는 단순회귀분석에서와 마찬가지로 최소자승법이 이용된다. 최소자승법이란 표본자료에 가장 적합한 회귀계수를 구하기 위해 표본회귀모형의 잔차제곱의 합을 최소화하는 a, b_1, b_2의 값을 구하는 방법이다. 즉, 다음과 같은 조건을 만족시키는 a, b_1, b_2를 구하는 방법이라 할 수 있다.

$$\min\sum_{i=1}^{n} e_1{}^2 = \min\sum_{i=1}^{n}(Y_i - \hat{Y}_i)^2$$

위의 식을 a, b_1, b_2에 대해 편미분하여 최소값을 구하면 모집단회귀식 α, β_1, β_2의 불편추정량 a, b_1, b_2를 구할 수 있다. 그런데 다중회귀분석에서 표본회귀계수를 구하기 위해서는 매우 복잡한 계산과정이 필요하므로 컴퓨터 통계분석 프로그램을 이용하는 것이 보통이다. 다음의 예를 이용해 다중회귀분석을 설명해 보기로 하자.

[예 15－1]

전국적으로 500개의 대리점을 가지고 있는 어떤 음료회사에서 각 대리점의 판매원수와 광고비 지출이 매출액에 어떤 영향을 미치는가를 알아보기 위해 10개의 대리점에 대한 자료를 수집한 결과 다음과 같은 자료를 얻었다. 이 자료에서 판매원수와 광고비를 독립변수로 한 다중회귀식을 구해 보아라.

표 15-1 10개 대리점의 판매원수, 광고비, 매출액 (단위 : 백만원)

판매원수	광고비	월간 매출액
14	37	850
16	43	970
13	38	730
10	42	940
18	36	920
17	33	830
16	40	940
15	35	900
11	34	760
10	29	710

[풀이]

위의 자료를 가지고 Excel의 통계분석 프로그램을 이용하여 다중회귀분석을 실시하면 [표 15-2]와 같은 결과를 얻을 수 있다.

표 15-2 Excel을 이용한 회귀계수의 산출

	회계계수	표준오차	t통계량	p값	하위 95%	상위 95%
Y절편	141.516	186.220	0.760	0.472	−298.825	581.857
판매원수	13.035	7.029	1.854	0.106	−3.586	29.655
광고비	14.469	4.783	3.025	0.019	3.158	25.780

위의 표에서 계수는 회귀계수를 나타낸다. 따라서 표본회귀식은 다음과 같이 나타낼 수 있다.

$$\hat{Y} = 141.516 + 13.035X_1 + 14.469X_2$$

다중회귀분석에서 각 독립변수의 회귀계수는 다른 모든 독립변수들의 영향이 일정하다고 할 때 특정한 독립변수 한 단위가 종속변수에 미치는 영향을 나타낸다. 그러므로 위에서 계산된 다중회귀식의 의미는 광고비가 일정할 때 판매원이 1명 증가하면 매출액이 13.035(백만원)만큼 증가하며, 판매원수가 일정할 때 광고비가 100만원 증가하면 매출액은 14.469(백만원)만큼 증가한다는 것이다.

제3절 다중회귀식의 적합도

단순회귀분석에서와 같이 다중회귀분석에서도 회귀식의 적합도를 살펴보아야 한다. 제14장에서 설명하였듯이 회귀식의 적합도란 독립변수들이 종속변수의 변화를 얼마나 잘 설명하고 있는가를 나타내는 것이다. 다중회귀분석에서 적합도는 다중결정계수 R^2로 확인할 수 있다.

다중결정계수 R^2은 총제곱의 합 중 다중회귀식에 의해 설명된 제곱의 합의 비율로서, R^2가 1에 가까워질수록 관찰치들은 회귀선 근처에 밀집되어 있고, 0에 가까워질수록 관찰치들은 회귀선으로부터 멀리 떨어져 있다고 할 수 있다. 단순회귀분석에서와 마찬가지로 R^2는 다음과 같은 공식에 의해 구한다.

다중결정계수

$$R^2 = \frac{SSR}{SST} = 1 - \frac{SSE}{SST}$$ 〈공식 15−5〉

[예 15−2]

앞의 [표 15−1]의 자료를 이용하여 다중결정계수 R^2을 구해 보아라.

[풀이]

Excel 통계분석 프로그램에서는 기본사항으로 분산분석표를 제공해준다. 위의 자료를 가지고 Excel프로그램으로 다중회귀분석을 실시했을 때 산출된 분산분석표는 다음과 같다.

표 15-3 분산분석표

	제곱합	자유도	평균제곱	F	p값
회귀	54,809.18	2	27,404.59	7.540	0.018
잔차	25,440.82	7	3,634.40		
계	80,250	9			

위의 분산분석표에서 $SSR = 54{,}809.18$이고 $SST = 80{,}250$이므로 다중결정계수 R^2은 다음과 같이 계산된다(Excel프로그램은 R^2을 자동으로 산출해 준다).

$$R^2 = \frac{SSR}{SST} = \frac{54{,}809.18}{80{,}250} = 0.683$$

따라서 매출액의 68.3%가 판매원수와 광고비에 의해 설명되므로 이 두 변수들의 설명력이 매우 높다고 할 수 있다. 반면 매출액의 변동 중 약 31.7%는 아직 설명되지 않고 있는데, 이것은 판매원수와 광고비 이외의 다중회귀식에 포함되지 않은 다른 변수들의 영향 때문이라고 할 수 있다.

제4절 다중회귀모형의 유의성 검정

표본회귀식을 구한 다음에는 각각의 회귀계수에 대한 유의성과 다중회귀모형 전체에 대한 유의성을 검정해야 한다. 먼저 다중회귀모형의 유의성 검정에 대해 살펴보기로 하자.

1. 귀무가설과 대립가설

단순회귀분석에서 살펴본 바와 같이 회귀모형의 유의성 검정은 회귀모형 내의 모든 독립변수들이 종속변수와 선형관계가 없다는 것을 검정하는 것이다. 만일 회귀모형 내의 모든 독립변수들이 종속변수에 영향을 미치지 않는다면 회귀모형은 성립될 수 없으므로, 회귀모형이 성립될 수 있는 최소의 요건을 갖추고 있는지를 검정할 필요가 있다.

단순회귀분석에서는 독립변수가 하나이므로 유의성 검정은 $H_0 : \beta=0$을 검정하는 것이었다. 반면 다중회귀분석에서는 독립변수가 2개 이상이므로 이들 독립변수의 회귀계수 β값이 모두 0이 되면 독립변수들의 종속변수에 대한 설명력은 전혀 없다고 할 수 있다. 따라서 다중회귀모형의 유의성 검정을 위한 귀무가설과 대립가설은 다음과 같이 설정된다.

$H_0 : \beta_1=\beta_2= \cdots =\beta_k=0$
$H_1 : k$개의 β 중 적어도 하나는 0이 아니다.

만일 위의 두 가설 중 귀무가설이 채택된다면 모든 회귀계수가 0이 되어 종속변수를 설명하는 독립변수가 없다는 것을 의미하므로 다중회귀모형은 성립되지 않는다. 반면 귀무가설이 기각되고 대립가설이 채택된다면 적어도 하나 이상의 독립변수가 종속변수에 대해 설명력이 있다는 것을 의미하므로 회귀모형은 타당성을 갖게 된다.

2. 분산분석

다중회귀모형의 유의성 검정에는 단순회귀분석과 마찬가지로 분산분석이 이용된다. 독립변수들이 종속변수에 대해 설명력을 가지고 있다면 독립변수들에 의해 설명된 분산은 설명되지 않은 분산에 비해 상대적으로 클 것이다. 반면 독립변수들이 종속변수에 대해 설명력을 가지고 있지 않으면 독립변수들에 의해 설명된 분산은 0에 가까울 것이다.

분산분석에서는 독립변수들에 의해 설명된 제곱의 합인 SSR과 독립변수에 의해 설명되지 않은 제곱의 합인 SSE를 각각의 자유도로 나누어 분산을 구한 후, 이 분산의 비율에 의해 계산된 F값으로 귀무가설의 기각 여부를 결정하게 된다.

다중회귀분석에서 SSR과 SSE의 자유도는 각각 k와 $n-k-1$이다. 여기에서 k는 독립변수의 수를 나타낸다. 따라서 SSR과 SSE를 각각의 자유도로 나누어 회귀식에 의해 설명된 평균제곱 *MSR*과 설명되지 않은 평균제곱 *MSE*를 구한 다음 이들의 비율을 계산하면 *F*값을 구할 수 있다.

다중회귀분석에서 제곱합의 자유도

*SSR*의 자유도 k
*SSE*의 자유도 $n-k-1$
*SST*의 자유도 $n-1$

그러므로 다중회귀모형의 유의성 검정을 위한 검정통계량 *F*값은 〈공식 15-6〉과 같이 계산된다.

다중회귀모형의 유의성 검정을 위한 검정통계량

$$F=\frac{SSR/k}{SSE/n-k-1}=\frac{MSR}{MSE}$$ 〈공식 15-6〉

이상에서 설명한 내용을 토대로 다중회귀분석에서의 분산분석표를 작성하면 [표 15-4]와 같다.

표 15-4 다중회귀분석의 분산분석표

변동 원천	제곱합	자유도	평균제곱	*F*
회귀	*SSR*	k	$MSR=\frac{SSR}{k}$	$\frac{MSR}{MSE}$
잔차	*SSE*	$n-k-1$	$MSE=\frac{SSE}{n-k-1}$	
합계	*SST*	$n-1$		

[예 15-3]

앞의 [표 15-1]의 자료를 가지고 Excel을 이용해 회귀분석을 행한 결과 다음과 같은 분산분석표를 얻었다. 다중회귀모형의 유의성을 유의수준 $\alpha=0.05$에서 검정하라.

표 15-5 분산분석표

	제곱합	자유도	평균제곱	F	p값
회귀 잔차	54,809.18 25,440.82	2 7	27,404.59 3,634.402	7.540	0.018
계	80,250	9			

[풀이]

① **가설의 설정**

$H_0 : \beta_1 = \beta_2 = 0$

$H_1 : \beta_1$과 β_2 중 적어도 하나는 0이 아니다.

② **유의수준** $\alpha=0.05$

그림 15-1 임계치와 기각영역

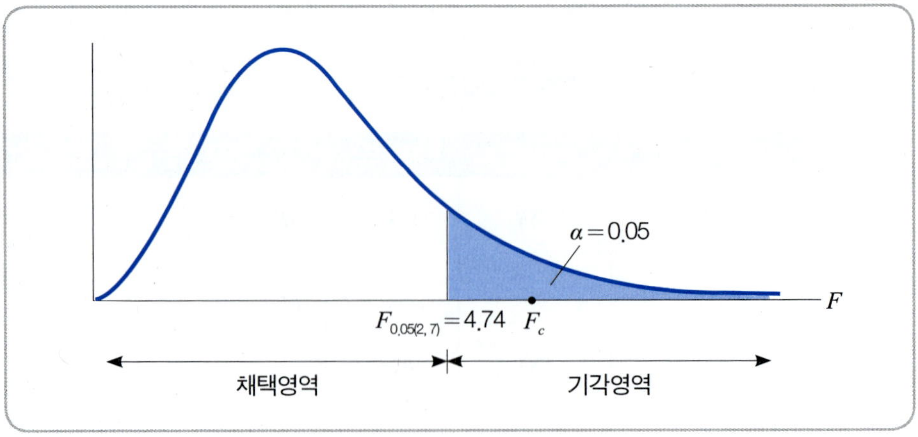

③ **임계치와 기각영역**

두 분산의 자유도가 각각 2와 7이므로 임계치를 구해 보면 $F_{0.05(2, 7)}=4.74$이다. 따라서 기각영역은 $F>4.74$이다.

④ **표본통계량의 계산 및 임계치와의 비교**

분산분석표로부터 검정통계량 F는 다음과 같이 계산된다.

$$F_c=\frac{MSR}{MSE}=\frac{27,404.6}{3,634.4}=7.54$$

분산분석표에서 계산된 F값이 기각영역에 포함되므로 귀무가설은 기각되고 대립가설이 채택된다. 그러므로 $\alpha=0.05$에서 판매원수 및 광고비는 매출액과 유의적인 선형관계가 있다고 할 수 있다.

한편 Excel프로그램을 이용하여 출력된 분산분석표에는 F값뿐만 아니라 p값도 산출된다. 따라서 분산분석표에서 제시된 p값을 살펴봄으로써 쉽게 귀무가설의 기각 여부를 알 수 있다. 앞의 [표 15-5]에서 p값은 0.018로서 유의수준 0.05보다 작기 때문에 귀무가설이 기각되었다는 것을 알 수 있다.

제5절 회귀계수 β_k의 유의성 검정

앞 절에서는 다중회귀모형의 유의성 검정에 대해 살펴보았다. 다중회귀모형의 유의성 검정은 모형에 포함된 독립변수들 중 최소한 하나 이상의 독립변수가 종속변수에 대해 설명력을 갖고 있다는 것을 검정하는 것이었다. 회귀모형의 유의성 검정에서의 귀무가설은 k개의 β가 모두 0이라는 것이고 대립가설은 k개의 b 중 적어도 하나는 0이 아니라는 것이므로, 검정 결과 k개의 β 중 하나만 0이 아니면 의미 있는 결과가 나온다. 그러므로 회귀모형의 유의성 검정만으로는 어떤 독립변수가 종속변수에 대해 설명력을 가지고 있는가에 대해서는 알 수 없다.

따라서 어떤 독립변수가 종속변수에 영향을 미치고 있는지를 알아볼 필요가 있는데, 이것이 회귀계수 β_k에 대한 유의성 검정이다. 이 검정에서 특정 독립변수 X_k의 회귀계수 β_k가 0이 아니면 해당 독립변수와 종속변수 사이에는 유의적인 선형관계가 있다고 할 수 있다. 그러므로 회귀계수의 유의성 검정에 필요한 귀무가설과 대립가설은 다음과 같이 설정된다.

$$H_0 : \beta_k = 0$$
$$H_1 : \beta_k \neq 0$$

회귀계수의 유의성 검정은 자유도 $n-k-1$의 t-분포를 이용한다. 이때의 검정통계량 t값은 다음과 같이 계산된다.

모집단회귀계수 β_k의 유의성 검정통계량

$$t = \frac{b_k - \beta_k}{S_{bk}} \qquad \text{〈공식 15-7〉}$$

위의 공식에서 b_k는 표본회귀식에 포함된 독립변수 X_k의 기울기 즉 표본회귀계수이고, S_{bk}는 표본회귀계수 b_k에 대한 추정의 표준오차이다. 검정통계량 t값은 Excel프로그램을 이용하면 쉽게 구할 수 있다. 다음 예를 이용해 회귀계수의 유의성을 검정해 보자.

[예 15-4]

앞의 [표 15-1]의 자료를 가지고 Excel프로그램을 이용해 회귀분석을 실시하였다. 다음 자료를 이용해 회귀계수 β_1, β_2의 유의성을 유의수준 5%에서 검정하라.

표 15-6 Excel을 이용한 회귀계수의 유의성 검정

	회귀계수	표준오차	t통계량	p값	하위 95%	상위 95%
Y절편	141.516	186.220	0.760	0.472	−298.825	581.857
판매원수	13.035	7.029	1.854	0.106	−3.586	29.655
광고비	14.469	4.783	3.025	0.019	3.158	25.780

[풀이]

1) β_1에 대한 유의성 검정

① 가설의 설정

$H_0 : \beta_1 = 0$

$H_1 : \beta_1 \neq 0$

② 유의수준 $\alpha = 0.05$

③ 임계치와 기각영역

$\alpha = 0.05$이고 자유도가 7일 때 임계치와 기각영역은 다음과 같다.

임계치 : $t_{0.025,7} = 2.365,\ -t_{0.025,7} = -2.365$

기각영역 : $t < -2.365$ 또는 $t > 2.365$

④ 표본통계량의 계산 및 임계치와의 비교

$$t_c = \frac{b_1 - 0}{S_{b1}} = \frac{13.04}{7.03} = 1.854$$

계산된 t값이 기각영역에 포함되지 않으므로 귀무가설을 기각할 수 없다. 따라서 판매원수는 매출액과 유의적인 선형관계에 있다고 할 수 없다.

2) β_2에 대한 유의성 검정

① 가설의 설정

$H_0 : \beta_2 = 0$

$H_1 : \beta_2 \neq 0$

② 유의수준 $\alpha = 0.05$

③ 임계치와 기각영역

$\alpha = 0.05$이고 자유도가 7일 때,

임계치 : $t_{0.025,7} = 2.365$, $-t_{0.025,7} = -2.365$

기각영역 : $t < -2.365$ 또는 $t > 2.365$

그림 15-2 임계치와 기각영역

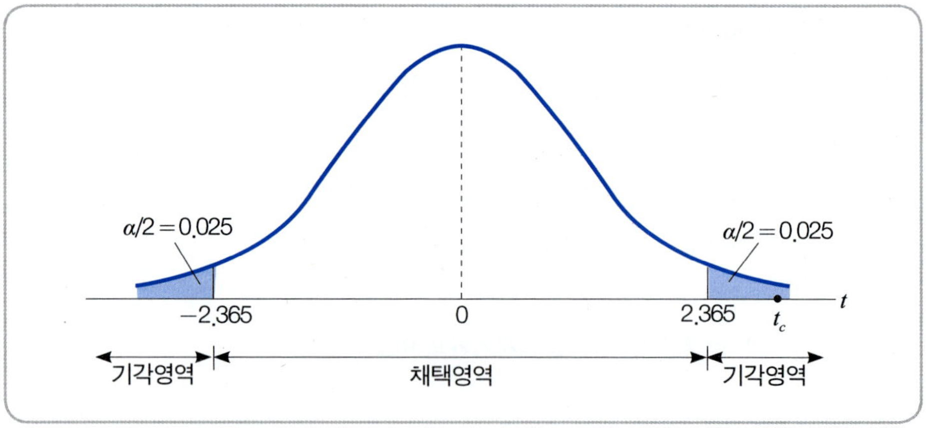

④ **표본통계량의 계산 및 임계치와의 비교**

$$t_c = \frac{b_2 - 0}{S_{b2}} = \frac{14.47}{4.78} = 3.025$$

계산된 t값이 기각영역에 포함되므로 귀무가설은 기각된다. 따라서 광고비는 매출액과 유의적인 선형관계에 있다고 할 수 있다.

[표 15-6]에는 p값이 나타나 있는데, 이 p값과 유의수준을 비교하면 귀무가설의 기각 여부를 쉽게 확인할 수 있다. 여기서 β_1에 대한 p값은 0.106으로 $\alpha = 0.05$보다 크기 때문에 귀무가설은 기각되지 않는다. 그러나 β_2에 대한 p값은 0.019로서 $\alpha = 0.05$보다 작기 때문에 귀무가설은 기각된다. 이와 같이 통계분석 프로그램을 이용하는 경우에는 p값을 살펴봄으로써 모집단회귀계수에 대한 유의성을 쉽게 검정할 수 있다.

연 · 습 · 문 · 제

15–1 **중고차의 가격은 차의 사용연수뿐만 아니라 차의 주행거리에 따라서도 달라진다. 중고차 딜러인 홍길동씨는 이러한 관계를 파악하고자 자신이 관리하고 있는 H사의 S 모델 차량 36대에 대한 판매가격을 조사하였다. 판매가격(천원)과 차량의 사용연수 X_1, 주행거리 X_2(단위 : 10,000km)에 대해 회귀분석을 한 결과 다음과 같은 표본회귀선을 구하였다.**

$$Y = 5,462.1 - 412.9X_1 - 52.3X_2$$

① 3년 된 차량 중 30,000km를 주행한 중고차의 가격을 예측하라.

② 5년 된 차량 중 50,000km를 주행한 중고차의 가격을 예측하라.

15–2 **한 가구의 의복에 대한 지출비용(Y)은 가족의 수(X_1)와 소득(X_2)에 따라 달라진다고 한다. 이 관계를 분석하기 위해 10가구를 대상으로 자료를 수집하여 회귀분석을 한 결과가 다음과 같다.**

$R^2 = 0.96$ $SST = 14.46$

변수	회귀계수	표준편차	t
상수	−1.246		−4.255
X_1	0.434	0.077	
X_2	0.078		10.044

① 위 표의 빈칸을 채워라.

② 가구 구성원의 수는 의복에 대한 지출에 영향을 미치는가? 유의수준 0.05로 하여 검정하라.

③ 가구의 소득은 해당 가구의 의복에 대한 지출에 영향을 미치는가? 유의수준 0.05로 하여 검정하라.

15–3 **한국유통에서는 할인점을 운영하고 있는데, 점포의 수익(Y, 단위 : 십억원)은 점포에서 5km 이내에 거주하는 가구수(X_1)와 연소득 2,000만원 이상인 가구수(X_2)에 의해 결정된다고 생각하고 있다. 이 관계를 알아보기 위해 8개의 점포를 무작위로 추출하여 자료를 수집한 후 컴퓨터 프로그램을 이용하여 다중회귀분석을 실시한 결과가 다음과 같다.**

변수	회귀계수	표준편차	t	p값
상수	−6.2614	4.1208	−1.52	0.1891
X_1	0.0748	0.0562	1.33	0.2401
X_2	0.0194	0.0074	2.625	0.0468

분산분석표

원천	제곱합	자유도	평균제곱	F
회귀	0.511	2	0.256	6.952
잔차	0.184	5	0.037	
합계	0.695	7		

① 다중회귀선을 구하라.

② 전체 가구수가 1,000가구 늘어날 때 점포의 총수익은 어떻게 변하는가?

③ $H_0 : \beta_1 = 0$이라는 귀무가설을 5%의 유의수준에서 검정하라.

④ β_2에 대한 95%의 신뢰구간을 구하라.

⑤ R^2을 구하라.

⑥ 위의 회귀모형은 유의성이 있다고 할 수 있는가? 유의수준 0.05로 하여 검정하라.

15-4 **차량의 연비는 차의 마력과 무게에 따라 달라진다. 차의 출력이 클수록 순간가속력은 높아지지만 연비는 낮아지고, 차의 무게가 증가할수록 연비는 역시 낮아진다. 다음은 최근에 출시된 차량 50대에 대한 연비(Y)와 마력수(X_1) 그리고 무게(X_2)에 대해 회귀분석을 실시하여 나타난 결과이다.**

	계수	표준오차	t값	p값
Y절편	58.175		21.878	0.00000
X_1	−0.1175		−3.60	0.000763
X_2	−0.00687	0.0014		0.00000

분산분석표

	제곱합	자유도	제곱평균	F
회귀	2,451.974	2		70.28128
잔차			17.444	
합계		49		

① 위 표들의 빈칸을 채워라.

② 표본회귀선의 식을 작성하라.

③ 표본회귀선의 기울기 b_1, b_2의 의미를 설명하라.

④ 표본회귀선에서 마력이 100이고 무게가 2,000인 차의 연비 기대치는 얼마인가?

⑤ 모집단회귀선의 기울기 β_2에 대한 95%의 신뢰구간을 구하라.

15-5 **유통업에 있어서 광고비는 매출에 직접적인 영향을 미친다. 인창유통에서는 22개의 지방도시에 소재한 지점에 대해 TV광고($X1$), 신문광고($X2$)에 지출한 금액과 그에 대응한 매출액(Y)에 대해 조사하여 회귀분석을 실시하여 다음과 같은 결과를 얻었다.**

	회귀계수	표준오차	t값	p값
Y절편	156.43	126.758		0.2322
X_1		1.759	7.438	0.0000
X_2	16.795		5.668	0.0000

분산분석표

	제곱합	자유도	제곱평균	F값
회귀	2,028,033	2		
잔차			25,250.52	
합계	2,507,793			

① 위 표들의 빈칸을 채워라.

② 표본회귀선의 식을 작성하라.

③ 표본회귀선의 기울기 b_1, b_2의 의미를 설명하라.

④ 표본회귀선에서 TV광고 지출이 40이고 신문광고 지출이 22인 점포의 매출액의 기대값은 얼마인가?

⑤ 모집단회귀선의 기울기 β_1에 대한 95%의 신뢰구간을 구하라.

Part

16

분산분석

Part 16

분산분석

우리는 제13장에서 t-분포를 이용하여 두 모집단의 평균 차이를 검정하는 방법에 대해 살펴보았다. t-검정은 이해하기가 쉽고 간단한 방법이지만 모집단의 수가 세 개 이상이 되면 비교의 횟수가 많아지는 데서 오는 문제점으로 인해 검정에 어려움이 있다. 분산분석(Analysis of Variance, ANOVA)은 이와 같은 문제점을 해결하면서 두 모집단 이상의 평균 차이를 검정하는 통계분석 방법이다. 분산분석에서 귀무가설이 기각된다는 것은 여러 개의 집단 중 최소한 2개의 집단에서 평균의 차이가 있다는 의미이다.

분산분석은 특히 실험을 통해 독립변수의 질적인 차이가 종속변수에 미치는 영향을 분석하는 데 유용한 통계분석 방법이다. 예를 들어 30명의 학생들을 무작위로 세 집단으로 나누어 각 집단에 강의, 토론, 사례연구라는 각기 다른 학습방법을 적용한 후 세 집단 간 학습성과의 차이가 있는지를 검정하는 데 분산분석을 사용할 수 있다.

분산분석에서 사용되는 용어에는 실험단위, 독립변수(처리변수), 처리(treatment), 종속변수 등이 있다. 위에서 든 예에서 이것들을 살펴보면, 실험단위는 30명의 학생이다. 독립변수는 학습방법으로서 강의, 토론, 사례연구라는 세 가지로 범주화되어 있는데, 이와 같은 독립변수의 질적인 차이를 처리라고 한다. 그리고 종속변수는 학습성과이다.

분산분석은 범주화된 독립변수의 각기 다른 수준의 처리가 종속변수에 미치는 영향을 통계적으로 추론하는 방법이다. 분산분석은 회귀모형의 유의성 검정과 유사한 점이 매우 많다. 다만 회귀분석에서는 독립변수가 양적 변수인 데 반해 분산분석에서는 범주화된 명목변수라는 점에 차이가 있다. 회귀분석에서와 마찬가지로 분산분석에서는 앞에서 살펴본 F값을 검정통계량으로 사용한다.

분산분석은 실험에 사용되는 독립변수의 수, 외생변수의 통제 여부에 따라 완전 무작위 설계법, 무작위 블록 설계법, 요인 설계법 등으로 구분할 수 있다.

제1절 완전 무작위 설계법

완전 무작위 설계법(completely randomized design)은 독립변수가 하나일 때의 분산분석 방법이다. 완전 무작위 설계법은 독립변수 이외의 변수들이 실험결과에 미치는 효과를 제거하기 위해 n개의 실험대상을 무작위로 k개의 집단으로 나누고, 각각의 집단에 각기 다른 수준의 처리를 한 후 각 집단의 종속변수값을 측정하여 집단 간 차이가 있는지를 알아보는 가장 단순한 분산분석 방법이다. 다음의 예를 가지고 완전 무작위 설계법에 대해 살펴보기로 하자.

[예 16-1]

농협에서는 A, B, C 세 종류의 비료 중 가장 효과가 좋은 비료를 구매하여 농민들에게 공급하려고 한다. 농협에서는 이 비료 중 어느 것이 가장 효과가 좋은가를 알아보기 위해 실험을 실시하였다. 다음의 자료는 15구역의 논을 무작위로 3집단으로 나눈 후 각 집단에 각기 다른 3종류의 비료를 투입한 후 수확량을 측정한 결과이다.

관찰지역(i)	비료A($j = 1$)	비료B($j = 2$)	비료C($j = 3$)
1	16	23	23
2	15	21	22
3	16	20	23
4	16	21	23
5	17	20	24
평균	16	21	23

1. 분산분석의 기본 개념

위의 예에서 독립변수인 비료는 비료 A, 비료 B, 비료 C 3가지로 처리되어 있다. 농협이 이 실험을 통해 알고자 하는 것은 무작위로 나눈 3집단에 각기 다른 비료를 투입하였을 때, 3집단의 평균 수확량에 차이가 있는가를 검정하는 것이다.

분산분석을 하기 위해서는 먼저 가설을 설정해야 한다. 위의 예에서 귀무가설과 대립가설은 다음과 같다.

귀무가설 : 세 집단의 평균 수확량에 차이가 없다($\mu_1 = \mu_2 = \mu_3$).
대립가설 : 세 집단의 평균 수확량에 차이가 있는 것이 있다.

위의 귀무가설에서 가정하는 것은 모집단의 평균에 차이가 없다는 것, 즉 각 실험대상이 수확량에 차이가 없는 동일한 모집단에서 뽑혔다는 것이다.

그러면 분산분석에서는 어떤 논리를 이용하여 귀무가설의 기각 여부를 결정하는가? 이를 이해하기 위해 [표 16-1]의 두 자료를 비교해 보기로 하자. 〈자료 1〉과 〈자료 2〉를 비교해 보면 같은 비료가 투입된 집단의 평균 수확량은 각각 16kg, 21kg, 23kg으로 동일하지만 분산에는 상당한 차이가 있다는 것을 알 수 있다. 〈자료 1〉과 〈자료 2〉의 수확량의 분포를 보면 [그림 16-1]과 같다.

[그림 16-1]에서 보는 것처럼 〈자료 1〉은 수확량이 평균을 중심으로 밀집되어 있기 때문에 집단 내의 분산이 작지만, 〈자료 2〉는 수확량이 평균으로부터 상당히 흩어져 있어서 집단 내의 분산이 매우 크다는 것을 알 수 있다. 따라서 〈자료 1〉은 유사한 실험을 반복할 경우 각 집단별로 평균 수확량이 현재의 평균 수확량에서 크게 변화하지 않을 것이라고 생각할 수 있지만, 〈자료 2〉는 각 집단별로 평균 수확량이 현재와는 상당한 차이가 날 가능성이 높다고 할 수 있다.

그렇다면 〈자료 1〉과 〈자료 2〉는 어떤 모집단에서 뽑혔다고 추론할 수 있을까? [그림 16-1]에서 보는 것처럼 집단 간 평균 수확량의 차이와 집단 내 분산을 검토해 보면, 〈자료 1〉은 평균이 서로 다른 모집단으로부터 뽑힌 표본일 가능성이 매우 높

표 16-1 각 처리집단의 수확량

〈자료 1〉 (단위 : kg)

관찰지역(i)	비료(j)		
	비료A($j=1$)	비료B($j=2$)	비료C($j=3$)
1	16	23	23
2	15	21	22
3	16	20	23
4	16	21	23
5	17	20	24
평균	$\overline{X}_1=16$	$\overline{X}_2=21$	$\overline{X}_3=23$
분산	$S_1^2=0.4$	$S_2^2=1.2$	$S_3^2=0.4$

〈자료 2〉 (단위 : kg)

관찰지역(i)	비료(j)		
	비료A($j=1$)	비료B($j=2$)	비료C($j=3$)
1	10	17	14
2	20	15	32
3	16	25	25
4	12	28	16
5	22	20	28
평균	$\overline{X}_1=16$	$\overline{X}_2=21$	$\overline{X}_3=23$
분산	$S_1^2=20.8$	$S_2^2=23.6$	$S_3^2=48$

그림 16-1 각 비료별 수확량과 가정되는 모집단 분포

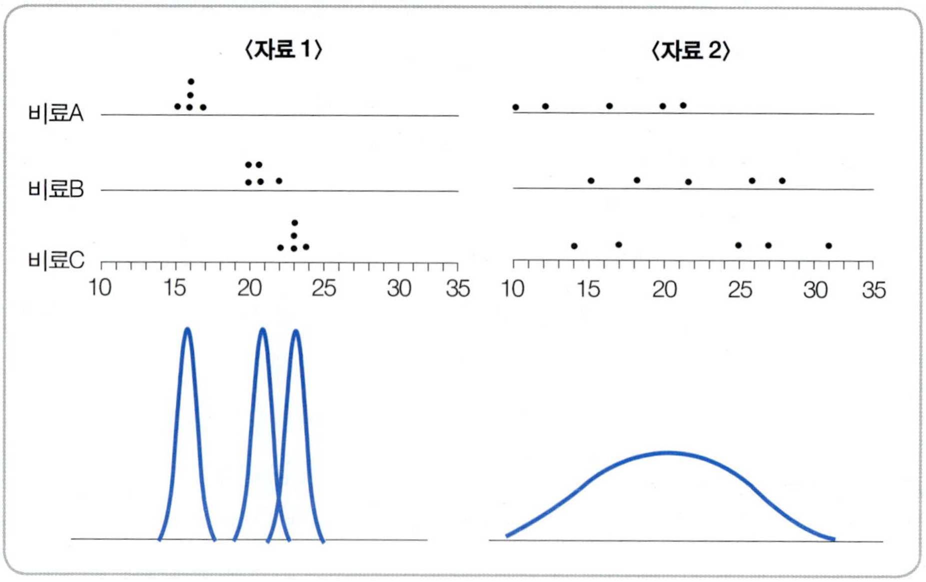

은 반면, 〈자료 2〉는 평균이 동일한 모집단으로부터 뽑힌 표본일 가능성이 매우 높다고 생각할 수 있다.

여기에서 각 집단 내 분산은 무엇 때문에 생긴 것일까? 집단 내 분산은 동일한 비료를 사용하였더라도 논에 따라 수확량에 차이가 있기 때문에 발생하는 분산이다. 즉, 각 논의 비옥도, 온도, 지역 등과 같이 비료의 효과와는 관계없이 수확량에 영향을 미치는 외부적인 요인들 때문에 발생한 분산이다. 이와 같이 독립변수(비료) 이외에 종속변수(수확량)에 영향을 미치는 외부적인 요인을 외생변수라고 한다.

우리는 이 자료에서 집단 간 분산이라는 또 다른 분산을 계산할 수 있다. 집단 간 분산은 집단 간 표본평균의 차이에서 발생하는 분산으로서 집단 간 표본평균의 차이가 클수록 커진다. 바꾸어 말하면, 독립변수의 처리의 효과에 차이가 클수록, 즉 비료 간 효과의 차이가 클수록 집단 간 분산은 커진다.

분산분석에서는 외생변수에서 오는 집단 내 분산과 각 집단의 평균 차이에서 오는

그림 16-2 분산분석에서의 귀무가설의 기각 여부

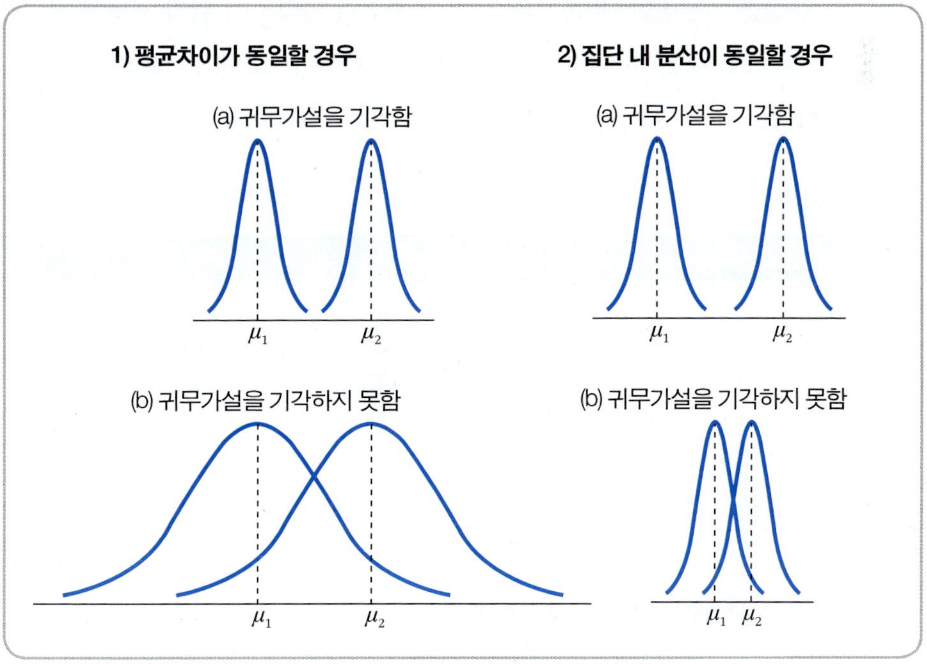

집단 간 분산을 비교하여 가설검정을 한다. [그림 16-2]는 분산분석에서 어떤 경우에 귀무가설이 잘 기각되는지를 보여 준다. 이 그림에서 보면 집단 내 분산이 작을수록, 그리고 집단 간 분산이 클수록 귀무가설이 기각될 가능성은 더 높아진다는 것을 알 수 있다. 이와 같이 집단 내 분산과 집단 간 분산이 어느 정도인가를 살펴봄으로써 귀무가설의 기각 여부를 개략적으로 알 수 있다.

이러한 점을 고려할 때 〈자료 1〉의 경우에는 외생변수에 의해 발생된 집단 내 분산이 각 집단의 평균 수확량의 차이에서 발생된 집단 간 분산보다 보다 상대적으로 작기 때문에 귀무가설이 기각될 가능성이 높지만, 〈자료 2〉의 경우에는 집단 내 분산이 집단 간 분산보다 상대적으로 크기 때문에 귀무가설이 기각될 가능성은 낮다는 것을 [그림 16-1]에서 직관적으로 알 수 있다.

2. 제곱합의 분해

분산분석은 집단 내 분산과 집단 간 분산을 파악하기 위해 개별 관찰치와 표본평균의 차이, 즉 편차제곱의 합을 분해하는 데서 시작한다. [그림 16-3]은 〈자료 1〉의 관찰치와 표본평균들을 그래프 위에 표시하여 편차를 보여 준다.

〈자료 1〉

관찰지역(i)	비료A($j=1$)	비료B($j=2$)	비료C($j=3$)	총평균
1	16	23	23	
2	15	21	22	
3	16	20	23	
4	16	21	23	
5	17	20	24	
평균($\overline{X}_j$)	$\overline{X}_1=16$	$\overline{X}_2=21$	$\overline{X}_3=23$	$\overline{X}=20$

회귀분석에서 살펴본 것처럼 분산분석에서도 편차는 총편차, 설명된 편차, 설명되지 않은 편차로 분해된다.

그림 16-3 분산분석에서 편차의 분해

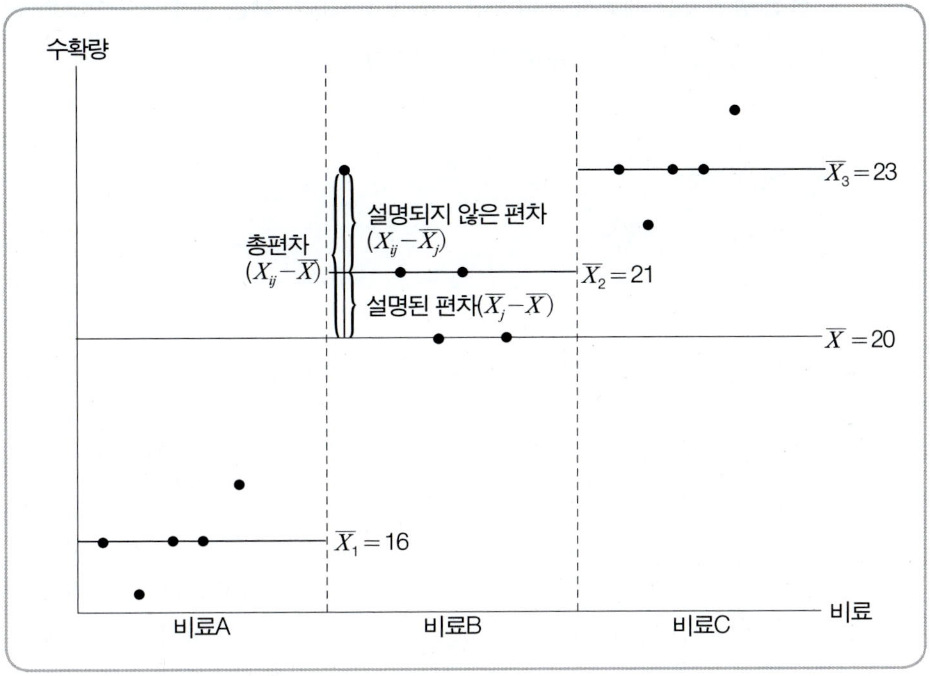

편차의 분해

총편차 = 설명된 편차 + 설명되지 않은 편차 〈공식 16−1〉

총편차는 개별 관찰치 X_{ij}와 전체평균 $\overline{X}$의 차이 즉 $(X_{ij}-\overline{X})$를 말한다. 설명된 편차는 각 집단의 표본평균 $\overline{X}_j$와 전체평균 $\overline{X}$의 차이 즉 $(\overline{X}_j-\overline{X})$를 말한다. 여기에서 각 집단의 표본평균은 모집단평균의 불편추정량이므로 설명된 편차는 독립변수의 처리에 의해 발생된 편차라 할 수 있다.[1] 설명되지 않은 편차는 각 표본 내의 관찰치 X_{ij}와 표본평균 $\overline{X}_j$의 차이 즉 $(X_{ij}-\overline{X}_j)$를 말한다. 이것은 독립변수의 처리와 관계가

1) 여기에서 각 표본의 평균 $\overline{X}_1$, $\overline{X}_2$, $\overline{X}_3$은 회귀분석에서 X의 값이 주어졌을 때 회귀선에 의한 종속변수의 추정치 $\hat{Y}$에 해당하며, 총평균과 이 표본평균들의 차이는 $\hat{Y}-\overline{Y}$와 같다고 생각하면 이해하기 쉬울 것이다.

없는 외생변수로부터 발생된 편차이다.

한편 총편차를 제곱하여 더하면 〈공식 16-2〉와 같은 총제곱의 합(Sum of Squares Total)을 얻게 되는데, 이를 *SST*로 표기한다.

SST의 계산

$$SST = \sum_i \sum_j (X_{ij} - \overline{X})^2$$ 〈공식 16-2〉

〈자료 1〉을 가지고 *SST*를 계산해 보면 다음과 같다.

$$SST = (16-20)^2 + (15-20)^2 + \cdots + (23-20)^2 + (24-20)^2 = 140$$

이 자료에서 각 관찰치가 총평균으로부터 떨어져 있는 이유는 비료 간 효과 차이 때문이거나 아니면 이와는 관계없는 외생변수에 의한 것이라고 할 수 있다. 그러므로 *SST*는 처리에서 기인된 편차제곱의 합과 외생변수에서 기인된 편차제곱의 합을 더한 것이다. 이때 처리에서 기인된 제곱의 합을 집단 간 제곱의 합(Sum of Squares Between)이라고 하고 *SSB*로 표시한다. 그리고 외생변수에서 제곱의 합을 집단 내 제곱의 합(Sum of Squares Within)이라고 하며 *SSW*로 표시한다. 따라서 총제곱의 합 *SST*는 다음과 같이 *SSB*와 *SSW*로 분해된다.

제곱합의 분해

$$SST = SSB + SSW$$ 〈공식 16-3〉

이제 *SSW*를 계산해 보자. 위의 예에서 *SSW*는 각 집단 내의 관찰치에서 각 표본평균 $\overline{X}_1$, $\overline{X}_2$, $\overline{X}_3$을 빼서 제곱의 합을 구한 다음 이를 모두 더한 것이다.

SSW의 계산

$$SSW = \sum_j [\sum_i (X_{ij} - \overline{X}_j)^2]$$ 〈공식 16-4〉

앞의 자료에서 SSW는 다음과 같이 계산된다.

비료 A : $\{(16-16)^2+(15-16)^2+(16-16)^2+(16-16)^2+(17-16)^2\}=2$

비료 B : $\{(23-21)^2+(21-21)^2+(20-21)^2+(21-21)^2+(20-21)^2\}=6$

비료 C : $\{(23-23)^2+(22-23)^2+(23-23)^2+(23-23)^2+(24-23)^2\}=2$

$$\text{SSW} = 2+6+2=10$$

앞에서 설명한 것처럼 동일한 비료를 투입한 표본들의 평균에서 관찰치들이 벗어난 것은 처리와 관계가 없는 외생변수 때문이다. 따라서 SSW는 외생변수에 의한 효과라고 할 수 있다.

그러면 이제 SSB를 계산하여 보자. SSB는 표본평균과 전체평균의 차이를 제곱해 모두 더한 것으로 다음과 같이 계산된다.

SSB의 계산

$$SSB = c \cdot \sum_j^k (\overline{X}_j - \overline{X})^2$$ 〈공식 16-5〉

k : 처리의 수

c : 각 처리에 할당된 표본의 수

앞의 자료의 경우 SSB는 다음과 같이 계산된다.

$$SSB = 5 \cdot \{(16-20)^2+(21-20)^2+(23-20)^2\}=130$$

SSB는 처리의 효과, 즉 비료 간의 효과 차이에서 기인된 것이라고 할 수 있다.

3. 평균제곱과 F값

분산분석에서는 가설검정을 위한 검정통계량으로 F값을 사용한다. 회귀분석에서 살펴본 것처럼 F값은 독립변수에 의해 설명된 분산과 독립변수에 의해 설명되지 않은 분산의 비율을 말한다. 분산분석에서 F값을 계산하는 과정은 회귀모형의 유의성 검정에서 살펴본 내용과 매우 유사하다. 여기에서 앞의 자료를 이용하여 F값을 구하는 과정을 살펴보자.

F값을 계산하기 위해서는 처리에 의한 분산과 외생변수에 의한 분산을 구해야 하는데, 전자를 집단 간 분산이라고 하고 후자를 집단 내 분산이라고 한다. 그런데 표본분산은 제곱의 합을 자유도로 나눈 것이므로 각 제곱의 합의 자유도를 고려해야 한다.

SSB에 대한 자유도는 집단의 수 k에서 1을 뺀 것이다. 또한 SSW에 대한 자유도는 전체 관찰치의 수 n에서 처리의 수 k를 뺀 것이다. 그리고 SST에 대한 자유도는 전체 관찰치의 수 n에서 1을 뺀 것이다.

SSB의 자유도 : $k-1$

SSW의 자유도 : $n-k$

SST의 자유도 : $n-1$

앞의 자료에서 각 제곱합에 대한 자유도를 구해 보면 다음과 같다.

SSB의 자유도 : $3-1=2$

SSW의 자유도 : $15-3=12$

SST의 자유도 : $15-1=14$

SSB와 SSW를 각각의 자유도로 나누면 집단 간 분산과 집단 내 분산이 계산되는데, 이것을 평균제곱(Mean Square)이라고 한다. 여기에서 SSB를 자유도로 나눈 것을 집단 간 평균제곱(Mean Square Between)이라고 하며 MSB로 표시한다. 그리고 SSW를 자유도로 나눈 것을 집단 내 평균제곱(Mean Square Within)이라고 하며 MSW로 표시한다.

평균제곱의 계산

$$MSB = \frac{SSB}{k-1} \qquad \text{〈공식 16-6〉}$$

$$MSW = \frac{SSW}{n-k} \qquad \text{〈공식 16-7〉}$$

여기에서 MSB를 MSW로 나누면 처리에 의한 분산과 외생변수에 의한 분산의 비율이 되며, 이것은 분자의 자유도가 $k-1$이고 분모의 자유도가 $n-k$인 F-분포를 이루게 된다.

분산분석에서의 검정통계량

$$F = \frac{MSB}{MSW} \qquad \text{〈공식 16-8〉}$$

4. 분산분석표

지금까지 설명한 내용을 요약하여 분산분석표를 작성해 보면 다음과 같다.

표 16-2 분산분석표

변동 원천	제곱합	자유도	평균제곱	F
집단 간	SSB	$k-1$	$MSB=\dfrac{SSB}{k-1}$	$\dfrac{MSB}{MSW}$
집단 내	SSW	$n-k$	$MSW=\dfrac{SSW}{n-k}$	
합계	SST	$n-1$		

앞의 예를 가지고 분산분석표를 만들어 보면 [표 16−3]과 같다.

표 16-3 분산분석표

변동 원천	제곱합	자유도	평균제곱	F
집단 간	130	2	$\dfrac{130}{2}$	78.03
집단 내	10	12	$\dfrac{10}{12}$	
합계	140	14		

[예 16−2]

[예 16−1]의 실험에서 세 종류의 비료 간에 효과의 차이가 있는지를 유의수준 5%로 하여 검정해 보자.

[풀이]

① **가설의 설정**

H_0 : 세 모집단 간의 평균 수확량에 차이가 없다($\mu_1=\mu_2=\mu_3$).

H_1 : 세 모집단 간의 평균 수확량에 차이가 있는 것이 있다.

② **유의수준** $\alpha=0.05$

③ 임계치 및 기각영역

$\alpha=0.05$이고 자유도가 2, 12일 때 임계치와 기각영역은 다음과 같다.

임계치 : $F_{0.05(2,\,12)}=3.89$

기각영역 : $F>3.89$

그림 16-4 임계치와 기각영역

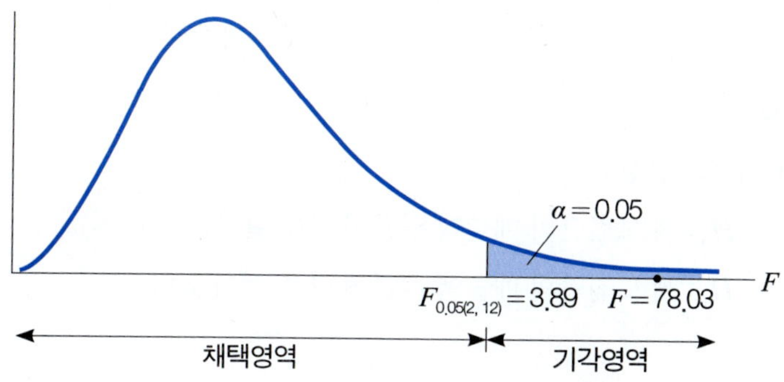

④ 표본통계량의 계산 및 임계치와의 비교

[표 16−3]의 분산분석표에서 계산된 $F_c=78.03$이 기각영역에 포함되므로 귀무가설을 기각한다. 따라서 세 종류의 비료 간에 효과의 차이가 있다고 할 수 있다.

[예 16−3]

예쁜화장품회사는 새로 출시한 화장품의 판매촉진을 계획하고 있다. 마케팅 부서에서는 가격 할인, 샘플 증정, 쿠폰 적립의 3가지 판매촉진 방법 중 어느 것이 가장 효과적인가를 알아보기 위해 실험대상 점포 12개를 무작위로 3집단으로 나누고 각 집단에 각기 다른 판매촉진을 시행하였다. 다음의 결과를 이용해 판매촉진 방법에 따라 매출액에 차이가 있는지를 유의수준 5%에서 검정하라.

표 16-4 판매촉진 방법에 따른 화장품의 매출액 (단위 : 백만원)

점포	판촉 방법			총평균
	가격 인하	샘플 증정	쿠폰 적립	
1	20	17	14	
2	18	14	10	
3	15	13	7	
4	11	8	5	
평균	$\overline{X}_1 = 16$	$\overline{X}_2 = 13$	$\overline{X}_3 = 9$	$\overline{X} = 12.7$

[풀이]

① **가설의 설정**

H_0 : 세 모집단의 매출액 평균이 모두 같다($\mu_1 = \mu_2 = \mu_3$).

H_1 : 세 모집단의 매출액 평균이 다른 것이 있다.

② **유의수준** $\alpha = 0.05$

③ **임계치 및 기각영역의 계산**

$\alpha = 0.05$, 자유도 $k-1=2$, $n-k=9$이므로

임계치 : $F_{0.05(2,9)} = 4.26$

기각영역 : $F > 4.26$

④ **표본통계량의 계산 및 임계치와의 비교**

표본통계량 F값을 구하기 위해서는 분산분석표를 작성해야 한다. 먼저 SST, SSB, SSW를 계산해 보자.

$$SST = (20-12.7)^2 + (18-12.7)^2 + \cdots + (7-12.7)^2 + (5-12.7)^2 = 232.7$$

$$SSB = 4[(16-12.7)^2 + (13-12.7)^2 + (9-12.7)^2] = 98.7$$

$$SSW = (20-16)^2 + \cdots + (17-13)^2 + \cdots + (5-9)^2 = 134$$

여기에서 SSB의 자유도는 3−1=2이고, SSW의 자유도는 12−3=9이므로 분산분석표를 작성하면 [표 16−5]와 같다.

표 16-5 분산분석표

변동 원천	제곱합	자유도	평균제곱	F
SSB	98.7	2	49.4	3.3
SSW	134.0	9	14.9	
SST	232.7	11		

위의 분산분석표에서 계산된 F값은 3.3이다. 이 값은 유의수준 0.05에서의 임계치 4.26보다 작아서 기각영역 내에 포함되지 않으므로 귀무가설을 기각할 수 없다. 그러므로 판촉 방법에 따라 매출액에 차이가 있다고 말할 수 없다.

제2절 무작위 블록 설계법

1. 무작위 블록 설계법의 개요

무작위 블록 설계법은 외생변수의 효과를 제거한 후에 처리의 효과를 검정하는 분산분석 방법이다. 무작위 블록 설계법을 설명하기 위해 [예 16−3]을 다시 한번 살펴보자. [예 16−3]에서 귀무가설은 각기 다른 판매촉진 방법을 적용한 세 집단 간에 매출액 평균의 차이가 없다는 것이었는데, 이 귀무가설은 유의수준 5%에서 기각되지 않았다.

귀무가설이 기각되지 않은 이유는 무엇일까? 그것은 처리에 의해 설명된 분산과 외생변수에 의한 분산의 비율인 F값이 귀무가설을 기각시킬 만큼 충분히 크지 못했기 때문이다. 즉 처리(판매촉진 방법)의 효과보다도 점포의 유형, 점포의 규모, 지역 등과 같은 외생변수의 효과가 상대적으로 컸기 때문에 이러한 결과가 나타났다고 생각할 수 있다. 그러므로 매출액에 큰 영향을 미치는 외생변수를 찾아 그 효과를 제거할 수 있다면, 판매촉진 방법에 따라 매출액의 차이가 있다는 결론을 얻을 수도 있다. 이와 같이 외생변수의 효과를 제거한 후 처리의 효과를 검정하는 분산분석 방법을 무작위 블록 설계법(randomized block design)이라고 한다.

완전 무작위 설계법에서는 실험대상을 차이를 고려하지 않고 무작위로 나누어 할당하였다. 그 이유는 무작위화 과정이 실험대상에 존재하는 여러 가지 이질적인 특성의 차이를 상쇄시켜 줄 것이라고 기대할 수 있기 때문이다. 그러나 종속변수에 큰 영향을 미치는 어떤 특성이 실험집단 내에 존재하는 경우에는 이 특성이 집단 내 분산에 반영되어 외생변수에 의한 분산이 커지게 되고 결국 처리의 효과를 상쇄시킨다.

이와 같은 외생변수에 의한 분산은 실험대상을 몇 개의 동질적인 집단으로 블록화함으로써 줄일 수 있다. 실험대상을 동질적인 집단으로 블록화하면 처리에서와 마찬가지로 블록 간 차이를 이용해 제곱의 합을 계산하여 그 효과를 제거할 수 있기 때문이다.

그러므로 무작위 블록 설계법을 이용할 경우에는 종속변수에 미치는 영향이 큰 외생변수를 찾아 그것을 기준으로 블록을 만들어야 한다. 만일 어떤 외생변수를 기준으로 블록화를 했을 때 각 블록 간의 평균 차이가 상당히 크다면 이 외생변수는 종속변수에 미치는 영향이 크다고 할 수 있을 것이다.

2. 무작위 블록 설계법에서 제곱합의 분해

[표 16-6]의 자료를 가지고 무작위 블록 설계법을 설명해 보자. [표 16-6]은 [표 16-4]의 자료를 재구성한 것이다. 두 자료의 차이는 [표 16-4]가 처리(판촉 방법)에 따라 점포를 무작위로 배정한 것인 데 반해, [표 16-6]은 여기에 덧붙여 점포의 유형에 따라 4개의 블록을 만들어 각 블록에 동일한 유형의 점포를 세 개씩 무작위로 배

정한 점에 있다. 따라서 [표 16-6]에 나타난 매출액은 독립변수뿐만 아니라 블록과도 관련성이 있다고 본 것으로, 매출액이 판매촉진 방법뿐만 아니라 점포의 유형에 따라서도 차이가 있다는 것이다.

표 16-6 판매촉진 방법에 따른 화장품의 매출액 (단위 : 백만원)

블록(i)	판촉 방법(j)			
	가격 인하	샘플 증정	쿠폰 적립	평균($\overline{X}_i$)
백화점	20	17	14	$\overline{X}_{1\cdot}=17$
할인점	18	14	10	$\overline{X}_{2\cdot}=14$
전문점	15	13	7	$\overline{X}_{3\cdot}=11.67$
재래시장	11	8	5	$\overline{X}_{4\cdot}=8$
평균($\overline{X}_j$)	$\overline{X}_{\cdot 1}=16$	$\overline{X}_{\cdot 2}=13$	$\overline{X}_{\cdot 3}=9$	$\overline{X}=12.67$

이와 같은 경우에는 처리와 함께 블록 제곱의 합도 분해해 낼 수 있다. [표 16-6]에서 표본평균은 총표본평균 $\overline{X}$, 처리(j)의 표본평균 $\overline{X}_j$, 그리고 블록(i)의 표본평균 $\overline{X}_i$의 세 가지가 존재한다. 제곱의 합도 총제곱의 합(Sum of Squares Total : *SST*), 집단 간(처리 간) 제곱의 합(Sum of Squares between Group : *SSG*), 블록 간 제곱의 합(Sum of Squares between Block : *SSB*), 그리고 잔차제곱의 합(Sum of Squares Error : *SSE*)의 네 가지가 존재한다. 완전 무작위 설계법에서는 총제곱의 합이 처리에 의한 제곱의 합과 외생변수에 의한 제곱의 합으로 분해되었다. 그러나 무작위 블록 설계법에서는 [그림 16-5]에서 보는 바와 같이 블록에 의한 제곱의 합이 완전 무작위 설계법에서의 외생변수로부터 떨어져 나와 분해된다. 따라서 〈공식 16-9〉와 같이 총제곱의 합은 처리 간 제곱의 합, 블록 간 제곱의 합, 잔차제곱의 합을 모두 더한 것이 된다.

그림 16-5 무작위 블록 설계법에서 제곱합의 분해

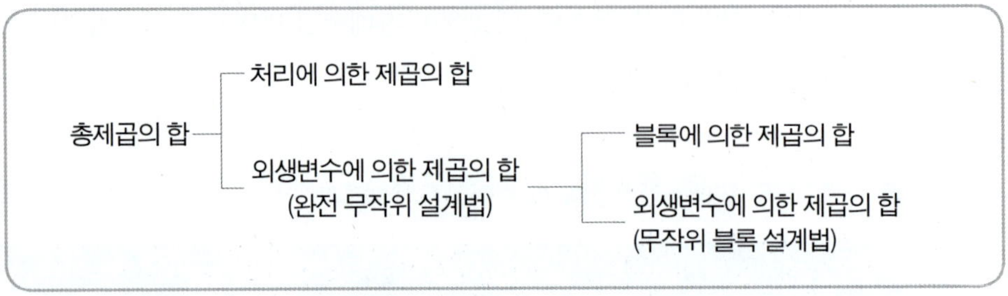

무작위 블록 설계법에서 제곱합의 분해

$$SST = SSG + SSB + SSE$$ 〈공식 16-9〉

무작위 블록 설계법에서 제곱합의 계산은 블록의 영향을 고려하는 것 이외에는 완전 무작위 설계법과 유사하며 다음과 같은 공식에 의해 계산된다.

무작위 블록 설계법에서 제곱합의 계산

$$SST = \sum_{i=1}^{h}\sum_{j=1}^{k}(X_{ij} - \overline{X})^2$$ 〈공식 16-10〉

$$SSG = h\sum_{j=1}^{k}(\overline{X}_{.j} - \overline{X})^2$$ 〈공식 16-11〉

$$SSB = k\sum_{i=1}^{h}(\overline{X}_{i.} - \overline{X})^2$$ 〈공식 16-12〉

$$SSE = \sum_{i=1}^{h}\sum_{j=1}^{k}(X_{ij} - \overline{X}_{i.} - \overline{X}_{.j} + \overline{X})^2$$ 〈공식 16-13〉

k : 처리의 수, $\overline{X}_i$: 블록 i의 평균
h : 블록의 수, $\overline{X}_j$: 집단 j의 평균
n : 표본의 수, $\overline{X}$: 전체평균

위의 공식을 이용해 계산된 제곱합을 각각의 자유도로 나누면 평균제곱을 구할 수 있다. 무작위 블록 설계법에서 평균제곱은 집단 간 평균제곱, 블록 간 평균제곱, 오차 평균제곱이 있으며 다음과 같이 계산된다.

무작위 블록 설계법에서의 평균제곱의 계산

$$MSG = \frac{SSG}{k-1} \quad \langle\text{공식 } 16-14\rangle$$

$$MSB = \frac{SSB}{h-1} \quad \langle\text{공식 } 16-15\rangle$$

$$MSE = \frac{SSE}{(k-1)(h-1)} \quad \langle\text{공식 } 16-16\rangle$$

지금까지 설명한 내용을 요약하여 분산분석표를 작성해 보면 다음과 같다.

표 16-7 무작위 블록 설계법에서의 분산분석표

변동 원천	제곱합	자유도	평균제곱	F
집단 간	SSG	$k-1$	$MSG = \frac{SSG}{k-1}$	$F_g = \frac{MSG}{MSE}$
블록 간	SSB	$h-1$	$MSB = \frac{SSB}{h-1}$	$F_b = \frac{MSB}{MSE}$
오차	SSE	$(k-1)(h-1)$	$MSE = \frac{SSE}{(k-1)(h-1)}$	
합계	SST	$n-1$		

위의 분산분석표에는 2개의 F값이 계산되어 있는데, 그것은 집단 간 평균의 차이를 검정하기 위한 F_g와 각 블록 간 평균의 차이를 검정하기 위한 F_b이다.

이제 [표 16-6]의 자료를 이용하여 분산분석표를 만들어 보기로 하자. 분산분석표를 만들기 위해서는 먼저 제곱의 합을 구해야 한다.

$$\begin{aligned} SST &= \sum_{i=1}^{h}\sum_{j=1}^{k}(X_{ij}-\overline{X})^2 \\ &= (20-12.67)^2+(17-12.67)^2+\cdots+(8-12.67)^2+(5-12.67)^2 \\ &= 232.67 \end{aligned}$$

$$SSG = h\sum_{j=1}^{k}(\overline{X}_{\cdot j}-\overline{X})^2$$

$$=4(16-12.67)^2+4(13-12.67)^2+4(9-12.67)^2$$
$$=98.67$$
$$SSB=k\sum_{i=1}^{h}(\overline{X}_{i.}-\overline{X})^2$$
$$=3(17-12.67)^2+3(14-12.67)^2+3(11.67-12.67)^2+3(8-12.67)^2$$
$$=130.00$$

〈공식 16-9〉에서 $SST=SSG+SSB+SSE$이므로,

$$SSE=SST-SSG-SSB$$
$$=232.67-98.67-130.00=4.00$$

이제 제곱의 합을 각각의 자유도로 나누어 평균제곱을 구해 보면 다음과 같다.

$$MSG=\frac{SSG}{k-1}=\frac{98.67}{2}=49.33$$
$$MSB=\frac{SSB}{h-1}=\frac{130.00}{3}=43.33$$
$$MSE=\frac{SSE}{(k-1)(h-1)}=\frac{4.00}{6}=0.67$$

그리고 집단 간 평균 차이와 블록 간 평균 차이에 따른 F값을 계산해 보면 각각 다음과 같다.

$$F_g=\frac{MSG}{MSE}=\frac{49.33}{0.67}=74.63$$
$$F_b=\frac{MSB}{MSE}=\frac{43.33}{0.67}=64.97$$

지금까지 설명한 내용을 가지고 분산분석표를 작성해 보면 [표 16-8]과 같다.

표 16-8 분산분석표

변동 원천	제곱합	자유도	평균제곱	F
집단 간	98.67	2	49.33	74.63
블록 간	130.00	3	43.33	64.96
잔차	4.00	6	0.67	
합계	232.67	11		

위의 분산분석표를 이용하여 판매촉진 방법에 따라 매출액의 차이가 있는가, 그리고 점포의 유형에 따라 매출액의 차이가 있는가를 유의수준 5%로 하여 검정하여 보면 다음과 같다.

1) 판매촉진 방법(처리)에 따른 매출액의 차이 검정

① 가설의 설정

H_0 : 판매촉진 방법 간에 매출액의 차이가 없다.

H_1 : 판매촉진 방법 간에 매출액의 차이가 있는 것이 있다.

② 유의수준 $\alpha = 0.05$

③ 임계치 및 기각영역의 계산

$\alpha = 0.05$이고, 자유도 2, 6일 때,

임계치 : $F_{0.05(2,6)} = 5.14$

기각영역 : $F > 5.14$

④ 표본통계량의 계산 및 임계치와의 비교

위의 분산분석표에서 집단 간 차이는 계산된 F값이 74.63이므로 기각영역에 포함

된다. 따라서 귀무가설이 기각되고 대립가설이 채택된다. 따라서 판매촉진 방법에 따라 매출액의 차이가 있다고 할 수 있다.

2) 점포 유형(블록)에 따른 판매량의 차이 검정

① 가설의 설정

H_0 : 점포 유형 간에 매출액의 차이가 없다.

H_1 : 점포 유형 간에 매출액의 차이가 있을 수 있다.

② 유의수준 $\alpha = 0.05$

③ 임계치 및 기각영역의 계산

$\alpha = 0.05$, 자유도 3, 6일 때,

임계치 : $F_{0.05(3,6)} = 4.76$

기각영역 : $F > 4.76$

④ 표본통계량의 계산 및 임계치와의 비교

위의 분산분석표에서 블록 간 차이는 계산된 F값이 64.96이므로 기각영역에 포함된다. 따라서 귀무가설이 기각되고 대립가설이 채택된다. 즉 점포 유형에 따라 매출액의 차이가 있다고 할 수 있다.

[예 16-4]

새로 개봉되는 3편의 영화를 5명의 영화평론가들에게 관람시킨 후 영화의 질에 대한 평가를 의뢰하였다. 영화평론가들의 평가점수가 [표 16-9]와 같을 때 영화에 따라 평가점수는 서로 차이가 있는지, 그리고 영화평론가에 따라 평가점수는 서로 차이가 있는지 유의수준을 0.01로 하여 검정하여 보아라.

[풀이]

위의 가설을 검정하기 위해서는 분산분석표를 작성해야 한다. 먼저 제곱의 합을 계산하면 다음과 같다.

표 16-9 3편의 영화에 대한 영화평론가들의 평가

평론가 \ 영화	영화1	영화2	영화3	평균
1	68	72	67	$\overline{X}_{1\cdot} = 69$
2	40	43	43	$\overline{X}_{2\cdot} = 42$
3	82	90	83	$\overline{X}_{3\cdot} = 85$
4	55	60	53	$\overline{X}_{4\cdot} = 56$
5	70	75	68	$\overline{X}_{5\cdot} = 71$
평균	$\overline{X}_{\cdot 1} = 63$	$\overline{X}_{\cdot 2} = 68$	$\overline{X}_{\cdot 3} = 62.8$	$\overline{X} = 64.6$

$$SST = (68-64.6)^2 + (72-64.6)^2 + \cdots + (75-64.6)^2 + (68-64.6)^2 = 3{,}293.6$$

$$SSG = 5 \times \{(63-64.6)^2 + (68-64.6)^2 + (62.8-64.6)^2\} = 86.8$$

$$SSB = 3 \times \{(69-64.6)^2 + (42-64.6)^2 + (85-64.6)^2 + (56-64.6)^2 + (71-64.6)^2\}$$
$$= 3{,}183.6$$

$$SSE = SST - SSG - SSB$$
$$= 3{,}293.6 - 86.8 - 3{,}183.6 = 23.2$$

한편 SSG, SSB, SSE, SST의 자유도를 계산하면 각각 2, 4, 8, 14이다. 이상의 제곱합을 이용하여 분산분석표를 작성하면 [표 16-10]과 같다.

표 16-10 분산분석표

변동 원천	제곱합	자유도	평균제곱	F
집단 간(영화)	86.8	2	43.4	14.97
블록 간(평론가)	3,183.6	4	795.9	274.45
잔차	23.2	8	2.9	
합계	3,293.6	14		

위의 분산분석표에서 계산된 F값을 이용하여 처리 간 평균 차이, 그리고 블록 간 평균 차이에 관한 가설검정을 할 수 있다.

1) 영화 간 평가점수 차이에 대한 가설 검정

① 가설의 설정

H_0 : 영화 간 평가점수의 평균이 동일하다.

H_1 : 영화 간 평가점수의 평균이 동일하지 않은 것이 있다.

② 유의수준 $\alpha = 0.01$

③ 임계치 및 기각영역의 설정

$\alpha = 0.01$이고 자유도가 2와 8일 때,

임계치 : $F_{0.01(2,8)} = 8.65$

기각영역 : $F > 8.65$

④ 표본통계량의 계산 및 임계치와의 비교

위의 분산분석표에서 집단 간 차이는 계산된 F값이 14.97로서 임계치 8.65보다 크므로 1%의 유의수준에서 귀무가설은 기각된다. 이는 영화평론가들이 평가한 각 영화들에 대한 점수가 동일하지 않다는 것을 의미한다. 즉, 영화평론가들은 영화 간에 질적인 차이가 있다고 평가하고 있음을 알 수 있다.

2) 평론가 간 평가점수 차이에 대한 가설 검정

① 가설의 설정

H_0 : 평론가들 간의 평가점수에는 차이가 없다.

H_1 : 평론가들 간의 평가점수에는 차이가 있다.

② 유의수준 $\alpha = 0.01$

③ 임계치 및 기각영역의 설정

$\alpha = 0.01$이고 자유도가 4, 8일 때,

임계치 : $F_{0.01(4,8)} = 7.01$

기각영역 : $F > 7.01$

④ 표본통계량의 계산 및 임계치와의 비교

위의 분산분석표에서 블록 간 차이는 계산된 F값이 274.45로서 기각영역에 포함된다. 따라서 1%의 유의수준에서 귀무가설은 기각된다. 이는 각각의 영화들에 대한 영화평론가들 사이의 평가가 서로 다르다는 의미이다.

제3절 요인 설계법

1. 요인 설계법의 개요

앞에서 살펴본 완전 무작위 설계법은 범주화된 하나의 독립변수가 종속변수에 미치는 영향을 검정하는 분산분석 방법이다. 무작위 블록 설계법은 완전 무작위 설계법과 마찬가지로 독립변수가 하나이지만 외생변수를 통제한 후 종속변수에 미치는

영향을 검정하는 분산분석 방법이다.

그러나 이와는 달리 두 개의 독립변수가 종속변수에 미치는 효과를 동시에 알아보고자 하는 경우도 많다. 예를 들어 "판매촉진 방법과 동시에 진열의 방법이 매출액에 영향을 미치는가", "사회계층과 더불어 성별이 상표충성도에 영향을 미치는가"를 살펴보는 것 등이 여기에 해당된다. 이와 같이 두 개의 독립변수를 동시에 고려한 분산분석 방법을 요인 설계법(factorial design)이라고 한다.

요인 설계법에서는 두 개의 독립변수에 의해 형성되는 셀(cell)에 두 개 이상의 실험대상이 무작위적으로 배정된다. 이와 같이 두 개의 독립변수를 기초로 만들어진 각 셀에 여러 개의 관찰치가 포함되는 자료를 가지고 분산분석을 하는 경우에는 두 독립변수의 집단 간 평균 차이뿐만 아니라 두 독립변수 간의 상호작용효과(interaction effect)도 검정할 수 있다.

2. 상호작용효과

상호작용효과란 두 개의 독립변수가 서로 작용함으로써 나타나는 효과를 말하는 것이다. 예를 들어 A상표의 맥주와 B상표의 맥주에 대한 성별 소비량을 조사했을 때, 남자와 여자 모두가 A상표의 맥주를 선호한다면 맥주의 상표와 성별 간에 상호작용효과가 없는 것이다. 그러나 남자는 A상표의 맥주를 좋아하는 반면 여자는 B상표의 맥주를 더 선호하는 것으로 나타났다면 맥주의 상표와 성별 간에는 상호작용효과가 있다고 할 수 있다. 다음의 예를 가지고 상호작용효과에 대해 좀 더 상세하게 살펴보자.

어떤 초등학교에서 학습 방법과 동기유발 방법이 학생들의 성적에 영향을 미치는가를 알아보기 위해 성적이 비슷한 초등학교 학생 8명을 무작위로 각 셀에 배치하여 실험을 실시한 결과 [표 16-11]과 같은 자료를 얻었다.

우리는 이 자료에서 서로 다른 학습 방법에 의한 평균 성적과 서로 다른 동기 유형에 의한 평균 성적을 계산할 수 있을 뿐 아니라 각 셀에 있는 두 관찰치의 평균도 계산할 수 있다. 이 자료에서 학습 방법에 따른 평균 성적을 살펴볼 때 열린학습의 평균 성적($\overline{X}_1$)은 75점, 기존학습의 평균 성적($\overline{X}_2$)은 55점으로 열린학습 방법이 더 효과적인 것으로 보인다. 그리고 동기유발 방법에 따른 평균 성적을 살펴보면 체벌을 하는 경우의 평균 성적($\overline{X}_1$)이 70점, 체벌을 하지 않는 경우의 평균 성적($\overline{X}_2$)이 60점으로서 체벌을 하는 것이 더 효과적인 것으로 보인다.

그러나 실험 결과가 [표 16−12]와 같았다고 하자. 이 경우에는 학습 방법의 효과가 동기유발 방법에 따라 각기 다르게 나타나고 있는 것을 알 수 있다. 즉 열린학습의

표 16-11 학습 방법과 동기 유형에 따른 성적(상호작용효과가 없는 경우)

동기 유형(i) / 학습 방법(j)	열린학습($j=1$)	기존학습($j=2$)	평균
체벌함($i=1$)	90 70	70 50	$\overline{X}_{1.}=70$
	$\overline{X}_{11}=80$	$\overline{X}_{12}=60$	
체벌 안 함($i=2$)	80 60	60 40	$\overline{X}_{2.}=60$
	$\overline{X}_{21}=70$	$\overline{X}_{22}=50$	
평균	$\overline{X}_{.1}=75$	$\overline{X}_{.2}=55$	$\overline{X}=65$

표 16-12 학습 방법과 동기 유형에 따른 성적(상호작용효과가 있는 경우)

학습 방법(j) / 동기 유형(i)	열린학습($j=1$)	기존학습($j=2$)	평균
체벌함($i=1$)	50 30	70 50	$\overline{X}_{1.}=50$
	$\overline{X}_{11}=40$	$\overline{X}_{12}=60$	
체벌 안 함($i=2$)	90 70	60 40	$\overline{X}_{2.}=65$
	$\overline{X}_{21}=80$	$\overline{X}_{22}=50$	
평균	$\overline{X}_{.1}=60$	$\overline{X}_{.2}=55$	$\overline{X}=57.5$

경우에는 체벌을 하지 않는 경우가 평균 성적($\overline{X}_{21}$) 80점으로 체벌을 하는 경우의 평균 성적($\overline{X}_{11}$) 40점보다 높으므로 체벌을 하지 않는 경우가 더 효과적이다. 그러나 기존학습의 경우에는 체벌을 하는 경우 평균 성적($\overline{X}_{12}$)이 60점이고 체벌을 하지 않는 경우 평균 성적($\overline{X}_{22}$)이 50점으로 체벌을 하지 않는 경우에는 오히려 학습 방법의 효과가 감소하는 것을 알 수 있다. 따라서 이와 같은 경우에는 상호작용효과가 있는 것으로 생각할 수 있다.

상호작용효과를 쉽게 알아보는 방법은 각 셀의 평균을 그래프상에 표시하여 보는 것이다. [그림 16-6]은 [표 16-11]의 셀 평균을 선으로 연결한 것인데, 그림에서 보면 두 선이 평행하여 동기유형과 관계없이 열린학습이 기존학습보다 더 효과적인 것을 쉽게 알 수 있다. 이와 같이 선들이 평행을 이루는 경우에는 상호작용효과가 존재하지 않는다. 반면 [표 16-12]의 셀 평균을 선으로 연결한 [그림 16-7]을 보면 두 선이 평행하지 않음을 알 수 있는데 이와 같은 경우에는 상호작용효과가 존재한다고 할 수 있다.

그림 16-6 상호작용효과가 없는 경우

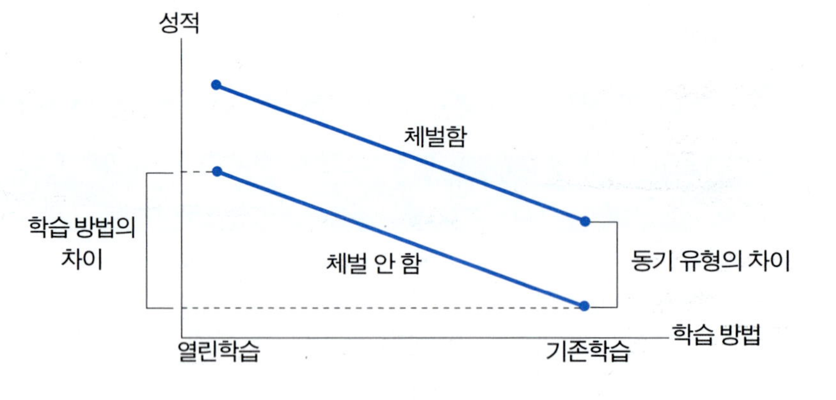

그림 16-7 상호작용효과가 있는 경우

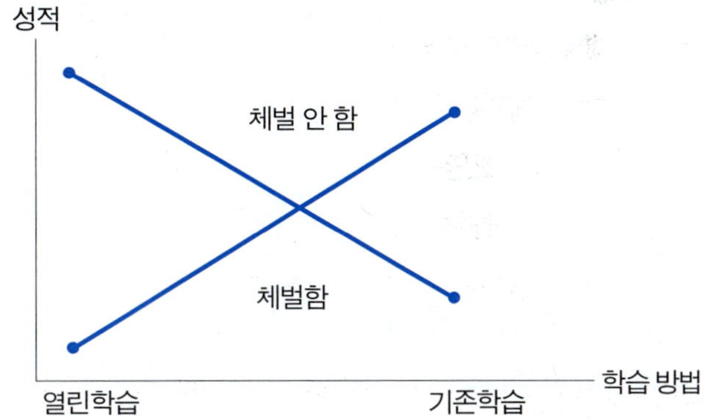

3. 요인 설계법에서 제곱합의 분해

앞의 예에서와 같이 두 독립변수에 의해 형성되는 셀에 복수의 관찰치(X_{ijl})가 있는 경우 표본평균은 셀 평균($\overline{X}_{ij}$), 열의 표본평균($\overline{X}_{i\cdot}$), 그리고 행의 표본평균($\overline{X}_{\cdot i}$), 총표본평균($\overline{X}$)의 네 가지가 존재한다. 그러므로 제곱의 합도 총제곱의 합(Sum of Squares Total : *SST*), 행 간 제곱의 합(Sum of Squares between Rows : *SSR*), 열 간 제곱의 합(Sum of Squares between Columns : *SSC*), 상호작용에 의한 제곱의 합(Sum of Squares Interaction : *SSI*), 그리고 오차제곱의 합(Sum of Squares Error : SSE)의 다섯 가지가 존재한다.

총제곱의 합은 〈공식 16-17〉과 같이 분해된다.

요인 설계법에서 제곱합의 분해

$$SST = SSC + SSR + SSI + SSE \qquad \text{〈공식 16-17〉}$$

그리고 각각의 제곱합은 다음과 같은 공식에 의해 구할 수 있다.

요인 설계법에서 제곱합의 계산

$$SST=\sum_{i=1}^{k}\sum_{j=1}^{h}\sum_{l=1}^{c}(X_{ijl}-\overline{X})^2 \quad \text{〈공식 16-18〉}$$

$$SSC=hc\sum_{j=1}^{k}(X_{\cdot j}-\overline{X})^2 \quad \text{〈공식 16-19〉}$$

$$SSR=kc\sum_{l=1}^{h}(\overline{X}_{i\cdot}-\overline{X})^2 \quad \text{〈공식 16-20〉}$$

$$SSI=c\sum_{i=1}^{h}\sum_{j=1}^{k}(X_{ij\cdot}-\overline{X}_{i\cdot}-\overline{X}_{\cdot j}+\overline{X})^2 \quad \text{〈공식 16-21〉}$$

$$SSE=\sum_{i=1}^{h}\sum_{j=1}^{k}\sum_{l=1}^{c}(X_{ijl}-\overline{X}_{ij})^2 \quad \text{〈공식 16-22〉}$$

c=셀 내 관찰치의 수, $\overline{X}_{ij}$=셀 ij의 평균
h=행의 수, $\overline{X}_{j\cdot}$=행 i의 평균
n=열의 수, $X_{\cdot j}$=열 j의 평균
N=전체 관찰치의 수, $\overline{X}$=총평균

요인 설계법에서는 모집단분산의 추정치인 평균제곱도 열 간 평균제곱, 행 간 평균제곱, 셀 평균제곱, 잔차 평균제곱, 총평균제곱의 다섯 가지가 있다. 여기서 제곱의 합을 각각의 자유도로 나누어 평균제곱을 구하면 다음과 같다.

요인 설계법에서 평균제곱의 계산

$$MSR=\frac{SSR}{h-1} \quad \text{〈공식 16-23〉}$$

$$MSC=\frac{SSC}{k-1} \quad \text{〈공식 16-24〉}$$

$$MSI=\frac{SSI}{(k-1)(h-1)} \quad \text{〈공식 16-25〉}$$

$$MSE=\frac{SSE}{kh(c-1)} \quad \text{〈공식 16-26〉}$$

이상의 내용을 바탕으로 하여 분산분석표를 작성하여 보면 [표 16−13]과 같다.

[표 16-13]의 분산분석표에서 보면 F값이 3개가 있는데, 이것은 두 요인들의 평균 차이, 즉 행 간 평균 차이와 열 간 평균 차이, 그리고 상호작용효과를 검정하기 위한 검정통계량이다.

표 16-13 요인 설계법에서의 분산분석표

변동 원천	제곱합	자유도	평균제곱	F
행 간	SSR	$h-1$	$MSR=\frac{SSR}{h-1}$	$F_R=\frac{SSR}{MSE}$
열 간	SSC	$k-1$	$MSC=\frac{SSC}{k-1}$	$F_C=\frac{MSC}{MSE}$
상호작용	SSI	$(k-1)(h-1)$	$MSI=\frac{SSI}{(k-1)(h-1)}$	$F_I=\frac{MSI}{MSE}$
오차	SSE	$kh(c-1)$	$MSE=\frac{SSE}{kh(c-1)}$	
전체	SST	$n-1$		

이제 앞의 [표 16−12]의 자료를 이용해 열(학습 방법) 간 평균 차이와 행(동기 유형) 간 평균 차이 그리고 상호작용효과가 있는가를 검정하기 위해 분산분석표를 작성해 보자.

먼저 총제곱의 합을 구해 보면 다음과 같다.

$$
\begin{aligned}
SST &= \sum_{i=1}^{h}\sum_{j=1}^{k}\sum_{l=1}^{c}(X_{ijl}-\overline{X})^2 \\
&=(50-57.5)^2+(30-57.5)^2+(70-57.5)^2+(50-57.5)^2 \\
&\quad +(90-57.5)^2+(70-57.5)^2+(60-57.5)^2+(40-57.5)^2 \\
&=2,550
\end{aligned}
$$

행(동기 유형)의 제곱 합은 다음과 같이 계산된다.

$$SSR = kc\sum_{l=1}^{h}(X_{i\cdot} - \overline{X})^2$$
$$= 4(50-57.5)^2 + 4(65-57.5)^2 = 450$$

열(학습 방법)의 제곱 합은 다음과 같이 계산된다.

$$SSC = hc\sum_{j=1}^{k}(X_{\cdot j} - \overline{X})^2$$
$$= 4(60-57.5)^2 + 4(55-57.5)^2 = 50$$

오차의 제곱 합은 다음과 같이 계산된다.

$$SSE = \sum_{i=1}^{h}\sum_{j=1}^{k}\sum_{l=1}^{c}(X_{ijl} - \overline{X}_{ij})^2$$
$$= (50-40)^2 + (30-40)^2 + (70-60)^2 + (50-60)^2 + (90-80)^2$$
$$+ (70-80)^2 + (60-50)^2 + (40-50)^2$$
$$= 800$$

상호작용에서의 제곱 합은 $SST = SSC + SSR + SSI + SSE$이므로 SSI는 다음과 같이 계산된다.

$$SSI = SST - SSC - SSR - SSE$$

따라서 $SSI = 2{,}550 - 50 - 450 - 800 = 1{,}250$이다. 그리고 각 제곱합의 자유도를 계산하면 다음과 같다.

행(동기 유형)의 자유도 : $h-1=1$
열(학습 방법)의 자유도 : $k-1=1$

상호작용의 자유도 : $(k-1)(h-1)=1$

오차의 자유도 : $kh(c-1)=4$

총제곱의 합의 자유도 : $khc-1=7$

이상의 제곱합과 자유도를 이용하여 분산분석표를 작성하면 [표 16-14]와 같다.

표 16-14 분산분석표

변동 원천	제곱합	자유도	평균제곱	F
행(동기 유형) 간	450	1	450	2.25
열(학습 방법) 간	50	1	50	0.25
상호작용	1,250	1	1,250	6.25
오차	800	4	200	
전체	2,550	7		

[예 16-5]

[표 16-14]의 분산분석표를 바탕으로 성적은 학습 방법에 따라 차이가 있는가? 또한 성적은 동기 유형에 따라 차이가 있는가? 그리고 학습 방법과 동기 유형 간에는 상호작용이 있는가를 유의수준 10%로 하여 검정해 보아라.

[풀이]

1) 동기 유형의 차이에 따른 평균차이의 검정

① 가설의 설정

H_0 : 동기 유형에 따라 성적에는 차이가 없다.

H_1 : 동기 유형에 따라 성적에는 차이가 있다.

② 유의수준 $\alpha=0.10$

③ 임계치 및 기각영역의 계산

$\alpha=0.10$이고 자유도가 1, 4일 때,

임계치 : $F_{0.10(1,4)}=4.54$

기각영역 : $F>4.54$

④ 표본통계량의 계산 및 임계치와의 비교

위의 분산분석표에서 계산된 F값이 2.25이므로 기각영역에 포함되지 않는다. 따라서 성적은 동기 유형에 따라 차이가 있다고 할 수 없다.

2) 학습 방법의 차이에 따른 평균차이의 검정

① 가설의 설정

H_0 : 성적은 학습 방법에 따라 차이가 없다.

H_1 : 성적은 학습 방법에 따라 차이가 있다.

② 유의수준 $\alpha=0.10$

③ 임계치 및 기각영역의 계산

$\alpha=0.10$이고 자유도가 1, 4일 때,

임계치 : $F_{0.10(1,4)}=4.54$

기각영역 : $F>4.54$

④ 표본통계량의 계산 및 임계치와의 비교

위의 분산분석표에서 계산된 F값이 0.25이므로 기각영역에 포함되지 않는다. 따라서 성적은 학습 방법에 따라 차이가 있다고 할 수 없다.

3) 상호작용효과의 검정

① 가설의 설정

H_0 : 학습 방법과 동기 유형 사이에 상호작용이 없다.

H_1 : 학습 방법과 동기 유형 사이에 상호작용이 있다.

② 유의수준 $\alpha = 0.10$

③ 임계치 및 기각영역의 계산

$\alpha = 0.10$이고 자유도가 1, 4일 때

임계치 : $F_{0.01(1,4)} = 4.54$

기각영역 : $F > 4.54$

④ 표본통계량의 계산 및 임계치와의 비교

위의 분산분석표에서 계산된 F값이 6.25이므로 기각영역에 포함된다. 따라서 학습 방법은 동기 유형과 상호작용효과가 있다. 즉, 열린학습 방법을 사용할 경우에는 체벌을 안 하는 것이, 기존학습 방법을 사용할 경우에는 체벌을 하는 것이 효과가 더 크다고 할 수 있다.

[예 16-6]

어떤 병원에서 동일한 질병으로 입원한 환자를 대상으로 투약과 음식의 형태에 따라 입원 기간에 차이가 나는지를 조사하기 위해, 동일한 질병의 환자 36명을 무작위로 선정하여 A, B, C의 세 가지 투약 방법과 가, 나, 다의 세 가지 음식에 따라 각각 4명씩 해당 셀에 배정하여 입원 기간을 측정하였다. 측정된 입원 기간이 [표 16-15]와 같다고 할 때 유의수준 10%에서 다음을 검정하라.

1) 입원 기간은 투약 방법에 따라 차이가 있는가?

2) 입원 기간은 음식에 따라 차이가 있는가?

3) 투약 방법과 음식 간에는 서로 상호작용효과가 있는가?

표 16-15 투약 방법과 음식에 따른 입원 기간

음식 \ 투약 방법	A	B	C	평균
가	10	9	12	$\overline{X}_{1\cdot}=8$
	6	3	10	
	8	5	12	
	4	7	10	
	$\overline{X}_{11}=7$	$\overline{X}_{12}=6$	$\overline{X}_{13}=11$	
나	9	8	6	$\overline{X}_{2\cdot}=9$
	9	6	8	
	6	14	10	
	12	12	8	
	$\overline{X}_{21}=9$	$\overline{X}_{22}=10$	$\overline{X}_{23}=8$	
다	6	12	8	$\overline{X}_{3\cdot}=10$
	4	13	12	
	4	15	11	
	6	16	13	
	$\overline{X}_{31}=5$	$\overline{X}_{32}=14$	$\overline{X}_{33}=11$	
평균	$X_{\cdot 1}=7$	$\overline{X}_{\cdot 2}=10$	$X_{3}=40$	$\overline{X}=9$

[풀이]

먼저 분산분석표를 작성하기 위해 평균제곱을 계산하면 다음과 같다.

$$SST=(10-9)^2+(6-9)^2+\cdots+(11-9)^2+(13-9)^2=394$$

$$SSR=12\times\{(8-9)^2+(9-9)^2+(10-9)^2\}=24$$

$$SSC=12\times\{(7-9)^2+(10-9)^2+(10-9)^2\}=72$$

$$SSE=(10-7)^2+(6-7)^2+(8-7)^2+(4-7)^2+\cdots+(8-11)^2$$
$$+(12-11)^2+(11-11)^2+(13-11)^2=138$$

$$SSI=SST-SSC-SSR-SSE=394-24-72-138=160$$

앞의 계산 결과를 이용하여 분산분석표를 작성하면 [표 16−16]과 같다.

표 16-16 분산분석표

변동 원천	제곱합	자유도	평균제곱	F
행(음식) 간	24	2	12	2.35
열(투약방법) 간	72	2	36	7.05
상호작용	160	4	40	7.83
잔차	138	27	5.11	
전체	394	35		

위의 분산분석 표에서 계산된 F값을 이용하여 그룹 간 평균의 비교, 블록 간 평균의 비교, 그리고 상호작용효과에 대한 가설 검정을 할 수 있다.

1) 행(음식) 간 평균 차이에 대한 검정

① 가설의 설정

H_0 : 음식에 따라 입원 기간에 차이가 없다.

H_1 : 음식에 따라 입원 기간에 차이가 있는 것이 있다.

② 유의수준 $\alpha = 0.05$

③ 임계치 및 기각영역

$\alpha = 0.05$이고 자유도가 2, 27일 때,

임계치 : $F_{0.05(2,\,27)} = 3.35$

기각영역 : $F > 3.35$

④ 표본통계량의 계산 및 임계치와의 비교

위의 분산분석표에서 계산된 F값이 2.35이므로 5%의 유의수준에서 귀무가설을 기

각할 수 없다. 즉, 음식의 종류에 따른 환자의 입원 기간은 차이가 있다고 할 수 없다.

2) 열(투약 방법) 간 평균 차이에 대한 검정

① 가설의 검정

H_0 : 투약 방법에 따라 입원기간에 차이가 없다.

H_1 : 투약 방법에 따라 입원기간에 차이가 있는 것이 있다.

② 유의수준 $\alpha=0.05$

③ 임계치 및 기각영역

$\alpha=0.05$이고 자유도가 각각 2, 27일 때,

임계치 : $F_{0.05(2,\,27)}=3.35$

기각영역 : $F>3.35$

④ 표본통계량의 계산 및 임계치와의 비교

분산분석표에서 계산된 F값이 7.05이므로 귀무가설을 기각한다. 따라서 투약 방법에 따라 환자의 입원 기간은 차이가 있다고 할 수 있다.

3) 상호작용효과에 대한 검정

① 가설의 설정

H_0 : 투약 방법과 음식 간에는 상호작용효과가 있다.

H_1 : 투약 방법과 음식 간에는 상호작용효과가 없다.

② 유의수준 $\alpha=0.05$

③ 임계치 및 기각영역

$\alpha = 0.05$, 자유도 4, 27일 때,

임계치 : $F_{0.05(4,\ 27)} = 2.73$

기각영역 : $F > 2.73$

④ 표본통계량의 계산 및 임계치와의 비교

위의 분산분석표에서 계산된 F값이 7.83이므로 귀무가설은 기각된다. 따라서 투약 방법과 음식 간에는 상호작용효과가 있다고 할 수 있다.

연 · 습 · 문 · 제

16–1 다음 각 문항에 대하여 맞으면 O, 틀리면 X를 표시하라.

① 분산분석은 표본평균을 비교함으로써 평균의 차이를 검정하는 통계기법이다.
② 분산분석은 2개 이상의 모집단의 평균을 동시에 비교할 수 있다.
③ 두 모집단의 평균을 비교하는 경우 t-분포를 이용하는 경우의 결과와 분산분석을 이용하는 경우의 결과는 달라질 수 있다.
④ 완전무작위 설계법에서 각 집단의 표본평균은 상호독립이다.
⑤ 편차의 제곱합을 적절한 자유도로 나누면 표본분산이 된다.
⑥ 총편차는 각 자료의 값과 집단평균과의 차이이다.
⑦ 완전무작위 설계법에서 집단요인에 의해 발생한 편차는 설명된 편차이다.
⑧ 분산분석에서는 각각의 모집단이 정규분포를 가지고 있다는 것을 가정한다.
⑨ 완전무작위 설계법에서 집단평균들에 의해 계산된 표본분산은 집단평균 간의 차이가 클수록 작다.
⑩ 분산분석은 수량적 자료의 경우에만 사용이 가능하다.

16–2 다음의 분산분석표를 완성하라.

변동 원천	제곱합	자유도	평균제곱	F
집단 간		3		
집단 내	850	16		
합계	1,450			

16–3 **화순양계장에서는 A, B, C 세 가지 사료 중 효과가 가장 좋은 사료를 구입하기 위해 각 사료별로 5마리씩의 닭을 배정하여 일정한 기간이 지난 다음 체중을 측정한 결과 다음과 같은 자료를 얻었다.**

사료A	사료B	사료C
2	1.5	3.5
2	3	2
3	1.5	1.5
2.5	2.5	2
2	2	3

① n_1, n_2, n_3을 계산하라.

② $\overline{X}_1$, $\overline{X}_2$, $\overline{X}_3$을 계산하라.

③ SST, SSG, SSW를 계산하라.

④ 분산분석표를 작성하라.

⑤ 사료의 종류에 따라 닭의 체중에 차이가 있는가를 유의수준 0.05로 하여 검정하라.

16–4 **다음 자료는 특정한 토양에 A, B, C의 화학처리를 하여 얻은 평당 수확량을 나타낸 것이다.**

A	B	C
48	47	49
49	49	51
50	48	50
49	48	50

① 다음의 분산분석표를 완성하라.

변동 원천	제곱합	자유도	평균제곱	F
집단 내				
집단 간				
합계				

② 각 집단 간 평균이 같다는 귀무가설을 유의수준 1%, 5%에서 각각 검정하라.

16-5 **한 여성단체에서는 5가지 종류의 이유식이 유아의 체중에 어떤 영향을 주는가에 대해 조사하였다. 그래서 20명의 어린이를 사용하는 이유식의 상표에 따라 5개의 집단으로 나누고 각각의 이유식을 4개월 동안 사용한 다음 체중의 변화를 측정한 결과 다음과 같은 자료를 얻었다.**

A	B	C	D	E
5	4.5	6	3	5.5
5.5	3	5.5	4	4.5
3.5	4	4	4.5	5
4	3.5	5	4	3.5

① 분산분석표를 작성하라.

② 이유식에 따라 어린이의 체중에 차이가 있는가를 유의수준 0.05로 하여 검정하라.

16-6 **중소기업인 국제상사에서는 새로 채용한 신입직원의 교육에 2가지 방법을 사용하였다. 15명의 A그룹은 기존에 사용하던 팀 중심의 교육 방법을 적용하였고, 10명의 B그룹에는 컴퓨터를 이용한 자율학습 방법을 사용하였다. 교육이 끝나고 교육 효과를 측정하기 위해 문제를 주고 각 신입직원이 문제를 해결하는 시간을 측정한 결과가 다음과 같다.**

$$\text{A 그룹} : n_1 = 15,\ \ \Sigma X_1 = 360,\ \ \Sigma X_1^2 = 8{,}900$$
$$\text{B 그룹} : n_2 = 10,\ \ \Sigma X_2 = 220,\ \ \Sigma X_2^2 = 5{,}000$$

① 분산분석표를 작성하라.

② 두 가지 교육 방법의 성과에 차이가 있는가에 대해 5%의 유의수준에서 검정하라.

16-7 **소비자물가는 다양한 품목에 가중치를 두고 각 품목의 가격을 가중치만큼 고려하여 평균을 낸 것이다. 다음은 4개 도시에서 서로 다른 유형의 유통점 5곳에서 음식료품 가격을 가중치에 따라 고려하여 음식료품 물가지수를 계산한 것이다.**

	A	*B*	*C*	*D*
할인점	75	80	81	68
편의점	78	79	79	74
슈퍼마켓	82	83	84	75
재래시장	79	77	80	73
백화점	74	77	77	75

① 각 그룹과 블록의 평균을 계산하라.

② SSG, SSB, SSE, SST를 계산하라.

③ 분산분석표를 작성하라.

④ 도시에 따라 음식료품 물가지수에 차이가 있는가를 유의수준 0.05로 하여 검정하라.

⑤ 유통 형태에 따라 음식료품의 물가에 차이가 있는가를 유의수준 0.05로 하여 검정하라.

16-8 **강원병원에서는 세 종류의 치료제에 따라 환자의 입원 기간에 차이가 있는가를 알아보려고 한다. 그런데 경험적으로 볼 때 영양제가 치료의 효과에 영향을 미치는 것으로 알려지고 있다. 따라서 영양제의 효과를 제거한 후의 치료제 가, 나, 다의 효과를 알아보기 위해 영양제 A, B, C를 블록으로 구성하여 실험을 실시한 결과 다음과 같은 자료를 얻었다.**

치료제 \ 영양제	*A*	*B*	*C*
가	7	6	11
나	9	10	8
다	5	14	11

① *SST*, *SSG*, *SSB*, *SSE*를 구하라.

② 분산분석표를 작성하라.

③ 치료제에 따라 입원 기간에 차이가 있는가를 유의수준 0.05로 하여 검정하라.

④ 영양제에 따라 입원 기간에 차이가 있는가를 유의수준 0.05로 하여 검정하라.

16-9 **다음은 연령층과 성별에 따라 이동전화의 일주일 동안 메시지 사용 건수에 대해 조사한 결과를 분석하여 작성한 분산분석표이다.**

변동 원천	제곱합	자유도	평균제곱	*F*값
연령층		4	100	
성별		1		5.80
상호작용				5.33
잔차	2,950	190		
합계				

① 분산분석표의 빈칸을 채워라.

② 연령층에 따라 메시지 사용 건수에 차이가 있는가를 유의수준 5%에서 검정하라.

③ 성별에 따라 메시지 사용 건수에 차이가 있는지를 유의수준 5%에서 검정하라.

④ 메시지 사용 건수에 있어서 성별과 연령층의 상호작용효과가 있는지를 5%의 유의수준에서 검정하라.

16–10 **차량의 모델뿐만 아니라 운행되는 지역에 따라 차량의 유지비가 달라질 수 있다. 소비자단체가 세 자동차회사에서 생산하는 A, B, C 세 가지 모델의 소형차를 대도시와 중소도시에서 각각 2회씩 동일한 거리를 주행하게 한 결과 다음과 같은 자료를 얻었다.**

도시 \ 차량	*A*	*B*	*C*
중소도시	22.1	24.2	24.3
	23.5	23.5	23.8
	24.3	25.0	25.6
	25.2	25.6	24.1
	24.0	24.6	25.7
대도시	24.3	25.1	25.0
	23.8	25.2	23.2
	23.3	25.7	24.8
	24.6	24.9	26.6
	25.2	26.3	26.1

① SST, SSC, SSI, SSE를 구하라.

② 분산분석표를 작성하라.

③ 차량에 따라 월 유지비에 차이가 있는가를 유의수준 5%에서 검정하라.

④ 도시에 따라 월 유지비에 차이가 있는가를 유의수준 5%에서 검정하라.

⑤ 각각의 차량의 평균 유지비를 도시별로 나타낸 그래프를 그려라.

⑥ 차량의 모델과 도시 유형 간에 상호작용효과가 있는가를 유의수준 5%에서 검정하라.

16–11 **편의점에서 판매되는 잡지의 판매수량은 진열위치와 선반에서의 높이에 따라 달라질 수 있다. 다음은 어느 편의점에서 주부용 잡지의 판매수량을 진열위치와 선반높이에 따라 조사한 결과이다.**

선반높이 \ 진열위치	A	B
위	30	15
	28	13
	26	11
아래	25	8
	22	6
	20	4

① SST, SSC, SSR, SSI, SSE를 구하라.

② 분산분석표를 작성하라.

③ 진열위치에 따라 잡지의 판매수량에 차이가 있는가를 유의수준 5%에서 검정하라.

④ 선반의 높이에 따라 잡지의 판매수량에 차이가 있는가를 유의수준 5%에서 검정하라.

⑤ 진열위치에 따라 각 선반위치의 평균 판매수량을 나타낸 그래프를 그려라.

⑥ 진열위치와 선반위치에 상호작용효과가 있는가를 유의수준 5%에서 검정하라.

17

P·a·r·t

x^2-검정

Part 17

x^2-검정

지금까지 우리가 공부한 대부분의 가설검정에서는 모집단의 특성에 대한 기본적인 가정이 필요하였다. 예를 들어 t-검정이나 분산분석에서는 모집단이 정규분포이며 두 모집단의 분산이 동일하여야 한다는 가정이 필요하였고, 회귀분석에서도 모집단이 정규분포를 이룬다는 것을 가정한다. 이와 같이 모집단의 특성에 대해 어떤 가정을 하는 통계분석방법을 모수통계(parametric statistics)라고 한다. 키나 몸무게와 같은 양적 자료의 분석에는 주로 모수통계가 사용된다.

반면 모집단의 분포에 대한 어떤 제약이나 가정 없이 실시되는 통계분석방법을 비모수통계(nonparametric statistics)라고 한다. 비모수통계는 서열자료나 명목자료와 같은 질적 자료의 분석에 주로 이용된다. 비모수통계에서 많이 사용되는 검정방법은 x^2-검정이다. 이 장에서는 x^2-분포와 x^2-검정에서 대표적인 적합도 검정과 독립성 검정에 대해 살펴보기로 한다.

제1절 x^2-분포

지금까지 우리가 살펴본 대부분의 통계분석 방법들은 양적 자료를 이용한 것이었다. 양적 자료로는 평균과 표준편차를 구할 수 있으므로 이를 이용하여 다양한 통계분석을 할 수 있다. 반면 직업, 종교, 성별과 같은 명목자료들은 수량화할 수 없으므로 단지 몇 개의 범주로 분류하여 도수분포표나 분할표를 만들어 자료의 특성을 파악하게 된다.

x^2-검정은 명목자료로 만들어진 도수분포표나 분할표의 도수를 이용하여 모집단의 분포를 추론할 때 이용되는 비모수 통계분석 방법으로, 대표적인 것으로는 적합도 검정과 독립성 검정이 있다. 적합도 검정(goodness of fit test)은 모집단의 분포가 기대하고 있는 분포와 일치하는가를 분석하는 방법이다. 반면 독립성 검정(independence test)은 두 변수가 상호독립적인가를 검정하는 방법이다. 이 두 가지 검정은 모두 귀무가설에서 기대하고 있는 기대도수와 실제 표본에서 얻어진 관찰도수를 비교하여 가설을 검정한다는 점에서 동일하다. 이때 귀무가설의 기각 여부를 결정짓는 판단 근거로서 x^2-분포가 사용된다.

x^2-검정을 살펴보기 전에 먼저 기대도수와 x^2-분포에 대해 살펴보자. 예를 들어 어떤 학생이 사지선다형 문제 40문항을 풀어 다음과 같은 성적을 거두었다고 하자. 이 학생은 순전히 운으로만 문제를 푼 것일까?

표 17-1 관찰도수

결과	개수
맞음	12
틀림	28
합계	40

만일 이 학생이 순전히 운으로만 문제를 풀었다면 확률적으로 볼 때 정답의 이론적인 기대도수는 다음과 같다.

표 17-2 기대도수

결과	개수
맞음	10
틀림	30
합계	40

이 학생이 실제로 맞춘 정답의 수가 기대도수와 큰 차이가 없다면 이 학생은 운만으로 정답을 맞춘 것이라고 할 수 있고, 차이가 크다면 운이 아닌 실력으로 맞춘 것이라고 할 수 있다. 표본의 관찰도수와 모집단의 기대도수의 차를 구해 보면 다음과 같다.

표 17-3 관찰도수와 기대도수의 차이

결과	관찰도수	기대도수	차이
맞음	12	10	2
틀림	28	30	−2
합계	40	40	

x^2-검정은 [표 17−3]과 같이 표본의 관찰도수와 모집단의 기대도수의 차이를 이용해 표본에서 얻은 관찰도수가 기대도수와 일치하는지 여부를 알아보는 데 사용된다. x^2-검정에 필요한 x^2값은 관찰도수와 기대도수의 차이의 제곱을 기대도수로 나눈 수치들의 합으로 다음과 같이 표시된다.

x^2값의 계산

$$x^2 = \Sigma \frac{(O-E)^2}{E} \qquad \langle 공식\ 17-1 \rangle$$

O : 관찰도수
E : 기대도수

〈공식 17−1〉의 x^2값은 관찰도수와 기대도수의 차이를 평가하기 위해 사용되는데, 관찰도수와 기대도수가 비슷하면 x^2값은 0에 가까워지며, 반대로 관찰도수와 기대도수의 차이가 크면 x^2값이 커진다.

이 x^2값을 확률변수로 한 분포가 x^2-분포이다. x^2-분포는 오른쪽으로 긴 꼬리를 가진 비대칭형의 분포로 그 값은 항상 0보다 크다. 또한 [그림 17−1]에서 알 수 있는 것처럼 x^2-분포는 자유도에 따라 모양이 달라지는데, 자유도가 커질수록 분포의 모양이 비대칭에서 대칭에 가까워지는 특징을 가지고 있다.

그림 17-1 자유도가 2, 4, 6일 때 x^2-분포의 모양

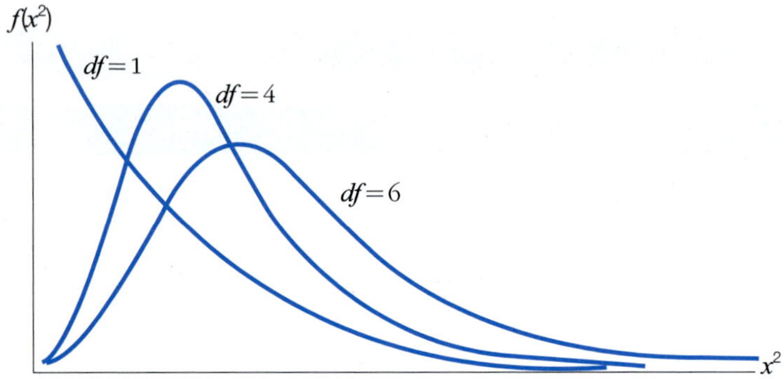

그림 17-2 x^2-분포

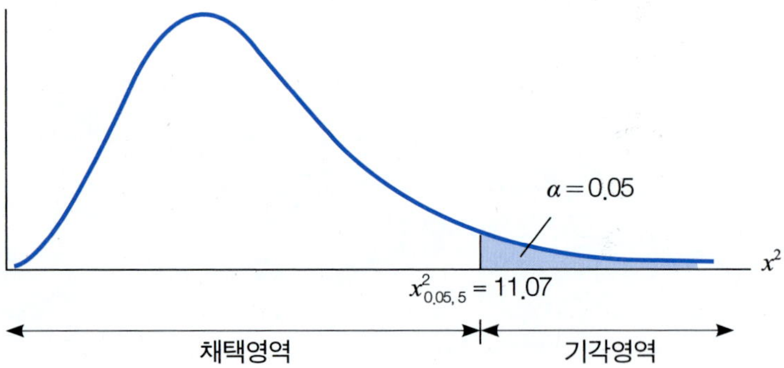

[표 17-4]는 부록에 나와 있는 x^2-분포표의 일부를 발췌한 것이다. 이 표에서 유의수준 α는 오른쪽 꼬리부분의 확률을 나타내는데, 자유도와 오른쪽 꼬리부분의 확률을 알고 있으면 이 표를 이용해 x^2값을 구할 수 있다. 예를 들어 유의수준이 0.05이고 자유도가 5일 때 x^2값 즉 $x^2_{0.05,5}$는 x^2-분포표로부터 11.07임을 알 수 있다.

표 17-4 χ^2-분포표

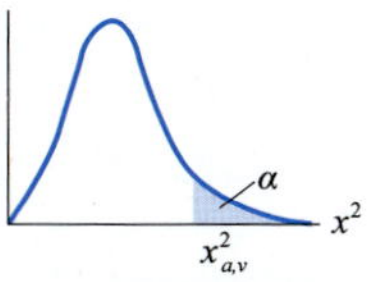

v \ α	0.99	0.975	0.95	0.9	0.10	0.05	0.025	0.01
1	0.000	0.001	0.004	0.016	2.706	3.841	5.024	6.635
2	0.020	0.051	0.103	0.211	4.605	5.991	7.378	9.210
3	0115	0.216	0.352	0.584	6.251	7.815	9.348	11.34
4	0.297	0.484	0.711	1.064	7.779	9.488	11.14	13.28
5	0.554	0.831	1.145	1.610	9.236	11.07	12.83	15.09
6	0.872	1.237	1.635	2.204	10.64	12.59	14.45	16.81
7	1.239	1.690	2.167	2.833	12.02	14.07	16.01	18.48
8	1.646	2.180	2.733	3.490	13.36	15.51	17.54	20.09
9	2.088	2.700	3.325	4.168	14.68	16.92	19.02	21.67
10	2.558	3.247	3.940	4.865	15.99	18.31	20.48	23.21
11	3.053	3.816	4.575	5.578	17.28	19.68	21.92	24.72
12	3.571	4.404	5.226	6.304	18.55	21.03	23.34	26.22
13	4.107	5.009	5.892	7.042	19.81	22.36	24.74	27.69
14	4.660	5.629	6.571	7.790	21.06	23.68	26.12	29.14
15	5.229	6.262	7.261	8.547	22.31	25.00	27.49	30.58
16	5.812	6.908	7.962	9.312	23.54	26.30	28.84	32.00
17	6.408	7.564	8.672	10.08	24.77	27.59	30.19	33.41
18	7.015	8.231	9.390	10.86	25.99	28.87	31.53	34.80
19	7.633	8.907	10.12	11.65	27.20	30.14	32.85	36.19
20	8.260	9.591	10.85	12.44	28.41	31.41	34.17	37.57

제2절 적합도 검정

적합도 검정(test of goodness of fit)은 변수가 하나인 경우 표본에서 얻은 관찰도수와 이론적 모형에 근거한 기대도수를 비교하여 모집단 분포에 대한 추론을 하는

x^2-검정이다. 이때 자유도는 변수 범주의 수에서 하나를 뺀 것이 된다.

$$\text{적합도 검정시 } x^2\text{의 자유도} = \text{범주의 수} - 1$$

적합도 검정을 하기 위해서는 x^2-분포표에서 자유도와 유의수준을 고려하여 임계치를 구한 후, 귀무가설이 옳다는 가정하에서 x^2값을 계산한 후 이 x^2값과 임계치를 비교하여 귀무가설의 기각 여부를 결정하게 된다.

적합도 검정에서 귀무가설의 기각 여부는 관찰도수와 기대도수의 차이에 의해 결정된다. 즉 관찰도수와 기대도수가 비슷하여 x^2값이 0에 가까우면 귀무가설이 기각될 가능성이 작아지는 반면, 관찰도수와 기대도수의 차이가 커서 x^2값이 커지면 귀무가설이 기각될 가능성이 커진다고 할 수 있다. 다음의 예를 살펴보자.

[예 17-1]

익산에 한 유명한 저수지가 있는데, 이곳 주민들은 이 저수지에 사는 붕어, 잉어, 가물치의 수가 동일하다고 주장하고 있다. 이러한 주장이 사실인지를 확인하기 위해 낚시를 이용해 150마리의 물고기를 잡아 보았다. [표 17-5]는 이 저수지에서 잡힌 물고기의 수를 나타낸 것이다. 이 결과로부터 저수지에 사는 붕어, 잉어, 가물치의 수에 차이가 있다고 할 수 있을까? 유의수준 5%에서 가설검정해 보자.

표 17-5 잡힌 물고기의 수

종류	붕어	잉어	가물치	합계
수	47	60	43	150

[표 17-5]의 자료에 따르면 잡힌 150마리 물고기는 어종별로 차이가 난다. 그러나 저수지에서 잡힌 물고기의 수는 표본조사를 통해 관찰된 자료이므로 우연히 이러한 결과가 나왔을지도 모른다. 그러므로 잡힌 물고기에만 의존하여 이 저수지에서 서

식하고 있는 물고기의 수가 어종별로 동일하지 않다는 성급한 결론을 내려서는 안 된다. 마을 주민들의 주장이 옳은 것인지 틀린 것인지는 반드시 가설검정을 통하여 확인되어야 한다.

[풀이]

① **가설의 설정**

H_0 : 어종별 수에 차이가 없다.

H_1 : 물고기 어종별 수에 차이가 있다.

② **유의수준** $\alpha = 0.05$

③ **임계치와 기각영역**

유의수준이 0.05이고, 자유도는 물고기가 3종류이므로 $3-1=2$이다. 그러므로 x^2-분포표로부터 기각영역은 다음과 같다.

임계치: $x^2_{0.05,2} = 5.991$

기각영역: $x^2 > 5.991$

④ **표본통계량의 계산 및 임계치와의 비교**

이 가설검정에 사용될 x^2값을 계산하기 위해서는 먼저 귀무가설이 옳은 경우를 가정한 기대도수를 계산해야 한다. 귀무가설에 의하면 각 물고기의 수가 동일하므로 각 물고기의 기대도수는 50이다. 기대도수를 이용해 x^2값을 계산하면 다음과 같다.

$$x^2_c = \frac{(47-50)^2}{50} + \frac{(60-50)^2}{50} + \frac{(43-50)^2}{50} = 3.16$$

계산된 x^2값이 3.16으로 임계치 5.991보다 크지 않기 때문에 귀무가설은 기각되지 않는다. 따라서 이 저수지의 어종별 물고기의 수는 차이가 있다고 할 수 없다. 위의 내용을 그림으로 표시하면 [그림 17−3]과 같다.

그림 17-3 **임계치와 기각영역**

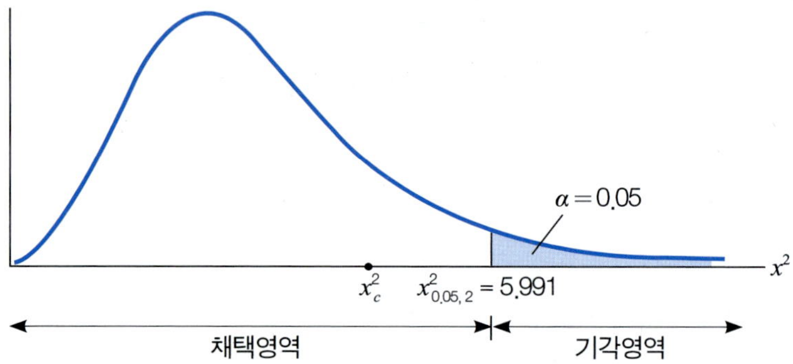

[예 17−2]

한 자동차회사에서 판매하는 자동차의 색상은 화이트, 실버, 골드, 블랙의 4종류로 출시되며, 각 색상의 제품은 각각 2 : 2 : 1 : 1의 비율로 판매된다고 한다. 이것이 사실인지를 살펴보기 위해 주문 고객 60명을 표본조사하여 다음과 같은 자료를 얻었다. 유의수준 10%에서 고객들이 선호하는 자동차의 색상이 각각 2 : 2 : 1 : 1의 비율이 되는지 검정하여 보아라.

표 17-6 **선호하는 자동차 색상의 분포**

색상	화이트	실버	골드	블랙	합계
판매량	22	27	5	6	60

[풀이]

① **가설의 설정**

H_0 : 선호하는 색상의 분포는 2 : 2 : 1 : 1의 비율이다.

H_1 : 선호하는 색상의 분포는 2 : 2 : 1 : 1의 비율이 아니다.

② **유의수준** $\alpha = 0.1$

③ **임계치와 기각영역**

$\alpha = 0.1$이고 자유도는 $4-1=3$이다. 이때 임계치와 기각영역은 다음과 같다.

임계치 : $x^2_{0.10,3} = 6.251$

기각영역 : $x^2 > 6.251$

그림 17-4 임계치와 기각영역

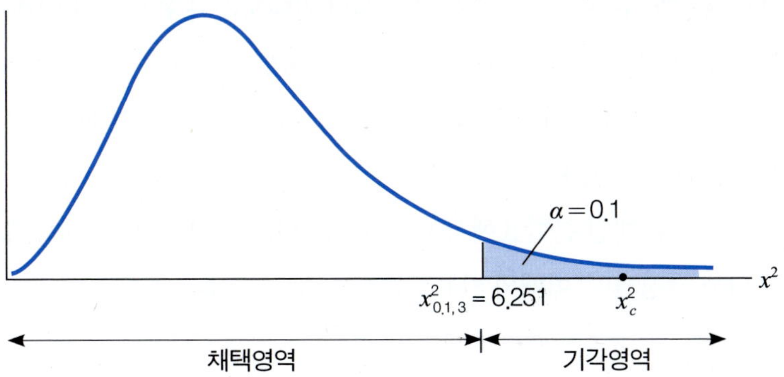

④ **표본통계량의 계산 및 임계치와의 비교**

귀무가설이 옳다고 할 때 기대도수의 비는 20 : 20 : 10 : 10이다. 그러므로 x^2값은 다음과 같다.

$$x^2_c = \frac{(22-20)^2}{20} + \frac{(27-20)^2}{20} + \frac{(5-10)^2}{10} + \frac{(6-10)^2}{10} = 6.75$$

계산된 x^2값이 기각영역에 포함되므로 귀무가설은 기각된다. 그러므로 고객들이 선호하는 자동차의 색상은 화이트, 실버, 골드, 블랙이 2 : 2 : 1 : 1의 비율이라고 보기 어렵다.

제3절 독립성 검정

앞에서는 변수가 하나일 경우 x^2을 이용한 적합도 검정에 대해 살펴보았다. x^2-검정은 두 변수들 간의 관계를 파악하는 데에도 이용되는데 이것을 독립성 검정이라고 한다.

x^2을 이용한 독립성 검정은 분할표에 나타난 두 명목변수 간의 관계를 파악하는 데 사용되는데, 두 변수가 상호독립일 때의 기대도수와 표본에서 얻은 관찰도수가 일치하는지에 따라 두 변수 간의 상호독립성 여부를 추론하는 검정 방법이다. 여기에서 분할표의 관찰도수가 상호독립일 때의 기대도수와 일치할 때 두 변수는 상호독립이라고 판단하게 된다.

변수가 두 개인 분할표에서 x^2-분포의 자유도는 분할표의 행의 수(r)와 열의 수(c)에 의해 결정되며, 이때의 자유도는 $(r-1)(c-1)$이다.

독립성 검정시 x^2의 자유도 $=(r-1)(c-1)$

[예 17-3]

노동부에서는 전자산업체에 근무하는 종업원들의 성별과 직종 간에 관계가 있는가를 알아보고자 한다. 이를 위해 50명을 무작위로 추출하여 남자와 여자의 기능직과 사무직의 수를 조사한 결과 다음과 같은 자료를 얻었다. 이 자료를 가지고 성별과 직종이 상호독립일 때의 기대도수를 구해 보아라.

표 17-7 성별과 직종의 분할표

성별 \ 직종	기능직	사무직	합계
남자	24	11	35
여자	6	9	15
합계	30	20	50

제5장에서 살펴본 것처럼 두 변수가 상호독립이면, 결합확률은 주변확률의 곱과 같다. 즉 $P(A \cap B) = P(A) \cdot P(B)$가 성립한다. 이 공식을 적용하여 귀무가설이 옳다고 할 때 종업원이 남자이면서 동시에 기능직일 확률을 계산하면 다음과 같다.

$$P(\text{남자} \cap \text{기능직}) = P(\text{남자}) \cdot P(\text{기능직}) = 0.7 \times 0.6 = 0.42$$

그러므로 남자이면서 동시에 기능직인 종업원의 기대도수는 다음과 같다.

$$\text{기대도수} = \text{결합확률} \times \text{총수} = 0.42 \times 50 = 21(\text{명})$$

그러나 이와 같은 방법을 사용하지 않더라도 두 변수가 상호독립일 때의 기대도수는 다음과 같은 공식을 이용하면 간단히 구할 수 있다.

상호독립일 때의 기대도수

$$\text{기대도수} = \frac{\text{해당행의 합계} \cdot \text{해당열의 합계}}{\text{총합계}}$$ 〈공식 17−2〉

이 공식을 이용하여 분할표의 각 칸에 해당하는 기대도수를 구하면 다음과 같다.

표 17-8 귀무가설이 옳다고 할 때의 기대도수

성별 \ 직종	기능직	사무직	합계
남자	21	14	35
여자	9	6	15
합계	30	20	50

[표 17-7]에서 보면 남자는 기능직이 24명이고 사무직이 11명이며, 여자는 기능직이 6명이고 사무직이 9명이므로 남자는 기능직의 수가 많고 여자는 사무직의 수가 많다는 것을 알 수 있다. 따라서 성별과 직종 간에는 관계가 있는 것처럼 보인다.

그러나 이 자료는 표본에서 얻은 것이므로 실제로는 성별과 직종은 서로 관계가 없는데도 우연히 표본을 추출하는 과정에서 남자는 기능직이 많이 뽑히고 여자는 사무직이 많이 뽑혔을지도 모른다. 따라서 x^2-검정을 통해 성별과 직종 사이에 관계가 있는가를 살펴보아야 한다.

[예 17−4]

[예 17−3]의 자료를 이용해, 성별과 직종 사이에 관계가 있는가를 유의수준 $\alpha=0.05$로 하여 가설검정하라.

[풀이]

①**가설의 설정**

[예 17−3]의 독립성 검정에서 설정되는 귀무가설과 대립가설은 다음과 같다.

H_0 : 성별과 직종 사이에는 관계가 없다(독립적이다).

H_1 : 성별과 직종 사이에는 관계가 있다(종속적이다).

②**유의수준** $\alpha=0.05$

③ **임계치와 기각영역**

이 예에서 제시된 분할표는 행의 수와 열의 수가 각각 2인 2×2 분할표이므로 자유도는 (2−1)(2−1)=1이 된다. 그러므로 유의수준이 0.05이고 자유도가 1일 때의 임계치는 $x^2_{0.05,\,1}=3.841$이 된다. 따라서 기각영역은 $x^2>3.841$이다.

④ **표본통계량의 계산 및 임계치와의 비교**

그림 17-5 임계치와 기각영역

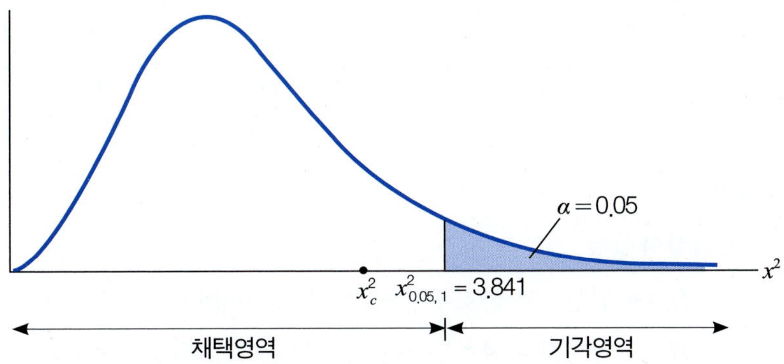

다음으로 귀무가설의 기각 여부를 결정하기 위해서는 [표 17−8]에서 구한 귀무가설이 옳다고 할 때의 기대도수를 이용해 표본통계량 x^2값을 구해야 한다. x^2값은 〈공식 17−1〉을 이용하면 쉽게 구할 수 있다.

$$x^2_c=\frac{(24-21)^2}{21}+\frac{(11-14)^2}{14}+\frac{(6-9)^2}{9}+\frac{(9-6)^2}{6}=3.572$$

여기서 계산된 x^2값 3.572는 기각영역에 포함되지 않으므로 귀무가설은 기각되지 않는다. 따라서 전자산업의 경우 성별과 직종 사이에는 관계가 있다고 할 수 없다.

[예 17-5]

S자동차는 신입사원들의 졸업성적과 선호하는 부서 사이에 관련성이 있는지를 알아보기 위해 신입사원 100명을 무작위로 추출하여 조사한 결과 다음과 같은 자료를 얻었다. 졸업성적과 선호하는 부서 사이에는 서로 관련성이 있는지 유의수준 5%에서 가설 검정하라.

표 17-9 졸업성적과 선호부서의 분할표

성적 \ 부서	기획	영업	생산	합계
3.5 이상	25	25	10	60
3.5 미만	20	5	15	40
합계	45	30	25	100

[풀이]

① 가설의 설정

H_0 : 졸업성적과 선호부서는 서로 관련이 없다(독립적이다).

H_1 : 졸업성적과 선호부서는 서로 관련이 있다(종속적이다).

② 유의수준 $\alpha = 0.05$

③ 임계치와 기각영역

위의 예에서 자유도는 $(2-1)(3-1)=2$이다. $\alpha=0.05$이고 자유도 2일 때의 임계치와 기각영역은 다음과 같다.

임계치 : $\chi^2_{0.05,2} = 5.991$

기각영역 : $\chi^2 > 5.991$

④ **표본통계량의 계산 및 임계치와의 비교**

먼저 귀무가설이 옳다고 할 때 기대도수의 분할표를 구해 보면 다음과 같다.

그림 17-6 임계치와 기각영역

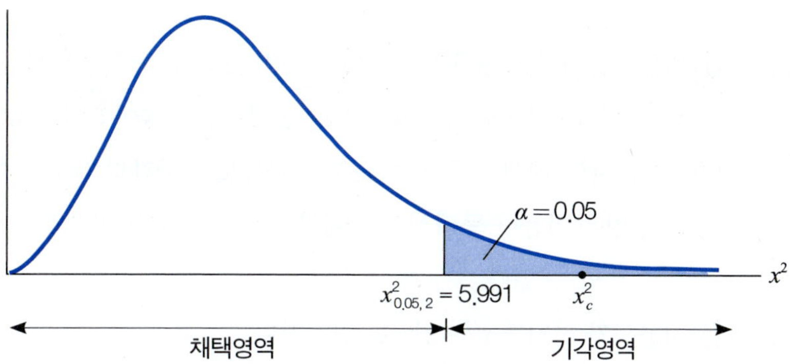

표 17-10 귀무가설이 옳다고 할 때의 기대도수

학점 \ 부서	기획	영업	생산	합계
3.5 이상	27	18	15	60
3.5 미만	18	12	10	40
합계	45	30	25	100

따라서,

$$x^2_c = \frac{(25-27)^2}{27} + \frac{(25-18)^2}{18} + \frac{(10-15)^2}{15} + \frac{(20-18)^2}{18} + \frac{(5-12)^2}{12} + \frac{(15-10)^2}{10} = 11.34$$

계산된 x^2값이 귀무가설의 기각영역에 포함되므로 귀무가설은 기각된다. 그러므로 사원들의 졸업학점과 선호하는 부서는 서로 관련성이 있다고 할 수 있다.

연 · 습 · 문 · 제

17−1 다음 각 문항에 대하여 맞으면 O, 틀리면 X를 표시하라.

① 비모수통계란 모집단의 자료가 수량적 자료가 아닌 경우에 주로 사용된다.

② 관찰도수와 기대도수의 차이가 크면 적합도가 높아진다고 할 수 있다.

③ 적합도 검정에서 사용되는 분포의 자유도는 구간의 개수에 따라 결정된다.

④ x^2-검정을 이용한 독립성 검정에서 귀무가설이 기각되면 두 요인 간에 관계가 없다고 할 수 있다.

⑤ 자유도가 커지면 x^2의 평균은 감소한다.

⑥ 수량적 자료인 경우에도 비모수통계를 사용할 수 있다.

⑦ 독립성 검정에서의 기대도수는 주변 확률에 전체 도수를 곱한 것이다.

17−2 다음 값들을 x^2-분포표에서 찾아라.

① $x^2_{0.05,4}$ ② $x^2_{0.05,8}$ ③ $x^2_{0.1,5}$

④ $x^2_{0.9,30}$ ⑤ $x^2_{0.95,1}$ ⑥ $x^2_{0.01,15}$

17−3 다음의 확률을 계산하라.

① $P(x^2_3 < x^2_{0.025,3})$ ② $P(x^2_{0.95,5} < x^2_5 < x^2_{0.025,5})$

③ $P(x^2_{0.99,4} < x^2_4 < x^2_{0.1,4})$ ④ $P(1.61 < x^2_5 < 11.07)$

⑤ $P(x^2_8 < 0)$ ⑥ $P(x^2_{0.99,2} < x^2_2 < 5.991)$

17–4 경마장에서 도박을 하는 사람들은 트랙의 안쪽에 위치한 말이 우승할 확률이 높다고 추정하고 있다. 그래서 120회 경마를 분석한 결과 다음과 같은 자료를 얻었다. 트랙에 따라 우승할 확률이 다르다는 대립가설을 유의수준 0.05에서 검정하라.

트랙	1	2	3	4	5	6
우승자수	25	22	18	19	32	15

17–5 연령층에 따라 특정 회사의 스마트폰을 구매하는 비율이 동일할까? 특정 회사의 스마트폰을 소지한 100명을 조사한 결과가 다음과 같다. 5%의 유의수준에서 각 연령층별로 이 회사 스마트폰의 소지율이 동일하다는 귀무가설을 검정하라.

연령층	20대	30대	40대	50대	합계
사람수	35	30	20	15	100

17–6 한국대학의 학점은 A가 20%, B가 30%, C가 40%, D가 5%, F가 5%의 분포를 유지하도록 규정되어 있다. 1,000명의 학생에 대한 지난 학기 통계학 성적을 조사한 결과 A가 190명, B가 220명, C가 370명, D가 180명, F가 40명으로 나타났다. 학점 부여의 기준이 지켜졌는지 5%의 유의수준에서 검정하라.

17–7 대한산업의 안전관리자는 안전사고가 주로 퇴근시간대에 일어난다고 생각하고 있다. 왜냐하면 오후가 되면 몸이 피로해지고 긴장이 풀리기 때문이다. 위 주장을 입증하기 위해 과거 80회의 안전사고 시간대를 조사하였다. 사고 건수가 특정 시간대에 집중되어 있는지에 대해 5%의 유의수준에서 검정하라.

시간	7~9	10~12	13~15	16~18
사고 건수	16	16	21	27

17–8 대한전자에서는 동일한 전자제품의 소재를 생산하기 위해 4대의 기계를 운영하고 있다. 최근 발생한 불량품 200개의 발생 원인을 조사하고자 기계별로 불량품이 발생한 횟수를 조사한 결과가 다음과 같다. 각 기계별로 불량품 발생율이 동일하다는 귀무가설을 5%의 유의수준에서 검정하라.

기계	A	B	C	D
불량품수	30	20	90	60

17–9 스마트폰의 선호와 성별은 관계가 있을까? 4개 회사 스마트폰의 선호 여부와 성별을 조사한 결과가 다음과 같다. 5%의 유의수준에서 스마트폰의 선호와 성별이 독립적이라는 귀무가설에 대해 검정하라.

	A	S	L	O
남	30	30	20	20
여	10	40	40	10

17–10 광고공사에서는 A, B, C 세 방송국의 뉴스에 대한 선호가 연령에 따라 차이가 있는가를 알아보기 위해 800명을 대상으로 조사한 결과 다음과 같은 자료를 얻었다. 연령에 따라 뉴스에 대한 선호도에 차이가 있는지 5%의 유의수준에서 검정하라.

뉴스 \ 연령	20세 미만	20~30세	31~40세	41세 이상	합계
A	20	30	50	50	150
B	10	20	150	110	290
C	10	50	100	200	360
합계	40	100	300	360	800

17-11 피자 배달을 전문으로 하는 피자마을에서는 3구역의 주택단지를 대상으로 피자를 판매한다. 피자마을에서 판매하는 피자는 대체로 야채, 과일, 불고기, 종합으로 구분된다. 최근에 판매된 피자가 지역별로 관련성이 있는지를 알아보기 위해 수집된 자료가 다음과 같다. 판매지역과 피자의 종류가 관계가 있는지 5%의 유의수준에서 검정하라.

구분	야채	과일	불고기	종합	합계
A	30	20	50	50	150
B	40	50	30	30	150
C	30	30	20	20	100
합계	100	100	100	100	400

17-12 경찰청에서 트럭의 중량과 교통사고의 경중(사망사고 여부) 사이에 관계가 있는지를 알아보기 위해 지난해 300건의 트럭 사고를 조사하여 다음과 같은 자료를 얻었다. 5%의 유의수준에서 차량의 중량과 사고의 경중 간에 관계가 있는지를 검정하라.

차량 중량 / 사고유형	800kg 미만	800~1,500kg	1,500kg 초과
사망사고	72	20	18
비사망사고	128	40	22

17–13 **국회의원인 홍길동씨는 중요한 정치적 이슈를 묻는 설문에 대해 소득이 높은 사람들의 응답률이 더 높다고 주장하고 있다. 이를 검정하기 위해 배포된 설문지에 대해 소득수준에 따라 회수 여부를 구분한 결과가 다음과 같다. 위의 주장이 맞는지에 대해 5%의 유의수준에서 검정하라.**

회수 여부 \ 소득	2천만원 미만	2천만~4천만원	4천만원 초과
회수	90	50	60
미회수	110	150	140

부록

부표1 난수표

12651	61646	11769	75109	86996	97669	25757	32535	07122	76763
81769	74436	02630	72310	45049	18029	07469	42341	98173	79260
36737	98863	77240	76251	00654	64688	09343	70278	67331	98729
82861	54371	76610	94934	72748	44124	05610	53750	95938	01485
21325	15732	24127	37431	09723	63529	73977	95218	96074	42138
74146	47887	62463	23045	41490	07954	22597	60012	98866	90959
90759	64410	54179	66075	61051	75385	51378	08360	95946	95547
55683	98078	02238	91540	21219	17720	87817	41705	95785	12563
79686	17969	76061	83748	55920	83612	41540	86492	06447	60568
70333	00201	86201	69716	78185	62154	77930	67663	29529	75116
14042	53536	07779	04157	41172	36473	42123	43929	50533	33437
59911	08256	06596	48416	69770	68797	56080	14223	59199	30162
62368	62623	62742	14891	39247	52242	98832	69533	91174	57979
57529	97751	54976	48957	74599	08759	78494	52785	68526	64618
15469	90574	78033	66885	13936	42117	71831	22961	94225	31816
18625	23674	53850	32827	81647	80820	00420	63555	74489	80141
74626	68394	88562	70745	23701	45630	65891	58220	35442	60414
11119	16519	27384	90199	79210	76965	99546	30323	31664	22845
41101	17336	48951	53674	17880	45260	08575	49321	36191	17095
32123	91576	84221	78902	82010	30847	62329	63898	23268	74283
26091	68409	69704	82267	14751	13151	93115	01437	56945	89661
67680	79790	48462	59278	44185	29616	76531	19589	83139	28454
15184	19260	14073	07026	25264	08388	27182	22557	61501	67481
58010	45039	57181	10238	36874	28546	37444	80824	63981	39942
56425	53996	86245	32623	78858	08143	60377	42925	42815	11159
82630	84066	13592	60642	17904	99718	63432	88642	37858	25431
14927	40909	23900	48761	44860	92467	31742	87142	03607	32059
23740	22505	07489	85986	74420	21744	97711	36648	35620	97949
32990	97446	03711	63824	07953	85965	87089	11687	92414	67257
05310	24058	91946	78437	34365	82469	12430	84754	19354	72745
21839	39937	27534	88913	49055	19218	47712	67677	51889	70926
08833	42549	93981	94051	28382	83725	72643	64233	97252	17133
58336	11139	47479	00931	91560	95372	97642	33856	54825	55680
62032	91144	75478	47431	52726	30289	42411	91886	51818	78292
45171	30557	53116	04118	58301	24375	65609	85810	18620	49198
91611	62656	60128	35609	63698	78356	50682	22505	01692	36291
55472	63819	86314	49174	93582	73604	78614	78849	23096	72825
18573	09729	74091	53994	10970	86557	65661	41854	26037	53296
60866	02955	90288	82136	83644	94455	06560	78029	98768	71296
45043	55608	82767	60890	74646	79485	13619	98868	40857	19415
17831	09737	79473	75945	28394	79334	70577	38048	03607	06932
40137	03981	07585	18128	11178	32601	27994	05641	22600	86064
77776	31343	14576	97706	16039	47517	43300	59080	80392	63189
69605	44104	40103	95635	05635	81673	68657	09559	23510	95875
19916	52934	26499	09821	97331	80993	61299	36979	73599	35055
02606	58522	07678	56619	65325	30705	99582	53390	46357	13244
65183	73160	87131	35530	47946	09854	18080	02321	05809	04893
10740	98914	44916	11322	89717	88189	30143	52687	19420	60061
98642	89822	71691	51573	83666	61642	46683	33761	47542	23551
60139	25601	93663	25547	02654	94829	48672	28736	84994	13071

부표2 이항분포표

$$P(X \le k) = \sum_{x=0}^{k} {}_nC_x p^x (1-p)^{n-x}$$

n	k	.01	.05	.10	.20	.30	.40	.50	.60	.70	.80	.90	.95	.99
5	0	.951	.774	.590	.328	.168	.078	.031	.010	.002	.000	.000	.000	.000
	1	.999	.977	.919	.737	.528	.337	.188	.087	.031	.007	.000	.000	.000
	2	1.000	.999	.991	.942	.837	.683	.500	.317	.163	.058	.009	.001	.000
	3	1.000	1.000	1.000	.993	.969	.913	.812	.663	.472	.263	.081	.023	.001
	4	1.000	1.000	1.000	1.000	.998	.990	.969	.922	.832	.672	.410	.226	.049
6	0	.941	.735	.531	.262	.118	.047	.016	.004	.001	.000	.000	.000	.000
	1	.999	.967	.886	.655	.420	.233	.109	.041	.011	.002	.000	.000	.000
	2	1.000	.998	.984	.901	.744	.544	.344	.179	.070	.017	.001	.000	.000
	3	1.000	1.000	.999	.983	.930	.821	.656	.456	.256	.099	.016	.002	.000
	4	1.000	1.000	1.000	.998	.989	.959	.891	.767	.580	.345	.114	.033	.001
	5	1.000	1.000	1.000	1.000	.999	.996	.984	.953	.882	.738	.469	.265	.059
7	0	.932	.698	.478	.210	.082	.028	.008	.002	.000	.000	.000	.000	.000
	1	.998	.956	.850	.577	.329	.159	.063	.019	.004	.000	.000	.000	.000
	2	1.000	.996	.974	.852	.647	.420	.227	.096	.029	.005	.000	.000	.000
	3	1.000	1.000	.997	.967	.874	.710	.500	.290	.126	.033	.003	.000	.000
	4	1.000	1.000	1.000	.995	.971	.904	.773	.580	.353	.148	.026	.004	.000
	5	1.000	1.000	1.000	1.000	.996	.981	.937	.841	.671	.423	.150	.044	.002
	6	1.000	1.000	1.000	1.000	1.000	.998	.992	.972	.918	.790	.522	.302	.068
8	0	.923	.663	.430	.168	.058	.017	.004	.001	.000	.000	.000	.000	.000
	1	.997	.943	.813	.503	.255	.106	.035	.009	.001	.000	.000	.000	.000
	2	1.000	.994	.962	.797	.552	.315	.145	.050	.011	.001	.000	.000	.000
	3	1.000	1.000	.995	.944	.806	.594	.363	.174	.058	.010	.000	.000	.000
	4	1.000	1.000	1.000	.990	.942	.826	.637	.406	.194	.056	.005	.000	.000
	5	1.000	1.000	1.000	.999	.989	.950	.855	.685	.448	.203	.038	.006	.000
	6	1.000	1.000	1.000	1.000	.999	.991	.965	.894	.745	.497	.187	.057	.003
	7	1.000	1.000	1.000	1.000	1.000	.999	.996	.983	.942	.832	.570	.337	.077
9	0	.914	.630	.387	.134	.040	.010	.002	.000	.000	.000	.000	.000	.000
	1	.997	.929	.775	.436	.196	.071	.020	.004	.000	.000	.000	.000	.000
	2	1.000	.992	.947	.738	.463	.232	.090	.025	.004	.000	.000	.000	.000
	3	1.000	.999	.992	.914	.730	.483	.254	.099	.025	.003	.000	.000	.000
	4	1.000	1.000	.999	.980	.901	.733	.500	.267	.099	.020	.001	.000	.000
	5	1.000	1.000	1.000	.997	.975	.901	.746	.517	.270	.086	.008	.001	.000
	6	1.000	1.000	1.000	1.000	.996	.975	.910	.768	.537	.262	.053	.008	.000
	7	1.000	1.000	1.000	1.000	1.000	.996	.980	.929	.804	.564	.225	.071	.003
	8	1.000	1.000	1.000	1.000	1.000	1.000	.998	.990	.960	.866	.613	.370	.086

n	k	.01	.05	.10	.20	.30	.40	.50	.60	.70	.80	.90	.95	.99
10	0	.904	.599	.349	.107	.028	.006	.001	.000	.000	.000	.000	.000	.000
	1	.996	.914	.736	.376	.149	.046	.011	.002	.000	.000	.000	.000	.000
	2	1.000	.988	.930	.678	.383	.167	.055	.012	.002	.000	.000	.000	.000
	3	1.000	.999	.987	.879	.650	.382	.172	.055	.011	.001	.000	.000	.000
	4	1.000	1.000	.998	.967	.850	.633	.377	.166	.047	.006	.000	.000	.000
	5	1.000	1.000	1.000	.994	.953	.834	.623	.367	.150	.033	.002	.000	.000
	6	1.000	1.000	1.000	.999	.989	.945	.828	.618	.350	.121	.013	.001	.000
	7	1.000	1.000	1.000	1.000	.998	.988	.945	.833	.617	.322	.070	.012	.000
	8	1.000	1.000	1.000	1.000	1.000	.998	.989	.954	.851	.624	.264	.086	.004
	9	1.000	1.000	1.000	1.000	1.000	1.000	.999	.994	.972	.893	.651	.401	.096
15	0	.860	.463	.206	.035	.005	.000	.000	.000	.000	.000	.000	.000	.000
	1	.990	.829	.549	.167	.035	.005	.000	.000	.000	.000	.000	.000	.000
	2	1.000	.964	.816	.398	.127	.027	.004	.000	.000	.000	.000	.000	.000
	3	1.000	.995	.944	.648	.297	.091	.018	.002	.000	.000	.000	.000	.000
	4	1.000	.999	.987	.836	.515	.217	.059	.009	.001	.000	.000	.000	.000
	5	1.000	1.000	.998	.939	.722	.403	.151	.034	.004	.000	.000	.000	.000
	6	1.000	1.000	1.000	.982	.869	.610	.304	.095	.015	.001	.000	.000	.000
	7	1.000	1.000	1.000	.996	.950	.787	.500	.213	.050	.004	.000	.000	.000
	8	1.000	1.000	1.000	.999	.985	.905	.696	.390	.131	.018	.000	.000	.000
	9	1.000	1.000	1.000	1.000	.996	.966	.849	.597	.278	.061	.002	.000	.000
	10	1.000	1.000	1.000	1.000	.999	.991	.941	.783	.485	.164	.013	.001	.000
	11	1.000	1.000	1.000	1.000	1.000	.998	.982	.909	.703	.352	.056	.005	.000
	12	1.000	1.000	1.000	1.000	1.000	1.000	.996	.973	.873	.602	.184	.036	.000
	13	1.000	1.000	1.000	1.000	1.000	1.000	1.000	.995	.965	.833	.451	.171	.010
	14	1.000	1.000	1.000	1.000	1.000	1.000	1.000	1.000	.995	.965	.794	.537	.140
20	0	.818	.358	.122	.012	.001	.000	.000	.000	.000	.000	.000	.000	.000
	1	.983	.736	.392	.069	.008	.001	.000	.000	.000	.000	.000	.000	.000
	2	.999	.925	.677	.206	.035	.004	.000	.000	.000	.000	.000	.000	.000
	3	1.000	.984	.867	.411	.107	.016	.001	.000	.000	.000	.000	.000	.000
	4	1.000	.997	.957	.630	.238	.051	.006	.000	.000	.000	.000	.000	.000
	5	1.000	1.000	.989	.804	.416	.126	.021	.002	.000	.000	.000	.000	.000
	6	1.000	1.000	.998	.913	.608	.250	.058	.006	.000	.000	.000	.000	.000
	7	1.000	1.000	1.000	.968	.772	.416	.132	.021	.001	.000	.000	.000	.000
	8	1.000	1.000	1.000	.990	.887	.596	.252	.057	.005	.000	.000	.000	.000
	9	1.000	1.000	1.000	.997	.952	.755	.412	.128	.017	.001	.000	.000	.000
	10	1.000	1.000	1.000	.999	.983	.872	.588	.245	.048	.003	.000	.000	.000
	11	1.000	1.000	1.000	1.000	.995	.943	.748	.404	.113	.010	.000	.000	.000
	12	1.000	1.000	1.000	1.000	.999	.979	.868	.584	.228	.032	.000	.000	.000
	13	1.000	1.000	1.000	1.000	1.000	.994	.942	.750	.392	.087	.002	.000	.000
	14	1.000	1.000	1.000	1.000	1.000	.998	.979	.874	.584	.196	.011	.000	.000
	15	1.000	1.000	1.000	1.000	1.000	1.000	.994	.949	.762	.370	.043	.003	.000
	16	1.000	1.000	1.000	1.000	1.000	1.000	.999	.984	.893	.589	.133	.016	.000
	17	1.000	1.000	1.000	1.000	1.000	1.000	1.000	.996	.965	.794	.323	.075	.001
	18	1.000	1.000	1.000	1.000	1.000	1.000	1.000	.999	.992	.931	.608	.264	.017
	19	1.000	1.000	1.000	1.000	1.000	1.000	1.000	1.000	.999	.988	.878	.642	.182

n	k	.01	.05	.10	.20	.30	.40	.50	.60	.70	.80	.90	.95	.99
25	0	.778	.277	.072	.004	.000	.000	.000	.000	.000	.000	.000	.000	.000
	1	.974	.642	.271	.027	.002	.000	.000	.000	.000	.000	.000	.000	.000
	2	.998	.873	.537	.098	.009	.000	.000	.000	.000	.000	.000	.000	.000
	3	1.000	.966	.764	.234	.033	.002	.000	.000	.000	.000	.000	.000	.000
	4	1.000	.993	.902	.421	.090	.009	.000	.000	.000	.000	.000	.000	.000
	5	1.000	.999	.967	.617	.193	.029	.002	.000	.000	.000	.000	.000	.000
	6	1.000	1.000	.991	.780	.341	.074	.007	.000	.000	.000	.000	.000	.000
	7	1.000	1.000	.998	.891	.512	.154	.022	.001	.000	.000	.000	.000	.000
	8	1.000	1.000	1.000	.953	.677	.274	.054	.004	.000	.000	.000	.000	.000
	9	1.000	1.000	1.000	.983	.811	.425	.115	.013	.000	.000	.000	.000	.000
	10	1.000	1.000	1.000	.994	.902	.586	.212	.034	.002	.000	.000	.000	.000
	11	1.000	1.000	1.000	.998	.956	.732	.345	.078	.006	.000	.000	.000	.000
	12	1.000	1.000	1.000	1.000	.983	.846	.500	.154	.017	.000	.000	.000	.000
	13	1.000	1.000	1.000	1.000	.994	.922	.655	.268	.044	.002	.000	.000	.000
	14	1.000	1.000	1.000	1.000	.998	.966	.788	.414	.098	.006	.000	.000	.000
	15	1.000	1.000	1.000	1.000	1.000	.987	.885	.575	.189	.017	.000	.000	.000
	16	1.000	1.000	1.000	1.000	1.000	.996	.946	.726	.323	.047	.000	.000	.000
	17	1.000	1.000	1.000	1.000	1.000	.999	.978	.846	.488	.109	.002	.000	.000
	18	1.000	1.000	1.000	1.000	1.000	1.000	.993	.926	.659	.220	.009	.000	.000
	19	1.000	1.000	1.000	1.000	1.000	1.000	.998	.971	.807	.383	.033	.001	.000
	20	1.000	1.000	1.000	1.000	1.000	1.000	1.000	.991	.910	.579	.098	.007	.000
	21	1.000	1.000	1.000	1.000	1.000	1.000	1.000	.998	.967	.766	.236	.034	.000
	22	1.000	1.000	1.000	1.000	1.000	1.000	1.000	1.000	.991	.902	.463	.127	.002
	23	1.000	1.000	1.000	1.000	1.000	1.000	1.000	1.000	.998	.973	.729	.358	.026
	24	1.000	1.000	1.000	1.000	1.000	1.000	1.000	1.000	1.000	.996	.928	723	.222

부표3 표준정규분포표

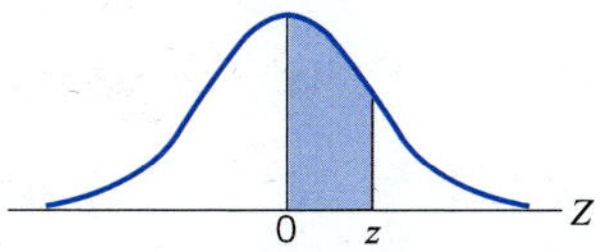

z	Z의 두번째 소수점									
	0.00	0.01	0.02	0.03	0.04	0.05	0.06	0.07	0.08	0.09
0.1	0.0000	0.0040	0.0080	0.0120	0.0160	0.0199	0.0239	0.0279	0.0319	0.0359
0.1	0.0398	0.0438	0.0478	0.0517	0.0557	0.0596	0.0636	0.0657	0.0714	0.0753
0.2	0.0793	0.0832	0.0871	0.0910	0.0948	0.0987	0.1026	0.1064	0.1103	0.1141
0.3	0.1179	0.1217	0.1255	0.1293	0.1331	0.1368	0.1406	0.1443	0.1480	0.1517
0.4	0.1554	0.1591	0.1628	0.1644	0.1700	0.1736	0.1772	0.1808	0.1844	0.1879
0.5	0.1915	0.1950	0.1985	0.2019	0.2054	0.2088	0.2123	0.2157	0.2190	0.2224
0.6	0.2257	0.2291	0.2324	0.2357	0.2389	0.2422	0.2454	0.2486	0.2517	0.2549
0.7	0.2580	0.2611	0.2642	0.2673	0.2704	0.2734	0.2764	0.2794	0.2823	0.2852
0.8	0.2881	0.2910	0.2939	0.2967	0.2995	0.3023	0.3151	0.3078	0.3106	0.3133
0.9	0.3159	0.3186	0.3212	0.3238	0.3264	0.3289	0.3315	0.3340	0.3365	0.3389
1.0	0.3413	0.3438	0.3461	0.3485	0.3508	0.3531	0.3554	0.3577	0.3599	0.6321
1.1	0.3643	0.3655	0.3686	0.3708	0.3729	0.3749	0.3770	0.3790	0.3810	0.3830
1.2	0.3849	0.3869	0.3888	0.3907	0.3925	0.3944	0.3962	0.3980	0.3997	0.4015
1.3	0.4032	0.4049	0.4066	0.4082	0.4099	0.4115	0.4131	0.4147	0.4162	0.4177
1.4	0.4192	0.4207	0.4222	0.4236	0.4251	0.4265	0.4279	0.4292	0.4306	0.4319
1.5	0.4332	0.4345	0.4357	0.4370	0.4382	0.4394	0.4406	0.4418	0.4429	0.4441
1.6	0.4452	0.4463	0.4474	0.4484	0.4495	0.4505	0.4515	0.4525	0.4535	0.4545
1.7	0.4554	0.4564	0.4573	0.4582	0.4591	0.4599	0.4608	0.4616	0.4625	0.4633
1.8	0.4641	0.4649	0.4656	0.4664	0.4671	0.4678	0.4686	0.4693	0.4699	0.4706
1.9	0.4713	0.4719	0.4726	.04732	0.4738	0.4744	0.4750	0.4756	0.4761	0.4767
2.0	0.4772	0.4778	0.4783	0.4788	0.4793	0.4798	0.4803	0.4808	0.4812	0.4817
2.1	0.4821	0.4826	0.4830	0.4834	0.4838	0.4842	0.4846	0.4850	0.4854	0.4857
2.2	0.4861	0.4864	0.4868	0.4871	0.4875	0.4878	0.4881	0.4884	0.4887	0.4890
2.3	0.4893	0.4896	0.4898	0.4901	0.4904	0.4906	0.4909	0.4911	0.4913	0.4916
2.4	0.4918	0.4920	0.4922	0.4925	0.4927	0.4929	0.4931	0.4932	0.4934	0.4936
2.5	0.4938	0.4940	0.4941	0.4943	0.4945	0.4946	0.4948	0.4949	0.4951	0.4952
2.6	0.4953	0.4955	0.4956	0.4957	0.4959	0.4960	0.4961	0.4962	0.4963	0.4964
2.7	0.4965	0.4966	0.4967	0.4967	0.4969	0.4970	0.4971	0.4972	0.4973	0.4974
2.8	0.4974	0.4975	0.4976	0.4977	0.4977	0.4978	0.4979	0.4979	0.4980	0.4981
2.9	0.4981	0.4982	0.4982	0.4983	0.4984	0.4984	0.4985	0.4985	0.4986	0.4986
3.0	0.4987	0.4987	0.4987	0.4988	0.4988	0.4989	0.4989	0.4989	0.4990	0.4990
3.1	0.4990	0.4991	0.4991	0.4991	0.4992	0.4992	0.4992	0.4992	0.4993	0.4993
3.2	0.4993	0.4993	0.4994	0.4994	0.4994	0.4994	0.4994	0.4995	0.4995	0.4995
3.3	0.4995	0.4995	0.4995	0.4996	0.4996	0.4996	0.4996	0.4996	0.4996	0.4997
3.4	0.4997	0.4997	0.4997	0.4997	0.4997	0.4997	0.4497	0.497	0.4997	0.4998
3.5	0.4998									
4.0	0.49997									
4.5	0.499997									
5.0	0.4999997									

부표4 t-분포표

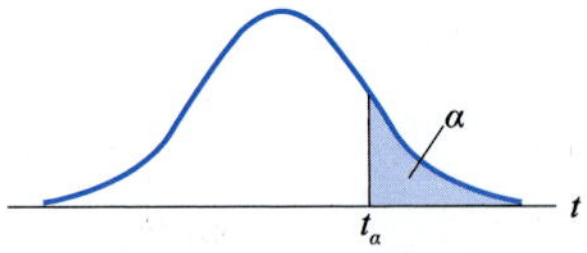

자유도	$t_{.100}$	$t_{.050}$	$t_{.025}$	$t_{.010}$	$t_{.005}$
1	3.078	6.314	12.706	31.821	63.657
2	1.886	2.920	4.303	6.965	9.925
3	1.638	2.353	3.182	4.541	5.841
4	1.533	2.132	2.776	3.747	4.604
5	1.476	2.015	2.571	3.365	4.032
6	1.440	1.943	2.447	3.143	3.707
7	1.415	1.895	2.365	2.998	3.499
8	1.397	1.860	2.306	2.896	3.355
9	1.383	1.833	2.262	2.821	3.250
10	1.372	1.812	2.228	2.764	3.169
11	1.363	1.796	2.201	2.718	3.106
12	1.356	1.782	2.179	2.681	3.055
13	1.350	1.771	2.160	2.650	3.012
14	1.345	1.761	2.145	2.624	2.977
15	1.341	1.753	2.131	2.602	2.947
16	1.337	1.746	2.120	2.583	2.921
17	1.333	1.740	2.110	2.567	2.898
18	1.330	1.734	2.101	2.552	2.878
19	1.328	1.729	2.093	2.539	2.861
20	1.325	1.725	2.086	2.528	2.845
21	1.323	1.721	2.080	2.518	2.831
22	1.321	1.717	2.074	2.508	2.819
23	1.319	1.714	2.069	2.500	2.807
24	1.318	1.711	2.064	2.492	2.797
25	1.316	1.708	2.060	2.485	2.787
26	1.315	1.706	2.056	2.479	2.779
27	1.314	1.703	2.052	2.473	2.771
28	1.313	1.701	2.048	2.467	2.763
29	1.311	1.699	2.045	2.462	2.756
30	1.310	1.697	2.042	2.457	2.750
40	1.303	1.684	2.021	2.423	2.704
60	1.296	1.671	2.000	2.390	2.660
120	1.289	1.658	1.980	2.358	2.617
∞	1.282	1.645	1.960	2.326	2.567

부표5 F-분포표

(a) $\alpha = 0.10$

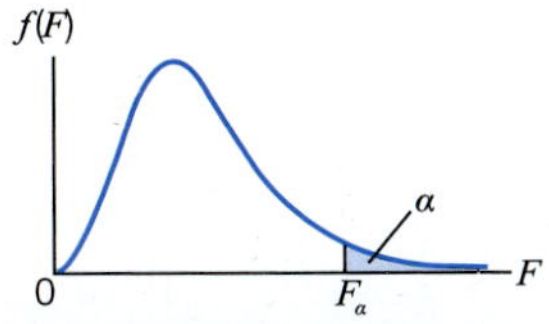

v_2 \ v_1	분자의 자유도								
분모의 자유도	1	2	3	4	5	6	7	8	9
1	39.86	49.50	53.59	55.83	57.24	58.20	58.91	59.44	59.86
2	8.53	9.00	9.16	9.24	9.29	9.33	9.35	9.37	9.38
3	5.54	5.46	5.39	5.34	5.31	5.28	5.27	5.25	5.24
4	4.54	4.32	4.19	4.11	4.05	4.01	3.98	3.95	3.94
5	4.06	3.78	3.62	3.52	3.45	3.40	3.37	3.34	3.32
6	3.78	3.46	3.29	3.18	3.11	3.05	3.01	2.98	2.96
7	3.59	3.26	3.07	2.96	2.88	2.83	2.78	2.75	2.72
8	3.46	3.11	2.92	2.81	2.73	2.67	2.62	2.59	2.56
9	3.36	3.01	2.81	2.69	2.61	2.55	2.51	2.47	2.44
10	3.29	2.92	2.73	2.61	2.52	2.46	2.41	2.38	2.35
11	3.23	2.86	2.66	2.54	2.45	2.39	2.34	2.30	2.27
12	3.18	2.81	2.61	2.48	2.39	2.33	2.28	2.24	2.21
13	3.14	2.76	2.56	2.43	2.35	2.28	2.23	2.20	2.16
14	3.10	2.73	2.52	2.39	2.31	2.24	2.19	2.15	2.12
15	3.07	2.70	2.49	2.36	2.27	2.21	2.16	2.12	2.09
16	3.05	2.67	2.46	2.33	2.24	2.18	2.13	2.09	2.06
17	3.03	2.64	2.44	2.31	2.22	2.15	2.10	2.06	2.03
18	3.01	2.62	2.42	2.29	2.20	2.13	2.08	2.04	2.00
19	2.99	2.61	2.40	2.27	2.18	2.11	2.06	2.02	1.98
20	2.97	2.59	2.38	2.25	2.16	2.09	2.04	2.00	1.96
21	2.96	2.57	2.36	2.23	2.14	2.08	2.02	1.98	1.95
22	2.95	2.56	2.35	2.22	2.13	2.06	2.01	1.97	1.93
23	2.94	2.55	2.34	2.21	2.11	2.05	1.99	1.95	1.92
24	2.93	2.54	2.33	2.19	2.10	2.04	1.98	1.94	1.91
25	2.92	2.53	2.32	2.18	2.09	2.02	1.97	1.93	1.89
26	2.91	2.52	2.31	2.17	2.08	2.01	1.96	1.92	1.88
27	2.90	2.51	2.30	2.17	2.07	2.00	1.95	1.91	1.87
28	2.89	2.50	2.29	2.16	2.06	2.00	1.94	1.90	1.87
29	2.89	2.50	2.28	2.15	2.06	1.99	1.93	1.89	1.86
30	2.88	2.49	2.28	2.14	2.05	1.98	1.93	1.88	1.85
40	2.84	2.44	2.23	2.09	2.00	1.93	1.87	1.83	1.79
60	2.79	2.39	2.18	2.04	1.95	1.87	1.82	1.77	1.74
120	2.75	2.35	2.13	1.99	1.90	1.82	1.77	1.72	1.68
∞	2.71	2.30	2.08	1.94	1.85	1.77	1.72	1.67	1.63

v_2 \ v_1	분자의 자유도									
	10	12	15	20	24	30	40	60	120	∞
1	60.19	60.71	61.22	61.74	62.00	62.26	62.53	62.79	63.06	63.33
2	9.39	9.41	9.42	9.44	9.45	9.46	9.47	9.47	9.48	9.49
3	5.23	5.22	5.20	5.18	5.18	5.17	5.16	5.15	5.14	5.13
4	3.92	3.90	3.87	3.84	3.83	3.82	3.80	3.79	3.78	3.76
5	3.30	3.27	3.24	3.21	3.19	3.17	3.16	3.14	3.12	3.10
6	2.94	2.90	2.87	2.84	2.82	2.80	2.78	2.76	2.74	2.72
7	2.70	2.67	2.63	2.59	2.58	2.56	2.54	2.51	2.49	2.47
8	2.54	2.50	2.46	2.42	2.40	2.38	2.36	2.34	2.32	2.29
9	2.42	2.38	2.34	2.30	2.28	2.25	2.23	2.21	2.18	2.16
10	2.32	2.28	2.24	2.20	2.18	2.16	2.13	2.11	2.08	2.06
11	2.25	2.21	2.17	2.12	2.10	2.08	2.05	2.03	2.00	1.97
12	2.19	2.15	2.10	2.06	2.04	2.01	1.99	1.96	1.93	1.90
13	2.14	2.10	2.05	2.01	1.98	1.96	1.93	1.90	1.88	1.85
분모의 자유도 14	2.10	2.05	2.01	1.96	1.94	1.91	1.89	1.86	1.83	1.80
15	2.06	2.02	1.97	1.92	1.90	1.87	1.85	1.82	1.79	1.76
16	2.03	1.99	1.94	1.89	1.87	1.84	1.81	1.78	1.75	1.72
17	2.00	1.96	1.91	1.86	1.84	1.81	1.78	1.75	1.72	1.69
18	1.98	1.93	1.89	1.84	1.81	1.78	1.75	1.72	1.69	1.66
19	1.96	1.91	1.86	1.81	1.79	1.76	1.73	1.70	1.67	1.63
20	1.94	1.89	1.84	1.79	1.77	1.74	1.71	1.68	1.64	1.61
21	1.92	1.87	1.83	1.78	1.75	1.72	1.69	1.66	1.62	1.59
22	1.90	1.86	1.81	1.76	1.73	1.70	1.67	1.64	1.60	1.57
23	1.89	1.84	1.80	1.74	1.72	1.69	1.66	1.62	1.59	1.55
24	1.88	1.83	1.78	1.73	1.70	1.67	1.64	1.61	1.57	1.53
25	1.87	1.82	1.77	1.72	1.69	1.66	1.63	1.59	1.56	1.52
26	1.86	1.81	1.76	1.71	1.68	1.65	1.61	1.58	1.54	1.50
27	1.85	1.80	1.75	1.70	1.67	1.64	1.60	1.57	1.53	1.49
28	1.84	1.79	1.74	1.69	1.66	1.63	1.59	1.56	1.52	1.48
29	1.83	1.78	1.73	1.68	1.65	1.62	1.58	1.55	1.51	1.47
30	1.82	1.77	1.72	1.67	1.64	1.61	1.57	1.54	1.50	1.46
40	1.76	1.71	1.66	1.61	1.57	1.54	1.51	1.47	1.42	1.38
60	1.71	1.66	1.60	1.54	1.51	1.48	1.44	1.40	1.35	1.29
120	1.65	1.60	1.55	1.48	1.45	1.41	1.37	1.32	1.26	1.19
∞	1.60	1.55	1.49	1.42	1.38	1.34	1.30	1.24	1.17	1.00

(b) $\alpha=0.05$

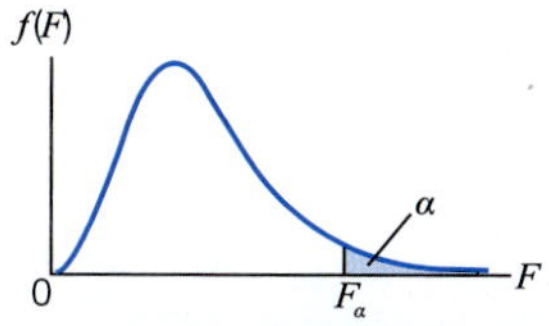

ν_2 \ ν_1	분자의 자유도								
	1	2	3	4	5	6	7	8	9
1	161.4	199.5	215.	224.6	230.2	234.0	236.8	238.9	240.5
2	18.51	19.00	19.16	19.25	19.30	19.33	19.35	19.37	19.38
3	10.13	9.55	9.28	9.12	9.01	8.94	8.89	8.85	8.81
4	7.71	6.94	6.59	6.39	6.26	6.16	6.09	6.04	6.00
5	6.61	5.79	5.41	5.19	5.05	4.95	4.88	4.82	4.77
6	5.99	5.14	4.76	4.53	4.39	4.28	4.21	4.15	4.10
7	5.59	4.74	4.35	4.12	3.97	3.87	3.79	3.73	3.68
8	5.32	4.46	4.07	3.84	3.69	2.58	3.50	3.44	3.39
9	5.12	4.26	3.86	3.63	3.48	3.37	3.29	3.23	3.18
10	4.96	4.10	3.71	3.48	3.33	3.22	3.14	3.07	3.02
11	4.84	3.98	3.59	3.36	3.20	3.09	3.01	2.95	2.90
12	4.75	3.89	3.49	3.26	3.11	3.00	2.91	2.85	2.80
13	4.67	3.81	3.41	3.18	3.03	2.92	2.83	2.77	2.71
분모의 자유도 14	4.60	3.74	3.34	3.11	2.96	2.85	2.76	2.70	2.65
15	4.54	3.68	3.29	3.06	2.90	2.79	2.71	2.64	2.59
16	4.49	3.63	3.24	3.01	2.85	2.74	2.66	2.59	2.54
17	4.45	3.59	3.20	2.96	2.81	2.70	2.61	2.55	2.49
18	4.41	3.55	3.16	2.93	2.77	2.66	2.58	2.51	2.46
19	4.38	3.52	3.13	2.90	2.74	2.63	2.54	2.48	2.42
20	4.35	3.49	3.10	2.87	2.71	2.60	2.51	2.45	2.39
21	4.32	3.47	3.07	2.84	2.68	2.57	2.49	2.42	2.37
22	4.30	3.44	3.05	2.82	2.66	2.55	2.46	2.40	2.34
23	4.28	3.42	3.03	2.80	2.64	2.53	2.44	2.37	2.32
24	4.26	3.40	3.01	2.78	2.62	2.51	2.42	2.36	2.30
25	4.24	3.39	2.99	2.76	2.60	2.49	2.40	2.34	2.28
26	4.23	3.37	2.98	2.74	2.59	2.47	2.39	2.32	2.27
27	4.21	3.35	2.96	2.73	2.57	2.46	2.37	2.31	2.25
28	4.20	3.34	2.95	2.71	2.56	2.45	2.36	2.29	2.24
29	4.18	3.33	2.93	2.70	2.55	2.43	2.35	2.28	2.22
30	4.17	3.32	2.92	2.69	2.53	2.42	2.33	2.27	2.21
40	4.08	3.23	2.84	2.61	2.45	2.34	2.25	2.18	2.12
60	4.00	3.15	2.76	2.53	2.37	2.25	2.17	2.10	2.04
120	3.92	3.07	2.68	2.45	2.29	2.17	2.09	2.02	1.96
∞	3.84	3.00	2.60	2.37	2.21	2.10	2.01	1.94	1.88

v_2 \ v_1 (분모의 자유도 \ 분자의 자유도)	10	12	15	20	24	30	40	60	120	∞
1	241.9	243.9	245.9	248.0	249.1	250.1	251.1	252.2	253.3	254.3
2	19.40	19.41	19.43	19.45	19.45	19.46	19.47	19.48	19.49	19.50
3	8.79	8.74	8.70	8.66	8.64	8.62	8.59	8.57	8.55	8.53
4	5.96	5.91	5.86	5.80	5.77	5.75	5.72	5.69	5.66	5.63
5	4.74	4.68	4.62	4.56	4.53	4.50	4.46	4.43	4.40	4.36
6	4.06	4.00	3.94	3.87	3.84	3.81	3.77	3.74	3.70	3.67
7	3.64	3.57	3.51	3.44	3.41	3.38	3.34	3.30	3.27	3.23
8	3.35	3.28	3.22	3.15	3.12	3.08	3.04	3.01	2.97	2.93
9	3.14	3.07	3.01	2.94	2.90	2.86	2.83	2.79	2.75	2.71
10	2.98	2.91	2.85	2.77	2.74	2.70	2.66	2.62	2.58	2.54
11	2.85	2.79	2.72	2.65	2.61	2.57	2.53	2.49	2.45	2.40
12	2.75	2.69	2.62	2.54	2.51	2.47	2.43	2.38	2.34	2.30
13	2.67	2.60	2.53	2.46	2.42	2.38	2.34	2.30	2.25	2.21
14	2.60	2.53	2.46	2.39	2.35	2.31	2.27	2.22	2.18	2.13
15	2.54	2.48	2.40	2.33	2.29	2.25	2.20	2.16	2.11	2.07
16	2.49	2.42	2.35	2.28	2.24	2.19	2.15	2.11	2.06	2.01
17	2.45	2.38	2.31	2.23	2.19	2.15	2.10	2.06	2.01	1.96
18	2.41	2.34	2.27	2.19	2.15	2.11	2.06	2.02	1.97	1.92
19	2.38	2.31	2.23	2.16	2.11	2.07	2.03	1.98	1.93	1.88
20	2.35	2.28	2.20	2.12	2.08	2.04	1.99	1.95	1.90	1.84
21	2.32	2.25	2.18	2.10	2.05	2.01	1.96	1.92	1.87	1.81
22	2.30	2.23	2.15	2.07	2.03	1.98	1.94	1.89	1.84	1.78
23	2.27	2.20	2.13	2.05	2.01	1.96	1.91	1.86	1.81	1.76
24	2.25	2.18	2.11	2.03	1.98	1.94	1.89	1.84	1.79	1.73
25	2.24	2.16	2.09	2.01	1.96	1.92	1.87	1.82	1.77	1.71
26	2.22	2.15	2.07	1.99	1.95	1.90	1.85	1.80	1.75	1.69
27	2.20	2.13	2.06	1.97	1.93	1.88	1.84	1.79	1.73	1.67
28	2.19	2.12	2.04	1.96	1.91	1.87	1.82	1.77	1.71	1.65
29	2.18	2.10	2.03	1.94	1.90	1.85	1.81	1.75	1.70	1.64
30	2.16	2.09	2.01	1.93	1.89	1.84	1.79	1.74	1.68	1.62
40	2.08	2.00	1.92	1.84	1.79	1.74	1.69	1.64	1.58	1.51
60	1.99	1.92	1.84	1.75	1.70	1.65	1.59	1.53	1.47	1.39
120	1.91	1.83	1.75	1.66	1.61	1.55	1.50	1.43	1.35	1.25
∞	1.83	1.75	1.67	1.57	1.52	1.46	1.39	1.32	1.22	1.00

(c) $\alpha = 0.025$

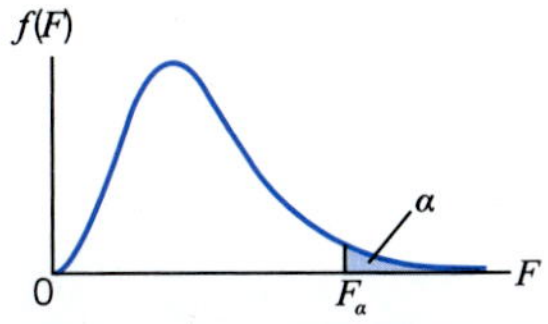

v_2 (분모의 자유도) \ v_1 (분자의 자유도)	1	2	3	4	5	6	7	8	9
1	647.8	799.5	864.2	899.6	921.8	937.1	948.2	956.7	963.3
2	38.51	39.00	39.17	39.25	39.30	39.33	39.36	39.37	39.39
3	17.44	16.04	15.44	15.10	14.88	14.73	14.62	14.54	14.47
4	12.22	10.65	9.98	9.60	9.36	9.20	9.07	8.98	8.90
5	10.01	8.43	7.76	7.39	7.15	6.98	6.85	6.76	6.68
6	8.81	7.26	6.60	6.23	5.99	5.82	5.70	5.60	5.52
7	8.07	6.54	5.89	5.52	5.29	5.12	4.99	4.90	4.82
8	7.57	6.06	5.42	5.05	4.82	4.65	4.53	4.43	4.36
9	7.21	5.71	5.08	4.72	4.48	4.32	4.20	4.10	4.03
10	6.94	5.46	4.83	4.47	4.24	4.07	3.95	3.85	3.78
11	6.72	5.26	4.63	4.28	4.04	3.88	3.76	3.66	3.58
12	6.55	5.10	4.47	4.12	3.89	3.73	3.61	3.51	3.44
13	6.41	4.97	4.35	4.00	3.77	3.60	3.48	3.39	3.31
14	6.30	4.86	4.24	3.89	3.66	3.50	3.38	3.29	3.21
15	6.20	4.77	4.15	3.80	3.58	3.41	3.29	3.20	3.12
16	6.12	4.69	4.08	3.73	3.50	3.34	3.22	3.12	3.05
17	6.04	4.62	4.01	3.66	3.44	3.28	3.16	3.06	2.98
18	5.98	4.56	3.95	3.61	3.38	3.22	3.10	3.01	2.93
19	5.92	4.51	3.90	3.56	3.33	3.17	3.05	2.93	2.88
20	5.87	4.46	3.86	3.51	3.29	3.13	3.01	2.91	2.84
21	5.83	4.42	3.82	3.48	3.25	3.09	2.97	2.87	2.80
22	5.79	4.38	3.78	3.44	3.22	3.05	2.93	2.84	2.76
23	5.75	4.35	3.75	3.41	3.18	3.02	2.90	2.81	2.73
24	5.72	4.32	3.72	3.38	3.15	2.99	2.87	2.78	2.70
25	5.69	4.29	3.69	3.35	3.13	2.97	2.85	2.75	2.68
26	5.66	4.27	3.67	3.33	3.10	2.94	2.82	2.73	2.65
27	5.63	4.24	3.65	3.31	3.08	2.92	2.80	2.71	2.63
28	5.61	4.22	3.63	3.29	3.06	2.90	2.78	2.69	2.61
29	5.59	4.20	3.61	3.27	3.04	2.88	2.76	2.67	2.59
30	5.57	4.18	3.59	3.25	3.03	2.87	2.75	2.65	2.57
40	5.42	4.05	3.46	3.13	2.90	2.74	2.62	2.53	2.45
60	5.29	3.93	3.34	3.01	2.79	2.63	2.51	2.41	2.33
120	5.15	3.80	3.23	2.89	2.67	2.52	2.39	2.30	2.22
∞	5.02	3.69	3.12	2.79	2.57	2.41	2.29	2.19	2.11

v_2 \ v_1	분자의 자유도									
	10	12	15	20	24	30	40	60	120	∞
분모의 자유도 1	968.6	976.7	984.9	993.1	997.2	1001	1006	1010	1014	1018
2	39.40	39.41	39.43	39.45	39.46	39.46	39.47	39.48	39.49	39.50
3	14.42	14.34	14.25	14.17	14.12	14.08	14.04	13.99	13.95	13.90
4	8.84	8.75	8.66	8.56	8.51	8.46	8.41	8.36	8.31	8.26
5	6.62	6.52	6.43	6.33	6.28	6.23	6.18	6.12	6.07	6.02
6	5.46	5.37	5.27	5.17	5.12	5.07	5.01	4.96	4.90	4.85
7	4.76	4.67	4.57	4.47	4.42	4.36	4.31	4.25	4.20	4.14
8	4.30	4.20	4.10	4.00	3.95	3.89	3.84	3.78	3.73	3.67
9	3.96	3.87	3.77	3.67	3.61	3.56	3.51	3.45	3.39	3.33
10	3.72	3.62	3.52	3.42	3.37	3.31	3.26	3.20	3.14	3.08
11	3.53	3.43	3.33	3.23	3.17	3.12	3.06	3.00	2.94	2.88
12	3.37	3.28	3.18	3.07	3.02	2.96	2.91	2.85	2.79	2.72
13	3.25	3.15	3.05	2.95	2.89	2.84	2.78	2.72	2.66	2.60
14	3.15	3.05	2.95	2.84	2.79	2.73	2.67	2.61	2.55	2.49
15	3.06	2.96	2.86	2.76	2.70	2.64	2.59	2.52	2.46	2.40
16	2.99	2.89	2.79	2.68	2.63	2.57	2.51	2.45	2.38	2.32
17	2.92	2.82	2.72	2.62	2.56	2.50	2.44	2.38	2.32	2.25
18	2.87	2.77	2.67	2.56	2.50	2.44	2.38	2.32	2.26	2.19
19	2.82	2.72	2.62	2.51	2.45	2.39	2.33	2.27	2.20	2.13
20	2.77	2.68	2.57	2.46	2.41	2.35	2.29	2.22	2.16	2.09
21	2.73	2.64	2.53	2.42	2.37	2.31	2.25	2.18	2.11	2.04
22	2.70	2.60	2.50	2.39	2.33	2.27	2.21	2.14	2.08	2.00
23	2.67	2.57	2.47	2.36	2.30	2.24	2.18	2.11	2.04	1.97
24	2.64	2.54	2.44	2.33	2.27	2.21	2.15	2.08	2.01	1.94
25	2.61	2.51	2.41	2.30	2.24	2.18	2.12	2.05	1.98	1.91
26	2.59	2.49	2.39	2.28	2.22	2.16	2.09	2.03	1.95	1.88
27	2.57	2.47	2.36	2.25	2.19	2.13	2.07	2.00	1.93	1.85
28	2.55	2.45	2.34	2.23	2.17	2.11	2.05	1.98	1.91	1.83
29	2.53	2.43	2.32	2.21	2.15	2.09	2.03	1.96	1.89	1.81
30	2.51	2.41	2.31	2.20	2.14	2.07	2.01	1.94	1.87	1.79
40	2.39	2.29	2.18	2.07	2.01	1.94	1.88	1.80	1.72	1.64
60	2.27	2.17	2.06	1.94	1.88	1.82	1.74	1.67	1.58	1.48
120	2.16	2.05	1.94	1.82	1.76	1.69	1.61	1.53	1.43	1.31
∞	2.05	1.94	1.83	1.71	1.64	1.57	1.48	1.39	1.27	1.00

(d) $\alpha=0.01$

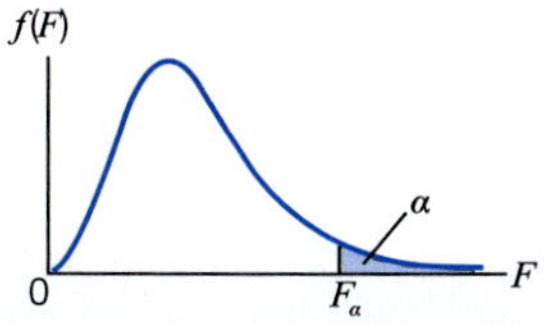

v_2 \ v_1 (분모의 자유도 \ 분자의 자유도)	1	2	3	4	5	6	7	8	9
1	4,052	4,999.5	5,403	5,625	5,764	5,859	5,928	5,982	6,022
2	98.50	99.00	99.17	99.25	99.30	99.33	99.36	99.37	99.39
3	34.12	30.82	29.46	28.71	28.24	27.91	27.67	27.49	27.35
4	21.20	18.00	16.69	15.98	15.52	15.21	14.98	14.80	14.66
5	16.26	13.27	12.06	11.39	10.97	10.67	10.46	10.29	10.16
6	13.75	10.92	9.78	9.15	8.75	8.47	8.26	8.10	7.98
7	12.25	9.55	8.45	7.85	7.46	7.19	6.99	6.84	6.72
8	11.26	8.65	7.59	7.01	6.63	6.37	6.18	6.03	5.91
9	10.56	8.02	6.99	6.42	6.06	5.80	5.61	5.47	5.35
10	10.04	7.56	6.55	5.99	5.64	5.39	5.20	5.06	4.94
11	9.65	7.21	6.22	5.67	5.32	5.07	4.89	4.74	4.63
12	9.33	6.93	5.95	5.41	5.06	4.82	4.64	4.50	4.39
13	9.07	6.70	5.74	5.21	4.86	4.62	4.44	4.30	4.19
14	8.86	6.51	5.56	5.04	4.69	4.46	4.28	4.14	4.03
15	8.68	6.36	5.42	4.89	4.56	4.32	4.14	4.00	3.89
16	8.53	6.23	5.29	4.77	4.44	4.20	4.03	3.89	3.78
17	8.40	6.11	5.18	4.67	4.34	4.10	3.93	3.79	3.68
18	8.29	6.01	5.09	4.58	4.25	4.01	3.84	3.71	3.60
19	8.18	5.93	5.01	4.50	4.17	3.94	3.77	3.63	3.52
20	8.10	5.85	4.94	4.43	4.10	3.87	3.70	3.56	3.46
21	8.02	5.78	4.87	4.37	4.04	3.81	3.64	3.51	3.40
22	7.95	5.72	4.82	4.31	3.99	3.76	3.59	3.45	3.35
23	7.88	5.66	4.76	4.26	3.94	3.71	3.54	3.41	3.30
24	7.82	5.61	4.72	4.22	3.90	3.67	3.50	3.36	3.26
25	7.77	5.57	4.68	4.18	3.85	3.63	3.46	3.32	3.22
26	7.72	5.53	4.64	4.14	3.82	3.59	3.42	3.29	3.18
27	7.68	5.49	4.60	4.11	3.78	3.56	3.39	3.26	3.15
28	7.64	5.45	4.57	4.07	3.75	3.53	3.36	3.23	3.12
29	7.60	5.42	4.54	4.04	3.73	3.50	3.33	3.20	3.09
30	7.56	5.39	4.51	4.02	3.70	3.47	3.30	3.17	3.07
40	7.31	5.18	4.31	3.83	3.51	3.29	3.12	2.99	2.89
60	7.08	4.98	4.13	3.65	3.34	3.12	2.95	2.82	2.72
120	6.85	4.79	3.95	3.48	3.17	2.96	2.79	2.66	2.56
∞	6.63	4.61	3.78	3.32	3.02	2.80	2.64	2.51	2.41

v_2 (분모의 자유도) \ v_1 (분자의 자유도)	10	12	15	20	24	30	40	60	120	∞
1	6,056	6,106	6,157	6,209	6,235	6,261	6,287	6,313	6,339	6,366
2	99.40	99.42	99.43	99.45	99.46	99.47	99.47	99.48	99.49	99.50
3	27.23	27.05	26.87	26.69	26.60	26.50	26.41	26.32	26.22	26.13
4	14.55	14.37	14.20	14.02	13.93	13.84	13.75	13.65	13.56	13.46
5	10.05	9.89	9.72	9.55	9.47	9.38	9.29	9.20	9.11	9.02
6	7.87	7.72	7.56	7.40	7.31	7.23	7.14	7.06	6.97	6.88
7	6.62	6.47	6.31	6.16	6.07	5.99	5.91	5.82	5.74	5.65
8	5.81	5.67	5.52	5.36	5.28	5.20	5.12	5.03	4.95	4.86
9	5.26	5.11	4.96	4.81	4.73	4.65	4.57	4.48	4.40	4.31
10	4.85	4.71	4.56	4.41	4.33	4.25	4.17	4.08	4.00	3.91
11	4.54	4.40	4.25	4.10	4.02	3.94	3.86	3.78	3.69	3.60
12	4.30	4.16	4.01	3.86	3.78	3.70	3.62	3.54	3.45	3.36
13	4.10	3.96	3.82	3.66	3.59	3.51	3.43	3.34	3.25	3.17
14	3.94	3.80	3.66	3.51	3.43	3.35	3.27	3.18	3.09	3.00
15	3.80	3.67	3.52	3.37	3.29	3.21	3.13	3.05	2.96	2.87
16	3.69	3.55	3.41	3.26	3.18	3.10	3.02	2.93	2.84	2.75
17	3.59	3.46	3.31	3.16	3.08	3.00	2.92	2.83	2.75	2.65
18	3.51	3.37	3.23	3.08	3.00	2.92	2.84	2.75	2.66	2.57
19	3.43	3.30	3.15	3.00	2.92	2.84	2.76	2.67	2.58	2.49
20	3.37	3.23	3.09	2.94	2.86	2.78	2.69	2.61	2.52	2.42
21	3.31	3.17	3.03	2.88	2.80	2.72	2.64	2.55	2.46	2.36
22	3.26	3.12	2.98	2.83	2.75	2.67	2.58	2.50	2.40	2.31
23	3.21	3.07	2.93	2.78	2.70	2.62	2.54	2.45	2.35	2.26
24	3.17	3.03	2.89	2.74	2.66	2.58	2.49	2.40	2.31	2.21
25	3.13	2.99	2.85	2.70	2.62	2.54	2.45	2.36	2.27	2.17
26	3.09	2.96	2.81	2.66	2.58	2.50	2.42	2.33	2.23	2.13
27	3.06	2.93	2.78	2.63	2.55	2.47	2.38	2.29	2.20	2.10
28	3.03	2.90	2.75	2.60	2.52	2.44	2.35	2.26	2.17	2.06
29	3.00	2.87	2.73	2.57	2.49	2.41	2.33	2.23	2.14	2.03
30	2.98	2.84	2.70	2.55	2.47	2.39	2.30	2.21	2.11	2.01
40	2.80	2.66	2.52	2.37	2.29	2.20	2.11	2.02	1.92	1.80
60	2.63	2.50	2.35	2.20	2.12	2.03	1.94	1.84	1.73	1.60
120	2.47	2.34	2.19	2.03	1.95	1.86	1.76	1.66	1.53	1.38
∞	2.32	2.18	2.04	1.88	1.79	1.70	1.59	1.47	1.32	1.00

부표6 x^2-분포표

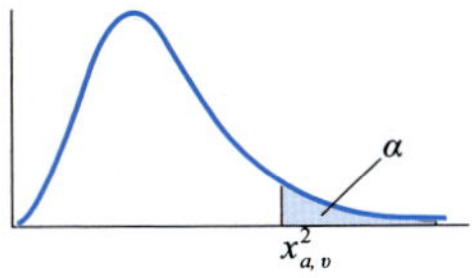

υ	우측 꼬리면적 = α							
	0.99	0.975	0.95	0.9	0.10	0.05	0.025	0.01
1	0.000	0.001	0.004	0.016	2.706	3.841	5.024	6.635
2	0.020	0.051	0.103	0.211	4.605	5.991	7.378	9.210
3	0.115	0.216	0.352	0.584	6.251	7.815	9.348	11.34
4	0.297	0.484	0.711	1.064	7.779	9.488	11.14	13.28
5	0.554	0.831	1.145	1.610	9.236	11.07	12.83	15.09
6	0.872	1.237	1.635	2.204	10.64	12.59	14.45	16.81
7	1.239	1.690	2.167	2.833	12.02	14.07	16.01	18.48
8	1.646	2.180	2.733	3.490	13.36	15.51	17.54	20.09
9	2.088	2.700	3.325	4.168	14.68	16.92	19.02	21.67
10	2.558	3.247	3.940	4.865	15.99	18.31	20.48	23.21
11	3.053	3.816	4.575	5.578	17.28	19.68	21.92	24.72
12	3.571	4.404	5.226	6.304	18.55	21.03	23.34	26.22
13	4.107	5.009	5.892	7.042	19.81	22.36	24.74	27.69
14	4.660	5.629	6.571	7.790	21.06	23.68	26.12	29.14
15	5.229	6.262	7.261	8.547	22.31	25.00	27.49	30.58
16	5.812	6.908	7.962	9.312	23.54	26.30	28.84	32.00
17	6.408	7.564	8.672	10.08	24.77	27.59	30.19	33.41
18	7.015	8.231	9.390	10.86	25.99	28.87	31.53	34.80
19	7.633	8.907	10.12	11.65	27.20	30.14	32.85	36.19
20	8.260	9.591	10.85	12.44	28.41	31.41	34.17	37.57
21	8.897	10.28	11.59	13.24	29.62	32.67	35.48	38.93
22	9.542	10.98	12.34	14.04	30.81	33.92	36.78	40.29
23	10.20	11.69	13.09	14.85	32.01	35.17	38.08	41.64
24	10.86	12.40	13.85	15.66	33.20	36.42	39.36	42.98
25	11.52	13.12	14.61	16.47	34.38	37.65	40.65	44.31
26	12.20	13.84	15.38	17.29	35.56	38.88	41.92	45.64
27	12.88	14.57	16.15	18.11	36.74	40.11	43.19	46.96
28	13.56	15.31	16.93	18.94	37.92	41.34	44.46	48.28
29	14.26	16.05	17.71	19.77	39.09	42.56	45.72	49.59
30	14.95	16.79	18.49	20.60	40.26	43.77	46.98	50.89
40	22.16	24.43	26.51	29.05	51.80	55.76	59.34	63.69
50	29.71	32.36	34.76	37.69	63.17	67.50	71.42	76.15
60	37.48	40.48	43.19	46.46	74.40	79.08	83.30	88.38
70	45.44	48.76	51.74	55.33	85.53	90.53	95.02	100.4
80	53.34	57.15	60.39	64.28	96.58	101.9	106.6	112.3

연·습·문·제·해·답

제1장 통계학의 기초

1-1. ①(×) ②(○) ③(○) ④(○) ⑤(○)
⑥(○) ⑦(×) ⑧(×) ⑨(○)

1-2. 생략

1-3. 생략

1-4. ① 연속적 ② 이산적 ③ 이산적 ④ 연속적 ⑤ 연속적 ⑥ 이산적

1-5. ① 명목자료 ② 등간자료 ③ 비율자료 ④ 명목자료 ⑤ 등간자료
⑥ 명목자료 ⑦ 비율자료 ⑧ 명목자료 ⑨ 명목자료 ⑩ 서열자료

1-6. ① 8개의 변수
② 1) 비율척도 2) 비율척도 3) 명목척도 4) 명목척도
5) 서열척도 6) 비율척도 7) 비율척도 8) 비율척도
③ 관계가 있다. 동일한 조건에서는 나이가 많을수록 학년이 높다.

1-7. ①(○) ②(×) ③(○) ④(×) ⑤(○)
⑥(○) ⑦(○) ⑧(○) ⑨(×) ⑩(×)

1-8. ① 6개 ② ∞ ③ ∞ ④ 같다

제2장 도수분포표와 그래프에 의한 자료의 요약

2-1. ①(○) ②(○) ③(○) ④(○)
⑤(○) ⑥(○) ⑦(×) ⑧(×)
⑨(○) ⑩(○)

2-2. ① $X_3 = 39$ ② $X_7 = 29$

③ $21+18+29=68$ ④ $\sum_{i=1}^{7}=X_i=234$

2-3. ① 최대값 199, 최소값 11

② 구간폭$=\frac{199-11}{10}=18.8$ (18.8에 가까운 5의 배수인 20을 구간폭으로 사용)

도수분포표 : 생략

③ 상대도수, 누적도수, 누적상대도수 : 생략

2-4. ① 최대값 208, 최소값 160

② 구간폭$=\frac{208-160}{10}=4.8$ (4.8에 가까운 정수는 5이므로 구간폭은 5)

도수분포표 : 생략

2-5. ①

구간	1	2	3	4	5	합계
도수	8	15	10	4	3	40
상대도수	0.2	0.375	0.25	0.1	0.075	1

② 25%

③ 17.5%

2-6. ① 생략 ② 11.7% ③ 47.7% ④ 17.3%

2-7. ① 생략 ② 18% ③ 38% ④ 84%

제3장 특성치에 의한 자료의 요약

3-1. ①(○) ②(×) ③(×) ④(○) ⑤(×) ⑥(○)
⑦(×) ⑧(○) ⑨(○) ⑩(×) ⑪(○) ⑫(×)
⑬(○)

3-2. ① $28+21+32+19+22=122$ ② $\frac{1}{5}\times146=29$ ③ $\frac{8798}{10}=879.8$

④ $\overline{X}=\frac{1}{10}\times288=28.8$ $\frac{1}{9}\sum_{i=1}^{10}(X_i-\overline{X})^2=\frac{1}{9}\times503.6=55.96$

3-3. ① 중앙위치$=\frac{9+1}{2}=5$ 중앙치$=11$ 최빈치$=10$ 평균$=\frac{1}{9}\times110.97=12.33$

② 중앙위치$=\frac{7+1}{2}=4$ 중앙치$=2.6$ 최빈치$=2.9$ 평균$=\frac{1}{7}\times17.08=2.44$

3-4. ① $M_d = 1.25\%$, $\mu = 0.9\%$

② $Q_0 = -1.5\%$ $Q_1 = 0.6\%$ $Q_2 = 1.25\%$ $Q_3 = 1.525\%$ $Q_4 = 2\%$

③ $R = 2\% - (-1.5\%) = 3.5\%$ $R_Q = (1.525\% - 0.6\%)/2 = 0.4625\%$

④ $\sigma^2 = 0.009733$ $\sigma = 0.987\%$

⑤ −2.40% 0.30% −0.90% 1.10% −1.30% 0.90% 0.40% 0.20%
−0.10% 0.60% 0.50% 0.70%

⑥ $\mu = 0\%$ $\sigma = 0.987\%$

⑦ −2.433 0.304 −0.912 1.115 −1.318 0.912 0.405 0.203
−0.101 0.608 0.507 0.710

⑧ $\mu = 0$ $\sigma = 1$

3-5. ① 중앙위치$=\dfrac{16+1}{2}=8.5$ 중앙치$=15$ 평균$=240/16=15$

② 범위 : $23-8=15$

Q_1은 1/4 위치 $(16+3)/4=4.75$번째의 수치 $Q_1 = 12+(12-12)\times 3/4 = 12$

Q_3는 3/4 위치 $(48+1)/4=12.25$번째의 수치 $Q_3 = 18+(18-18)/4 = 18$

$Q_d = \dfrac{18-12}{2} = 3$

③ $\sum_{i=1}^{16} X_i^2 = 3844$ $S^2 = \dfrac{1}{15}(3844 - 16\times 15^2) = 16.267$

$S = \sqrt{16.267} = 4.03$

④ $X-\overline{X}$ 4 −4 0 −3 5 3 −3 −7 2 0 3 1 8 −5 −2 −2

$X-\overline{X}$의 평균$=0/16=0$ $X-\overline{X}$의 표본분산$=244/15=16.267$

$X-\overline{X}$의 표준편차$=\sqrt{16.267}=4.03$

⑤ $\dfrac{X-\overline{X}}{S}$

0.99 −0.99 0 −0.74 1.24 0.74 −0.74 −1.74 0.5 0 0.74 0.25
1.98 −1.24 −0.5 −0.5

$\dfrac{X-\overline{X}}{S}$의 평균$=0/16=0$, $\dfrac{X-\overline{X}}{S}$의 분산$=15/15=1$, $\dfrac{X-\overline{X}}{S}$의 표준편차$=1$

3-6. 평균 $\overline{X} = \dfrac{45}{15} = 3$ 표본분산 $S^2 = \dfrac{1}{14}(153 - 15\times 3^2) = \dfrac{18}{14} = 1.29$

표준편차 $S = \sqrt{1.29} = 1.13$

3-7. ① $\overline{X} = 670/100 = 6.7$ $S_X^{\ 2} = \dfrac{1}{99}(5506 - 100\times 6.7^2) = 1017/99 = 10.273$

$S_X = \sqrt{10.27} = 3.205$

② 생략

③ $\overline{X}_n = -30/100 = -0.3$ $S_{X_n}^2 = \frac{1}{99}(1026 - 100 \times (-0.3)^2) = 1017/99 = 10.273$

$S_{X_n} = \sqrt{10.27} = 3.205$

④ $\overline{X} = \overline{X}_n + 7$ $S_X{}^2 = S_{X_n}^2$

3-8. $Z_M = \frac{78-70}{15} = 0.533$ $Z_A = \frac{66-60}{10} = 0.6$

따라서 회계학 성적이 경영학 성적보다 우수하다고 할 수 있다.

3-9. ① 평균 $\mu = \frac{2250}{50} = 45$ 분산 $\sigma^2 = \frac{1}{50}(113700 - 50 \times 45^2) = \frac{12450}{50} = 249$

표준편차 $\sigma = \sqrt{249} = 15.78$

②,③

$X^c - \mu$	f_i	$(X^c - \mu)f_i$	$(X^c - \mu)^2$	$(X^c - \mu)^2 f_i$
−35	2	−70	1225	2450
−25	4	−100	625	2500
−15	6	−90	225	1350
−5	12	−60	25	300
5	13	65	25	325
15	8	120	225	1800
25	4	100	625	2500
35	1	35	1225	1225
	50	0		12450

$X^c - \mu$의 평균 $= \Sigma(X^c - \mu)f_i = 0$

$X^c - \mu$의 분산 $= \frac{1}{50}\Sigma(X^c - \mu)^2 f_i = \frac{12450}{50} = 249$

$X^c - \mu$의 표준편차 $= \sqrt{249} = 15.78$

④, ⑤

$\frac{X^c-\mu}{\sigma}$	f_i	$\left(\frac{X^c-\mu}{\sigma}\right)f_i$	$\left(\frac{X^c-\mu}{\sigma}\right)^2$	$\left(\frac{X^c-\mu}{\sigma}\right)^2 f_i$
−2.22	2	−4.44	4.92	9.84
−1.58	4	−6.34	2.51	10.04
−0.95	6	−5.70	0.90	5.42
−0.32	12	−3.80	0.10	1.20
0.32	13	4.12	0.10	1.31
0.95	8	7.60	0.90	7.23
1.58	4	6.34	2.51	10.04
2.22	1	2.22	4.92	4.92
	50	0		50

$\frac{X^c-\mu}{\sigma}$의 평균 $\Sigma\left(\frac{X^c-\mu}{\sigma}\right)f_i=0$

$\frac{X^c-\mu}{\sigma}$의 분산$=\frac{1}{50}\left(\frac{X^c-\mu}{\sigma}\right)^2 f_i=\frac{50}{50}=1$

$\frac{X^c-\mu}{\sigma}$의 표준편차$=1$

3-10. $P_h=\frac{350-120}{350}=65.7\%$ $P_j=\frac{450-140}{450}=68.9\%$
따라서 지선이의 성적이 더 우수하다고 할 수 있다.

3-11. 평균이 20이므로 자료의 합계는 $20\times10=200$이고, 9개 자료의 합이 171이므로 나머지 자료의 값은 $200-171=29$이다.

표본분산 $S^2=\frac{1}{9}(4348-10\times20^2)=\frac{348}{9}=38.667$

표본표준편차 $S=\sqrt{38.667}=6.22$

3-12. ① $Z=(64-55)/10=0.9$ $T=10+10\times0.9=59$ ② $\mu_T=50$ $\sigma_T=10$

제4장 이변량 자료의 정리와 요약

4-1. ① (○) ② (×) ③ (○) ④ (○)
⑤ (○) ⑥ (○) ⑦ (○) ⑧ (×)

4-2. ① 3 ② 4 ③ 35 ④ 10 ⑤ 20
⑥ $11+10=21$ ⑦ $15+11+9+5=40$ ⑧ $11+35+15=61$

⑨ 40　　⑩ 9　　⑪ 125

4-3. ① 생략　　② 생략　　③ 41.3%　　④ $\frac{132}{478}=27.6\%$

4-4. ① 생략　　② 생략　　③ $\frac{17}{30}\times100=57\%$

④ $\frac{8}{17}\times100=47.1\%$　　⑤ $\frac{8}{15}\times100=53.3\%$

4-5. $\mu_X=40$　　$\mu_Y=50$

$\sigma_X^2=\frac{1}{5}(8650-5\times40^2)=\frac{1}{5}650=130$

$\sigma_Y^2=\frac{1}{5}(14350-5\times50^2)=\frac{1}{1850}=370$

$\sigma_{XY}=\frac{1}{5}(11000-5\times40\times50)=\frac{1}{1000}=200$

$\sigma_X=\sqrt{130}=11.4$　　$\sigma_Y=\sqrt{370}=19.235$

$\rho_{XY}=\frac{200}{11.4\times19.235}=0.912$

4-6. $\overline{X}=21/6=3.5$　　$\overline{Y}=360/6=60$　　$S_X^2=\frac{1}{5}(75.98-6\times3.5^2)=2.48/5=0.496$

$S_Y=\frac{1}{5}(23400-6\times60^2)=1800/5=360$

$S_{XY}=\frac{1}{5}(1324.5-5\times3.5\times60)=64.5/5=12.9$

$S_X=\sqrt{0.496}=0.7043$　　$S_Y=\sqrt{360}=18.974$

$r_{XY}=\frac{12.9}{0.7043\times18.974}=0.9654$

4-7. 운용액의 평균 $\overline{X}=300$, 수익의 평균 $\overline{Y}=26$

$S_X^2=13213$　　$S_Y^2=11$

$S_X=\sqrt{13213}=114.95$　　$S_Y=\sqrt{11}=3.32$

$S_{XY}=380$　　$\gamma=\frac{380}{114.95\times3.32}=0.996$

4-8. ① 이공계　　② 평균 $=\frac{60}{37}=1.62$　　③ $\frac{40}{100}=40\%$　　④ 생략

4-9. ① 4명　　② $\frac{10+34}{100}=44\%$　　③ 생략

4-10. ① 생략

② $\overline{X}=250/100=2.5 \quad S_X^2=\frac{1}{99}(754-100\times2.5^2)=129/99=1.303$

$S_X=\sqrt{1.303}=1.142$

③ $\overline{Y}=45/100=0.45 \quad S_Y^2=\frac{1}{99}(145-100\times0.45^2)=124.75/99=1.26$

$S_Y=\sqrt{1.26}=1.123$

④ $S_{XY}=\frac{1}{99}(177-100\times2.5\times0.45)=64.5/99=0.6515$

⑤ $r_{XY}=\frac{0.6515}{1.142\times1.123}=0.5084$

⑥ 상관계수가 0.5084이므로 관계가 있다.

4-11. ① 생략

② $\mu_X=\frac{1}{800}(0\times200+1\times400+2\times200)=\frac{800}{800}=1$

$\sigma_X^2=\frac{1}{800}(0-1)^2\times200+(1-1)^2\times400+(2-1)^2\times200=\frac{400}{800}=0.5$

$\sigma_X=\sqrt{0.5}=0.707$

③ $\mu_Y=\frac{1200}{800}=1.5 \quad \sigma_Y^2=\frac{600}{800}=0.75 \quad \sigma_X=\sqrt{0.75}=0.866$

④ $Cov(XY)=\frac{1600}{800}-1\times1.5=2-1.5=0.5$

⑤ $\rho_{XY}=\frac{Cov(XY)}{\sigma_X\sigma_Y}=\frac{0.5}{0.707\times0.866}=0.816$

⑥ 모집단 상관계수의 값이 0.816이므로 양의 상관관계가 있다고 할 수 있다.

4-12. $\overline{X}=80/100=0.8 \quad \overline{Y}=90/100=0.9 \quad S_X^2=\frac{1}{99}(80-100\times0.8^2)=16/99=0.1616$

$S_Y^2=\frac{1}{99}(90-100\times0.9^2)=9/99=0.0909$

$S_{XY}=\frac{1}{99}(75-100\times0.8\times0.9)=3/99=0.0303$

$S_X=\sqrt{0.1616}=0.402 \quad S_Y=\sqrt{0.0909}=0.3015$

$r_{XY}=\frac{0.0303}{0.402\times0.3015}=0.25$

제5장 확률

5-1. ①(○) ②(×) ③(×) ④(○) ⑤(○) ⑥(×)
⑦(×) ⑧(×) ⑨(○) ⑩(○) ⑪(○) ⑫(×)

5-2. ① 고전적 ② 주관적 ③ 고전적 ④ 고전적
⑤ 주관적 ⑥ 상대도수 ⑦ 상대도수 ⑧ 상대도수

5-3. ① $\frac{0.5}{0.6}=0.83$ ② $0.4\times0.2=0.08$ ③ $\frac{0.8}{0.9}=\frac{8}{9}=0.89$
④ $P(A)=0.6-0.2+0.12=0.52$ $P(B \mid A)=\frac{0.12}{0.52}=0.231$

5-4. ① ${}_{35}C_4=52360$ ② ${}_{20}C_4=4845$
③ $4845/52360=0.0925$ ④ ${}_{20}C_2\times{}_{15}C_2\div{}_{35}C_4=19950/52360=0.381$

5-5. ${}_{6}C_3\times{}_{39}C_3\div{}_{45}C_6=182780/8145060=0.02244$

5-6. P(같음)$=1-P$(모두 다름)$=1-0.75\times0.5\times0.25=1-0.09375=0.90625$

5-7. ① $\frac{30}{250}=12\%$ ② $\frac{220}{250}=88\%$
③ $\frac{20}{250}=8\%$ ④ $\frac{20}{30}=66.7\%$
⑤ $\frac{200}{220}=90.9\%$

5-8. ① $\frac{100}{1000}=10\%$(결합확률) ② $\frac{100}{300}=33.3\%$(조건부확률)

5-9.

사전확률표

	암	아님
양성	0.135	0.7
음성	0.865	0.3
주변확률	0.98	0.02

결합확률표

	암	아님	합계
양성	0.014	0.1323	0.1463
음성	0.006	0.8477	0.8537
합계	0.02	0.98	1

P(암 | 양성)$=\frac{0.014}{0.1463}=0.0957$

5-10.

사전확률표

	혼자	바람조
성공	0.6	0.95
실패	0.4	0.05
주변확률	0.1	0.9

결합확률표

	혼자	바람조	합계
성공	0.06	0.855	0.915
실패	0.04	0.045	0.085
합계	0.1	0.9	1

P(바람조 | 실패) = 0.04 ÷ 0.085 = 0.4706

5-11.

결합확률표

	A	$\overline{A}$	합계
B	0.48	0.12	0.6
$\overline{B}$	0.32	0.08	0.4
합계	0.8	0.2	1

① P(모두 성공) = 0.8 × 0.6 = 0.48

② P(한 개 이상) = 1 − P(모두 실패) = 1 − 0.2 × 0.4 = 0.92

③ P(A | 한 개) = 0.32 ÷ (0.32 + 0.12) = 0.32/0.44 = 0.7273

제6장 확률변수와 확률분포

6-1. ① (○) ② (×) ③ (○) ④ (○) ⑤ (×) ⑥ (×)
⑦ (○) ⑧ (○) ⑨ (○) ⑩ (×) ⑪ (○) ⑫ (○)

6-2. ① 0.1 + 0.25 + 0.4 = 0.75 ② 0.2 + 0.05 = 0.25 ③ $\Sigma XP(X) = 1.85$

6-3. ① 0.3 + 0.4 = 0.7

②, ③

X	0	1	2	3	합계
$P(X)$	0.3	0.4	0.2	0.1	1
$XP(X)$	0	0.4	0.4	0.3	1.1
$X^2P(X)$	0	0.4	0.8	0.9	2.1

$E(X) = 1.1$ $E(X^2) = 2.1$ $V(X) = 2.1 - 1.1^2 = 2.1 - 1.21 = 0.89$

6-4. ① 생략 ② 0.1 + 0.3 = 0.4

③ $E(X) = 0.1$ $E(X^2) = 1.7$ $V(X) = 1.7 - 0.1^2 = 1.69$

④, ⑤ $E(Z) = 0$ $E(Z^2) = 1$ $V(X) = 1 - 0^2 = 1$ $\sigma_X = \sqrt{1} = 1$

6-5. ① $P(X>2)=P(X=3)+P(X=4)=0.99+0.01=0.1$

② $E(X)=1.23$ $E(X^2)=2.41$ $V(X)=2.41-1.23^2=0.897$

$\sigma_X=\sqrt{0.897}=0.9472$

③,④ $E(Z)=0$ $E(Z^2)=1$ $V(X)=1-0=1$ $\sigma_X=\sqrt{1}=1$

⑤ $Y=X_1+X_2+\cdots+X_{10}$

$E(Y)=E(X_1)+E(X_2)+\cdots+E(X_{10})=1.23+1.23+\cdots+1.23=12.3$

$V(Y)=V(X_1)+V(X_2)+\cdots+V(X_{10})+\Sigma\Sigma Cov(X_iX_j)$

$=0.897+0.897+0.897+\cdots+0.897+0=8.97$

⑥ $A=10000X$

$E(A)=E(10000X)=10000E(X)=10000\times1.23=12300$

$V(A)=V(10000X)=100000000V(X)=100000000\times0.897=89700000$

6-6.

X	0	10	20	30	합계
$P(X)$	0.82	0.1	0.05	0.03	1
$XP(X)$	0	1	1	0.9	2.9

$E(X)=2.9$

6-7. ① $E(X)=7$ $E(X^2)=110$ $V(X)=110-7=61$

② $Y=10X$

$E(Y)=E(10X)=10E(X)=10\times7=70$

$V(Y)=V(10X)=100V(X)=100\times61=6100$

③ $Y=X_1+X_2+\cdots+X_{10}$

$E(Y)=E(X_1)+E(X_2)+\cdots+E(X_{10})=7+7+\cdots+7=70$

$V(Y)=V(X_1)+V(X_2)+\cdots+V(X_{10})+\Sigma\Sigma Cov(X_iX_j)$

$=61+61+\cdots+61+0=610$

6-8. A안의 기대치 $=(100\times0.6)+(-50\times0.4)=40$

B안의 기대치 $=(300\times0.4)+(-100\times0.6)=60$

따라서 B안을 선택하는 것이 바람직하다.

6-9. ① $E(X)=120+360=480$

$V(X)=252000-480^2=21600$

② $E(X)=140+300=440$

$V(X)=328000-440^2=134400$

③ $E(X+Y)=480+440=920$

$V(X+Y)=21600+134400=156000$

6-10. ① $E(X)=0.2+0.8+0.6+0.4=2$ $\quad V(X)=5.2-2^2=1.2$

② $E(X_1+X_2)=2+2=4$ $\quad V(X_1+X_2)=1.2+1.2=2.4$

③ $E(X_1+X_2+X_3+X_4)=2+2+2+2=8$

$V(X_1+X_2+X_3+X_4)=1.2+1.2+1.2+1.2=4.8$

6-11. ① 생략

②, ③

$\text{E}(X)=190.5$ $\quad E(X^2)=39725$ $\quad V(X)=110-7^2=3434.75$

$\sigma_X=\sqrt{3434.75}=58.6$

④, ⑤

$E(Y)=14.1$ $\quad E(Y^2)=201.16$ $\quad V(Y)=201.16-14.1^2=2.35$

$\sigma_Y=\sqrt{2.35}=1.53$

⑥ $P(X=100 \mid Y=12)=\dfrac{90}{270}=0.33,$ $\quad P(X=100 \mid Y=16)=\dfrac{10}{320}=0.03$

⑦ $P(Y=12 \mid X=150)=\dfrac{80}{270}=0.30,$ $\quad P(Y=16 \mid X=100)=\dfrac{10}{140}=0.07$

⑧

X	$P(X \mid Y=16)$	$XP(X \mid Y=16)$	$X^2P(X \mid Y=16)$
100	0.03125	3.125	312.5
150	0.0625	9.375	1406.25
200	0.40625	81.25	16250
250	0.25	62.5	15625
300	0.25	75	22500
합계	1	231.25	56093.75

⑨ $E(X \mid Y=16)=231.25,$ $\quad E(X^2 \mid Y=16)=56093.75$

$V(X \mid Y=16)=56093.75-231.25^2=2617.2$

⑩ $E(XY)=2729,$ $\quad Cov(XY)=2729-190.5\times14.1=42.95$

⑪ $\gamma=\dfrac{42.95}{58.6\times1.53}=0.478$

6-12. ① $E(X)=0+0.35+0.7+0.3=1.35$ $\quad V(X)=2.65-1.35^2=0.8275$

② $E(Y)=0+0.5+0.6=1.1$ $\quad V(Y)=1.7-1.1^2=0.49$

③ $COV(XY)=1.15-1.35\times1.1=-0.335$ $\quad \rho_{XY}=\dfrac{-0.335}{0.9097\times0.7}=-0.5261$

④

Z	−1.571	−0.143	1.286	합계
$P(Z)$	0.2	0.5	0.3	1

⑤ $E(Z)=0 \quad V(Z)=1$

⑥

$Y\|X=2$	0	1	2	합계
$P(Y\|X=2)$	0.143	0.714	0.143	1

⑦ $E(Y|X=2)=0+0.714+0.286=1 \qquad V(X|Y=2)=1.286-1^2=0.286$

6-13. ① $E(X)=0.8 \qquad V(X)=0.8-0.8^2=0.16 \qquad \sigma_X=0.4$

② $E(Y)=0.6 \qquad V(Y)=0.6-0.6^2=0.24 \qquad \sigma_Y=0.49$

③ $COV(XY)=0.5-0.8\times0.6=0.02$

④ $\rho_{XY}=\dfrac{0.02}{0.4\times0.49}=0.1021$

⑤

$Y\|X=1$	0	1	합계
$P(Y\|X=1)$	0.375	0.625	1

⑥ $E(Y|X=1)=0.625 \qquad V(Y|X=1)=0.625-0.625^2=0.2344$

$\sigma_Y=\sqrt{0.2344}=0.4841$

6-14. ① $E(X)=300, \qquad V(X)=155000-300^2=65000$

②, ③, ④

Y	0	100	200	500	600	700	1000	1100	1200	합계
$P(Y)$	1/16	1/8	1/16	1/8	1/4	1/8	1/16	1/8	1/16	1
$YP(Y)$	0	12.5	12.5	62.5	150	87.5	62.5	137.5	75	600
Y^2	0	10000	40000	250000	360000	490000	1000000	1210000	1440000	
$Y^2P(Y)$	0	1250	2500	31250	90000	61250	62500	151250	90000	490000

$E(Y)=600, \qquad V(Y)=490000-600^2=130000$

⑤ $Y=\dfrac{1}{4}(X_1+X_2+X_3+X_4)$이므로

$E(Y)=\dfrac{1}{4}E(X_1+X_2+X_3+X_4)=\dfrac{1}{4}\{300+300+300+300\}=300$

$V(Y)=\dfrac{1}{16}V(X_1+X_2+X_3+X_4)$

$=116(65000+65000+65000+65000+0)=16250$

제7장 이항분포

7-1. ①(○) ②(○) ③(○) ④(×) ⑤(○)
⑥(×) ⑦(○) ⑧(×) ⑨(×) ⑩(○)

7-2. $E(X)=0.4 \quad V(X)=0.4\times0.6=0.24$

7-3. ① ${}_5C_2 0.6^2\times0.4^3=0.2304$
② ${}_5C_4 0.6^4\times0.4+{}_5C_5 0.6^5=0.2592+0.0778=0.337$

7-4. ① ${}_{10}C_4 0.4^4\times0.6^6=0.2508$
② $1-{}_{10}C_4 0.4^0\times0.6^{10}-{}_{10}C_1 0.4\times0.6^9=1-0.0061-0.0403=0.9536$

7-5. $P(X\geq4)=1-P(X\leq3)=1-0.0004-0.0035-0.0151-0.0415=0.9395$

7-6. ① $P(X=0)=0.95^5=0.7738$
② $P(X=3)={}_5C_3 0.05^3\times0.95^2=0.0011$

7-7. ① $P(X=3)={}_4C_3\times0.02^3\times(1-0.02)^{4-3}=0.00003136$
$P(X=4)={}_4C_4\times0.02^4\times(1-0.02)^{4-4}=0.000000156$
$P(X\geq3)=P(X=3)+P(X=4)=0.000031516$
② $P(X=2)={}_2C_2\times0.02^2\times(1-0.02)^{4-2}=0.0004$

7-8. $P(X=3)={}_{15}C_3\times0.05^3\times(1-0.05)^{15-3}=0.03073$

7-9. $P=0.00001 \quad n=40000$
① $E(X)=np=0.00001\times40000=0.4$회
② $V(X)=np(1-p)=0.0001\times40000\times0.99999=0.4$
③ 300억$\times0.4=120$억
④ V(300억X)$=$(300억)$^2\times V(X)=$(300억)$^2\times0.4$

7-10. 구매고객 수 X
$E(X)=3000000\times0.25=750000 \quad V(X)=3000000\times0.25\times0.75=562500$
구매액 $Y=50000X$
$E(Y)=50000\times E(X)=375$억원
$V(Y)=50000^2\times562500=14062500$만원^2
$\sigma_Y=\sqrt{14062500\text{만원}^2}=3750$만원

7-11. 불량품이 1개 이하이면 부품을 인수하므로 $P(X \leq 1)$을 구한다.

① $p=0.01,\quad n=20,\quad p(X \leq 1)=0.818+0.165=0.983$

② $p=0.05,\quad n=20,\quad p(X \leq 1)=0.359+0.377=0.736$

③ $p=0.1,\quad n=20,\quad p(X \leq 1)=0.122+0.270=0.392$

7-12. ① $P(X=3)={}_5C_3 \times 0.25^3 \times (1-0.25)^{5-3}=0.08789$

② $P(X \geq 4)=0.014648+0.000977=0.015625$

③ $E(X)=np=5 \times 0.25=1.25$

④ $V(X)=np(1-p)=1.25 \times (1-0.25)=0.9375$

7-13. ① $P(X=1 \mid n=4, p=0.5)={}_4C_1 \times 0.5^1 \times (1-0.5)^{4-1}=0.25$

② $P(X=3 \mid n=5, p=0.15)={}_5C_3 \times 0.15^3 \times (1-0.15)^{5-3}=0.024384$

③ $P(X \leq 2 \mid n=6, p=0.2)=0.262144+0.393216+0.24576=0.90112$

④ $P(X=0 \mid n=7, p=0.1)={}_7C_0 \times 0.1^0 \times (1-0.1)^{7-0}=0.47829$

7-14. ① $E(X)=20 \times 0.5=10\quad V(X)=10 \times 0.5=5\quad \sqrt{V(X)}=\sqrt{5}=2.236$

② $E(X)=100 \times 0.9=90\quad V(X)=90 \times 0.1=9\quad \sqrt{V(X)}=\sqrt{9}=3$

③ $E(X)=50 \times 0.4=20\quad V(X)=20 \times 0.6=12\quad \sqrt{V(X)}=\sqrt{12}=3.464$

④ $E(X)=30 \times 0.7=21\quad V(X)=21 \times 0.3=6.3\quad \sqrt{V(X)}=2.51$

7-15. ① $p=\dfrac{{}_6C_3 \times {}_{39}C_3}{{}_{45}C_3}=\dfrac{20 \times 9139}{8145060}=\dfrac{182780}{8145060}=0.2244$

② $n=10,\quad p=0.02244$

$(X \geq 1)=1-P(X=0)=1-0.797=0.203$

$P(X=0)={}_{10}C_0 0.02244^0 \times 0.97756^{10}=0.797$

③ $n=10,\quad p=0.02244$

$E(X)=10 \times 0.02244=0.2244$

$E(10000X)=10000 \times E(X)=2244$

$V(X)=10 \times 0.02244 \times 0.97756=0.2194$

$V(10000X)=100000^2 \times 0.2194=21940000$

④

X	0	10000	합계
$P(X)$	0.97756	0.02244	1.00000

$E(X)=0 \times 0.97756+10000 \times 0.02244=224.4$

$E(10X)=10 \times 224.4=2244$

$E(X^2)=0 \times 0.97756+10000^2 \times 0.02244=2244000$

$V(X) = 2244000 - 224.4^2 = 2194000$

$V(10X) = 10^2 \times 2194000 = 219400000$

7-16. $P(X=0) = {}_4C_0(1/3)^0(2/3)^4 = \frac{16}{81}$ $\quad P(X=1) = {}_4C_1(1/3)^1(2/3)^3 = \frac{32}{18}$

$P(X=2) = {}_4C_2(1/3)^2(2/3)^2 = \frac{24}{81}$ $\quad P(X=3) = {}_4C_3(1/3)^3(2/3)^1 = \frac{8}{81}$

$P(X=4) = {}_4C_4(1/3)^4(2/3)^0 = \frac{1}{81}$

우승횟수	0	1	2	3	4
X	−500	500	1000	2000	5000
$P(X)$	16/81	32/81	24/81	8/81	1/81

$$E(X) = \frac{(-500\times 16)+(500\times 32)+(1000\times 24)+(2000\times 8)+(5000\times 1)}{81} = 654.32(\text{만원})$$

제8장 정규분포

8-1. ①(○) ②(×) ③(×) ④(○) ⑤(○)
⑥(○) ⑦(×) ⑧(×) ⑨(×) ⑩(○)

8-2. ① $P(0 \le Z \le 1) = 0.3413$

② $P(Z \ge 1) = 0.5 - 0.3413 = 0.1587$

③ $P(Z \le 0.75) = 0.5 + 0.2734 = 0.7734$

④ $P(-0.25 \le Z \le 0.75) = 0.0987 + 0.2734 = 0.3721$

⑤ $P(-1.96 \le Z \le -1.5) = 0.475 - 0.4332 = 0.0418$

⑥ $P(-0.49 \le Z \le 1.05) = 0.1879 + 0.3531 = 0.541$

8-3. ① $P(Z \ge Z_{0.025}) = 0.025$, $\quad P(0 \le Z \le 1.96) = 0.475$, $\quad Z_{0.025} = 1.96$

② $P(Z \ge Z_{0.0668}) = 0.0668$, $\quad P(0 \le Z \le 1.5) = 0.4332$, $\quad Z_{0.0668} = 1.5$

③ $P(Z \ge Z_{0.2921}) = 0.2912$, $\quad P(0 \le Z \le 0.55) = 0.2088$, $\quad Z_{0.2912} = 0.55$

④ 표준정규분포는 좌우대칭이므로 $Z_{0.5} = 0$

⑤ -1.96 ⑥ -1 ⑦ -2 ⑧ -0.44

8-4. ① $Z = 0.74$ ② $Z = 1.64$

③ $\frac{0.0456}{2} = 0.0228$, $\quad 0.5 - 0.0228 = 0.4772$, $\quad Z = 2$

④ $P(0 \le Z \le a) = 0.475$, $\quad a = 1.96$ ⑤ $P(0 \le Z \le a) = 0.495$, $\quad a = 2.576$

8-5. ① 0.025　② 0.625　③ 0.975
④ 0.1587　⑤ 0.35　⑥ 0.85

8-6. $\mu=15,\quad \sigma^2=25,\quad \sqrt{\sigma^2}=5$

① $\frac{20-15}{5}=1,\quad P(X\le 20)=P(Z\le 1)=0.5+0.3413=0.8413$

② $\frac{13-15}{5}=-0.4,\quad P(X\le 13)=P(Z\le -0.4)=0.5-0.1554=0.3446$

③ $P(10\le X\le 18)=P(-1\le Z\le 0.6)=0.3413+0.2257=0.5670$

④ $P(19\le X\le 40)=P(0.8\le Z\le 5)=0.5-0.2881=0.2119$

8-7. $P(X>4.2)=P\left(Z>\frac{4.2-3}{1.2}\right)=P(Z>1)=0.5-0.3413=0.1587$

8-8. ① $P(605\le X\le 602)=P\left(\frac{605-600}{10}<Z<\frac{602-600}{10}\right)$

$=P(-0.5<Z<0.2)=0.1915+0.0793=0.2708$

② $P(590\le X\le 610)=P\left(\frac{590-600}{10}<Z<\frac{610-600}{10}\right)$

$=P(-1<Z<1)=0.3413+0.3413=0.6826$

8-9. ① $P\left(\frac{8.2-7}{1.2}<Z<\frac{9.4-7}{1.2}\right)=P(1<Z<2)=0.4772-0.3413=0.1359$

② $P\left(\frac{5.8-7}{1.2}<Z<\frac{6.4-7}{1.2}\right)=P(-1<Z<-0.5)=0.3413-0.1915=0.1498$

③ $Z_{0.05}=1.645\qquad X=7+1.2\times 1.645=8.974$

④ $Z_{0.1}=1.28\qquad X=7-1.2\times 1.28=5.464$

8-10. $P(Z\ge z)=0.1$일 때, $z=1.282\quad \frac{X-70}{10}=1.282\qquad X=12.82+70\qquad X=82.82$

8-11. ① $P(X\ge 383)=P(Z\ge 0.55)=0.5-0.2088=0.2912$

② $P(Z\le z)=0.15$일 때, $\quad z=-1.04\quad \frac{X-350}{20}=-1.04,$

$X=350-60\times 1.04=287.6$

8-12. ① $P(Z\ge z)=0.2$일 때, $\quad z=0.84$

$\frac{X-70}{10}=0.84\qquad X=70+8.4=78.4$

② 평균이 70점이므로 B를 받은 학생은 70점에서 78.4점 사이의 점수를 얻었다.

③ $P(Z \leq z)=0.1$일 때, $z=-1.282$

$\frac{X-70}{10}=-1.282 \quad X=70-10\times1.282=57.18$

8-13. ① $P(X\leq 2)=p(z\leq -1)=0.5-0.3413=0.1587$

② $P(X\geq 4)=p(z\geq 1)=0.5-0.3413=0.1587,\ 0.158750=7.935$건, 약 8건

8-14. $\mu=50,\quad \sigma^2=50(1-0.5)=25 \quad \sigma=\sqrt{25}=5$

$P(X\leq 45)\Rightarrow P(X\leq 45.5)=P(Z\leq -0.9)=0.5-0.3159=0.1841$

8-15. ① $P(X\geq 250)=p(Z\geq 5)=0$

② $P(180\leq X\leq 220)=P(-2\leq X\leq 2)=0.4772\times 2=0.9544$

③ $P(Z\leq z)=0.05$일 때, $z=-1.645$

$\frac{X-200}{10}=-1.645 \quad X=200-16.45 \quad X=183.55$

8-16. $\mu=36 \quad \sigma=\sqrt{36(1-0.36)}=\sqrt{23.04}=4.8$

① $P(24\leq X\leq 42)\Rightarrow P(23.5\leq X\leq 42.5)=P(-2.6\leq z\leq 1.35)$

$=0.4953+0.4115=0.9068$

② $P(X\geq 45 \mid n=100, p=0.36) \quad \mu=36 \quad \sigma=\sqrt{36(1-0.36)}=4.8$

$(X\geq 45)\Rightarrow P(X\geq 44.5)=P(Z\geq 1.77)=0.5-0.4616=0.0384$

8-17. ① $n=1000,\quad p=0.45,\quad \mu=1000\times 0.45=450,\quad \sigma=\sqrt{4500.55}=15.73$

$P(X\geq 400)=P\left(Z\geq \frac{400-450}{15.73}\right)=P(Z\geq -3.17)=0.5+0.4992=0.9992$

② $n=1000,\quad p=0.35,\quad \mu=1000\times 0.35=350,\quad \sigma=\sqrt{350\times 0.65}=15.08$

$P(X\geq 400)=P\left(Z\geq \frac{400-350}{15.08}\right)=P(Z\geq 3.32)=0.5-0.4993=0.0007$

8-18. $P(Z<-2)=0.1587,\quad P(Z>1)=0.0228$이므로

$\frac{49.7-\mu}{\sigma}=-2,\quad \frac{50.3-\mu}{\sigma}=1,\quad 49.7=\mu-2\sigma,\quad 50.3=\mu+\sigma$

$\mu=50.1,\quad \sigma=0.2$

8-19. C학점을 받을 확률 $P(61\leq X\leq 79)=P(-0.9\leq Z\leq 0.9)$

$=2\times 0.3159=0.6318=\frac{24}{N}$ 그러므로 시험을 친 학생수 $N=38$(명)

8-20. $E(X_1)=500$만원 $\quad \sigma_{X_1}=200$만원

$E(X_2)=700$만원 $\quad \sigma_{X_2}=400$만원

$E(X_1+X_2)=500+700=1200$만원

$V(X_1+X_2)=200^2+400^2=200000$

$\sigma_{X_1+X_2}=\sqrt{200000}=447.21$만원

8-21. $E(X_1-X_2)=172-162=10$

$V(X_1-X_2)=10^2+8^2=164$

$\sigma_{X_1-X_2}=\sqrt{164}=12.806$

$P(X_1-X_2<0)=P\left(Z<\dfrac{0-10}{12.806}\right)=P(Z<-0.78)=0.5-0.2823=0.2177$

8-22. ① $P(X>30)=P\left(Z>\dfrac{30-20}{5}\right)=P(Z>2)=0.0228$

② $0.0228\times5000=114$

③ $P(Y>30)=P\left(Z>\dfrac{30-18}{8}\right)=P(Z>1.5)=0.0668$

④ $E(X-Y)=20-18=2 \quad V(X-Y)=5^2+8^2=89 \quad \sigma_{X-Y}=9.34$

$P(X-Y<0)=P\left(Z<\dfrac{0-2}{9.34}\right)=P(Z<-0.21)=0.5-0.0832=0.4168$

8-23. ① $n=4,\quad P(X=2)={}_4C_2(0.4^2)(0.6^2)=0.3456$

② $n=20,\quad P(X=10)={}_{20}C_{10}(0.4^{10})(0.6^{10})=0.1171$

③ $\mu=np=100\times0.4=40$

④ $n=100,\quad np=40,\quad np(1-p)=24,\quad \sigma_X=\sqrt{24}=4.9$

$P(X\geq50)\Rightarrow(X>49.5)=P\left(Z>\dfrac{49.5-40}{4.9}\right)=P(Z>1.94)$

$=0.5-0.4738=0.0262$

8-24. $n=100,\quad X=100\times0.02=2$

① $p=0.01,\quad \mu=np=1,\quad \sigma^2=np(1-p)=0.99,\quad \sigma=0.995$

$P(X\geq2)\Rightarrow P(X\geq1.5)=P(Z\geq0.5)=0.5-0.1915=0.3085$

② $p=0.02,\quad \mu=np=2,\quad \sigma^2=np(1-p)=1.96,\quad \sigma=1.4$

$P(X\geq2)\Rightarrow P(Z\geq1.5)=P(Z\geq-0.36)=0.5+0.1406=0.6406$

③ $p=0.04,\quad \mu=np=4,\quad \sigma^2=np(1-p)=3.84,\quad \sigma=1.96$

$P(X\geq2)\Rightarrow P(X\geq1.5)=P(Z\geq-1.28)=0.5+0.3997=0.8997$

제9장 표본평균의 분포

9-1. ①(○) ②(×) ③(×) ④(○) ⑤(×)
⑥(○) ⑦(×) ⑧(×) ⑨(○) ⑩(○)

9-2. ① $E(X)=0.6 \quad V(X)=0.24$

②

$\overline{X}$	0	0.5	1	합계
$P(\overline{X})$	0.16	0.48	0.36	1

③ $E(\overline{X})=0.6 \quad V(\overline{X})=0.48-0.6^2=0.12$

④ $E(\overline{X})=0.6 \quad V(\overline{X})=0.42-0.6^2=0.06$

9-3. ① $\mu=3, \quad \sigma^2=\frac{1}{3}\times\{(2-3)^2+(3-3)^2+(4-3)^2\}=0.6667, \quad \sigma=\sqrt{0.6667}=0.8165$

②

표본평균	2	2.5	3	3.5	4	계
$P(\overline{X})$	$\frac{1}{9}$	$\frac{2}{9}$	$\frac{3}{9}$	$\frac{2}{9}$	$\frac{1}{9}$	1

③ $\mu_{\overline{X}}=3, \quad \mu_{\overline{X}}{}^2=\frac{\sigma^2}{2}=\frac{0.6667}{2}=0.3333$

$E(\overline{X})=3$

$E(\overline{X}^2)=\frac{1}{9}\times2^2+\frac{2}{9}\times2.5^2+\frac{3}{9}\times3^2+\frac{2}{9}\times3.5^2+\frac{1}{9}\times4^2=9.333$

$V(\overline{X})=E(\overline{X}^2)-[E(\overline{X})]^2=9.333-9=0.333$

9-4. ① $n=4, \quad \mu_{\overline{X}}=50$만원, $\quad \sigma_{\overline{X}}{}^2=\frac{9^2}{4}=20.25, \quad \sigma_{\overline{X}}=\frac{9}{\sqrt{4}}=4.5$

② $n=9, \quad \mu_{\overline{X}}=50$만원, $\quad \sigma_{\overline{X}}{}^2=\frac{9^2}{9}=9, \quad \sigma_{\overline{X}}=\frac{9}{\sqrt{9}}=3$

③ $n=16, \quad \mu_{\overline{X}}=50$만원, $\quad \sigma_{\overline{X}}{}^2=\frac{9^2}{16}=5.06, \quad \sigma_{\overline{X}}=\frac{9}{\sqrt{16}}=2.25$

9-5. ① $P(X>22)=P(Z>0.4)=0.3446$

② $P(\overline{X}>22)=P(Z>0.8)=0.2119$

③ $P(\overline{X}>22)=P(Z>1.2)=0.1151$

④ $P(\overline{X}>22)=P(Z>2)=0.0228$

9-6. ① $P(X<0)=P(Z<-2)=0.0228$

② $P(\overline{X}<3\%)=P(Z<-2)=0.0228$

③ $P(\overline{X}<3\%)=P(Z<-3)=0.0013$

9-7. ① $P(\overline{X} < \mu - 1) = P(Z < -1.6) = 0.0548$

② $P(-1.5 < \overline{X} - \mu < 1.5) = P(-2.4 < Z < 2.4) = 0.9836$

9-8. $\mu_{\overline{X}} = 5\text{kg} \quad \sigma_{\overline{X}} = 20/5 = 4\text{g}$

$P(\overline{X} < 4980) = P(Z < -5) = 0.0000003$

9-9. $\mu = 100, \quad \sigma = 20, \quad n = 100, \quad \sigma_{\overline{X}} = \dfrac{20}{\sqrt{100}} = 2$

① $P(98 \leq \overline{X} \leq 104) = P\left(\dfrac{98-100}{2} \leq Z \leq \dfrac{104-100}{2}\right)$

$= P(-1 \leq Z \leq 2) = 0.3413 + 0.4772 = 0.8185$

② $P(\overline{X} \leq 92) = P\left(Z \leq \dfrac{92-100}{2}\right) = P(Z \leq -4) = 0$

따라서 모집단의 평균이 100이라는 주장은 맞지 않다.

9-10. $\mu = 50, \quad \sigma^2 = 100, \quad \sigma = 10$

① $n = 25, \quad \sigma_{\overline{X}} = \dfrac{10}{\sqrt{25}} = 2$

$P(-4 \leq \overline{X} - \mu \leq 4) = P\left(\dfrac{-4}{2} \leq \dfrac{\overline{X} - \mu}{\sigma_{\overline{X}}} \leq \dfrac{4}{2}\right)$

$P(-2 \leq Z \leq 2) = 0.4772 + 0.4772 = 0.9544$

② $n = 64, \quad \mu = 50, \quad \sigma_{\overline{X}} = \dfrac{10}{\sqrt{64}} = 1.25$

$P(-a \leq Z \leq a) = 0.9, \quad a = 1.645$

$\dfrac{x_1 - 50}{1.25} = -1.645, \quad x_1 = 50 - 2.056 = 47.944$

$\dfrac{x_2 - 50}{1.25} = 1.645, \quad x_2 = 52.056 \qquad [47.944, 52.056]$

9-11. $\mu = 10000, \quad \sigma = 60, \quad n = 36$

① $\sigma_{\overline{X}} = \dfrac{60}{6} = 10,$

$P(10 \leq \overline{X} - \mu \leq 20) + P(-20 \leq \overline{X} - \mu \leq -10) = P(1 \leq Z \leq 2) + P(-2 \leq Z \leq -1)$

$= (0.4772 - 0.3413) + (0.4772 - 0.3413) = 0.2718$

② $p(-a \leq Z \leq a) = 0.6, \quad p(0 \leq Z \leq 0.84) = 0.3$이므로 $a = 0.84$

$\dfrac{x_1 - 10000}{10} = -0.84, \quad x_1 = 9991.6$

$\dfrac{x_2 - 10000}{10} = 0.84, \quad x_2 = 10008.4 \qquad [9991.6, 10008.4]$

9-12. ①

X	-1000	0	1000	합계
$P(X)$	0.333	0.333	0.333	1

② $E(X)=0$ $V(X)=666666.7$

③ $E(\overline{X})=0$ $V(\overline{X})=333333.3$

④ $E(\overline{X})=0$ $V(\overline{X})=66666.7$

⑤ $E(X)=0$ $V(X)=66{,}666{,}667$

제10장 통계적 추정

10-1. ① (×) ② (×) ③ (○) ④ (○) ⑤ (×)
⑥ (○) ⑦ (○) ⑧ (○) ⑨ (×) ⑩ (×)

10-2. ① $20\pm1.96\times\frac{3}{\sqrt{9}}$ (18.04, 21.96)

② $120\pm1.96\times\frac{20}{\sqrt{25}}$ (112.16, 127.84)

③ $52\pm1.645\times\frac{8}{\sqrt{16}}$ (48.71, 55.29)

10-3. $25\pm1.96\times\frac{3}{\sqrt{81}}$ (24.35, 25.65)

10-4. ① $t_{0.05,2}=2.92$ ② $t_{0.05,5}=2.015$ ③ $t_{0.05,10}=1.812$
④ $t_{0.01,20}=2.528$ ⑤ $t_{0.1,25}=1.316$ ⑥ $t_{0.025,20}=2.086$

10-5. ① $P(t_{11}>a)=0.05$, $t_{0.05,11}=1.796$

② $P(0<t_{15}<a)=0.475$, $t_{0.025,15}=2.131$

③ $P(t_{25}<a)=0.95$, $t_{0.05,25}=1.708$

④ $t_{0.01,10}=2.764$, $P(t>2.764)=0.01$

10-6. ① -1.318 ② -2.074 ③ 0
④ -1.383 ⑤ -1.796 ⑥ -2.896

10-7. ① 0.975 ② 0.875 ③ 0.575
④ 0.075 ⑤ 0.95 ⑥ 0.35

10-8. $5000\pm1.96\times\frac{1500}{\sqrt{200}}$ (4792.11, 5207.89)

10-9. ① $\mu_{\overline{X}}=5,\quad \sigma_{\overline{X}}=0.25$

② $P(-0.5<\overline{X}-\mu<-0.25)+P(0.25<\overline{X}-\mu<0.5)$

$=P(-2<Z<-1)\times 2=0.2718$

10-10. $X=t_{0.025,\,24}\times\dfrac{S}{\sqrt{25}}=1000,\quad 1050-2.064\times\dfrac{S}{5}=1000$

$S=50\times\dfrac{5}{2.064}=\dfrac{250}{2.064}=121.12$

10-11. ① $0.23\pm1.96\times\sqrt{\dfrac{0.23(1-0.23)}{100}}$ (0.1475, 0.3125)

② $0.6\pm1.96\times\sqrt{\dfrac{0.6(1-0.6)}{250}}$ (0.5393, 0.6607)

10-12. $\sigma_{\hat{p}}^2=\dfrac{0.3\times0.7}{900}=0.00023,\quad \sigma_{\hat{p}}=\sqrt{0.00023}=0.0153$

$P(0.27<\hat{p}<0.33)=P\left(\dfrac{0.27-0.3}{0.0153}<Z<\dfrac{0.33-0.3}{0.0153}\right)$

$=P(-1.96<Z<1.96)=0.95$

10-13. $0.2\pm1.96\times\sqrt{\dfrac{0.2(1-0.2)}{100}}$ (0.1216, 0.2784)

10-14. ① $n=\left(\dfrac{1.96\times3}{1}\right)^2=34.5744$ 35명

② $n=\left(\dfrac{1.96\times3}{0.5}\right)^2=138.3$ 139명

10-15. $n=\dfrac{1.96^2\times0.008(1-0.008)}{0.01^2}=304.9$ 305개

10-16. ① (0.25−0.03, 0.25+0.03) (0.22, 0.28)

② $\hat{p}(1-\hat{p})=0.25\times0.75=0.1875,\ n=0.1875\times\left(\dfrac{1.96}{0.03}\right)^2=800.3$

10-17. $P(-1<\overline{X}-\mu<1)=P\left(\dfrac{-1}{2/\sqrt{25}}<Z<\dfrac{1}{2/\sqrt{25}}\right)=P(-2.5<Z<2.5)=0.9876$

10-18. 표준오차 1.414 95% 신뢰수준에서의 표본오차 2.984
신뢰구간 (12.016, 17.984)

10-19. $\hat{p}=(0.319+0.381)/2=0.35$

제11장 가설

11-1. ①(○) ②(○) ③(×) ④(○) ⑤(○)
⑥(×) ⑦(×) ⑧(○) ⑨(○) ⑩(×)

11-2. ① H_1 : 학생들의 주당 학습시간과 취업률은 관계가 있다.
② H_1 : 중소기업의 정보화 투자비용은 매출액의 0.5%를 초과한다.
③ H_1 : 올해 기업들의 평균 채용인원은 작년의 평균 채용인원과 다르다.
④ H_1 : 대동전자 평면스크린의 불량률은 1% 미만이다.

11-3. ① 제1종 오류 : 상품의 품질이 같은데도 품질이 다른다는 결론
제2종 오류 : 상품의 품질이 다른데도 같다는 결론
② 제1종 오류 : 규격이 맞는데 미달한다는 결론
제2종 오류 : 규격이 미달하는데 맞다는 결론
③ 제1종 오류 : 불량률이 1%임에도 아니라는 결론
제2종 오류 : 불량률이 1%가 아님에도 1%라는 결론

11-4. ① $H_1 : \mu < 50,\quad -Z_{0.05} = -1.645$ ② $H_1 : \mu > 50,\quad Z_{0.1} = 1.282$
③ $H_1 : p > 0.05,\quad Z_{0.01} = 2.326$
④ $H_1 : \mu \neq 250,\quad Z_{0.025} = 1.96$ 또는 $-Z_{0.025} = -1.96$

11-5. ① H_1 : 학생들의 한 달 평균 용돈은 25만원을 초과한다.
p값이 유의수준보다 작으므로 귀무가설을 기각한다.
따라서 학생들의 한 달 평균 용돈은 25만원을 초과한다.
② H_1 : 이 공정의 불량률은 3% 초과이다.
p값이 유의수준보다 크므로 귀무가설을 채택한다.
따라서 이 공정의 불량률은 3% 이하이다.
③ H_1 : 이 진통제의 진통 지속시간은 8시간을 초과한다.
p값이 유의수준보다 작으므로 귀무가설을 기각한다.
따라서 이 진통제의 진통 지속시간은 8시간을 초과한다.
④ H_1 : 이 후보자의 지지율은 45%가 아니다.
p값이 유의수준보다 크므로 귀무가설을 채택한다.
따라서 이 후보자의 지지율은 45%이다.

11-6. $P(X \geq 8) = 0.001 + 0.0098 + 0.0439 = 0.0547$ 8회

11-7. ① H_0 : 소음이 환경 기준치를 넘는다.
H_1 : 소음이 환경 기준치를 넘지 않는다.
② p값이 유의수준 0.05보다 작으므로 5%의 유의수준에서 귀무가설은 기각된다.
즉, 소음이 환경 기준치를 넘지 않는다.

11-8. ① H_0 : 소각장 설치에 찬성하는 주민의 비율이 0.5 이하이다.
H_1 : 소각장 설치에 찬성하는 주민의 비율이 0.5를 초과한다.
② p값이 유의수준 0.05보다 큰 0.12이므로 5%의 유의수준에서 귀무가설은 채택된다.
즉, 소각장 설치에 찬성하는 주민의 비율은 0.5 이하이다.

11-9. ① H_0 : 두 평균이 같다. H_1: 두 평균이 다르다.
② $p<\alpha$ 이므로 귀무가설 기각. 따라서 두 앱의 개수가 다르다.

11-10. ① H_0 : 수질이 환경오염 기준치 이내이다.
H_1 : 수질이 환경오염 기준치 이내가 아니다.
② 제1종 오류 : 환경오염 기준치 이내임에도 아니라는 결론
제2종 오류 : 환경오염 기준치 이내가 아님에도 이내라는 결론
③ p값이 유의수준보다 낮으므로 귀무가설을 기각, 즉 수질이 환경오염 기준치 이내가 아니다.

11-11. ① 0.975 ② 0.05 ③ 0.2
④ 0.99 ⑤ 0.0228 ⑥ 0.1498

11-12. ① 0.01 ② 0.05 ③ 0.05
④ 0.5 ⑤ 0.5 ⑥ 1

11-13. $P(X \geq 4) = 0.0284 + 0.0024 = 0.0308$ 4명

제12장 단일 모집단에 대한 가설검정

12-1. ① (×) ② (○) ③ (×) ④ (○) ⑤ (×)
⑥ (○) ⑦ (×) ⑧ (○) ⑨ (○) ⑩ (×)

12-2. $H_0 : \mu \geq 130$ $H_1 : \mu < 130$

$-Z_{0.01} = -2.326$ $Z_c = \dfrac{125-130}{2} = -2.5$

H_0 기각 $P(Z < -2.5) = 0.0062$

12-3. $H_0 : \mu \geq 2, \quad H_1 : \mu < 2$

$-Z_{0.05} = 1.645$, 기각영역 $Z < -1.645$, $\quad Z_c = \dfrac{199-200}{0.01/\sqrt{50}} = -7.071$

Z_c가 기각영역에 포함되므로 귀무가설(H_0)을 기각한다.

12-4. ① $H_0 : \mu \geq 327, \quad H_1 : \mu < 327$

$-t_{0.1,8} = -1.397$, 기각영역 : $t < -1.397$, $\quad t_c = \dfrac{324.7-327}{3/\sqrt{9}} = -2.3$

$t_c < -1.397$이므로 귀무가설(H_0)을 기각

② $H_0 : \mu \leq 20, \quad H_1 : \mu > 20$

$t_{0.05,24} = 1.711$, 기각영역 : $t > 1.711$, $\quad t_c = \dfrac{26-20}{4/\sqrt{25}} = 7.5$

$t_c > 1.711$이므로 귀무가설(H_0)을 기각

③ $H_0 : \mu = 55, \quad H_0 : \mu \neq 55$

$t_{0.005,24} = 2.797$, 기각영역 $-2.797 > t$ 또는 $t > 2.797$, $\quad t_c = \dfrac{50-55}{10/\sqrt{25}} = -2.5$

$-2.797 < t_c < 2.797$이므로 귀무가설(H_0)을 기각할 수 없음

12-5. $H_0 : \mu = 200, \quad H_1 : \mu \neq 200$

$Z_{0.025} = 1.96$, 기각영역 $-1.96 > Z$ 또는 $Z > 1.96$, $\quad Z_c = \dfrac{198-200}{10/\sqrt{100}} = -2$

$Z_c < -1.96$이므로 귀무가설(H_0)을 기각

12-6. ① $H_0 : \mu \geq 0.8, \quad H_1 : \mu < 0.8$

$-t_{0.05,17} = -1.740$, 기각영역 $t < -1.740$, $\quad t_c = \dfrac{0.663-0.8}{0.255/\sqrt{18}} = -2.27938$

$t_c < -1.740$이므로 귀무가설(H_0)을 기각한다.

② $H_0 : \mu \leq 0.8, \quad H_1 : \mu > 0.8$

$t_{0.05,17} = 1.740$, 기각영역 $t > 1.740$, $\quad t_c = \dfrac{0.663-0.8}{0.255/\sqrt{18}} = -2.27938$

$t_c < 1.740$이므로 귀무가설(H_0)을 기각할 수 없다.

12-7. $H_0 : p \geq 0.95, \quad H_1 : p < 0.95$

$-Z_{0.05} = -1.645$, 기각영역 $Z < -1.645$, $\quad Z_c = \dfrac{0.96-0.95}{0.95(1-0.95)/200} = -0.6489$

$Z_c > -1.645$이므로 귀무가설(H_0)을 기각할 수 없다.

12-8. ① $H_0 : \mu \geq 20 \quad H_1 : \mu < 20$

$-t_{15,0.05} = -1.753 \quad t_c = \dfrac{20-18}{0.625} = -3.2$

H_0 기각 $P(t_{15}<-3.2)<0.005$

② $H_0 : \mu \le 20$ $H_1 : \mu > 20$

$t_{15,0.05}=1.753$ $t_c=\dfrac{20-18}{0.625}=-3.2$

H_0 기각 못함 $P(t_{15}>-3.2)>0.995$

12-9. ① $H_0 : p \le 0.05$, $H_1 : p > 0.05$

$Z_{0.05}=1.645$, 기각영역 $Z>1.645$, $Z_c=\dfrac{0.075-0.05}{\sqrt{\dfrac{0.05(1-0.05)}{200}}}=1.62$

$Z_c<1.645$이므로 귀무가설(H_0)을 기각할 수 없음

② $P(Z>1.62)=0.5-0.4474=0.0526$

12-10. $H_0 : p \ge 0.1$, $H_1 : p < 0.1$

$Z_{0.05}=1.645$, 기각영역 $Z>1.645$, $Z_c=\dfrac{\hat{p}-0.1}{\sqrt{0.09/200}}=-1.645$

$\hat{p}=0.1-\dfrac{1.645\times 0.3}{\sqrt{200}}=0.0651$, $n=0.0651\times 200=13.02$

12-11. ① $H_0 : p \ge 0.5$, $H_1 : p < 0.5$

$-Z_{0.05}=-1.645$, 기각영역 $Z<-1.645$, $Z_c=\dfrac{0.44-0.5}{\sqrt{\dfrac{0.5(1-0.5)}{500}}}=-2.727$

$Z_c<-1.645$이므로 귀무가설(H_0)을 기각한다.

② $P(Z<-2.70)=0.5-0.4965=0.0035$

12-12. ① $H_0 : \mu \ge 500$, $H_1 : \mu < 500$

$-Z_{0.05}=-1.645$, 기각영역 $Z<-1.645$, $Z_c=\dfrac{495-500}{10\sqrt{20}}=-2.236$

$Z_c<-1.645$이므로 귀무가설(H_0)을 기각

② $H_0 : \mu \ge 500$, $H_1 : \mu < 500$

$-t_{0.05,19}=-1.729$, 기각영역 $t<-1.729$, $t_c=\dfrac{495-500}{15\sqrt{20}}=-1.49$

$t_c>-1.729$이므로 귀무가설(H_0)을 기각할 수 없다.

12-13. $H_0 : \mu \ge 0.1$, $H_1 : \mu < 0.1$

$-Z_{0.05}=-1.645$, 기각영역 $Z_c<-1.645$, $Z_c=\dfrac{\overline{X}-0.1}{0.05/\sqrt{200}}=-1.645$

$\overline{X}=0.1-0.005816=0.09418$ $n=200\times 0.09418=18.84$

즉, 전체 오류가 18.84개 이하로 검출되어야 한다.

12-14. ① $H_0: p \geq 0.75$, $H_1: p < 0.75$

$-Z_{0.05} = -1.645$, 기각영역 $Z < -1.645$, $Z_c = \dfrac{0.7-0.75}{\sqrt{\dfrac{0.75(1-0.75)}{n}}} = -1.645$

$n = \left(\dfrac{-1.645}{-0.05}\right)^2 \times 0.1875 = 202.9$, 약 203명이 되어야 한다.

② $H_0: p \geq 0.75$, $H_1: p < 0.75$

$-Z_{0.01} = -2.236$, 기각영역 $Z < -2.236$, $Z_c = \dfrac{0.7-0.75}{\sqrt{\dfrac{0.75(1-0.75)}{n}}} = -2.326$

$n = \left(\dfrac{-2.326}{-0.05}\right)^2 \times 0.1875 = 405.77$, 약 406명이 되어야 한다.

12-15. ① $S_{\overline{X}} = 0.02/\sqrt{25} = 0.004$ $t_{24, 0.05} = 1.711$

$0.004 \times 1.711 = 0.0068$ $\overline{X} > 0.06 + 0.0068$ $\overline{X} > 6.68\%$

② $S_{\overline{X}} = 0.02/\sqrt{25} = 0.004$ $t_{24, 0.01} = 2.492$

$0.004 \times 2.492 = 0.01$ $\overline{X} > 0.06 + 0.01$ $\overline{X} > 7\%$

12-16. $-t_{15, 0.05} = -1.753$ $\dfrac{4.8-5}{S_{\overline{X}}} < -1.753$

$S_{\overline{X}} < 0.2/1.753$ $S_{\overline{X}} < 0.114$ $S < 0.4564$

12-17. $-Z_{0.05} = 1.645$ $\dfrac{1.98-2}{\sigma_{\overline{X}}} < -1.645$

$\sigma_{\overline{X}} < 0.0122$ $\sqrt{n} > 0.05/0.01216$ $n > 16.9$

제13장 두 모집단에 대한 가설검정

13-1. ①(×) ②(○) ③(○) ④(○) ⑤(×)
⑥(×) ⑦(○) ⑧(○) ⑨(○) ⑩(×)

13-2. $H_0: \mu_1 = \mu_2$, $H_1: \mu_1 \neq \mu_2$, $t_{0.025, 25} = 2.060$, 기각영역 $t < -2.060$, $t > 2.060$

$S_p^2 = \dfrac{(12-1)36 + (15-1)64}{(12-1)+(15-1)} = 51.68$,

$t_c = \dfrac{(78-74)-0}{\sqrt{\dfrac{51.68}{12} + \dfrac{51.68}{15}}} = \dfrac{4}{2.782} = 1.44$

$-2.060 < t_c < 2.060$이므로 H_0를 기각할 수 없다.

13-3. $H_0: \mu_1 = \mu_2$, $H_0: \mu_1 \neq \mu_2$, $t_{0.005,30} = 2.750$, 기각영역 $t < -2.750, t > 2.750$

$$S_p^2 = \frac{19 \times 441 + 11 \times 100}{20 + 12 - 2} = 315.96, \quad S_p = 17.78$$

$$t_c = \frac{(77.1 - 62.3)}{\sqrt{\frac{315.96}{20} + \frac{315.96}{12}}} = \frac{14.8}{6.4897} = 2.28$$

$-2.750 < t_c < 2.750$이므로 H_0를 기각할 수 없다.

13-4. ① 임계치 $\pm Z_{0.025} = \pm 1.96$ $\quad Z_c = \dfrac{0.72 - 0.82}{\sqrt{\dfrac{0.09}{200} + \dfrac{0.16}{200}}} = -2.828 \quad Z_c < -1.96 \quad H_0$ 기각

② $P(Z < -2.828) \times 2 = 0.0023 \times 2 = 0.0046$

13-5. ① 임계치 $\pm Z_{0.025} = \pm 1.96$ $\quad Z_c = \dfrac{20 - 18}{\sqrt{\dfrac{36}{200} + \dfrac{25}{200}}} = 3.62 \quad Z_c > 1.96 \quad H_0$ 기각

② $P(Z < 3.62) \times 2 = 0.0002 \times 2 = 0.0004$

13-6. ① $Z_c = \dfrac{\overline{X}_1 - \overline{X}_2}{\sqrt{\dfrac{S_1^2}{n_1} + \dfrac{S_2^2}{n_2}}}$ $\qquad$ ② $\pm Z_{0.025} = \pm 1.96$

③ $P(Z < -2.5) \times 2 = 0.0062 \times 2 = 0.0124$

13-7. $H_0: \mu_1 - \mu_2$, $H_1: \mu_1 \neq \mu_2$, $t_{0.025,58} = 2$, 기각영역 $t < -2, t > 2$

$$S_p^2 = \frac{(30-1)6.25 + (30-1)9.61}{(30-1) + (30-1)} = 7.93$$

$$t_c = \frac{8.5 - 9.5}{\sqrt{\frac{7.93}{30} + \frac{7.93}{30}}} = \frac{-1}{\sqrt{0.5287}} = \frac{-1}{0.7271} = -1.375$$

$-2 < t_c < 2$이므로 H_0를 기각할 수 없다.

13-8. $H_0: \mu_1 = \mu_2$, $H_1: \mu_1 \neq \mu_2$, $t_{0.025,53} = 2$, 기각영역 $t < -2,\ t > 2$

$$S_p^2 = \frac{(30-1)8100 + (25-1)14400}{(30-1) + (25-1)} = 10952.83$$

$$t_c = \frac{1{,}190 - 1{,}230}{\sqrt{\frac{10952.83}{30} + \frac{10952.83}{25}}} = \frac{-40}{\sqrt{803.2}} = \frac{-40}{28.34} = -1.411$$

$-2 < t_c < 2$이므로 H_0를 기각할 수 없다.

13-9. ① $t_c = \dfrac{\overline{X}_1 - \overline{X}_2}{\sqrt{\dfrac{S_p^2}{n_1} + \dfrac{S_p^2}{n_2}}}$ ② $\pm t_{30,\,0.025} = \pm 2.042$

③ $-2.042 < t_c < 2.042$ H_0 기각 못함

④ $p = P(t_{30} > 2) \times 2$ $0.1 < p < 0.05$

13-10. $H_0 : p_1 = p_2$, $H_1 : p_1 \neq p_2$, $Z_{0.05} = 1.96$, 기각영역 $Z > 1.96, Z < -1.96$

$$\hat{p} = \frac{200 \times 0.095 + 100 \times 0.05}{200 + 100} = 0.08$$

$$Z_c = \frac{(0.095 - 0.05)}{\sqrt{0.08 \times 0.92 \times \left(\dfrac{1}{200} + \dfrac{1}{100}\right)}} = \frac{0.045}{\sqrt{0.001104}} = \frac{0.045}{0.0332} = 1.3554$$

$-1.96 < Z_c < 1.96$이므로 H_0를 기각할 수 없다.

13-11. $H_0 : p_1 = p_2$, $H_1 : p_1 \neq p_2$, $Z_{0.025} = 1.96$, $Z < -1.96, Z > 1.96$

$$\hat{p} = \frac{400 \times 0.65 + 400 \times 0.60}{400 + 400} = \frac{500}{800} = 0.625$$

$$\hat{p}(1 - \hat{p}) = 0.625 \times 0.375 = 0.2344$$

$$Z_c = \frac{0.65 - 0.60}{\sqrt{\dfrac{0.2344}{400} + \dfrac{0.2344}{400}}} = \frac{0.05}{0.034} = 1.471$$

$-1.96 < Z_c < 1.96$이므로 H_0를 기각할 수 없다.

13-12. ① $Z_c = \dfrac{\hat{p}_1 - \hat{p}_2}{\sqrt{\dfrac{\hat{p}(1-\hat{p})}{n_1} + \dfrac{\hat{p}(1-\hat{p})}{n_2}}}$ ② $\pm Z_{0.025} = \pm 1.96$

③ $Z_c > 1.96$ H_0 기각된다. 그러므로 차이가 있다고 할 수 있다.

④ $P(Z > 2.32) \times 2 = 0.0102 \times 2 = 0.0204$

13-13. $H_0 : \mu_1 = \mu_2$, $H_1 : \mu_1 \neq \mu_2$, $t_{0.025,\,9} = 2.262$, 기각영역 $t < -2.262, t > -2.262$

$$\Sigma D = -20, \quad \Sigma D^2 = 106, \quad \overline{D} = \frac{-20}{10} = -2$$

$$S_D^2 = \frac{1}{9}(106 - 10(-2)^2) = 7.333, \quad S_D = 2.708$$

$$t_c = \frac{-2}{2.708/\sqrt{10}} = -2.335$$

$t_c < -2.262$이므로 귀무가설을 기각한다.

p값의 범위는 $t_{0.01,\,9} = 2.821$이므로 $0.02 < p$값 < 0.05

13-14. ① $\Sigma D=33,\quad \Sigma D^2=241,\quad \overline{D}=\frac{33}{10}=3.3$

② $H_0:\mu_1=\mu_2,\quad H_1:\mu_1\neq\mu_2,\quad t_{0.025,9}=2.262$, 기각영역 $t<-2.262, t>-2.262$

$$t_c=\frac{3.3}{3.831/\sqrt{10}}=2.724$$

$t_c<-2.262$이므로 귀무가설을 기각한다.

13-15. ① $t_c=\frac{\overline{D}}{S_D/\sqrt{n}}$ ② $\pm t_{0.025,19}=\pm 2093$ ③ $t_c>2.093$ H_0 기각

④ $p=P(t_{19}>2.7)\times 2$ $0.02<p<0.01$

13-16. ① $t_c=\frac{\overline{D}}{S_D/\sqrt{n}}$ ② $\pm t_{0.025,19}=\pm 2.093$

③ $p<\alpha$이므로 수질이 동일하다는 귀무가설은 기각된다.

13-17. ① $Z^*=\frac{\hat{p}_1-\hat{p}_2}{\sqrt{\frac{\hat{p}(1-\hat{p})}{n_1}+\frac{\hat{p}(1-\hat{p})}{n_2}}},\quad \hat{p}=\frac{n_1\hat{p}_1+n_2p_2}{n_1+n_2}$

② $\pm Z_{0.025}=\pm 1.96$

③ $p>\alpha$이므로 연령층에 차이가 없다는 귀무가설을 기각할 수 없다.

13-18. $Z_{0.025}=1.96\quad \frac{D}{\sqrt{\frac{4}{25}+\frac{9}{25}}}>1.96\quad D>1.96\times 0.721\quad D>1.42$

13-19. $H_0:\mu_1=\mu_2,\quad H_1:\mu_1\neq\mu_2,\quad t_{0.025,24}=2.064$, 기각영역 $t<-2.064, t>2.064$

$$\overline{X}_1=\frac{360}{15}=24,\quad S_1^2=\frac{1}{14}(8900-15\times 24^2)=18.57$$

$$\overline{X}_2=\frac{220}{10}=22,\quad S_2^2=\frac{1}{9}(5000-10\times 22^2)=17.778$$

$$S_p^2=\frac{260+160}{23}=18.26$$

$$t_c=\frac{24-22}{\sqrt{\frac{18.26}{15}+\frac{18.26}{10}}}=\frac{2}{\sqrt{3.0434}}=\frac{2}{1.745}=1.146$$

$2.064>t_c$이므로 H_0를 기각할 수 없다.

13-20. $t_{28,0.025}=2.048\quad S_p^2=17\quad \frac{D}{\sqrt{\frac{17}{15}+\frac{17}{15}}}>2.048\quad D>2.048\times 1.5\quad D>3.08$

제14장 단순회귀분석

14-1. ①(○) ②(○) ③(○) ④(○) ⑤(○)
⑥(×) ⑦(×) ⑧(×) ⑨(○) ⑩(×)
⑪(×) ⑫(○) ⑬(○)

14-2. ① $\hat{Y}=10+3.5\times10=45, \quad e_1=50-45=5$
② $\hat{Y}=10+3.5\times14=59, \quad e_2=58-59=-1$

14-3. ①

SST	192	SSR	90.75
b	−1.375	SSE	101.25
a	14.875	S_e^2	16.875
R^2	0.4727	S_b^2	0.3516

②

X	Y	$\hat{Y}$	e_i
4	6	9.375	−3.375
7	12	5.25	6.75

③

S_b	$t_{n-2,\,\alpha/2}\times S_b$	하한값	상한값
0.593	1.45	−2.826	0.0759

④

t 통계량값	−2.319
$\alpha=0.05$의 임계치	±2.447
p값의 범위	$0.05 < p < 0.1$

14-4. ① 생략
② $\Sigma X=69, \quad \Sigma Y=74, \quad \Sigma XY=521, \quad \Sigma X^2=501, \quad \Sigma Y^2=574$
③ $\overline{X}=6.9, \quad \overline{Y}=7.4$
④ $b=\dfrac{\Sigma XY-n\overline{XY}}{\Sigma X^2-n\overline{X}^2}=\dfrac{521-(10\times6.9\times7.4)}{501-(10\times6.9^2)}=\dfrac{10.4}{24.9}=0.4177$
$a=\overline{Y}-b\overline{X}=7.4-(0.41776.9)=4.518$
$\hat{Y}_i=4.518+0.4177X_i$
⑤ $x=7, \quad \hat{Y}_i=4.518+(0.4177\times7)=7.4419 \qquad \therefore 7.442$
⑥

X	8	10	7	6	9	5	6	7	5	6
e_i	−1.859	0.305	−2.442	−2.024	1.723	1.394	−0.024	1.558	0.394	0.976

14-5. ① $\Sigma X=70,\quad \Sigma Y=1000,\quad \Sigma X^2=600,\quad \Sigma Y^2=106850,\quad \Sigma XY=7595$

$S_X^2=\frac{1}{9}(600-10\times 7^2)=12.222 \quad S_{XY}=\frac{1}{9}(7595-10\times 7\times 100)=66.111$

$b=\frac{S_{XY}}{S_X^2}=\frac{66.111}{12.222}=5.41,\quad a=100-5.41\times 7=62.14$

$\hat{Y}=62.14+5.41X$

② $S_Y^2=\frac{1}{9}(106850-10\times 100^2)=761.11 \quad S_Y=\sqrt{761.11}=27.59$

$S_X=\sqrt{12.22}=3.496$

$\gamma=\frac{S_{XY}}{S_X S_Y}=\frac{66.11}{\sqrt{12.22}\times\sqrt{27.59}}=0.6854,\quad R^2=0.6854^2=0.4698$

③ $SST=6850 \qquad SSR=6850\times 0.4698=3218.4$

$SSE=6850-3218.4=3631.6$

④ $S_e^2=MSE=\frac{SSE}{n-2}=\frac{3631.6}{8}=453.95$

⑤ $S_b^2=\frac{MSE}{\Sigma X^2-n\overline{X}^2}=\frac{453.95}{110}=4.1268$

⑥ $H_0:\beta=0,\quad H_1:\beta\neq 0$

$S_b=\sqrt{4.1268}=2.03,\quad t_{0.025,8}=2.306,\quad t_c=\frac{5.41}{2.03}=2.663$

$t_c>2.306$이므로 귀무가설을 기각한다.

⑦ $\alpha=0.1,\quad t_{0.05,8}=1.86,\quad S_b=2.03 \qquad 5.41\pm 1.86\times 2.03$

14-6. ① $S_X^2=\frac{1}{9}(1068650000-10\times 10330^2)=173444.44$

$S_Y^2=\frac{1}{9}(2006500-10\times 447^2)=934.44$

$S_{XY}=\frac{1}{9}(46073000-10\times 10330\times 447)=-11344.44$

$b=\frac{-11344.44}{173444.44}=-0.06541$

$a=447-(-0.06541)\times 10330=1122.652$

② $R^2=\frac{S_{XY}^2}{S_X^2 S_Y^2}=\frac{(-11344.44)^2}{173444.44\times 934.449}=0.794$

③ $SST=8410 \qquad SSR=8410\times 0.794=6678$

$SSE=6850-6678=1732 \qquad S_e^2=MSE=\frac{1732}{8}=216.5$

$S_b^2=\frac{216.5}{1561000}=0.000139$

④ $\hat{Y}=1122.652-0.06541\times 10000=468.58$

⑤ $H_0:\beta=0,\quad H_1:\beta\neq 0$

$S_b=\sqrt{0.000139}=0.0118,\quad t_{0.025,8}=2.306,\quad t_c=\dfrac{-0.06541}{0.0118}=-5.554$

$t_c<-2.306$이므로 귀무가설을 기각한다.

⑥ 생략

14-7. ① $F_{0.05(2,1)}=3.98$ ② $F_{0.05(1,15)}=4.54$ ③ $F_{0.01(4,4)}=15.98$
④ $F_{0.01(1,30)}=7.56$

14-8. ① $\hat{Y}=9.42+4.645X$ ② 0.609 ③ $S_e^2=963.52\quad S_b^2=0.49$
④ 172 ⑤ $t_c=6.608\quad t_{28,0.025}=2.048\quad H_0$ 기각
⑥

	자유도	제곱합	제곱평균	F
회귀	1	42075.57	42075.57	43.67
잔차	28	26978.43	963.52	
계	30	69054		

14-9. ① $E(Y\mid X=50)=-50+3\times 50=100\quad \sigma_Y^2=\sigma_e^2=100$
② $E(Y\mid X=60)=-50+3\times 60=130$, 평균이 130이고 분산이 100인 정규분포
③ 승률이 1% 오를 때, 관람객수의 기대치(평균)가 3만큼 증가함

14-10. ① $E(Y\mid X=30)=-165+12\times 30=195\quad \sigma_Y^2=\sigma_e^2=25$
② $E(Y\mid X=26)=-165+12\times 26=157$, 평균이 157이고 분산이 25인 정규분포

14-11. ① $\hat{Y}=0.25+1.25X$ ② 0.893 ③ 0.5625 ④ 0.153

14-12. 0.83

14-13. ① $\hat{Y}=40+0.5X$ ② 0.375 ③ 44.643 ④ 0.5 ± 0.25

제15장 다중회귀분석

15-1. ① $\hat{Y}=5{,}462.1-(412.9\times 3)-(52.3\times 3)=4066.5$
② $\hat{Y}=5{,}462.1-(412.9\times 5)-(52.3\times 5)=3136.1$

15-2 ①

변수	회귀계수	표준편차	t
상수	−1.246	0.2928	−4.255
X_1	0.434	0.077	5.636
X_2	0.078	0.0078	10.044

② $t_{0.025,\,10}=2.228$, 기각영역 $t<-2.228$, $t>2.228$

$t_c>2.228$이므로 귀무가설을 기각함

가족의 수(X_1)는 의복에 대한 지출비용(Y)에 영향을 미친다.

③ $t_c>2.228$이므로 귀무가설을 기각함

소득(X_2)은 의복에 대한 지출비용(Y)에 영향을 미친다.

15-3. ① $\hat{Y}=-6.2614+0.0748X_1+0.0194X_2$

② 소득이 2000만원 이상인 가구수(X_2)가 변함이 없을 때, 전체 가구수가 1000가구 증가하는 데 총수익의 기대값은 7천4백80만원씩 증가한다.

③ $H_0:\beta_1=0$, $H_1:\beta_1\neq 0$ $t_c=1.33$

임계치 $t_{0.025,\,5}=2.571$, 기각영역 $t<-2.571$, $t>2.571$

$-2.571<t_c<2.571$이므로 H_0를 기각할 수 없다.

④ $t_{0.025,\,5}=2.571$, $0.0194\pm 2.571\times 0.0074$ [0.000375, 0.0384]

⑤ $R^2=\dfrac{SSR}{SST}=\dfrac{0.511}{0.659}=0.73525$

⑥ $H_0:\beta_1=\beta_2=0$, $H_1:\beta_1\neq 0$ 또는 $\beta_2\neq 0$, $F_{0.05(2,5)}=5.79$, 기각영역 $F>5.79$

$F_c>5.79$이므로 귀무가설이 기각되며 유의성이 있다고 할 수 있다.

15-4. ① 생략

② $\hat{Y}=58.157-0.1175X_1-0.00687X_2$

③ b_1 : 차량의 무게가 동일한 경우, 차의 마력수가 1단위 증가하면 연비의 기대값(평균)은 0.1175만큼 감소한다.

b_2 : 차량의 마력이 동일한 경우 차의 무게가 1단위 증가하면 연비의 기대값(평균)은 0.00687만큼 감소한다

④ $\hat{Y}=58.157-0.1175\times 10-0.00687\times 2000=32.667$

⑤ $t_{0.025,\,47}=2.021$, $-0.00687\pm 2.021\times 0.0014$

15-5. ① 생략

② $\hat{Y}=156.43+13.083X_1+16.795X_2$

③ b_1 : 신문광고에 지출한 금액이 동일한 경우, TV 광고에 지출한 금액이 1단위 증가할 때, 매출액의 기대값(평균)은 13.083만큼 증가한다.

b_2 : TV 광고에 지출한 금액이 동일한 경우, 신문광고에 지출한 금액이 1단위 증가하면, 매출액의 기대값(평균)은 16.795만큼 증가한다.

④ $\hat{Y}=58.157-0.1175\times 40-0.00687\times 22=1049.258$

⑤ $t_{0.025,19}=2.093$, $13.083\pm 2.093\times 1.759$

제16장 분산분석

16-1. ①(×) ②(○) ③(×) ④(○) ⑤(○)
⑥(×) ⑦(○) ⑧(○) ⑨(×) ⑩(○)

16-2 ①

변동의 원천	제곱합	자유도	평균제곱	F
집단간	600	3	200	3.7647
집단내	850	16	53.125	
합계	1,450	19		

16-3. ① $n=15$, $k=3$, $n_1=5$, $n_2=5$, $n_3=5$

② $\overline{X}_1=2.3$, $\overline{X}_2=2.1$, $\overline{X}_3=2.4$

③ $SST=SSG+SSW$ $SSG=0.2333$ $SSW=5.2$ $SST=5.4333$

④

변동의 원천	제곱합	자유도	평균제곱	F
집단간	0.2333	2	0.1167	0.2692
집단내	5.2	12	0.4333	
합계	5.4333	14		

⑤ $H_0:\mu_1=\mu_2=\mu_3$, H_1 : Otherwise

$F_{0.05(2,12)}=3.87$, 기각영역 $F>3.89$

$F_c=0.2692$, $F_c<3.89$이므로 귀무가설을 기각할 수 없다.

16-4. ① 생략

② $\alpha=0.01$ $H_0:\mu_1=\mu_2=\mu_3$, H_1 : Otherwise

$F_{0.01(2,9)}=8.02$, 기각영역 $F>8.02$

$F_c=6$, $F_c<8.02$이므로 귀무가설을 기각할 수 없다.

$\alpha=0.05$ $H_0:\mu_1=\mu_2=\mu_3$, H_1 : Otherwise

$F_{0.05(2,9)}=4.26$, 기각영역 $F>4.26$

$F_c=6$, $F_c>4.26$이므로 귀무가설을 기각한다.

16–5. ① 생략

② $H_0: \mu_1 = \mu_2 = \mu_3$, H_1 : Otherwise

$F_{0.05(4,\,15)} = 3.06$, 기각영역 $F > 3.06$

$F_c = 2.0638$, $F_c < 3.06$이므로 귀무가설을 기각할 수 없다.

16–6. ① $\overline{X}_1 = 24$, $\overline{X}_2 = 22$, $\overline{X}_3 = 23.2$

$SSB = 15 \times (24 - 23.2)^2 + 10 \times (22 - 23.2)^2 = 24$

$SSW = (8900 - 15 \times 24^2) + (5000 - 10 \times 22^2) = 420$

$SST = 24 + 420 = 444$

② $H_0: \mu_1 = \mu_2$, $H_1: \mu_1 \neq \mu_2$

$F_{0.05(1,\,23)} = 4.28$, 기각영역 $F > 4.28$

$F_c = 1.314$, $F_c < 4.28$이므로 귀무가설을 기각할 수 없다.

16–7. ① $\overline{X}_1 = 77.6$, $\overline{X}_2 = 79.2$, $\overline{X}_3 = 80.2$, $\overline{X}_4 = 73$, $\overline{X} = 77.5$

② $SSG = 152.2$, $SSB = 70.5$, $SSE = 56.3$

$SST = SSG + SSB + SSE = 279$

③ 생략

④ $H_0: \mu_1 = \mu_2 = \mu_3 = \mu_4$, H_1 : Otherwise

$F_{0.05(3,\,12)} = 3.49$, 기각영역 $F > 3.49$

$F_c = 10.81$, $F_c > 3.49$이므로 귀무가설을 기각한다.

⑤ $H_0: \mu_1 = \mu_2 = \mu_3 = \mu_4 = \mu_5$, H_1 : Otherwise

$F_{0.05(4,\,12)} = 3.26$, 기각영역 $F > 3.26$

$F_c = 3.757$, $F_c > 3.26$이므로 귀무가설을 기각한다.

16–8. $\overline{X}_{1.} = 7$, $\overline{X}_{2.} = 10$, $\overline{X}_{3.} = 10$, $\overline{X}_{.1} = 8$, $\overline{X}_{.2} = 9$, $\overline{X}_{.3} = 10$

$\overline{X} = 9$, $n = 9$, $k = 3$, $h = 3$

$SSG = 18$, $SSB = 6$, $SST = 64$, $SSE = 64 - 18 - 6 = 40$

② 생략

③ $H_0: \mu_1 = \mu_2 = \mu_3$, H_1 : Otherwise

$\alpha = 0.05$, $F_{0.05(2,\,4)} = 6.94$ 기각영역 $F > 6.94$

$F_c = 0.9$, $F_c < 6.94$이므로 귀무가설을 기각할 수 없다.

④ $H_0: \mu_1 = \mu_2 = \mu_3 = \mu_4 = \mu_5$, H_1 : Otherwise

$\alpha = 0.05$, $F_{0.05(2,\,4)} = 6.94$, 기각영역 $F > 6.94$

$F_c = 0.3$, $F_c < 6.94$이므로 귀무가설을 기각할 수 없다.

16-9. ① 생략

② $H_0 : \mu_1 = \mu_2 = \mu_3 = \mu_4 = \mu_5$, H_1 : Otherwise

$\alpha = 0.05$, $F_{0.05(4, 190)} = 2.37$, 기각영역 $F > 2.37$

$F_c = 6.44$, $F_c > 2.37$이므로 귀무가설을 기각한다.

③ $H_0 : \mu_1 = \mu_2$, H_1 : Otherwise

$\alpha = 0.05$, $F_{0.05(2, 190)} = 3$, 기각영역 $F > 3$

$F_c = 5.8$, $F_c > 3$이므로 귀무가설을 기각한다.

④ H_0 : 연령층과 성별 간에 상호작용 효과가 없다.

H_1 : 연령층과 성별 간에 상호작용 효과가 있다.

$\alpha = 0.05$, $F_{0.05(4, 190)} = 2.37$, 기각영역 $F > 2.37$

$F_c = 5.33$, $F_c > 2.37$이므로 귀무가설을 기각한다.

16-10. ①

A	B	C	합계	
중소도시	$\overline{X}_{11} = 23.82$	$\overline{X}_{12} = 24.58$	$\overline{X}_{13} = 24.7$	$\overline{X}_{1.} = 24.37$
대도시	$\overline{X}_{12} = 24.24$	$\overline{X}_{22} = 25.44$	$\overline{X}_{23} = 25.14$	$\overline{X}_{2.} = 24.94$
합계	$\overline{X}_{.1} = 24.03$	$\overline{X}_{.2} = 25.01$	$\overline{X}_{.3} = 24.92$	$\overline{X} = 24.65$

$SST = 29.895$, $SSG = 5.869$, $SSB = 2.465$, $SSI = 0.309$, $SSE = 21.252$

② 생략

③ $H_0 : \mu_1 = \mu_2 = \mu_3$, H_1 : Otherwise

$\alpha = 0.05$, $F_{0.05(2, 24)} = 3.4$, 기각영역 $F > 3.4$

$F_c = 3.314$, $F_c < 3.4$이므로 귀무가설을 기각할 수 없다.

④ $H_0 : \mu_1 = \mu_2$, H_1 : Otherwise

$\alpha = 0.05$, $F_{0.05(1, 24)} = 4.26$, 기각영역 $F > 4.26$

$F_c = 2.78$, $F_c < 4.26$이므로 귀무가설을 기각할 수 없다.

⑤ 생략

⑥ H_0 : 도시와 차량 유형 간에 상호작용 효과가 없다.

H_1 : 도시와 차량 유형 간에 상호작용 효과가 있다.

$\alpha = 0.05$, $F_{0.05(2, 24)} = 3.4$, 기각영역 $F > 3.4$

$F_c = 0.174$, $F_c < 3.4$이므로 귀무가설을 기각할 수 없다.

16-11. ①

	계산대	후면	합계
선반 위	$\overline{X}_{11} = 28$	$\overline{X}_{12} = 13$	$\overline{X}_{1.} = 20.5$
선반 아래	$\overline{X}_{21} = 22.33$	$\overline{X}_{22} = 6$	$\overline{X}_{2.} = 14.17$
합계	$\overline{X}_{.1} = 25.17$	$\overline{X}_{.2} = 9.5$	$\overline{X} = 17.33$

$SST = 894.67$, $SSG = 120.33$, $SSB = 736.33$, $SSI = 1.333$, $SSE = 36.667$

② 생략

③ $H_0 : \mu_1 = \mu_2$, H_1 : Otherwise

$\alpha = 0.05$, $F_{0.05(1, 8)} = 5.318$, 기각영역 $F > 5.318$

$F_c = 160655$, $F_c > 5.318$이므로 귀무가설을 기각한다.

④ $H_0 : \mu_1 = \mu_2$, H_1 : Otherwise

$\alpha = 0.05$, $F_{0.05(1, 8)} = 5.318$, 기각영역 $F > 5.318$

$F_c = 26.255$, $F_c < 5.318$이므로 귀무가설을 기각할 수 없다.

⑤ 생략

⑥ H_0 : 진열위치와 선반높이 간에 상호작용 효과가 없다.

H_1 : 진열위치와 선반높이 간에 상호작용 효과가 있다.

$\alpha = 0.05$, $F_{0.05(1, 8)} = 5.318$, 기각영역 $F > 5.318$

$F_c = 0.2909$, $F_c < 5.318$이므로 귀무가설을 기각할 수 없다.

제17장 x^2-검정

17-1. ①(○) ②(×) ③(○) ④(×) ⑤(×)
⑥(○) ⑦(×)

17-2. ① $x^2_{0.05, 4} = 9.448$ ② $x^2_{0.05, 8} = 15.51$ ③ $x^2_{0.1, 5} = 9.236$
④ $x^2_{0.9, 30} = 20.6$ ⑤ $x^2_{0.95, 1} = 0.004$ ⑥ $x^2_{0.01, 15} = 30.58$

17-3. ① 0.975 ② 0.925 ③ 0.89 ④ 0.85 ⑤ 0 ⑥ 0.94

17-4. $H_0 : p_1 = p_2 = p_3 = p_4 = p_5 = p_6 = \dfrac{1}{6}$ H_1 : Otherwise

$x^2_{5, 0.05} = 11.07$ $x_c^{\,2} = 3.15$ $x_c^{\,2} < 11.07$ H_0을 기각할 수 없음

17-5. $H_0 :\ p_1 = p_2 = p_3 = p_4 = 0.25$ H_1 : Otherwise

$x^2_{3, 0.05} = 7.815$ $x_c^{\,2} = 10$ $x_c^{\,2} > 7.815$ H_0 기각

17-6. $H_0 : p_1 = 0.2,\quad p_2 = 0.3,\quad p_3 = 0.4,\quad p_4 = 0.05,\quad p_5 = 0.05,$ H_1 : Otherwise

$x^2_{0.05, 4} = 9.488$, 기각영역 $x^2 > 9.488$

$$x_c^{\,2} = \frac{(190-200)^2}{200} + \frac{(220-300)^2}{300} + \frac{(180-50)^2}{50} + \frac{(40-50)^2}{50} = 364.08$$

$x_c^{\,2} = 364.08$, $x_c^{\,2} > 9.488$이므로 귀무가설을 기각한다.

17–7. $H_0 : p_1 = p_2 = p_3 = p_4 = \frac{1}{4}$, H_1 : Otheraise

$\alpha = 0.05$, $x^2_{0.05,3} = 7.815$, 기각영역 $x^2 > 7.815$

$E_i = \frac{80}{4} = 20$, 각 시간대의 기대도수 $= \frac{80}{4} = 20$

$x_c^2 = 4.1$, $x_c^2 < 7.815$이므로 귀무가설을 기각할 수 없다.

17–8. $H_0 :\ p_1 = p_2 = p_3 = p_4 = 0.25$ H_1 : Otherwise

$x^2_{3,0.05} = 7.815$ $x_c^2 = 60$ $x_c^2 > 7.815$ H_0 기각

17–9. H_0 : 스마트폰 선호와 성별은 상호독립이다.

H_1 : 상호독립이 아니다.

$x^2_{3,0.05} = 7.815$ $x_c^2 = 21.43$ $x_c^2 > 7.815$ H_0 기각

17–10. H_0 : 뉴스 시청과 연령은 상호독립이다.

H_1 : 뉴스 시청과 연령은 상호독립이 아니다.

$x^2_{0.05,6} = 12.59$, 기각영역 $x^2 > 12.59$

$x_c^2 = 82.46$, $x^2 > 12.59$이므로 귀무가설을 기각한다.

17–11. H_0 : 피자 선호와 구역은 상호독립이다.

H_1 : 상호독립이 아니다.

$x^2_{6,0.05} = 12.59$ $x_c^2 = 29.33$ $x_c^2 > 12.59$ H_0 기각

17–12. H_0 : 트럭의 중량과 사고의 경중은 상호독립이다.

H_1 : 트럭의 중량과 사고의 경중은 상호독립이 아니다.

$x^2_{0.05,2} = 5.991$, 기각영역 $x_c^2 > 5.991$

$x_c^2 = 1.522$, $x_c^2 < 5.991$이므로 귀무가설을 기각할 수 없다.

17–13. H_0 : 설문지 응답 여부와 소득수준은 상호독립이다.

H_1 : 설문지 응답 여부와 소득수준은 상호독립이 아니다.

$x^2_{0.05,2} = 5.991$, 기각영역 $x^2 > 5.991$

$x_c^2 = 19.5$, $x_c^2 > 5.991$이므로 귀무가설을 기각한다.

찾·아·보·기

ㄱ

ㄴ

ㄷ

ㅁ

ㅂ

ㅅ

ㅇ

ㅈ

저자약력

황인창

조선대학교 경영학과 졸업
전남대학교 대학원 졸업(경영학 박사)
창원대학교 경영학과 교수
The University of Texas 객원교수
The University of Pittsburgh 객원교수
현) 조선대학교 경영학부 교수

이대용

전남대학교 경영학과 졸업
The University of Iow 졸업(경영학 박사)
현) 조선대학교 경영학부 교수

이청호

조선대학교 경영학과 졸업
Tokyo Institute of Technology 대학원 졸업(공학 박사)
현) 조선대학교 경영학부 교수

알기쉬운 통계학(3판)

1998년 3월 7일 초판 인쇄
2004년 2월 20일 초판 13쇄 발행
2014년 2월 20일 2판 14쇄 발행
2015년 7월 15일 3판 인쇄
2025년 2월 27일 3판 10쇄 발행

저 자 : 황인창·이대용·이청호
발행인 : 정 광 식
발행처 : **비앤엠 북스**
서울시 금천구 가산디지털1로 70 B1-103(호서대벤처타워)
등 록 2004. 12. 29. / 제313-2004-00298호
전 화 2627-5710~13, 팩스 2627-5720
홈페이지 www.대학교재.net
이 메 일 bnmbook@daum.net

정가 30,000원

ISBN 978-89-6821-033-4